新编农技员丛书

食用菌生产配套技术手册

蔡衍山　赵金胜　吕作舟　李沫　编著

中国农业出版社

前　言

众所周知，食用菌生产具有投入少、产出高、周期短、见效快等优点，是广大农民快速致富的好项目。几十年来，我国的食用菌产业取得了长足的发展，特别是近20多年来，我国食用菌生产的发展速度和规模更是空前。现在，我国已成为世界第一食用菌生产大国，全国食用菌年总产量已占到全球食用菌年总产量的70%左右，全国食用菌年总产值在国内农产品年总产值中仅次于菜、粮、棉、油、果，居第六位。全国从事食用菌科研生产开发的人员已达3 000万左右。食用菌产业已成为我国农业经济中的一项重要产业，成为现代大农业的一个重要组成部分，成为许多地区，尤其是原本经济较贫困的山区发展经济、脱贫致富的重要支柱产业。目前，我国食用菌产业已形成大中小规模多路发展、产供销经营齐头并进的良好发展格局。在涌现出了大量的食用菌专业户（村、乡、镇、县）的同时，众多的生产、加工、贸易企业亦如雨后春笋；基地加农户、产供销一条龙的生产经营方式愈益普及。全国已有100多个县食用菌年产值过亿元（其中有不少县食用菌年产值已超过

5亿元)，食用菌生产企业2 000多家。这一切都是科技进步的结果，正是以科学技术为依托，才使得我国的食用菌产业跨越了一个又一个台阶，实现了一个又一个突破，不断地向生产的深度和广度进军。

近年来，我国食用菌在新品种的选育、新栽培模式的创立、新产地的拓展、新种类的开发引进、配套技术的完善等方面都取得了突破性进展。新品种的开发、引进与推广，工厂化、集约化栽培技术的研究与推广，产品保鲜与加工技术的普及与提高，市场信息的传播与市场价格的推动，使我国从食用菌生产大国向食用菌生产强国迈进了一大步。秸秆和菌草资源的研究与推广，使某些食用菌种类成为可持续发展的菇业，生态菇业的愿望也成为可能。

但是，随着工业的发展，工业“三废”排放的不断增加，化肥、农药的长期、多量的施用，造成生态环境不断恶化，这给食用菌栽培业带来或多或少的危害。我国已加入WTO，食用菌产业作为技术含量较高的劳动力密集型产业，在种植业中所面临的机遇大于挑战。食用菌产品、设备、原材料贸易中的关税壁垒正在逐步消除，而在产品质量、卫生指标等方面的非关税壁垒依然严重存在。根据联合国粮农组织（FAO）、世界卫生组织（WHO）的要求，食品资源的开发要注意“天然、营养、保健”的原则。以上两组织的法规委员会（CAC）所颁布的《食品质量全面监控条例

(HACCP)》、生产单位的《环境良好操作规程（GMP)》和生产单位《产品操作管理规程（ISO9000 系列)》的核心内容是所有食品的生产，从品种选育到栽培、加工、包装、储运、销售的产业链全过程要遵循无害化原则，在人为受控的条件下进行。食用菌产品质量的提高是一项系统工程，食用菌产业链中所有从业人员对产品质量都负有责任。只有全过程都规范化和标准化，食用菌产品的精品比例和附加值才能全面提高。因此，我们在实现食用菌栽培规范化、产品加工标准化和全程无害化控制方面依然任重而道远。

为了促进我国食用菌产业从数量型向质量型转变，使适应市场要求的新观念、新技术、新品种、新材料、新方法得到传播应用，我们在紧密结合生产实际、与时俱进的基础上，编著了《食用菌生产配套技术手册》，本书在保留已出版同类图书的主要技术内容的同时，着重增补了食用菌安全生产的技术控制，大宗品种的规范化栽培和工厂化栽培模式，食用菌绿色食品的认证和管理方面的技术内容。书中介绍的食（药）用菌种类从常见的 10 多种增加到 35 种，目前我国可商业栽培的种类尽在其中。对栽培、加工、保鲜过程的关键环节的控制、安全管理等方面，在每一章都有集中叙述。我们诚挚地期望本书的出版能够使广大读者在食用菌无公害生产的过程中能够做到事半功倍。

本书的编写由蔡衍山主笔，蔡耿新、赵金胜协助完成，黄秀治、吕作舟、李沫提供许多技术资料和提出宝贵意见。但由于食用菌安全生产、保鲜、加工工作是一项新的工作，可参考的资料非常有限。因此，书中一定会有许多不足之处，敬请读者指正。

编　者

2013年2月

目录

第一章

食用菌安全生产的概念和意义

食用菌是高蛋白低脂肪的优质保健食品，被誉为健康食品，它对于改善人们膳食结构，提高人民健康水平具有重要意义。

食用菌大规模人工栽培的历史尚短，栽培是利用农林下脚料的有机质为培养基，在特定的环境中进行，大多数栽培脱离土壤，进行无菌状态下的纯培养，栽培全程在人为受控状态下进行，完全有条件生产出安全健康的安全食品。

但是随着环境污染的加剧，食用菌产品的污染和某些有害物质的超标时有发生。随着人们生活水平的提高和环境意识、保健意识的增强，对食品的要求已从过去的温饱型向营养保健型转变，把食品的安全和天然、营养、健康放在首位。在我国加入WTO之后，国际市场对我国的食品提出更高的安全质量要求。为了适应加入世贸后的形势要求，在新世纪之初，农业部把无公害食品的生产，包括安全食用菌生产定位为政府行为，并将与蔬菜等食品一样推行市场准入制。因此，生产安全食用菌产品成为入世后食用菌生产关注的目标。

一、社会发展需要安全食用菌生产

科学技术的发展，为人类社会带来了工农业生产的繁荣和社会的进步，在人们得到物质丰富、生活方便的同时，也深刻地意识到生态环境恶化、能源匮乏等给予的压力和存在的隐患。农业生产过程中，一方面由于科技的投入，使农产品的产量和质量有了明显提高，保证了人们生活的需要和维持社会的稳定；另一方面由于大量施用化肥农药，造成了自然资源和生态环境的恶化以及食品的污染。原本深受消费者喜爱的食用菌产品近来也有发生某些有害成分超标的现象。这些负面的事件使人们意识到食用菌生产的发展，必须同其他农产品生产一样，寻求一种既能满足人类消费的需求，又避免对环境和产品污染的生产方式。在此背景下，着眼于食用菌可持续发展，探索生产安全食用菌产品的有效生产方式和发展途径。

根据联合国粮农组织（FAO）和世界卫生组织（WHO）的要求，食品资源的开发要注意“天然、营养、保健”的原则。以上两组织的法规委员会（CAC）所颁布实施的食品质量全面监控条例（HACCP），生产单位的环境良好操作规程（GMP）和生产单位的产品操作管理规程（ISO 9000 系列）的核心内容是所有食品的生产，从品种选育到栽培、加工、包装、储运、销售的产业链全过程要遵循无害化原则，在人为受控的条件下进行。我国加入世贸组织后，食用菌产品同许多农产品一样，融入国际大市场，经受国际市场的检验，只有符合国际化的市场质量标准，才能赢得市场占有率，才能符合人类本身的需求。

我国已加入世界贸易组织，为我国公平参与国际贸易提供了机遇，同时也带来了新的挑战。就食用菌产业而言，由于它是一种劳动密集型产业，我国劳动力资源和原材料资源相对丰富，价格较低。因此食用菌产品价格有显著的竞争优势。只要食用菌产品质量符合国际市场需求，机遇将多于挑战。

实现食用菌生产无害化，是产业可持续发展重要内容，符合在经济发展中节约资源、保护环境和提高人民生活水平、生活质量的发展目标。食用菌的安全生产，将为社会提供高质量的健康食品，同时，节约资源，保护环境，提高产品在国际市场的竞争力，有利出口贸易量的增加和价格的提高，增加菇农的效益。产

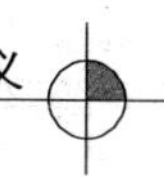

业实施安全生产，无论是对产业综合效益的提高，还是对产业可持续发展，均有十分重要的意义。

二、食用菌安全生产的含义

安全食用菌产品是指该产品中不含有公害污染物，包括农药残留物、重金属、有害微生物等，或者所含公害污染物被控制在残留限量标准（MRL）以下。安全食用菌产品是以上不同标准产品的总称，其基本要求是安全、卫生，对消费者的身心健康无危害。根据其残留量的有无和限量标准以下的不同含量，可分为绿色食用菌产品和有机食用菌产品。

食用菌生产不同于其他农业种植业，它是在无菌状态下进行纯培养，大都是脱离土壤栽培的，培养基质是有机质，原本在食品生产中就属安全的健康食品。只是近年来，由于栽培配方的改变，为追求高产添加一些用途不明的化学成分，加上环境、水质对栽培环境的影响，有必要尽早提出，以早日实现无公害栽培，进一步提高无害化食用菌产品的质量。

1. 安全生产食用菌产品是一项系统工程　无害化的产品是无害化生产全过程的结果，只有全过程中均实现无害化，才能实现产品的无害化。首先要把食用菌生产纳入有章可循的规范化生产和标准化加工。栽培管理的规范化包括选择无害化的栽培环境，原料符合安全标准，水质符合饮用水标准，采收的用具，加工环境、设备、水质、仓库、包装材料等均需符合食品加工的卫生质量要求。这些规范化标准有的已有，有的需根据生产实际制定并在生产加工全过程实施，才能实现无害化的目标。

2. 安全生产管理　安全生产管理是实现安全生产目标的关键。在我国目前食用菌生产以千家万户为基础的形势下，安全生产管理是一项艰巨的工作，也是实现安全生产的难点。克服这项难点，一方面要扶植集约化的规模生产大户，鼓励工厂化

栽培；另一方面要建立各种行业协会，通过行业管理，较有利于实现统一的栽培加工目标；其三要加强检测机构建设和检测手段的及时，做到生产加工全过程造成公害的原因明确，控制点明确，克服公害措施有力、及时，才能最终实现产品安全。

第二章

食用菌生产的污染

食用菌是自然界一群特殊生物类群，它不含叶绿素，营腐生、寄生、共生营养方式。子实体具有植物型结构和具有动物性营养，历来被视为“山珍”，许多药用真菌被视为天然药物。所以就食用菌本身而言是安全的，而且含有许多人体必需的营养物质，对改善人类食物结构，提高人类营养保健水平和人体防癌抗病能力具有非凡的功能。但由于工业“三废”的排放，农业上化肥、农药的大量使用，造成对空气、水源、土壤等环境的污染。食用菌若在这种受污染环境中生产，产品就有可能受到环境的污染；在产品加工过程中，加工设备、加工环境、加工添加物、包装物、贮藏环境、运输工具、运输环境均可能对产品产生污染。

一、环境对食用菌产品的污染

食用菌生产原本多在山区林木资源和农副产品资源丰富的地方，环境对食用菌产品造成的污染机会很少。但是由于农业生产中长期大量施用农药、化肥，工业“三废”的排放，可能造成对土壤、水源和空气的污染。

1. 土壤造成污染　在食用菌栽培中，部分种类如粪草类的双孢蘑菇、姬松茸、草菇和平菇类中一些品种，需通过覆土才能出菇，或通过覆土可获得外观优质和高产，这类食用菌生产过程中若采用污染的土壤进行覆土栽培，含有污染成分的土壤可能给其产品带来污染。如姬松茸的重金属超标，就与土壤中镉含量较多有关。

2. 空气污染　除栽培场所有工业废气排放会给食用菌产品带来污染外，在食用菌产品烘烤加工过程，使用煤、油、柴为燃料，燃烧后的有害气体可能为产品所吸附而造成某些有害成分的超标。如香菇用煤为燃料烘烤，若非间接热烘干，可能造成二氧化硫含量超标。

3. 水质污染　食用菌生产全过程和某些加工工艺中的许多环节均需要用水。有的水分是直接与食用菌子实体接触，有的水分被菌丝体吸收再输送到子实体中，有的水分在加工中与子实体融为一体成为产品。因此，受污染的水质在食用菌生产和加工中使用可能使食用菌产品受污染，造成有害成分超标，或有害微生物超标。在食用菌生产管理过程中，与子实体直接接触的水质要符合饮用水的标准，如栽培管理中的喷水用水和加工过程中的用水均应达到饮用水的水质标准。

二、培养基带来的污染

食用菌是采用农林下脚料和少量无机盐混合组成作为栽培的基质。若基质的成分来自天然无污染的地方，其产品当然就是天然无污染的产品；若培养基质来自有较多施用农药残留的农林下脚料，其中某些有害成分可以通过菌丝在分解吸收基质营养时积累到菌丝和子实体中，造成产品污染。但这种污染成分种类和各污染成分的多少因不同食用菌种类而各不相同。

一方面是培养基质由于受到污染导致食用菌栽培过程中有害物质代谢积累；另一方面是培养基质本身变质，腐败过程中微生物代谢产生的毒素可通过菌丝对基质的分解吸收而导致食用菌受污染。

三、施用农药带来的污染

随着食用菌生产的发展，各种竞争性或危害性杂菌、病虫害将越来越频繁发生。一部分菇农必然会采用类同防止其他作物病

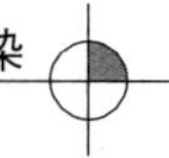

虫害的办法，施用农药进行灭菌除虫。在施用农药的过程中，特别是施用毒性较大的灭虫农药，容易给食用菌产品带来农药中有害成分的污染，或在子实体造成农药残留。有机氯、有机磷、有机汞是农药中种类最多的三大类，农药造成的急性中毒有3/4以上是由这三类农药引起的。

四、食用菌产品中的污染物及其来源

（一）重金属

重金属对人的机体损害机理是与蛋白质结合成不溶性盐而使蛋白质变性。人和动物体通过饮食吸收和富集大量重金属，其结果必然出现中毒症状，其中以镉、铅、汞最为常见。

1. 镉 镉是食品中最常见的重金属污染种类之一。镉可以在人体内蓄积，引起急性或慢性中毒，形成公害病。镉对肾脏有毒性作用，有害于个体发育，可致癌、致畸，已被世界卫生组织列为世界八大公害之一。食用菌产品中镉的来源主要是栽培环境，包括土壤、水源、空气和栽培基质。对于采用覆土栽培的食用菌，产品中镉的含量来自基质和覆土材料。如姬松茸产品中镉的含量主要来自牛粪、稻草和覆土材料。经分析测定，以牛粪和稻草为培养基，牛粪中含镉的量最多，稻草其次，土壤再次。环境中镉的来源主要是电渡的废液、金属提炼厂的废气和烟雾及含镉的金属容器。

2. 铅 铅也是食品受重金属污染最常见种类之一。铅对人体危害涉及神经系统、造血器官和肾脏。铅污染的来源主要有含铅农药施用后在基质上的残留；生产环境，主要因土壤、汽车尾气、水质带来铅的污染；含铅器皿在食用菌加工、贮藏、运输过程中使用也会引起铅的污染。

3. 汞 汞在自然界进入水系后，经过自然生物转化变成神经毒素甲基汞（CH_3-HgCl）。它可在人体内积聚，人体汞中毒后的典型症状是感觉障碍、视野缩小、运动失调、听力障碍，语言障碍、神智错乱。日本著名的水俣病就是汞污染造成的。污染源主要来自含汞的农药和含汞工厂的三废排放。

4. 砷 砷对人和动物具有致癌、致畸、致突变的作用。砷因其氧化物在人体内不同量而产生急性中毒、慢性中毒现象。

砷的来源主要是某些杀虫剂，某些饲料添加剂中也有砷的成分。在食用菌生产中选用麸皮等原料注意不混入有砷的成分，在病虫害防治过程中，避免选用有砷成分的试剂。

（二）化学物质

除前面所述环境可能造成的污染外，以下操作环节也可能造成食用菌产品的污染。

1. 塑料膜带来的有毒成分 食用菌栽培中的菌袋、覆盖塑料膜、包装用的食品袋、腌制品用的包装桶均为塑料制品，这些塑料制品在制造过程中需要加入增塑剂，增塑剂主要成分以苯酐为原料的邻苯二甲酸酯类，最常用的有邻苯二甲酸辛酯、二异辛酯、二丁酯和二异丁酯等4种。若使用含有以上有毒成分的塑料制品，可释放出有毒气体为菌丝或子实体所吸收而造成污染。采用聚乙烯薄膜袋的污染小，包装桶推荐用聚酯（PET）包装桶。

2. 煤炭和木材燃烧引起的污染 在食用菌产品加工中，特别是烘烤加工时常采用煤炭或木材为燃料。燃料燃烧过程，会产生如二氧化硫、萘、木酚、正壬酸等化合物。这些物质若进入子实体，将引起产品有毒物质吸附造成污染。

3. 保鲜剂、添加剂带来的污染 随着食用菌栽培业的发展，以鲜菇出口或内销的产品增加，需要远程运输的产品，为保持产品的鲜度，常需要经保鲜处理。保鲜方法除气调保鲜外，有的采用化学保鲜剂，如焦亚硫酸钠等，这些试剂会造成子实体硫化物超标。

可导致食用菌产品污染的外加物质是食品添加剂。有的食品添加剂对保持食品的营养成分和质量是有益的，有的食品添加剂本身在添加过程中会与食品产生特殊生理效应，引起中毒；有的

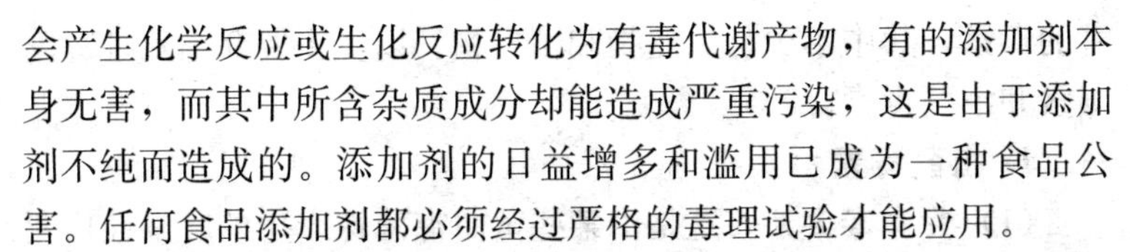

会产生化学反应或生化反应转化为有毒代谢产物，有的添加剂本身无害，而其中所含杂质成分却能造成严重污染，这是由于添加剂不纯而造成的。添加剂的日益增多和滥用已成为一种食品公害。任何食品添加剂都必须经过严格的毒理试验才能应用。

4. 加工过程形成的嫌忌成分造成污染　食用菌加工过程中也可能形成嫌忌成分造成对加工产品的污染，如腌制过程形成的亚硝酸盐成分等和保鲜、漂白加入的亚硫酸盐。食用菌产品中亚硝酸盐主要来源于培养基中添加有硝酸盐或亚硝酸盐类的成分；另外是覆土栽培材料选用了大量施用硝酸铵的土壤。亚硫酸盐来源于添加硫酸盐的基质，或来源于保鲜剂及环境中有害气体。

（三）病原微生物的污染

病原微生物污染是指在食用菌生产、加工、贮运过程中造成有害微生物的污染。这种污染可由生产过程造成，也可由加工过程造成。污染的媒介为水、土壤、空气、操作人员、加工设备、包装物、贮存环境等。常见的有害微生物如沙门氏杆菌、大肠杆菌、肠毒素、肝炎病毒等。对食用菌产品，除了防止各种化学物质的污染外，对有害微生物污染的预防更是刻不容缓。必须按食品加工的产品质量标准的要求进行各环节卫生标准控制，加工食用菌产品的人员也应符合食品加工人员的要求。应从食用菌产品的质量控制、加工环境卫生标准的控制，产品加工重点环节的条件控制综合解决病原微生物的污染问题。

（四）微生物毒素的污染

微生物毒素对食用菌产品的污染主要环节有两个方面：一是食用菌产品在加工、贮存过程中受微生物所污染，微生物分泌毒素到产品中，造成变质污染。这是微生物直接污染；二是食用菌栽培基质原材料受微生物污染或在栽培过程中受微生物污染，微生物分泌的毒素并非直接在食用菌产品中，而是在食用菌栽培的基质中，通过食用菌菌丝吸收输送到子实体中而造成污染。

许多污染食品的微生物在其生长的过程中可产生对人、畜有害的毒素，其中不少是致癌物和剧毒物。以下主要介绍几种霉菌毒素和细菌毒素。

1. 霉菌毒素

（1）*黄曲霉毒素*　这是由某些黄曲霉菌株产生的肝毒性代谢物，以黄曲霉毒素 B_1 为最常见，毒性也最大。

（2）*小柄曲霉毒素*　这也是一种致肝癌的毒素，只是毒性较低。

（3）*棕曲霉毒素*　这是棕曲霉的毒性代谢物，有 A、B、C 三种同系物，以 A 的毒性最大。动物试验，能致肝、肾损害和肠炎。

曲霉类在食用菌栽培中是常见的竞争性杂菌，特别在以麸皮、豆粉、玉米粉等为配合成分的基质上更为常见。因此，选用培养基材料时，应选用新鲜无霉菌的材料。

（4）*青霉素*　这是由青霉属的某些种类的霉菌产生的毒素。该毒素可致癌。

（5）*镰刀菌毒素*　镰刀菌主要分布在土壤中，能污染与土壤接触的有机物，食用菌产品摊晒在地面也可受到镰刀菌的污染。其毒素可导致人体白血球减少症、皮肤炎症、皮下出血、黄疸、肝损害等。

（6）*霉变甘薯毒素*　霉变甘薯毒素是甘薯被甘薯黑斑病菌和茄病镰刀菌寄生后生理反应产生的次生产物，并非霉菌的代谢产物。主要毒素成分可导致人和畜肺气肿、肝损害。食用菌产品可通过受污染的粮食、土壤等媒介而被污染。

2. 细菌毒素　污染食用菌产品的细菌毒素主要有沙门氏菌毒素，葡萄球菌肠毒素。我国的出口蘑菇罐头曾出现此污染而造成出口大量下降的教训。沙门氏菌毒素可导致人体急性胃肠炎。葡萄球菌肠毒素中毒后 2～3 小时可发生流涎、恶心、呕吐、痉挛及腹泻等症状。

第三章 安全制种技术

无公害食用菌的菌种制作是食用菌栽培的前提。纯度高、生命力强的无公害菌种是食用菌栽培取得丰产优质的先决条件。菌种质量的好坏，不仅关系到一个菌种场的经济效益高低和信誉好坏，而且关系到广大菇农的栽培效益。

生产无公害优质的菌种首先依靠优质的当家菌株和优良的设备培养条件，此外更需要依靠具有一定水平的食用菌遗传知识、生理知识的制种人员。并且这些人员在工作中要具有严谨的工作态度和认真细致的工作作风。

食用菌的菌种制作理应包括菌种生产前的当家菌株的选育和当家菌种的无害化繁殖培养两个阶段。当家菌株的选育是根据各种不同食用菌的遗传特性，有目的地采用自然分离筛选。诱变选育、杂交选育或细胞融合等方法进行，然后在各种栽培实践中进行子实体产量和质量的考察，选育出符合栽培目标的菌株。菌株的自然选育方法可通过多孢分离法、单孢分离法（初级同宗结合种类）、组织分离法和基质分离法等获得并筛选出当家菌株。以上所述除自然选育法外，其他选育方法均需要较多的设备条件和较长的筛选过程。菌株的无害化繁殖培养是为了供应栽培者。我国目前的菌种生产通常要经过母种（一级种）、原种（二级种）、栽培种（三级种）3 个繁殖程序。日本菌种生产仅有母种和栽培种 2 个繁殖程序。

菌种无害化繁殖培养过程不仅是要增加菌种的数量，也是菌种选育过程的继续和验证。各级菌种的无害化繁殖培养期间，应继续留优去劣。当然，培养中这种“优”和“劣”的表现是同培养条件有关的。菌种繁殖培养过程中的各种细微变化都应当引起制种者的注意，不能使用没有经过严格筛选的菌株。在目前菌种生产质量尚无明确定性定量指标的情况下，把各种菌种质量问题发现在制种的初期非常重要，这是制种者应当掌握的一项非常重要的实用技术。

食用菌菌种的种型目前分为固体型菌种和液体型菌种两类。固体菌种生产常采用斜面琼脂培养基和以木屑、粪草、麦粒、种木等为主要原料配制而成的不同固体基质。我国目前在大面积食用菌栽培中所用的菌种是以木屑、粪草、麦粒、种木等为基质的固体型菌种。液体菌种尚未在生产上大面积应用。

一、菌种生产的安全控制

根据菌种制作过程，安全的控制环节着重应当抓好以下几个方面。

1. 原料无害化 选用无害化的原料作为培养基。杂木屑为培养基主原料时，只要在加工过程中不混入有害的物质，如油污、石灰及会影响 pH 的污水等，通常就是安全的原料。若采用棉籽壳、稻草之类为培养基，避免过高的农药残留，必要时先把原料用水冲洗或浸泡后使用，可减少原料中农药残留量。辅料麸皮、米糠只要不霉变即可；石膏、碳酸钙之类严防假冒伪劣产品。

2. 水质符合饮用水标准 食用菌的菌丝是有生命的，许多对人类有害的物质对食用菌菌丝生长同样有害；同时，许多食用菌菌丝富集有害物质如重金属等能力强，更需要基质的无害化。作为食用菌菌丝生长的溶剂的水质应当符合饮用水标准，特别是直接喷到子实体上的水质更需符合饮用水标准。

3. 环境无公害 作为菌种的生产和培养环境的无害化，不仅可以提高菌种成品率，而且避免菌种的有害物质的侵害。主要控制点是菌种制作和培养场所要距离污染源 50 米以上，环境要

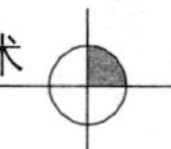

卫生，水源干净，菌种污染物应先灭菌后销毁或掩埋。

二、菌种的种型和生产流程

（一）菌种的种型和菌种级别

1. 菌种分级

（1）母种（一级种） 是指用于繁殖培养的食用菌出发菌株。母种的来源可以是自己通过选育并经试验证明有使用价值的菌株，也可以是引进的并经试验证实有使用价值的菌株。作为生产上使用的出发菌株，不管是何种来源都要经过严格的栽培试验，掌握菌株的基本生物学特性后方可投入大面积使用。对于引进的菌株在编号上要忠于原始编号，不可乱改编号。

母种常用玻璃试管斜面培养，这种培养方法具有观察方便、容易鉴别和易于保存的优点。

随着我国菌政管理的加强和相关法规的出台，今后菌种生产必须使用经专门技术部门鉴定或专门作物品种审定机构审定后确认的菌株。且一级种有限制地生产销售。

（2）原种（二级种） 原种是由母种扩大培养而成的菌种。这一级菌种是为了加快食用菌繁殖速度，满足大面积栽培时生产栽培种的需要而设置。通过这一过程，检验母种菌丝在不同基质上的适应性。原种使用基质通常与栽培基质相同或相似，原种繁殖培养过程也是生理驯化过程。在培养时应当认真检查菌丝的纯培养程度和菌丝的长势，保持纯种培养。原种制作所用容器要求使用透明度好的玻璃瓶。

（3）栽培种（三级种） 这是指直接用于生产栽培的菌种，多由原种扩大培养而成，常以菌瓶或菌袋作为容器。

2. 菌种的种型

（1）木屑种 指以适宜某种食用菌生长的木屑作为培养基主要原料生产的菌种。木生食用菌的原种和栽培种常用这种种型生产。如香菇、木耳的原种用阔叶树杂木屑，茯苓用朽木屑为主要原料。

（2）粪草种　指以适宜食用菌生长的粪草经过发酵或不发酵作为培养基的主要原料生产的菌种。如双孢蘑菇原种和栽培种用麦秆或稻草加牛马粪发酵后为培养基，草菇以稻草为培养基。粪草长的食用菌常用这种种型的生产菌种。

（3）麦粒种　指以大麦或小麦作为培养基生产的菌种。由于大（小）麦营养较木屑和粪草丰富，更容易污染杂菌。因此这种种型的制作过程要求培养基中麦粒的含水量要适度，灭菌要彻底，接种环境无菌条件要严格。麦粒之间通气要适度。含水量不足，菌丝难以生长；含水量过多，灭菌后麦粒胀破，极易污染。在麦粒种培养基中加入（重量比）100％的茶叶渣或部分木屑、谷壳等，并调好适宜酸碱度能提高麦粒种的制种成功率。在生产中使用麦粒种具有菌丝生长好、生命力强、播种速度快、产量高等优点，但易招来鼠害。

各种不同规模、不同生产能力的菌种场，可根据工商行政管理注册登记的经营范围和有关部门审定的生产资格，从自己生产实际和基质来源难易出发，选择性地生产不同级别的菌种和不同基质的种型。一般菌种场不能生产一级种。

（二）菌种生产的流程

食用菌的固体菌种生产与液体菌种生产的设备选型和场所要求是大不相同的。固体菌种生产也因各级菌种生产所使用基质不同而操作过程的条件和步骤也有所差异，但作为一种生产工艺流程来说是大致相同的。菌种生产工艺流程如图 3-1。

三、菌种场的规划与布局

菌种场是从事食用菌菌丝体纯培养的场所。为了提高菌种纯培养的成功率，降低污染率，必须从筹建菌种场起就应注意其场地和建筑物的规划和布局的科学性。合理的科学的规划和布局能为繁殖高质量的菌种创造良好的环境条件，对提高菌种的合格

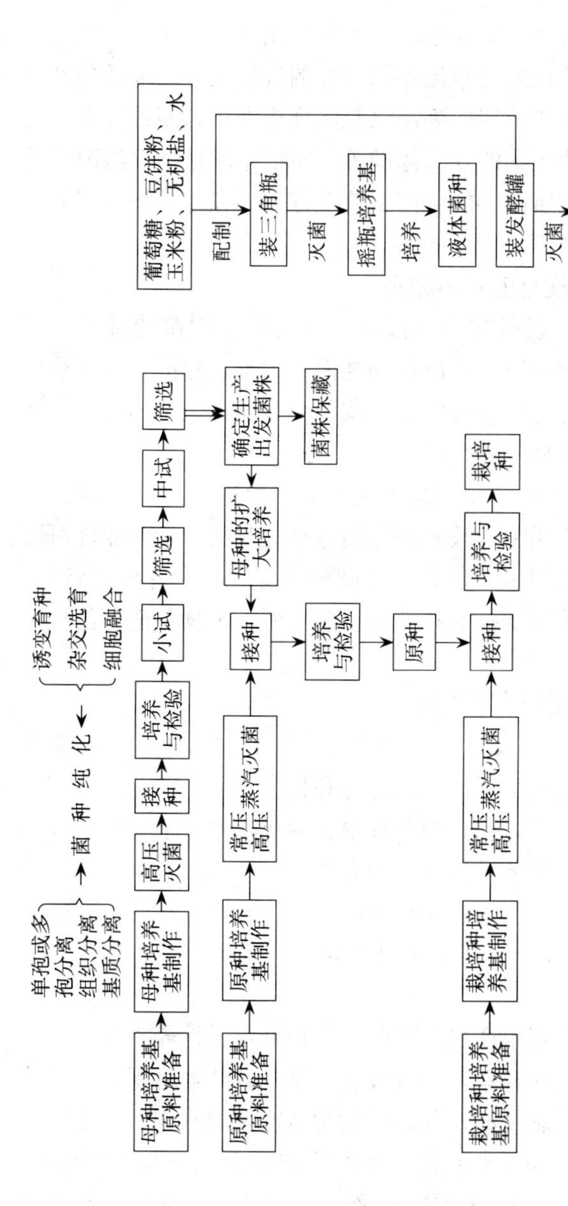

图 3-1 菌种生产工艺流程

率，增加菌种场的经济效益起着很大的作用。

所谓菌种场的规划是指菌种场筹建的规模大小，包括分期规模和最终规模、场所位置的确定以及同规模大小和制种要求相适应的投资设备、建筑物的要求标准等。所谓布局是指根据菌种场所生产菌种的种型所需要的生产工艺流程布局和与其相适应的厂房设备、配套设施等。

（一）菌种场规划的基本原则

1. 以销定产、设备配套。根据各地发展食用菌的种类、当地资源和产品销售行情确定菌种场规模的大小，并按每年各季生产菌种量规划厂房各部分的面积，按各部分面积大小和生产量选择设备的不同规格型号和台数。

2. 根据菌种营业许可证的营业范围和菌种场本身技术力量及设备条件，经食用菌行政管理部门考核验收后所发营业许可证书确定菌种生产级别生产菌种。有菌种选育人员和育种设备的，可同时规划菌种选育实验室和栽培实验场所，不具备选育菌种条件的可单纯扩大生产菌种。

（二）菌种场的平面布局

根据微生物在空气中容易传播的特点规划场房，布局流水线，使制种的工艺流程既能节约劳力和投资，流水作业，也有利对微生物传播的控制，提高纯菌种培育的成功率。下面分别介绍简易菌种场和规范化菌种场的平面布局。

1. 简易菌种场的平面布局（图 3-2）　这种菌种场适宜建立在乡村，年菌种生产量 10 万瓶以内规模。在规划中还应当注意以下各项：

（1）每天菌种可生产量与冷却室、接种室、培养室的面积应当相适应。根据实践经验，一般没有空调设备的乡村制种场，采用常压或高压灭菌制种的，其每天菌种生产量同冷却室、接种室和培养室比例大约为 500∶5∶1∶36，即每天生产量为2 000瓶（袋）的菌种场，冷却室约需 20 米^2，接种室 4 米^2，培养室为

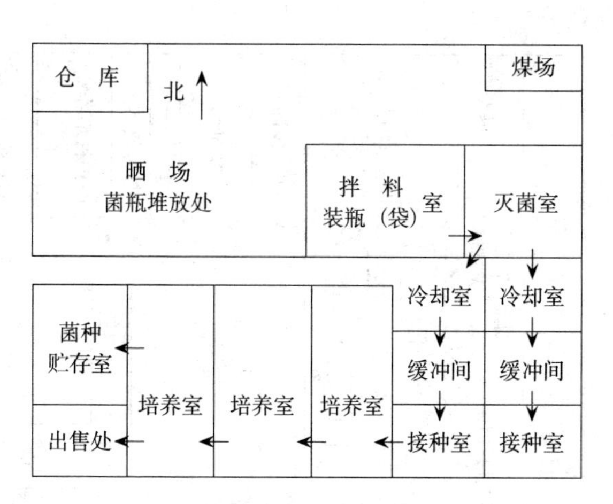

图 3-2　简易菌种场平面布局示意图

144 米²，且培养室内具有六层培养架，培养架占地面积为培养室总面积的 65%。

（2）培养基制作、灭菌、冷却、接种应当一条龙流水作业。

（3）冷却室和接种室在条件不允许情况下可以两室合用，冷却后用塑料膜在室内架起临时接种室进行接种。

（4）筹建菌种场时资金使用的重点应放在灭菌、冷却、接种三处的设备和室内标准化设置上。

（5）原料仓库，特别是粮食类的原料仓库应当远离培养室、接种室和冷却室，若有栽培场，也应远离以上各室，避免杂菌源传播。同时，仓库晒场位置还应选择在接种、冷却、培养室的东西方向，减少风向对以上各室造成杂菌源传播机会。

2. 规范化菌种场的平面布局（图 3-3）　所谓规范化菌种场是指严格地按微生物传播规律建立起来的菌种场，它除了设备较齐全，人员素质较好外，布局上严格按有菌区和无菌区划分，无菌区又有高度无菌区和一般无菌区之分。其工艺特点是：

（1）该工艺按培养基制作—灭菌—冷却—接种—培养的程序

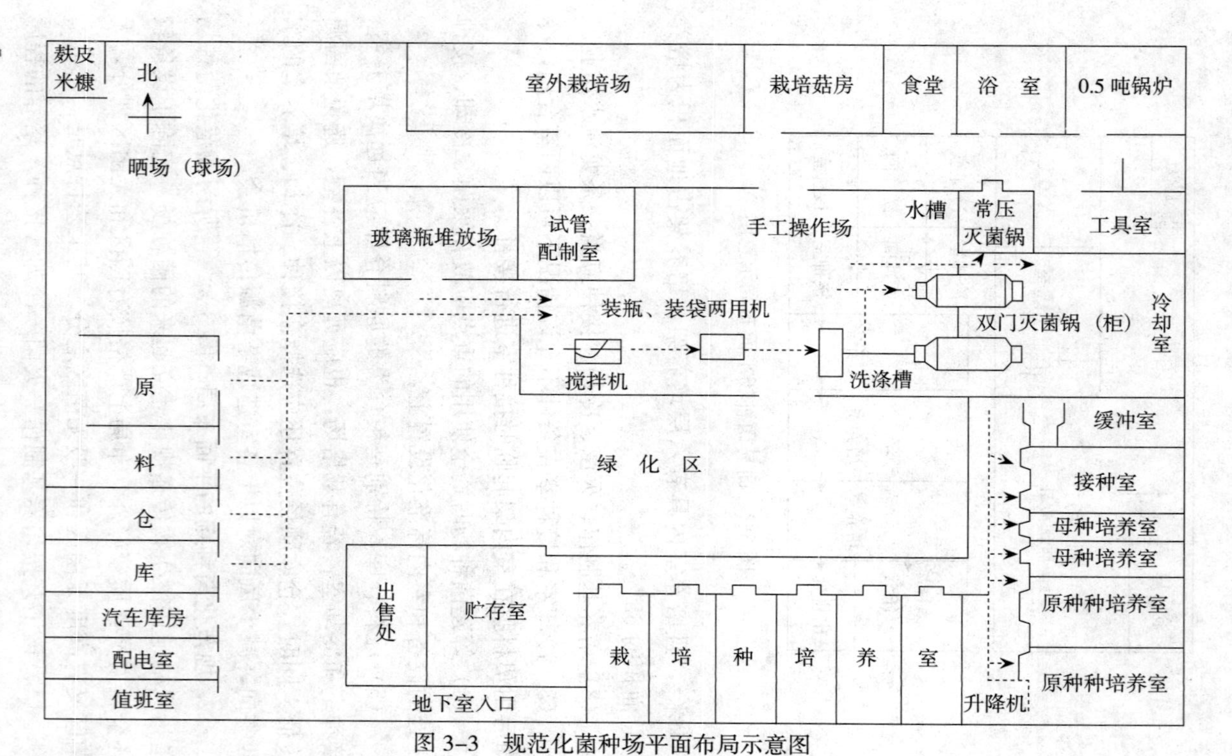

图 3-3　规范化菌种场平面布局示意图

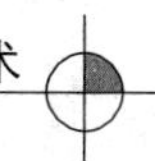

流水作业。室内要求水泥地面，在同一水平面上，便于机械运输。四周墙壁洁净，不易沾染霉菌孢子，不易吸湿，保持壁上干燥且便于冲洗。

（2）灭菌锅应是双门的，一门与有菌区（培养基制作室）相通，另一门与无菌区（冷却室）相通，双门不能同时开放。

（3）冷却室、接种室要求作水磨石或油漆地面，四周墙壁和天花板油漆防潮，安装空气过滤装置。冷却室配备除湿和强制冷却装置，接种室配备分体式空调机。

（4）培养室要有足够的空调装置，保证高温季节能正常生产。

（5）工作人员必须具有一定微生物常识，经过严格无菌操作训练，进入无菌区前需淋浴更衣。

（6）菌种灭菌后的运输工具一经运出接种室，必须灭菌或消毒后，方可进入无菌区使用，其他工具或用品也一样。冷却室、接种室、培养室均采用拉门结构，减少开关式门扇启动过程的空气流通。整个无菌区要求密闭性能良好，并可进行小区域隔离消毒。

（7）保持冷却室、接种室的气压为正值，大约高出室外 $2.94\times10^4\sim4.9\times10^4$ 帕，其中接种室气压又要大于冷却室，冷却室大于缓冲室和培养室。

（8）原料仓库远离冷却室、接种室和培养室。原料，特别是粮食类原料是许多杂菌的主要菌源。

（9）栽培试验场与制种场应当分开，不能同在一处或相距很近的地方，否则栽培场杂菌易传入制种场。

（10）培养基制作室和其他仓库实验室为有菌区，冷却室、接种室和培养室为无菌区，其中冷却室、接种室为高度洁净的无菌区，要求空气净化程度达到 100 级*。

---

* 按国际标准，凡是达到≥0.5 微米的尘埃的量≤3.5 粒/升，即洁净度达到 100 级，表示环境中无尘无菌。

四、菌种场的基本设备

一个规范化的菌种场，除有合理的场所布局外，还要有一定的生产设备。生产设备的选型配套将决定菌种场的生产能力，并与菌种质量有密切关系。进行菌种选育的单位，还要有菌种选育的相应设备，如分离、检测仪器。

（一）母种生产的设备与试剂

1. 基本设备 基本设备包括化学实验台（桌）、药剂橱、电炉、调压器、手提式高压锅、药物天平（500克）、钢锅、漏斗架、铁丝筐、小刀、牛皮纸、橡皮筋、棉线、纱布、橡皮管、橡皮夹、温湿度计及水电设施等。

2. 玻璃器皿 玻璃器皿包括量筒、量杯、漏斗或保温漏斗、移液管、定量移液管、试管（常用15毫米×150毫米、18毫米×180毫米、20毫米×200毫米）、三角瓶、培养皿等。

3. 常用试剂 生产母种，常用的试剂有琼脂、磷酸二氢钾、磷酸氢二钾、硫酸镁、氢氧化钠或石灰水、精密pH试纸等。

（二）原料加工设备

1. 枝丫材切片机（图3-4） 该机用于木材、枝丫材切片，

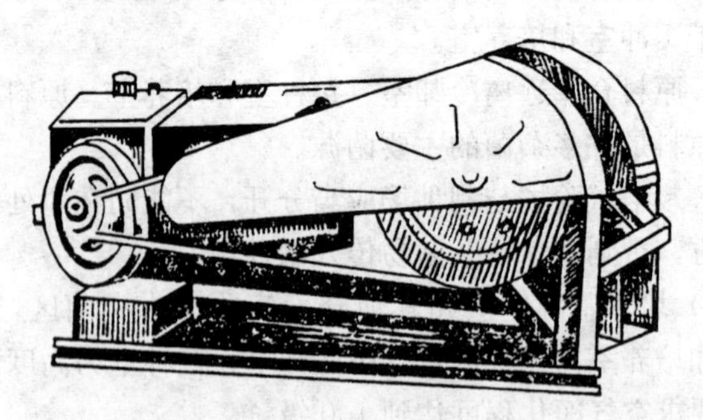

图3-4 ZQ-600型枝丫切片机

是人工栽培木生食用菌不可缺少的机械。它具有结构简单，操作容易，生产率高，保养简单等优点。目前推广应用的有ZQ-

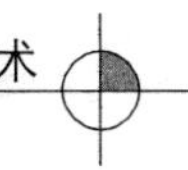

600 型，其主要技术指标是：

（1）生产率：1 500～2 000千克/小时。

（2）切片规格：断面 60 毫米×20 毫米，厚 4 毫米，可切材径 120 毫米。

（3）配套动力：电动机 10 千瓦或 S195（8.8 千瓦）柴油机，传动方式为单级 B 型三角皮带传动（B3183）。

使用方法及注意事项详见产品说明书。

2. 木片粉碎机（图 3-5） 该机可将木片粉碎成木屑。目前推广应用的是 9FQS-40 型木片粉碎机，其主要技术指标是：

（1）生产率：450 千克/小时。

（2）筛孔直径：2.4～2.8 毫米。

（3）配套动力：13～15 千瓦。

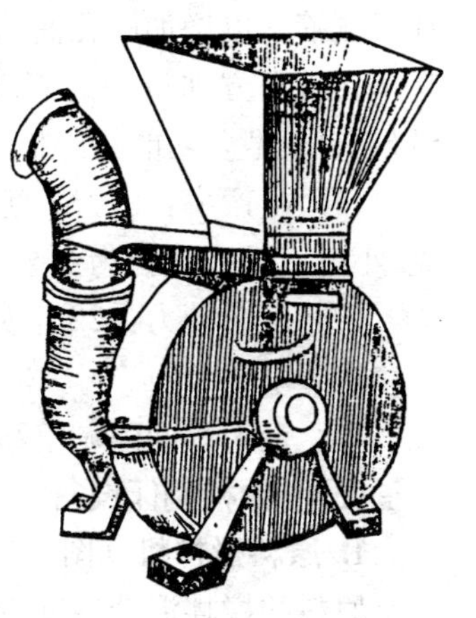

图 3-5 木片粉碎机

使用时注意事项：

（1）使用前检查机器螺丝及开口销是否牢固。

（2）启动后，待机器正常运转后方可喂料。

（3）工作人员不能面对进料口作业。

（4）加工时若有异响出现，应立即停机检修。

（5）经常调换锯片，加足黄油，以免机件过分磨损。

3. 木材粉碎机 该机集切片与粉碎为一体，外形与切片机相似。不同点是在动刀盘背面安置 4 排锤片，并在圆周上均匀分布；与锤片销轴相隔 45°设置 4 个宽风扇叶片，在锤片与风扇叶外围安装了环形筛。因此切片室、粉碎室和风机壳三者合一，结构紧凑，很受菇农欢迎。常用有 MQF-420 型切碎机。其主要技术指标是：

（1）生产率：1 000千克/小时。

（2）配套动力：18.5 千瓦电机。

（3）吨料电耗：12 千瓦·时。

4. 稿秆（菌草）切碎机 该机把稿秆的切段与粉碎工序放在一台设备上完成。其结构与木片粉碎机相似。不同点是喂料口位于靠近轴线的一侧，成轴向喂入；增加由动刀和定刀组成的初切装置，解决了长稿秆直接粉碎时易缠绕主轴的不足。先将稿秆切成 10～20 毫米的碎段，后粉碎成所需规格的颗粒。机中采用环、侧筛，以增加筛孔面积，提高生产率。为了兼作粉碎颗粒物料，在机上方加设一进料斗，以适应不同的物料。常用机型有 SFSP-500 型多功能粉碎机。主要技术指标是：

（1）生产率：300 千克/小时（筛孔直径为 3 毫米）；500 千克/小时（筛孔直径为 8 毫米）。

（2）配套动力：22 千瓦。

注意事项：

动、定刀片间隙调整和刃磨同切片机。

（三）菌种制作设备

1. 原料搅拌机（图 3-6） 该机主要用于木生食用菌制种和栽培原料的搅拌混合，减少干料人工搅拌中的灰尘量和减轻劳动强度，是木生食用菌生产机械之一，目前推广型号为 MJ-70 型。主要技术指标是：

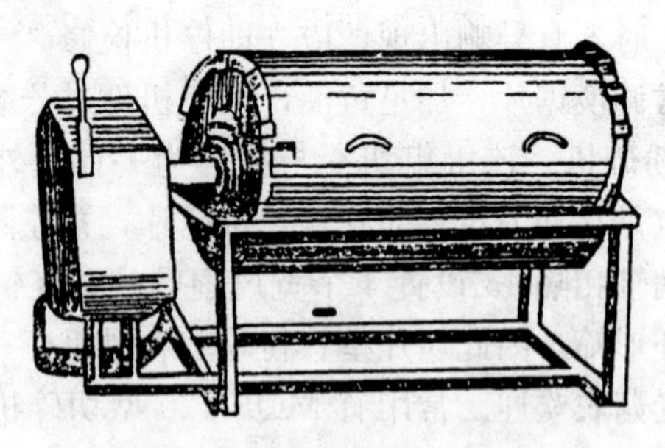

图 3-6 MJ-70 型原料搅拌机

（1）生产率：800～1 000千克/小时。

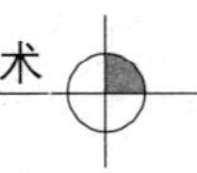

（2）配套动力：电动机3千瓦。

（3）传动方式：三级A型三角皮带传动。

使用注意事项：

（1）使用前应检查连接螺栓是否旋紧。

（2）电动机必须在空载时启动，待运转正常后才操纵手柄，使离合器结合。

（3）加料时应先把离合器分离后，再往上拉开筒盖，并插好插销，然后把木屑、麸皮、石膏粉、糖水等按配方比例投入，一般每次投入锯木屑40～50千克。

（4）投料后应把筒盖往下拉到头，并插好插销，防止脱落或松动。

（5）结合好离合器进行搅拌3分钟即可卸料。

（6）卸料时，应先把离合器分离，待滚筒停止后，往上拉开筒盖，并插好插销，用卸料手柄转动滚筒，使卸料门朝下，让拌匀的培养料自然落下，即可装瓶或装袋。

2. 装瓶装袋两用机（图3-7） 该机用于快速填装木屑培养基，是人工代料栽培木生食用菌，并形成规模生产不可缺少的机械，具有结构简单，操作方便，功效高等特点。目前推广机型是ZDP-3型。主要技术指标是：

（1）生产率：300～400瓶/小时，或400～500袋/小时。

（2）配套动力：单相电动机750瓦。

使用注意事项：

（1）使用时根据装瓶或装袋需要更换相应搅龙和搅龙套，更换时，应先拆下搅龙套，换上所需要的搅龙，而后再换上相应的搅龙套。

（2）装袋时，先把塑料袋套在搅龙套上，一手握套筒出口处，一手紧托塑料袋末端，徐缓退出。

（3）装瓶时将瓶口套入搅龙套，按装袋方法装满菌瓶。

（4）踏下离合器的脚踏板，使其完全结合后才开始工作，松

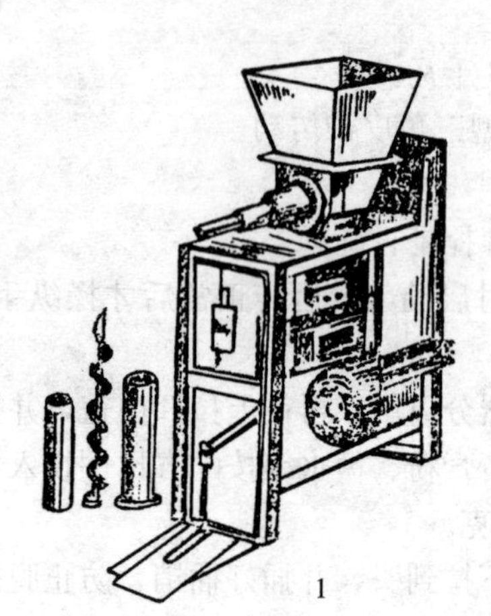

1　　2

图 3-7　装瓶装袋两用机

1. ZDP-3 型装瓶装袋两用机　2. ZD 型香菇装袋机

开脚踏板即停止送料。

（5）生产过程应及时添料和更换料瓶或料袋，如遇料斗内材料架空，切不可用手指伸入搅拌材料，以防伤手。

（四）培养基灭菌设备

1. 手提式高压蒸气灭菌锅（图 3-8）该设备是母种生产的必备设备，常用于试管灭菌。每次可灭菌 200～250 支试管。手提式灭菌锅常与调压器配套使用。

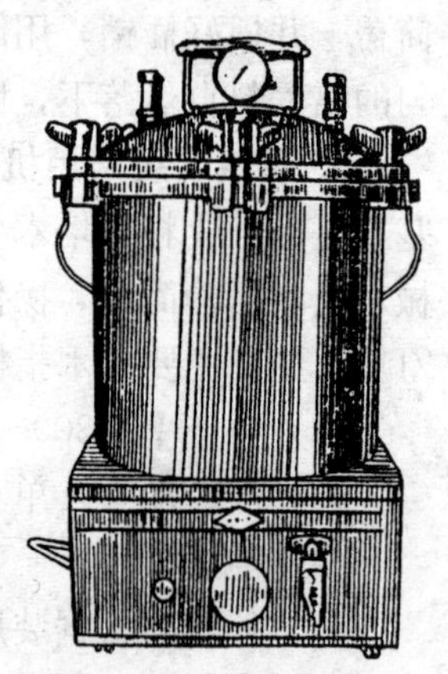

图 3-8　手提式高压蒸气灭菌锅

2. 高压蒸气灭菌锅　该类设备用于培养基的高压灭菌，容量有 200～280 瓶/次。自制高压蒸气灭菌锅的容量可达2 000瓶/次。灭菌锅有单门、双门的，也有单层、双层的。常用 4 毫米以上的钢板焊制并经有关部门调试检验后方可投入使用。目前推广的有 WS-2 型蒸气灭菌锅（图 3-9）和电热圆形卧式高压蒸气灭菌锅（图 3-10）。WS-2 型高压蒸气灭菌锅主要技术指标是：

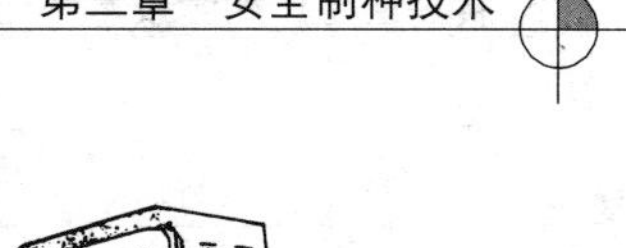

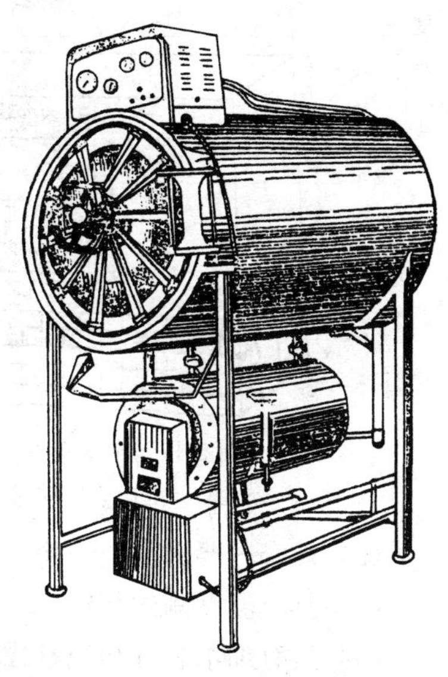

图 3-9 WS-2 型蒸气灭菌锅

图 3-10 电热圆形卧式高压蒸气灭菌锅

（1）锅体容量：200 瓶。

（2）额定压力：$1.47\times10^5\sim1.96\times10^5$ 帕。

使用注意事项详见产品说明书。

3. 常压灭菌灶（图 3-11） 常压灭菌灶是目前广大农村栽培者自己建造的灭菌设备，它有固定和活动两种灶型。固定灭菌灶用砖和水泥构筑，盛水容器用直径 80～100 厘米铁锅 1～2 个，外加一个备水锅。灶体体积大小不等，容量 1.5～3 米^3，可装 600～1 500瓶。活动灭菌灶常用于大规模菌袋生产，不用在菌种生产。固定常压灭菌灶设计时主要技术要求是：

（1）灶体大小依生产规模而定，灶仓内可安放一口锅，也可二口锅，灶仓砌墙范围比锅直径宽 20 厘米左右，灶仓内墙壁用水泥精细粉刷，灶顶圆拱形，蒸气冷凝水可沿仓壁下流，灶顶平坦，冷凝水易下滴打湿灭菌物。

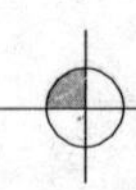

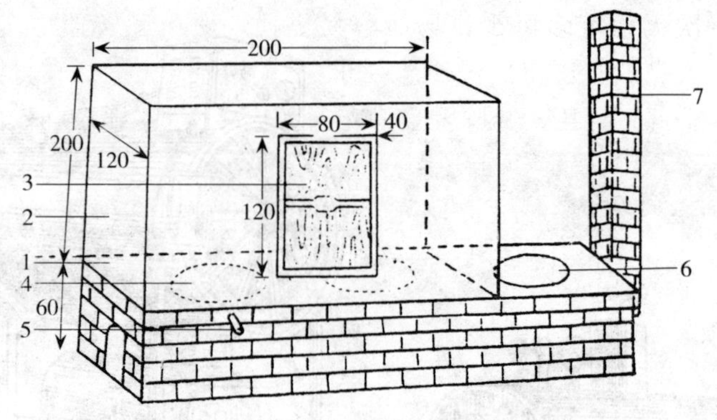

图 3-11　常压蒸气灭菌灶（单位：厘米）

1. 炉灶　2. 蒸仓　3. 仓门　4. 铁锅　5. 水位观察口　6. 备水锅　7. 烟囱

（2）灶仓内要有层架结构，便以分层装入灭菌物。

（3）具有温度测试装置，一般放在灶体中部小门中间。

（4）具有加水装置和观察或测试灶内水分残余多少的装置。

活动常压灭菌灶常由五个汽油桶组成，其中三个横放在灶膛上，装水作为蒸气发生器，两个放在底排桶的凹陷处，装水作为热水补给桶。在蒸气发生器附近平地上，按照周转筐规格的倍数和生产规模大小，确定具体菌袋堆放灭菌场所尺寸，用砖块砌一座 10 厘米高的矩形平台或利用现有水泥地面，平台或地面应表面光滑平坦，并在四周同一水平上设有绳索固定铁钩。灭菌时，把菌袋装入周转筐内，在矩形平台或水泥地面上层层有序叠起，在堆起的矩形方堆上方覆盖双层 0.06～0.08 毫米塑料膜，顶上再覆棉布或麻袋，外表用绳“十”字形加固在平台周围铁钩上，若无铁钩，四周用砂袋重压。塑料膜与周转筐之间设有冷凝水排水沟。周转筐可用啤酒筐，也可自制铁筐。周转筐数量不足时，可用周转筐固定堆形，中间垫高 15 厘米后把菌袋按“井”字形堆放。目前农村的香菇木屑栽培中，一次性灭菌从3 000～5 000袋至10 000～20 000袋的常压灶均有，以 5 千～1 万袋一灶规模为常见。这种灭菌灶具有投资

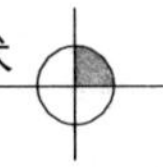

少，一次灭菌可多可少，场所容易更换，使用周转筐取放方便，破损率低等优点。操作上要求蒸气发生器的蒸气量要足，密闭性能好，冷凝水排除要彻底。

（五）接种室及接种设备

1. 接种室　这是大批量生产中常用的接种场所，特点是方便操作，接种速度快，但空间消毒效果常较接种箱差。规范化接种室应有缓冲间和接种室之分，两间开门处不置于同一直线上，以拉门为好，要配有日光灯、紫外线灯、工作台、水槽、升降椅和试剂架等。

2. 接种箱　由木质和玻璃加工的接种箱是目前最常使用的接种设备，大小不一，分有单人操作和双人操作，每箱装瓶接种数量从60～150瓶不等。结构和样式如图3-12。制作过程应注意：

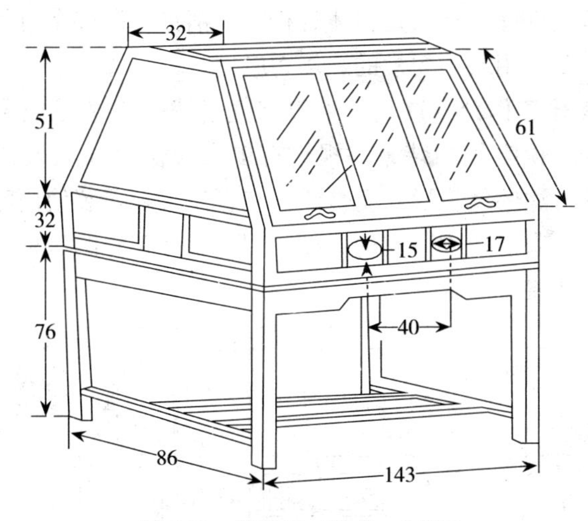

图3-12　接种箱（单位：厘米）

（1）整个箱体结构要密闭，顶板的左右各有一个直径10厘米的通气孔，孔面用8～12层纱布过滤空气。

（2）箱内要有日光灯（25～40瓦）和紫外灯（15～30瓦）各一盏。

为适应香菇、银耳等以长菌筒方式木屑栽培的需要，近年来创造了一种转轮式接种箱如图 3-13。特点是箱内装有转轮，转轮宽度等于菌筒的长度，以存放一定数量的菌筒。转轮垂直在转轮室内，菌筒可从转轮室后部的料门进出堆放。转轮室分成四室，作业时，三室堆放菌筒，一室供接种后菌袋堆放。转轮室直径 1 米，三室一次可堆放 80 筒左右。

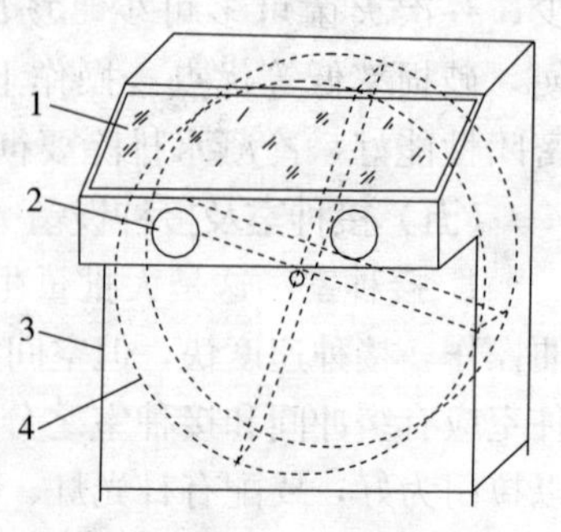

图 3-13　香菇长菌袋接种箱

1. 玻璃箱　2. 操作孔
3. 转轮箱　4. 转轮

优点是这种接种箱制造容易，移动方便，灭菌消毒容易彻底，操作者工作条件好；缺点是箱体容积小，消毒花费许多时间，生产效率低，仅适用于小规模的栽培者应用。

3. 净化工作台　这是一种以空气过滤去除杂菌孢子和灰尘颗粒达到净化空气的装置。规格有单人操作机和双人操作机两种，空气过滤的气流形式有平流式和直流式。安装使用时要配备结构合理、内墙粉刷讲究的干净房间，条件较好的菌种场可安装分离式空调机（图 3-14）。

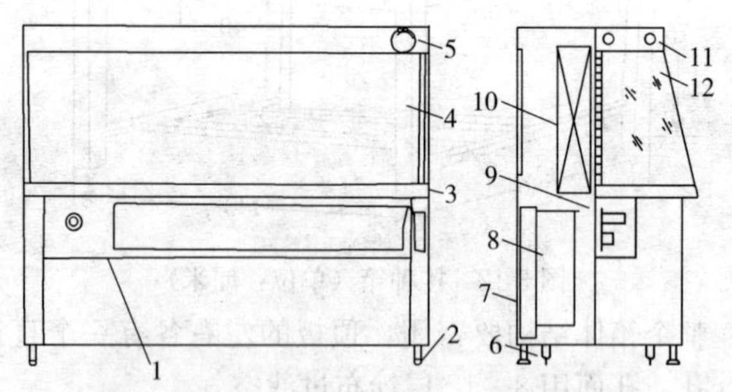

图 3-14　JW-CJ-IC 标准型双人净化工作台

1. 风机组调压器　2. 固定支承座　3. 工作台面　4. 网板　5. 微压表　6. 转轮
7. 粗过滤器　8. 风机组　9. 电气箱　10. 高效过滤器　11. 日光灯　12. 侧玻璃

4. 接种工具　主要种类有接种针、接种环、接种铲、接种匙、酒精灯、接种台等，菌种分离时还要有解剖刀、刀片、小镊子等（图 3-15）。

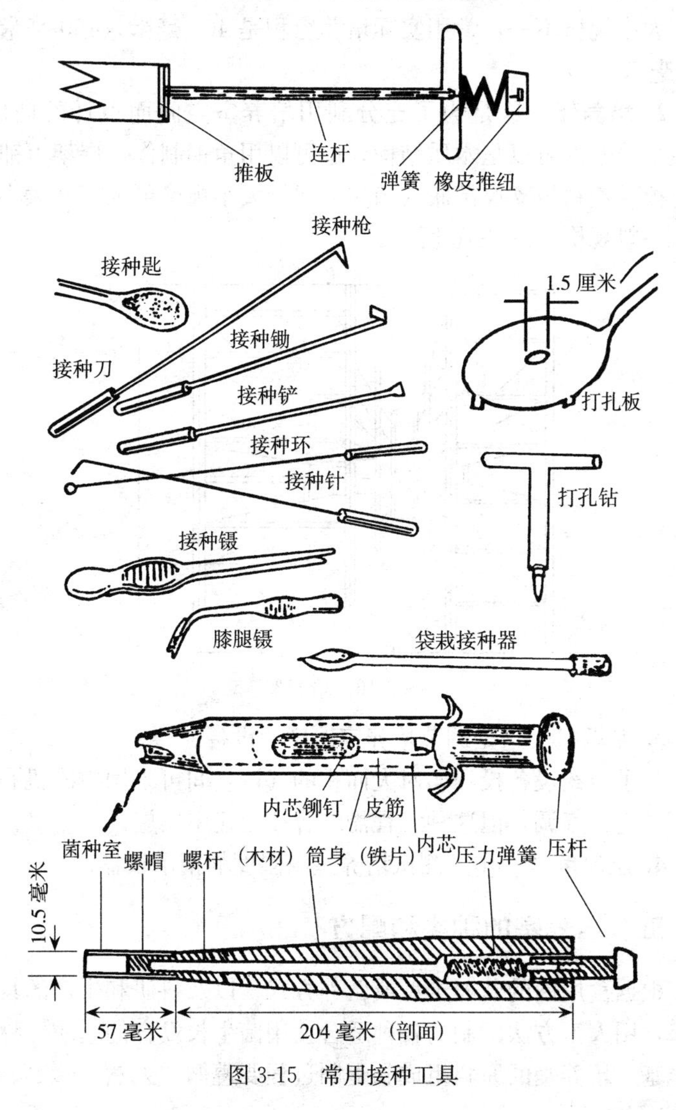

图 3-15　常用接种工具

（六）培养箱和培养室

1. 培养箱　用于母种培养的设备。常用的制热升温式培养箱，是由电炉丝和水银接触温度计组合成的固定体积的培养装置，大小规格不一，常用实际培养容积是400毫米×450毫米×500毫米。

2. 培养架　这是为了充分利用培养室空间而设计的菌瓶、菌袋培养架。可以是木质结构，也可以用角钢制作，层架上铺有薄木板或塑料板支撑菌瓶或菌袋。架子大小规格可依房间大小而定，一般规格如图3-16所示。

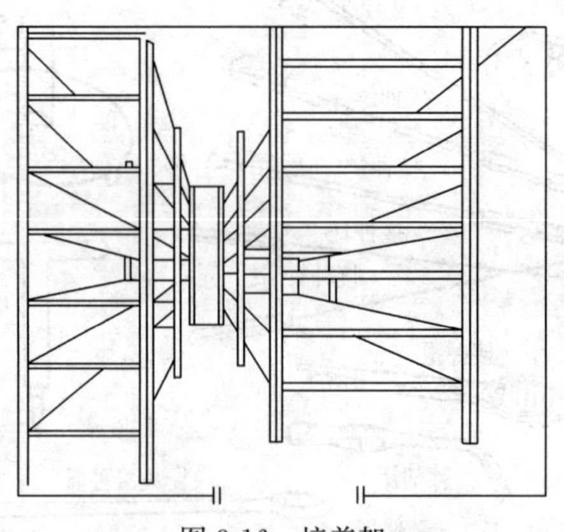

图3-16　培养架

3. 空调机　这是调节培养室温度的设备。

为了节约设备投资，对大面积的气调空间可采用冷冻机和通风管道进行气调，但这种工程需结合在土建中实施。

4. 温湿度计　用于测试培养室温湿度的指示仪器。

五、培养基的种类和配方

根据食用菌的营养类型或营养方式，以及科研和生产的具体要求，用人工方法配制的各种适合食用菌生长发育的基质，称作培养基。培养基的原料组成和配制过程要遵循“天然、营养、无

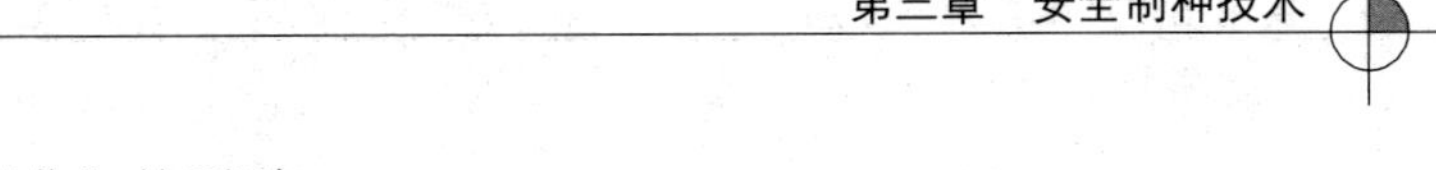

害化”的原则。

（一）培养基的种类

1. 根据营养物质的来源，可以把培养基分为天然培养基、半合成培养基和合成培养基。

（1）天然培养基　天然培养基是指用天然有机物配制而成的培养基。如各种农副产品及其下脚料——小麦、大豆、玉米粉、麸皮、米糠、豆饼、作物秸秆、木屑、棉籽壳、甘蔗渣等，以及动植物组织的浸出液——牛肉膏、肉汤、马铃薯汁、麦芽汁、豆芽汁等都可以用来配制天然培养基，这种培养基来源广、成本低、营养丰富，适合于在生产上大规模培养菌类使用。

常用的天然培养基有马铃薯琼脂培养基、木屑麸皮（或米糠）培养基和堆肥培养基等。

（2）半合成培养基　为了促进食用菌菌丝的生长发育，常在天然培养基中添加适量的无机盐类，或在合成培养基中添加适量的某些天然有机物，就成为半合成培养基。这类培养基种类繁多，应用广泛，也是生产菌种和实际栽培最常用的培养基。

（3）合成培养基　是指采用化学成分已知的有机物（碳水化合物、含氮化合物、有机酸类）或无机物配制而成的培养基。这类培养基组成和含量明确，价格较贵，一般用于在实验室范围内做有关营养、代谢、菌种鉴定等关于食用菌的生理生化研究。

2. 根据培养基制成后的物理状态，可将培养基分为液体培养基、半固体培养基和固体培养基。

（1）液体培养基　这种培养基呈液体状态，常用于细菌、放线菌等微生物的大规模工业生产以及代谢生理等研究工作。液体培养基在食用菌生产中也经常采用，食用菌在这种培养基中能更好地接触养料，生长迅速，但要满足食用菌对氧气的需要。一般小型试验采用摇床振荡培养；大批量的菌种生产，采用发酵罐深层培养。

（2）固体培养基　在液体培养基中，加入一定量的凝固剂便成为固体培养基。常用的凝固剂有琼脂、明胶、硅胶等，但在食用菌菌种生产中，一般只用琼脂作凝固剂。琼脂性能稳定，大约在96℃融化，40℃凝固。琼脂的添加量根据季节不同而有所不同，大约为1.5%～3%，冬天1.5%～2%，夏天2.0%～2.5%，生产用1.5%～2.5%，分离、保存菌种用2.5%～3%。

除此之外，生产食用菌常用的以各种富含维生素、木质素的木屑、棉籽壳、甘蔗渣、稻草等作物稿秆为主要原料，添加适量的辅助营养料（麸皮或米糠等）和水等混合制成的培养基，以及种木培养基、谷粒培养基等都是固体培养基。

（3）半固体培养基　液体培养基中添加少量琼脂（0.2%～0.5%）或一定量的玉米粉、麸皮等，使之成为半固体状态的培养基称为半固体培养基，如蜜环菌培养基。

3. 根据培养基的特殊用途，可将培养基分为基础培养基、加富培养基、鉴别培养基、选择性培养基等。

基础培养基是指含有某一类微生物所需基本营养成分的培养基；加富培养基是指添加某些动植物组织提取液等的高营养成分的培养基；鉴别培养基是指在培养基中加入某种试剂或化学药品，使不同微生物产生不同的反应，借以将它们区别开来，这种培养基在食用菌常规菌种生产中采用不多；选择性培养基是根据某一种或某一类微生物的特殊营养要求，或对一些物理、化学因素的抗性而设计的对培养对象具有选择作用的培养基。选择性培养基在菌种分离、纯化等工作中应用较多，例青霉素、链霉素等抗生素对细菌有抑制作用，但对食用菌的生长发育并无妨碍。因此，在食用菌菌种分离、纯化及平板上进行某些研究工作时，可加入青霉素、链霉素等抗菌素制成选择性培养基，以排除细菌污染对工作的干扰。

（二）培养基的配方

目前在可进行人工栽培的食用菌中，根据它们对营养物质的要求，大致分木生菌和粪草生菌两大类，它们分解和吸收的营养物质各不相同。另外，食用菌的菌种生产，按常规生产程序又分

为母种、原种和栽培种三级菌种制作，不同级菌种的培养基不尽相同。因此，食用菌培养基种类极多，现将常用的培养基配方列举如下：

1. 母种培养基

（1）通用培养基（适合于所有人工栽培的食用菌）

①马铃薯葡萄糖琼脂培养基（通称 PDA 培养基）：马铃薯（去皮）200～250 克，葡萄糖 20～25 克，琼脂 18～20 克，水1 000毫升。

②通用标准培养基：葡萄糖 20 克，蛋白胨 10 克，酵母浸膏 2 克，pH（灭菌前）5.5，磷酸二氢钾 1 克，硫酸镁 0.5 克，琼脂 25～30 克，水1 000毫升。

③食用菌培养基Ⅰ：麦芽浸膏 10 克，蛋白胨 1.5 克，酵母浸膏 0.5 克，麦芽糖 5 克、硫酸镁 0.5 克，磷酸二氢钾 0.25 克，硫酸钙 0.5 克，琼脂 30 克，水1 000毫升。

④食用菌培养基Ⅱ：麦芽浸膏 10 克，磷酸铵 1 克，硝酸铵 1 克，硫酸镁 0.1 克，硫酸铁 0.1 克，硫酸锰 0.05 克，琼脂 25 克，水1 000毫升。

⑤食用菌培养基Ⅲ：麦芽浸膏 15 克，酵母浸膏 15 克，蔗糖 10～40 克，磷酸二氢钾 1 克，硫酸镁 0.5 克，硫酸钠 2 克，硫酸铁 0.01 克，氯化钾 0.5 克，琼脂 15～25 克，水1 000毫升。

⑥玉米煎汁培养基：玉米粉 40 克，蔗糖 10 克，琼脂 15～20 克，水1 000毫升。

⑦麦芽煎汁培养基：干麦芽 50 克，琼脂 18～20 克，水1 000毫升。

⑧豆芽煎汁培养基：黄豆芽 200 克，葡萄糖 20 克，琼脂 20～25 克，水1 000毫升。

⑨胡萝卜培养基：胡萝卜 100 克，葡萄糖 18～20 克，琼脂 20 克，水1 000毫升。

⑩蛋白胨矿盐培养基：蛋白胨 4 克，葡萄糖 40 克，磷酸二

氢钾 4 克，氯化钙 0.1 克，碳酸钙 0.25 克，硫酸镁 2 克，琼脂 1.57 克，水1 000毫升。

⑪天门冬氨酸矿盐培养基：天门冬氨酸 4 克，磷酸铵 2 克，氯化钙 0.1 克，硫酸镁 2 克，磷酸二氢钾 4 克，碳酸钙 0.25 克，琼脂 15 克，水1 000毫升。

（2）适合于木生食用菌的母种培养基

①木生食用菌标准培养基：麦芽浸膏 20～25 克，蛋白胨 10 克，琼脂 20 克，水1 000毫升。

②洋葱酱油培养基：洋葱煎汁* 100 毫升，酿造酱油 20 毫升，蔗糖 50 克，琼脂 20 克，水 880 毫升。

③米糠煎汁琼脂培养基（藤沼配方，日本）：细米糠 50 克，蛋白胨 5 克，葡萄糖 100 克，硫酸镁 0.2 克，磷酸二氢钾 0.3 克，磷酸氢二钾 0.3 克，琼脂 20～25 克，水1 000毫升。

④利查次（Richards）培养基：硝酸铵 10 克，硫酸镁 2.5 克，磷酸二氢钾 5 克，蔗糖 50 克，琼脂 25 克，水1 000毫升。

（3）适合于粪草生食用菌的母种培养基

①双孢蘑菇培养基：葡萄糖 1 克，麦芽糖 1 克，蔗糖 3 克，硫酸镁 0.5 克，磷酸二氢钾 1 克，琼脂 18～20 克，水1 000毫升。

此培养基适合于双孢蘑菇担孢子的分离和培养。

②E. B. Lambert 培养基：葡萄糖 10 克，硫酸镁 0.5 克，磷酸二氢钾 1.9 克，琼脂 20 克，水1 000毫升。

此培养基适合于双孢蘑菇的担孢子萌发。

③粪汁培养基：马厩肥 150 克，玉米粉（取汤）20 克，琼脂 20 克，水1 000毫升。

此培养基供筛选蘑菇菌种用。

④完全培养基（Kaper 和 Miles，1958）：蛋白胨 2 克，葡萄糖 20 克，硫酸镁 0.5 克，维生素 B_1 0.05 毫克，磷酸氢二钾 1

* 洋葱煎汁　500 克洋葱加水 500 毫升，煮沸 30 分钟，过滤补足 500 毫升即成。

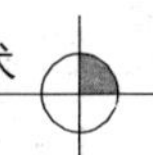

克，磷酸二氢钾 0.46 克，琼脂 18～20 克，水1 000毫升。

此培养基适于培养和分离草菇菌种。

⑤苹果汁培养基：苹果 100 克，蔗糖 20 克，蛋白胨 2 克，琼脂 18～20 克，水1 000毫升，pH（灭菌前）7.0～7.2。

此培养基适于培养草菇菌种。

（4）*其他母种培养基*

①杏汁培养基：干杏 40～50 克，琼脂 15～20 克，水1 000 毫升。

此培养基特别适合于金针菇子实体的发生。

②高粱培养基：高粱粉 30 克，琼脂 10 克，水1 000毫升。

此培养基适合于培养平菇菌种。

③酸性马铃薯葡萄糖琼脂培养基：马铃薯（去皮）200～250 克，葡萄糖 20 克，琼脂 25 克，水1 000毫升。

灭菌后加入 5%无菌的苹果酸溶液或 1%～5%柠檬酸或 4%的乳酸，此培养基适于分离和培养猴头菌种。

2. 原种培养基 原种培养基通常采用天然营养物质，加适量的无机盐类等制成的半合成固体培养基；也有采用谷粒制成的固体培养基。配方多样化，现将最常用的培养基介绍如下：

（1）*木屑米糠培养基* 阔叶树木屑 78%，细米糠或麸皮 20%，蔗糖 1%，碳酸钙或石膏粉 1%，料∶水=1∶1.3～1.5。

本培养基适合于各种木生食用菌的菌种生产。

（2）*粪草培养基* 干粪草* 90%，麸皮 8%，糖 1%，碳酸钙 1%，含水量 62%。

（3）*矿石培养基*（Lemke，1971） 膨胀珍珠岩（或硅石）1 450克、麸皮1 650克、石膏粉 200 克、碳酸钙 50 克、水

* 干粪草：干牛粪∶稻草=6∶4，堆积发酵 15～20 天（翻堆 2～3 次），堆制完成后，将粪草晒干备用。用前取出半腐熟的稻草切成约 3 厘米长即为干粪草。

1 650克、pH（灭菌后）6.2～6.4。

（2）和（3）适合于蘑菇原种生产。

（4）稻草米糠培养基　切碎稻草78%、细米糠或麸皮20%、蔗糖1%、碳酸钙1%、水适量。

此培养基适合于草菇、平菇、凤尾菇、鲍鱼菇菌种的生产。

（5）谷粒培养基　麦粒（小麦、大麦、燕麦等）98%，碳酸钙2%，含水量50%～55%，pH（灭菌后）5.6～6.7。

此培养基适用于木生菌（银耳菌种除外）和粪草生菌的原种生产。

3. 栽培种培养基　除了上述原种培养基可兼作栽培种培养基外，还有如下常用的栽培种培养基。

（1）棉籽壳培养基　棉籽壳88%，碳酸钙2%，麸皮（或细米糠）10%，料∶水=1∶1.7～2.0，含水量60%～70%。

此培养基适合于木生食用菌和草菇的菌种生产。

（2）甘蔗渣培养基　甘蔗渣79%，细米糠或麸皮20%，碳酸钙1%，料∶水=1∶1.1～2.0。

此培养基适合于某些木生菌如毛木耳、金针菇、猴头菌、平菇的菌种生产与栽培。

（3）羊粪培养基　干羊粪98%，碳酸钙2%（或石灰2%），含水量60%～65%。

先把羊粪按含水量要求浸湿，堆积一夜，使水分渗入羊粪粒中，再拌入碳酸钙。此培养基适用于蘑菇菌种生产。

（4）种木培养基　种木（楔形、棒形木块或枝条）10千克、红糖0.4千克、米糠或麸皮2千克，水适量。

六、培养基的制作技术

（一）母种培养基的制作技术

母种培养基通常采用半合成琼脂培养基。培养基中的天然有机物要求新鲜、无霉烂，马铃薯要去皮、去芽点。

1. 配制步骤（图 3-17）

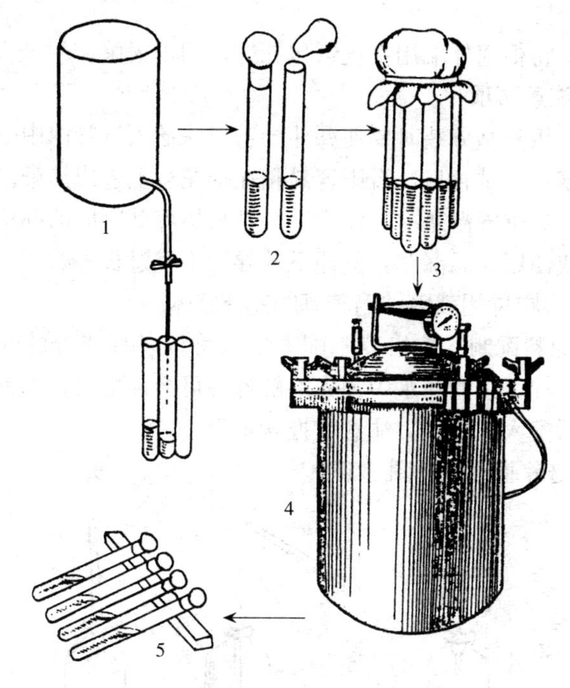

图 3-17　试管培养基配制步骤

1. 分装试管　2. 塞棉塞　3. 捆扎包好　4. 灭菌　5. 摆成斜面

（1）按配方要求称取各种营养物质。

（2）将去皮的马铃薯切块（或黄豆芽、洋葱等）加水，用文火煮沸 30 分钟，过滤取滤液，玉米粉加水搅拌，加热至 70℃左右保持 60 分钟或文火煮沸 20～30 分钟，过滤取滤液；麦芽加水并加热至 60～62℃保持 60 分钟，过滤取滤液。

（3）加入其他所需要营养物质，并补足水量。

（4）搅拌均匀，调节至适宜的酸碱度。

（5）加入琼脂，用文火加热使之熔化，并趁热分装试管或三角瓶中，分装量为试管长度的1/5～1/4（保藏用多些，生产用少些）。

（6）塞好棉塞，使棉塞表面与试管壁紧贴，2/3 在管内，1/3在管外。

（7）将棉塞外端用牛皮纸包扎好，即可灭菌。

2. 注意事项

（1）培养基分装时要使漏斗导管口深插入试管内中下部，不让培养基粘在试管口，否则容易粘在棉花塞上造成污染。

（2）冬季气温寒冷，注意采用延长培养基凝固的办法，如及时分装或使用保温漏斗，漏斗下的导管不宜过长等。

（二）原种和栽培种培养基的制作技术

1. 原料配制 按培养基配方要求称取各种成分的配料，先干拌后湿拌，注意在水中预先溶解各种可溶性配料，如糖、尿素等，然后配入干料中，注意掌握含水量。

2. 培养基分装（图 3-18）

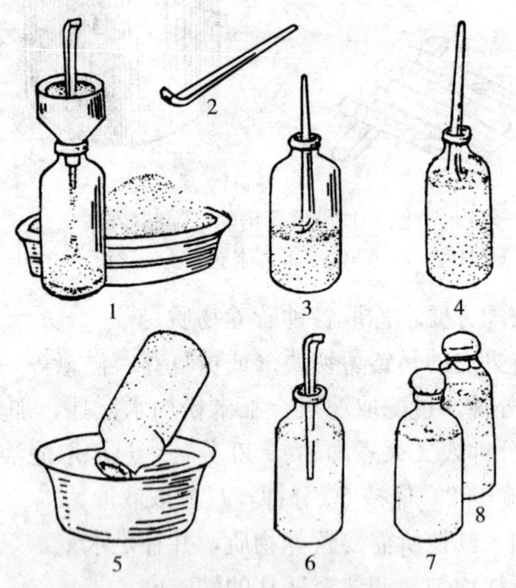

图 3-18 原种、栽培种制作方法

1. 装瓶 2. 捣木 3. 装料 4. 压平料面
5. 清洗瓶口、瓶壁 6. 打洞 7. 塞棉塞 8. 用牛皮纸包扎

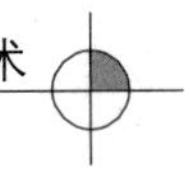

（1）容器　原种和栽培种常用透明度良好的750毫升菌瓶，栽培种也可用直径12～17厘米，厚度0.04～0.06毫米的聚丙烯或低压聚乙烯塑料袋。

（2）机械分装　选用送料筒口径与容器口径相当的装袋（瓶）机，启动马达，将配料送入料斗，容器即可接装配料。

（3）手工分装锯木屑培养基的方法　装瓶时，手握瓶颈，瓶底在木屑料堆上进行装料，装料过程中要上下轻轻拍打几下，使培养基向下沉实，料装至瓶肩时，料面要用T形或L形工具压平。培养基的松紧度要以下部稍松、上部稍实为好。培养基装完后用一根尖头木棒在培养基中央钻一个通达瓶底的洞，以利通气，利于菌丝繁殖。木屑培养基装瓶结束后，把瓶子内外洗净、擦干，再塞上棉塞，包上牛皮纸。

（4）粪草培养基的分装　粪草培养基装入瓶中的方法和木屑培养基相似。可用手或用有弹性的竹片将粪草料塞入瓶中，压实压平，然后洗净瓶内外，再塞上棉塞，包上牛皮纸。

（5）谷粒培养基的分装　把浸透蒸熟的麦粒，用碳酸钙拌匀至适湿（吸走麦粒表面多余的水分）装入瓶中，上方稍加压平，并填上一层发酵过的粪草料。

（6）种木培养基的制作与分装（图3-19）　种木的形状有楔形（三角形）、木块或枝条和棒形3种之分。

①楔形种木：先把木材锯成宽1.2厘米、厚0.5厘米的薄板，再在斜面上把薄板锯成横切面呈三角形的木条，后用利刀或冲床（冲）切成1.2厘米长的三角木。

②木块或枝条：把木材锯成宽1～2厘米、厚0.5厘米、长约10厘米，或将小口径枝条剪为约10厘米长。

③棒形种木：把段木轮切成1～1.8厘米的木轮，用直径0.8～1.2厘米的皮带冲或小冲床冲成圆柱木块，或将小枝条剪成长为1.5厘米的小段。

制种时，先把木块放在1%糖水中浸泡12小时左右或把木

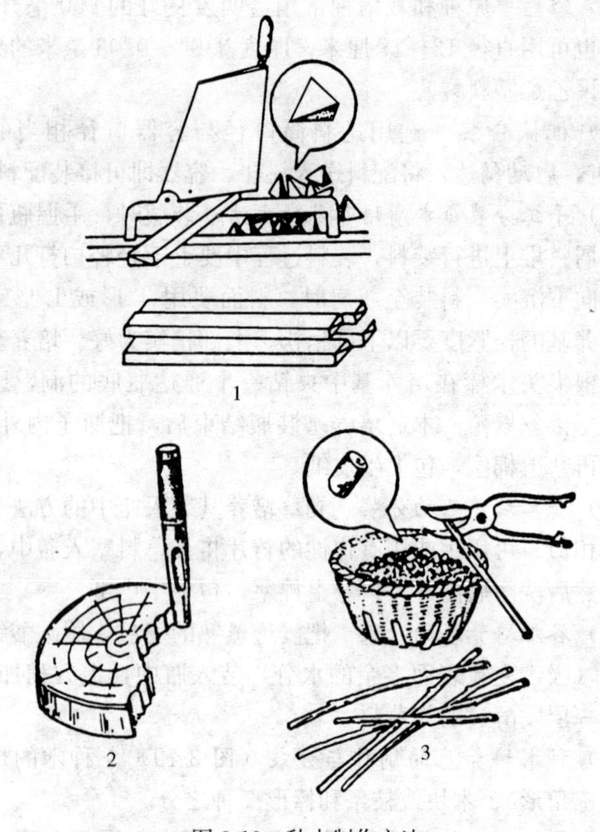

图 3-19 种木制作方法

1. 将种木锯成木条，再切成楔形木块

2. 用皮带冲冲出圆形木块 3. 用整枝剪将枝条剪成圆柱形

块倒入1%糖水中，煮沸30分钟，捞出后与米糠、碳酸钙拌匀；或按木屑培养基配方配好料之后，倒入木块拌匀，即可装瓶。装瓶后，表面再盖一薄层木屑培养基。

（三）生产性栽培袋的制作技术

许多食用菌如香菇、黑木耳、毛木耳、银耳、平菇、金针菇、滑菇等，都可采用袋式栽培。塑料袋包括聚丙烯或聚乙烯袋，塑料袋的规格因栽培方式而异。银耳栽培多采用12厘米×50厘米的长袋，两头扎紧，上表面打四个接种穴。香菇栽培多采用15～17厘米×55厘米，厚0.04～0.06毫米的长袋，两头扎紧，一面打3个接种穴，另一面打2个接种穴。黑木耳、毛木耳、平菇、金针菇多采用17厘米×35厘米的短袋，接种口上套颈圈、塞棉塞（图3-20）。

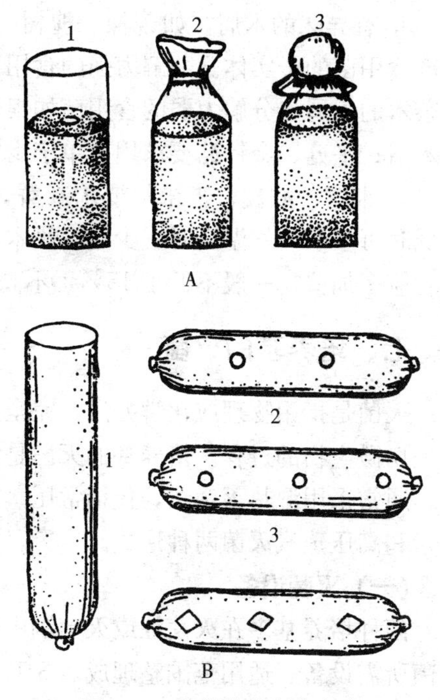

图3-20　栽培袋的制作方法
A. 短袋套颈圈装料法　1. 装料　2. 颈圈　3. 塞棉塞、包纸
B. 长袋打穴贴胶布装料法　1. 装料　2. 打接种穴　3. 贴封胶布

栽培袋的制作要求：配料前，木屑必须过筛，以免杂物刺破塑料袋。装短袋时，塑料袋底部两端的边角要用手向内压进，以利摆放。装袋培养基要求偏紧，以便能固定成形。

（四）生产原种、栽培种栽培袋培养基注意事项

1. 除了针叶树（松、杉、柏）和某些特殊的阔叶树（樟、楠、檫、木荷）之外，绝大多数阔叶树的木屑都可以利用。针叶树木屑经堆积发酵或用1%苛性钠或碳酸钠处理后，也可和阔叶树木屑搭配使用，柳杉、红松木屑也可以利用。

2. 木屑不宜过细，以免培养基太湿或通气不良，加工时渗入机油较多的木屑不宜利用。

3. 有异味的木屑，如苦楝、槐树、黄连木的木屑不适直接生产食用菌的子实体。分解力强的食用菌，如香菇、黑木耳宜用硬杂木的木屑；分解力弱的食用菌如银耳，应用易分解的阔叶树的木屑；平菇、金针菇要求用含单宁少的木屑。

4. 米糠、麸皮、玉米粉要求新鲜，用量可以酌情增减。气温低时可多些，气温高时宜少些，段木栽培少加些，作瓶栽、袋栽时应多加些，一般不低于15％，不高于25％。

七、培养基的灭菌

灭菌是指用物理或化学方法，完全杀死器物表面或培养基内的一切微生物的过程。培养基的灭菌是实现菌种纯培养的先决条件，通常采用湿热灭菌法，包括常压蒸汽灭菌（亦称流动蒸汽灭菌）和高压蒸汽灭菌两种形式。

（一）灭菌设备

菌种培养基多在灭菌灶或灭菌锅中进行蒸汽灭菌。现将蒸汽灭菌所需设备、适用范围整理成表3-1。

表3-1　蒸汽灭菌所需设备及其适用范围

灭菌方法		使用设备	灭菌条件	适用范围
高压灭菌		高压蒸汽灭菌锅	126℃，1.5～2小时	原种、栽培种培养基灭菌
常压灭菌	一次灭菌	灭菌灶	100℃，6～8小时	栽培种、栽培菌袋培养基灭菌
	间歇灭菌	灭菌灶	100℃，1～2小时 25℃，24小时，重复进行2～3次	栽培种培养基灭菌 栽培菌袋（瓶）培养基的灭菌

（二）培养基蒸汽灭菌方法

1. 一次性常压蒸汽灭菌灶操作步骤

（1）往灭菌灶内注入八分水。

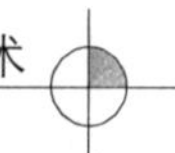

（2）将培养基按层次分别放入灶内，注意棉塞朝中间，且不靠灶壁排列，以利于蒸汽流动，否则影响灭菌效果，拖长灭菌时间。

（3）关闭灭菌灶门，点火加温（为缩短灭菌灶使用周期，提高灭菌灶的利用率，也可适当提前加温预热水）。

（4）灶门中部温度达到100℃时计算时间，保持6～8小时，注意灶内水位变化，避免干热燃烧现象发生。

（5）达到灭菌时间后停止加热，微开灶门，利用余热蒸发棉塞和容器表面水分，1～2小时后打开灶门，取出灭菌物放入预先消毒的冷却室。

2. 高压蒸汽灭菌锅操作步骤

（1）装入灭菌培养基，注意棉塞朝内不朝壁，关闭锅门，紧固螺帽。

（2）缓慢将蒸汽通入夹层预热，达到压力 4.9×10^4 帕时，打开排气阀，将冷空气排出。

（3）当压力升到 1.47×10^5 帕，温度达到126℃时，控制进气量和排冷气阀门，使温度压力均恒保持1.5～2小时。

（4）停止送气，使温度和压力自然降低，当压力降至 4.9×10^4 帕时，缓慢打开排气阀，使压力降到零，微开锅盖，让余热把水汽蒸发。

（5）打开锅盖，取出灭菌物，搬入预先消毒好的冷却室。

3. 手提高压灭菌锅操作步骤

（1）向锅内注入水到规定刻度，注意导气管要畅通。

（2）将灭菌物放入锅内，棉塞一端用牛皮纸扎牢，盖锅盖，紧固锅盖螺帽。

（3）通电加热，当压力达 4.9×10^4 帕时排放冷气。

（4）加热至压力 1.08×10^5 帕（琼脂培养基）或 1.47×10^5 帕（木屑、粪草培养基），调整电源电压，保持上述要求到0.5小时或1.5小时切断电源。

（5）当压力降到 4.9×10^4 帕时放开排气阀，压力到零时旋开锅盖螺帽，微开15分钟左右。

(6) 取出灭菌物，摆成斜面或搬入预先消毒好的接种室(箱)。

(三) 常用灭菌方法的灭菌效果检验

随机取灭菌过的培养基数瓶（袋），标明记号和日期，置25℃下培养3～7天，检查菌落种类、数量和出现部位。在取样过程中要注意从灭菌容器各个部位取出，以便检查灭菌容器各部位的灭菌效果。

八、接种

(一) 接种室与接种箱的消毒方法及其使用规程

接种工作可在预先消毒过的接种室或接种箱内进行，药物熏蒸、药液喷雾或紫外线照射均可达到消毒目的，若能三者并用，则消毒效果更好。

1. 接种室的消毒

(1) 药物熏蒸　接种室内空间较大，不易保持无菌状态，使用前一天必须进行熏蒸消毒。一般每立方米空间，需要4～6克气雾消毒剂或40%甲醛8毫升、高锰酸钾5克气化熏蒸。在接种的前一天，按照气雾消毒剂的用量说明，解开包装物，用盘碗盛消毒剂置于已关闭窗户的消毒空间的不同部位，明火点燃，迅速关门。采用甲醛和高锰酸钾消毒时，先密闭窗子，把称好的高锰酸钾放在大烧杯内，然后将甲醛液倒入杯内，立即出室关门。几秒钟后，甲醛液即沸腾挥发。甲醛对人的眼、鼻有强烈的刺激作用。可在熏蒸后12小时，量取与甲醛液等量的氨水，倒在另一烧杯里，迅速放入室内，可减少甲醛的刺激作用。使用氨水中和，至少应在接种前2小时进行。

(2) 药物喷雾　每次接种前，一般常用5%石炭酸溶液喷雾。石炭酸溶液除具有杀菌作用外，还可使空气中微粒和杂菌孢子沉降，使室内空气净化，并防止工作桌（台）面和地面微尘飞扬。

(3) 紫外线灯照射　接种室使用前，与药物喷雾的同时，应

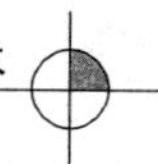

打开紫外线灯进行消毒，一般6米²大小的接种室（长3米，宽2米，高2米，能容纳1～2人工作），安装一支紫外线灯管即可（波长253.7纳米，功率30瓦）。照射时，先关闭照明灯，且人要离开室内，以防辐射伤人。照射结束后，须隔30分钟，待臭氧散尽后再入室工作，紫外线灯每次照射1小时为宜。

2. 接种箱的消毒　接种箱一般多用于分离工作和小规模的接种，使用前应进行严密的消毒。

（1）药物揩擦　使用前首先用0.25%新洁尔灭菌液将箱揩擦干净。

（2）甲醛熏蒸　特别是在进行分离工作和接种量较大情况下，箱内摆满了各种工具、器皿，液体药物喷雾难以触及器物所有表面，就必须进行熏蒸消毒，从而保证分离工作的成功，方法同接种室的熏蒸消毒。另外也可将盛有甲醛的烧杯，置于三角铁架上，用酒精灯直接加热，使甲醛液蒸发，进行熏蒸。

（3）气雾消毒剂熏蒸　称取5～10克气雾消毒剂放入盘碗中，明火点燃，关闭接种箱门。

（4）紫外线照射　经甲醛熏蒸过的接种箱，工作前再用紫外线灯照射20～30分钟，以达到空间杀菌目的。照射结束后，隔30分钟就可以开始工作。

（5）药物喷雾　如果接种箱只用于少量的接种工作（试管母种接种），则在使用前30分钟，喷一次5%石炭酸液，并同时用紫外线灯照射20分钟就可以了。因为接种时试管口还有酒精灯火焰封口这一关，一般被污染杂菌的可能性不大。

3. 接种室（箱）的使用规程

（1）接种室（箱）每次使用的前一天（或半天），将已灭过菌的瓶（袋）装培养基及各种需用物品搬进接种室（箱），同时进行消毒，最好采取药物熏蒸、喷雾、紫外灯照射并用，以提高消毒效果。

（2）操作前穿上无菌工作服、工作鞋，带好口罩和工作帽，

再用2%煤粉皂液将手浸洗几分钟，然后进入接种室。

(3) 接种前，用70%酒精棉球擦手。操作时要思想集中，严格认真、动作要轻，尽量减少空气波动，每次接种结束前，禁止打开门窗，避免空气污染。

(4) 工作结束后，及时搬出瓶袋培养物及其他物品，并将室内收拾干净。如果要连续使用接种室，必须重新进行全面的消毒灭菌。

(5) 温度高的季节，接种室内杂菌基数较高，更应提高消毒灭菌的水平，否则，污染率将是很高的，应引起高度重视。

(二) 接种方法

试管种（母种）的接种在接种箱内进行。原种（瓶装）和栽培种（瓶装或袋装）可在接种箱或接种室内进行；用来直接生产子实体的栽培袋，如筒式栽培袋或叫人造段木，一般在接种室内进行。

1. 试管种（母种）**的接种**　接种箱经消毒之后，就可开始接种。在进行接种操作之前，先将手洗干净，然后用2%煤酚皂液将手浸洗2分钟或用75%酒精棉球擦手。接种操作:左手拿起试管,右手拿接种针,将接种针放在酒精灯火焰上灼烧,冷却后,在酒精灯火焰附近拔开试管棉塞,试管口向下倾斜,用酒精灯火焰封锁,接着把冷却后的接种针伸入斜面菌种的试管内,钩取一小块带培养基的菌种块,在菌种块出入试管口时,不要接触管壁或管口,也不要过火焰,以防烫死或烧伤菌种,迅速把菌种块移接入斜面培养基的中部,把棉塞头的四周在火焰上烧一下,然后立即将棉塞塞入试管口,塞入后将棉塞旋转一两下,使之与管壁紧贴。(图3-21)根据斜面的大小,每支斜面菌种可扩大移植20～50支。

2. 原种和栽培种（瓶装或袋装）**的接种**　此项接种要求和操作基本与母种接种相同。注意的是培养基灭菌取出,待冷却之后才能接种,移入接种箱前必须把瓶的外壁擦干净,按无菌操作将母种用接种针移接入瓶内，一支母种可接4～6瓶原种（图3-22)。

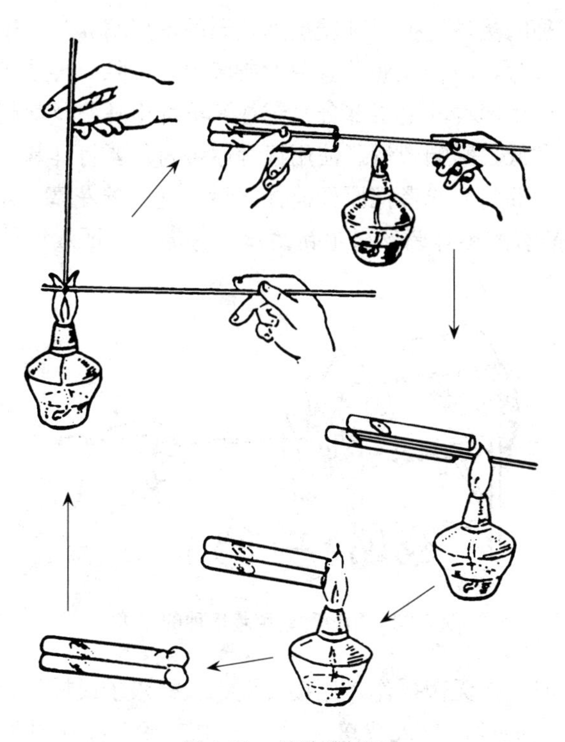

图 3-21　母种移植法

图 3-22　用母种繁殖原种的方法

栽培种的接种是把原种转接到相同的木屑培养基上进行扩大培养。接种时，原种表面的老菌丝或菌膜要去除后再使用，银耳的原种只使用菌种的上层部分，越往瓶下部银耳菌丝就越少，接种后出耳率低，影响产量。使用银耳原种时，要将耳基捣碎，并和香灰菌丝混匀，或者把原种搅拌之后，塞上棉花塞再培养 3～5 天，使断裂的银耳菌丝再生新菌丝，这样以保证栽培种的质量（图 3-23）。

图 3-23　用原种繁殖栽培种的方法

接种时，按无菌操作，用接种匙、长柄镊子或接种铲取出一块蚕豆大的原种，放入栽培种培养基中，每瓶银耳原种以扩大 30～50 瓶为宜（视耳基大小而定），其他菌种每瓶可扩大 50～80 瓶。接种工作，可单人操作，也可双人配合操作。进行单人操作时，先将原种棉塞拔出，瓶口经火焰灭菌之后，平放在筐架上，并使瓶口保持靠近火焰上部，然后进行接种。进行双人操作时，各自要有一盏酒精灯，以便进行瓶口、接种工具和棉塞灭菌。其中一人手拿菌种瓶和接种工具，另一个人手拿栽培种培养基和拔棉花塞，两人对接。操作时，要严格认真，动作轻捷，互相配合好。不论是单人接种或双人接种，瓶口均不能朝上，要平放或略为朝下。

3. 菌袋的接种　菌袋也称栽培袋或人工段木，是用塑料薄膜长袋装培养料，进行打穴接种培养而成。目前，这种形式多数

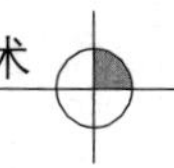

用于栽培香菇、银耳、黑木耳。用于银耳栽培的采用双层宽12厘米，长50～55厘米的塑料袋；用于香菇栽培的采用双层宽15～17厘米，长55厘米的塑料袋；用于黑木耳栽培的上述两种规格皆可。

菌袋的接种可在接种箱或接种室内进行。大面积栽培时，由于菌袋数量多，多在接种室内接种。长袋培养基多数采用在灭菌之前先打穴，银耳袋在一个面上等距离打4个穴，香菇袋按一面等距离打3个穴，对应的一面打2个穴，打好穴之后，每个穴都用事先准备好的边长3.4厘米方形胶布封口。为了避免胶布硬化，培养基灭菌之后，应趁热搬到消毒过的接种室中冷却，不宜放在锅内冷却，待袋温降至30℃以下方可接种。

（1）*接种箱接种法*　把冷却的菌袋搬入箱内，单人接种箱，一次搬入袋子的数量，以接完一瓶菌种为准，一般以20袋左右为宜；双人接种箱，一次搬入袋子的数量，以接完两瓶菌种为准，并同时把菌种和接种工具，一起搬入接种箱内，然后开启紫外线灯20～30分钟或用甲醛和高锰酸钾混合熏蒸30分钟后开始接种。

接种时，原种瓶壁的处理和接种工具的消毒同栽培种的接种。接种操作是：撕开接种口上的胶布，用接种铲或长镊子向菌种瓶内取蚕豆粒大的整块菌种，移入接种穴内，随即把撕开的胶布贴上去。接种银耳菌袋时，接种后的袋面要比孔口略低（凹3毫米左右为好）；接种香菇菌袋时，菌种尽量满穴，贴上胶布手触时，稍有凸感为好（图3-24）。

（2）*接种室接种法*　首先进行菌种的预处理。菌种的预处理在接种箱内进行，将菌种放入接种箱内，按无菌操作，除去菌种表层菌膜或老菌丝，再用消毒过塑料薄膜或牛皮纸包裹瓶口扎紧。接种时，把菌袋、菌种和接种工具一起搬入室内，用牛皮纸或纱布遮盖菌种瓶，用甲醛和高锰酸钾混合熏蒸，或开启紫外线灯，关门消毒1小时左右，然后开始接种。操作方法同接种箱接

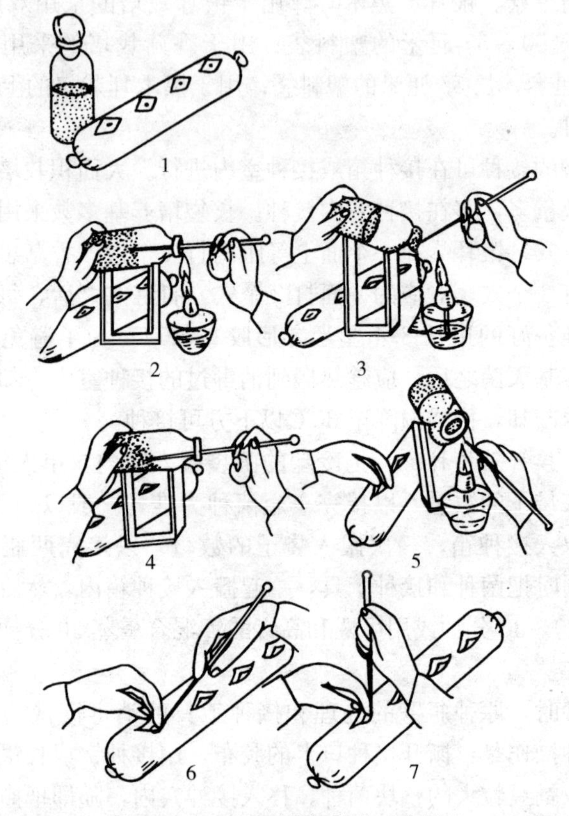

图 3-24　银耳菌筒接种示意图
1. 菌种和菌袋　2、3. 挖松并去掉银耳原基
4. 拌种　5. 取菌种　6、7. 接种、封口

种一样，可多人同时进行，也可按接种程序，多人配合进行。一般一个接种工具配备 4 人，分别进行传袋、开口与贴封、接种、排放等流水作业。接种室也可采用塑料薄膜围罩的简易房间或消毒后的培养室代替使用。

注意事项：室内接种，采用甲醛熏蒸，必须排除有毒气体后方可进行接种。为了减轻人体的药物反应，室内可按每立方米空

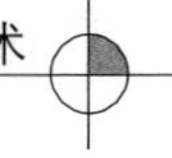

间，用25%～30%氨水溶液50毫升或用碳酸氢氨30克熏蒸，清除甲醛臭味后，再进行接种。

过氧乙酸是一种新型消毒剂，用于无菌室（箱）消毒时，药效优于甲醛熏蒸法，没有刺激性气味，兼有使用方便、安全、有效、经济的特点。使用方法详见书末附录及产品说明书。

九、培养条件的控制

菌种培养条件的控制主要依食用菌的生理要求而定，各种食用菌对外界环境条件的不同要求，决定培养条件有所不同。菌种培养条件的控制主要是温度、湿度、空气、光线的控制。

（一）温度控制

温度控制是菌种培养中最重要的措施。因为温度关系到菌丝生长的速度，菌丝对培养基分解能力的强弱，菌丝分泌酶的活性高低和菌丝生长的强壮程度。各种食用菌的每一品种对温度要求不同。在菌种培养中最关键的是冬季的升温保温和夏季的降温控制。

1. 升温

（1）常用升温方法　目前在菌种培养室常用木炭升温、电炉升温、蒸汽管（暖气片）升温和空调升温。各菌种场可根据当地条件选用最佳升温方法。

（2）温度控制　培养室升温时应注意：

①随着培养室内菌丝生长量的增加，菌丝发热程度将逐步加强，升温温度应随菌丝量的增加而降低，通常以最适培养温度为基准，每5天降1℃。

②菌瓶（袋）内菌丝在瓶（袋）内小气候中生长，其温度一般比外部空间高2～3℃，因此，室内控温时应当掌握在最适温度之下2～3℃为宜。

2. 降温　夏季高温期降温是制种厂（场）经常遇到的温控问题。菌种培养室目前常用空调降温、冰砖降温、遮荫降温、通风喷水降温等措施。利用防空洞的冷气对流引入培养室降温是一项实用的降温办法。

当采用喷湿降温时，应当加大通风量，以免培养室过湿而杂菌滋生。

广大农村菌种场采用排稀菌种密度,选择在海拔较高的地方制种,或在荫凉通风处培养菌种等措施,均可达到降温培养的效果。

香菇菌丝在温差大的条件下容易扭结。

（二）湿度控制

食用菌的菌种培养阶段是在固定容器内生长菌丝体，只要培养基水分适宜，温度控制就比较容易。至于培养室的湿度，目前主要依照自然条件，在梅雨季节，要特别注意培养室的通风降湿。因为此时外界湿度大，容易使棉花塞受潮，培养室内也容易因为有足够湿度而滋长杂菌。在这个季节应在室内定期撒上石灰吸潮，同时利用通风设施（排风扇等）通风除湿。若气温低时，可以用加温除湿的办法降低培养室的湿度。

（三）空气控制

目前栽培的食用菌都是好气性真菌，在培养条件控制时应该注意通风透气。在菌种排列密集的培养室内,要有适当窗户通风,特别要注意空气的对流。可在培养室上下各设一定窗口，便于冷热空气对流通风。但窗口大小依菌种量多少、房间的大小而定。

（四）光线控制

各种食用菌在菌丝培养阶段均不需要光线或只需要微弱的散射光，菌种最好在避光条件下培养。香菇菌种在光线较强的场所培养时易出原基，产生菌被，消耗养分；毛木耳、黑木耳、平菇、凤尾菇等也有此种现象。

十、菌种和菌袋污染的原因及其综合防治措施

在代料栽培食用菌日益发展的今天，以制种工艺生产各种食用菌栽培袋（简称菌袋），同制种一样有一个减少杂菌污染，提高成品率的问题。无论是制种或是菌袋栽培，污染率的高低直接

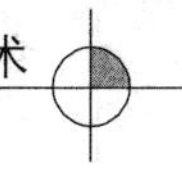

影响经济效益。

制种、制袋过程杂菌污染是由于外界微生物入侵菌瓶、菌袋的结果。在目前广大农村设备尚较简陋的条件下，造成污染的途径很多，减少污染主要靠人们认真操作，把好各个技术环节。但在实际操作中，有的环节是可以通过人为操作来降低污染率，有的环节却是生产工艺和设备本身造成的污染，是难以克服的问题，只有靠工艺改革，设备改造更新来解决。造成污染后，人们不仅要及时观察鉴别出污染物，保证菌种纯种培养和菌袋成功率的提高，而且要客观总结造成污染的原因，采取相应的补救措施。这样，才有利于制种、制袋成本的降低和技术操作水平的提高。

（一）污染原因

1. 菌种本身不是纯培养　无论是制种（母种、原种、栽培种）还是制菌袋，都要使用纯种接种培养。用于繁殖扩大的菌种本身是否纯培养，直接决定扩大繁殖的纯度，本身已污染的菌种繁殖扩大到新的培养环境中必然造成新的污染。这种情况下，污染常发生在接种菌块之中或周围，污染往往是小批量的规模，污染杂菌种类比较一致。

这类污染依靠严格控制菌种生产条件和严格检查菌种质量来克服，从琼脂培养基的试管种就开始质量检查。以天然固体培养基培养时更要注意细菌污染和防止杂菌菌丝被食用菌菌丝所覆盖。同时注意菌种生产尽量离开栽培场所。

2. 工艺不合理，设备过于简陋　在目前食用菌熟料栽培的过程中，都要经过常压或高压灭菌，使培养基达到无菌后再接种进行纯培养。广大农村的菇农制种、制袋每个环节的设备是分散的，不能形成一个流水作业线，且灭菌、冷却、接种环境均难达到基本的无菌要求，造成无菌培养基重新污染，浪费大量人力和燃料。特别是灭菌后冷却过程，由于菌瓶或菌袋随着冷却温度的降低，气体体积缩小，造成瓶（袋）内气压降低，冷却室空间若杂菌孢子浓度高，杂菌不仅附着在菌瓶（袋）表面，而且随着瓶（袋）

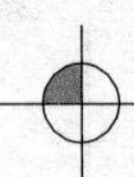

内外气压的动态平衡而进入瓶内或袋内导致污染。当棉塞受潮或菌袋破损时，污染机会更多。凭着经验而采取一些药物消毒、操作时间选择、冷却时门窗的控制等措施虽然对降低污染率有一些作用，但不能从根本上克服污染率高的问题，用这种粗放的工艺和简陋的设备进行大规模生产必然造成重大污染损失。要从根本上克服污染，必须提倡规模生产，具有控制微生物传播的合理规范的生产工艺，配有空气过滤设备，高效低毒药剂及必要的喷雾装置。

3. 培养基灭菌不彻底造成的污染 无论是常压灭菌还是高压灭菌，如果同一批灭菌的培养基中大多数或全部污染，杂菌种类多样，在培养基上中下各部位均出现杂菌，那么这种现象标志着可能是灭菌不彻底造成的缘故。

影响灭菌效果的主要因素有：

（1）培养基原材料预湿的适宜度和均匀度 在采用蒸气灭菌时，是靠水蒸气的温度和穿透能力达到灭菌目的的。水分热传导性能比许多固体培养基（木屑、粪草等）的热传导性能好，如果培养基预湿适宜均匀，在灭菌过程中温度传递较容易达到均匀；如果预湿不透，仅在料面形成一层水膜，而蒸汽又不能穿透干燥处，那么达不到彻底灭菌的效果（表 3-2）。因此在培养基配料过程中应当让其湿透，块状培养基（木块、种木、粪块）应当让水分浸透或捣碎，使水分均匀地湿润。

表 3-2 湿热灭菌和干热灭菌穿透力的比较

方法	灭菌温度（℃）	加热时间（小时）	穿过布层后的温度（℃）	灭菌效果
湿热	105.3	3	20 层 101	完全灭菌，受热均匀
			40 层 101	完全灭菌，受热均匀
			100 层 101	完全灭菌，受热均匀
干热	130～140	4	20 层 86	不完全灭菌，受热不均
			40 层 76	不完全灭菌，受热不均
			100 层 70	不完全灭菌，受热不均

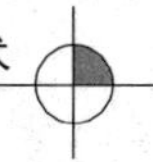

（2）培养基的酸碱度 在培养基含有水的情况下，pH 对培养基的灭菌效果有较大的影响。由于氢离子（H^+）对细胞壁水解和对细胞质中碱基的亲合作用，促成生理反应加剧，加快细胞生命的停止。因此，适宜偏酸性的木生食用菌培养基灭菌时间可以比适宜中性或微碱性的草菇、蘑菇培养基的时间短（表 3-3）。

表 3-3 pH 与灭菌时间的关系

温度（℃）	孢子数量（个/毫升）	灭菌时间（分钟）				
		pH6.1	pH5.3	pH5.0	pH4.7	pH4.5
120	10 000	8	7	5	3	3
115	10 000	25	25	22	13	13
110	10 000	70	65	35	30	24
100	10 000	740	720	180	150	150

（3）培养基营养成分 在培养基成分中，糖、脂肪和蛋白质由于传热性不佳，而对微生物有一定的保护作用。特别是浓度较高的有机营养物质，当其表面受热变性后能形成一层保护膜影响热的传导，从而提高微生物的耐热性。但这种耐热性同浓度（即基质中含水量）有关（表 3-4），相反，无机盐、碱、酸等则可以削弱微生物的耐热性，这同提高微生物细胞壁的导热性能有关系。

表 3-4 蛋白质含水量和凝固温度

蛋白质含水量（%）	凝固温度（℃）
50	56
25	74～80
18	80～90
6	145
0	160～170

作为培养食用菌的原料，通过灭菌既要达到无菌状态，又要保持营养成分少破坏。在灭菌过程中要处理好温度、压力和时间的关系，可以根据在高温条件下微生物死亡比有机物破坏来得快

的特性，提高灭菌温度，缩短灭菌时间，达到既无菌又保护营养的目的。细菌抗热致死温度和时间关系见表3-5。

表3-5　细菌抗热致死温度和时间的关系

细菌种类	D_{90}（分钟）	TDT（分钟）	温度（℃）
营养细胞		2～3	50
芽孢		30	71
枯草杆菌	11.3	15～60	100
嗜热脂肪芽孢杆菌	300	3 000	100
产气荚膜杆菌	0.3～17.6	5～10	100
内毒芽孢杆菌		300～530	100
丁酸杆菌	10～12		85

注：D_{90}指杀死90%的细胞所需时间；TDT指杀死所有细胞所需时间。

（4）*灭菌方式和灭菌锅（灶）的容量*　食用菌制种制袋生产中，培养料（基）灭菌可在高压灭菌锅、常压灭菌锅或灭菌灶中进行。常压灶灭菌时间长，耗能大，但制作容易，技术和材料要求低。高压灭菌设备须按有关压力容器要求选材和凭证制造检验，成本高，但灭菌时间短，效率高，比常压灭菌彻底。

根据实践经验，常压灭菌灶每次灭菌以800～1 000袋的容量为限度。灭菌灶体积小，灶内升温快，培养基内微生物自繁时间短，培养基内pH降低少，灭菌效果更有把握。高压灭菌只要锅炉蒸汽化量与锅体积相适应即可，但蒸汽送气口的挡气板应当随着进气管口直径的增大而增大，使蒸汽进入锅内大面积扩散，这样可减少棉塞受潮，防止污染。

（5）*灭菌锅（灶）内培养基的堆叠方式*　锅内菌瓶或菌袋排列形式对灭菌效果亦会有很大的影响，特别是以塑料袋为容器的培养基灭菌，排列形式对灭菌效果影响更大。因为塑料袋受热后变软，若遇菌袋装料不紧，且采用堆柴片式堆叠，在加温时菌袋之间可能紧贴形成一体，使直径只有10多厘米的多个菌袋，变成直径几十厘米甚至更大的“菌袋”，导致热传导由表到里的路

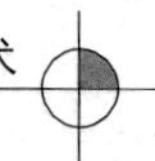

程变远，结果延误了灭菌时间，影响灭菌效果。菌瓶由于外壁是坚硬的玻璃，瓶与瓶之间有间隙，致以蒸气较易使各瓶均匀受热。如果把菌袋改为“井”字形排列，且每叠高 3～4 层为限，以层板相隔开后再重新往上架叠，这样就较容易使蒸汽正常对流，锅（灶）内温度均匀，穿透培养基较容易，取得较好的灭菌效果。有的栽培者为了达到突击生产的目的，不顾锅（灶）容量，柴片式过量堆叠菌袋，其结果不仅灭菌时间拉长，而且效果也不理想。活动式灭菌灶，应使用周转筐装袋。

（6）灭菌锅（灶）内的温度与压力　高压灭菌锅衡量灭菌效果是通过压力表和温度计。湿热蒸气灭菌的食用菌母种培养基，要求 1.08×10^5 帕的压力，木屑、粪草、麦粒培养基要求 1.47×10^5 帕的压力，这时锅内温度在 121～126℃并维持时间 0.5～2 小时。在实际操作中，经常发现灭菌不过关的现象，特别是初学者和一些操作粗心的人员。造成这种灭菌不过关的原因是冷空气排除不干净。排除冷空气有两种方法，一种是先关闭气阀当压力上升到 4.9×10^4 帕，再打开气阀排除冷空气。这种方法要注意棉塞用牛皮纸和棉线扎紧，防止冲出试管口或瓶口；二是从加温开始就打开气阀，当气阀出口蒸汽直立冲出，气温较高时才关闭阀门，进入灭菌状态。高压锅内冷空气排除程度与温度、压力的关系见表 3-6。

表 3-6　冷空气排放程度与锅内温度、压力的关系

压力计（千帕）	温　　度（℃）				
	冷空气完全排除	冷空气排除 2/3	冷空气排除 1/2	冷空气排除 1/3	完全没有排除
34.5	109	100	94	90	72
69.0	115	109	105	100	90
103.4	121	115	112	109	100
137.9	126	121	118	115	109
172.4	130	126	124	121	115
206.8	135	130	128	126	121

常压灭菌时无排气问题，但要注意常压灭菌灶结构对气流温度的影响，方形灶内一般靠盛水锅的4个边角气温最低，在建灶时，沿着锅沿把四个角落砌成圆形，以便灶内均衡升温，达到同步灭菌的目的。常压灭菌温度越高，灭菌所需时间越短（表3-7）。

表3-7　常压灭菌的微生物致死时间

温度（℃）	微生物死亡时间（分钟）	灭菌所需时间（分钟）
100	180	260
99	210	290
98	240	320
97	280	360
96	330	410
95	390	470

4. 操作不慎造成的污染　操作技术包括灭菌操作、灭菌后无菌处理、接种过程无菌操作、接种后的培养条件控制等。操作不慎造成的污染，杂菌不仅在接种块周围，还常在其他料面的表面，呈花花点点，不一定集中一处，且无规律。避免或减少这类污染的主要技术环节有：

（1）莫使棉塞受潮。高压灭菌时，菌瓶（袋）排列棉塞要朝内不靠锅壁，要夹层预热，进气由小到大，灭菌结束时，让其自然冷却，锅门微开，让余热把棉塞上水气蒸发，若一次大开锅门，冷空气大量进入锅内，不仅有杂菌空气污染菌瓶（袋）表面，而且棉塞潮湿。

（2）接种室或接种箱使用前必须严格消毒。

（3）接种过程要严格无菌操作，进入接种室后要少走动、少说话。

①特别要注意在火焰上方接种。

②拔出棉塞时不要用力直线上拔，应当旋转式拔出，避免造成瓶内空气负压，外界空气突然进入。

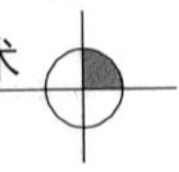

③棉塞潮湿应更换灭菌过的干燥棉塞。

④接种时要将瓶口朝下，特别在取出棉塞后瓶口一定要朝下。

⑤菌袋接种时应做好菌种接种前的处理工作。

5. 培养环境造成污染　接种后污染率低，随着时间推移污染率逐渐增高，这种现象主要是由于培养环境过于潮湿，或污染源严重污染培养室造成的。此外还有菌瓶棉塞潮湿、菌袋破裂，老鼠、蟑螂为害等也可造成这种现象。

（二）综合防治措施

（1）选育优良菌种和制作优质菌种。

（2）按照菌丝营养条件控制培养环境条件。

（3）合理安排制种季节，避让容易滋生杂菌的天气。

（4）适当加大接种量。

（5）提高人员素质，提高操作技术。

（6）适当药物防治。

（7）改造或更新制种设备，改革制种、制袋工艺。

十一、菌种质量和目测指标

菌种的质量是食用菌栽培的内因，既关系到栽培菌产量的高低，也关系到栽培者的切身利益。

菌种质量的检测包括微观指标、宏观指标和生化指标，这些指标目前只应用于科研者与生产者之中。通过各种检测手段，可以鉴别某菌种是什么菌种（分类地位），鉴定某菌种是不是可以应用到生产上去。菌种优良程度是一个综合性指标，不是某一指标就可以决定的。

（一）微观指标

这个指标是指通过显微观察而获得的指标常数或现象。

同宗结合的食用菌，如双孢蘑菇、姬松茸、草菇，菌丝皆无锁状连合，菌丝有隔膜和分枝。双孢蘑菇菌丝形似腊肠。观察草菇菌丝发现，菌丝分枝角度大的，出菇率高，产量高；分枝角度小，平行排列的，产量低，出菇率低。

异宗结合的食用菌，经显微观察，每个菌丝细胞均有两个细胞核，在横隔膜处有锁状连合。香菇菌丝粗细不均，锁状连合在菌丝间相距较近，且分布均匀者一般均为高产和抗杂能力较强的菌株；木耳菌丝粗细不均，根状分枝较多，锁状连合没有香菇明显和繁多，还可见到钩状或马蹄状分生孢子；金针菇菌丝粗细均匀，锁状突起半圆形，有的半把握形，可见粉孢子；平菇菌丝粗细不均，分枝性强，锁状连合频率高于香菇，锁状突起呈半圆形；猴头菇菌丝粗壮，粗细均匀，分枝强，锁状连合多，且锁状形态大；银耳菌丝纤细、短，粗细均匀，锁状突起小而少。

各种食用菌的菌丝生长一般均以色泽、速度、均匀度等特征加以观察是否正常，判断菌种生长是否正常，是否可用，但辨别不了是否优质高产。

在天然固体培养基上生长的各种食用菌菌丝，如粪草培养基上双孢蘑菇菌丝、木屑培养基上香菇菌丝若外观无异，生长速度过缓慢，常是培养基内有细菌污染或病毒寄生造成的。

（二）生化指标

通过各种化验分析的方法，判断菌株可能具有某种或某些优良性状。这种方法目前只限用于新菌株选育时作为参照依据，其规律性有的食用菌较明显，有的还不明显。可供参考的生化指标主要有：

1. 呼吸强度　采用呼吸仪，测定菌丝呼吸强度，测定氧气（O_2）消耗量和二氧化碳（CO_2）增长量，判断菌株呼吸强度与产量的关系。如双孢蘑菇和香菇均发现呼吸强度大的菌株产量高。

2. 多酚氧化酶　食用菌中普遍存在多酚氧化酶，它是参与分解木质素的酶种之一，其含量高、活性强的菌株，一般是高产菌株，起码对香菇菌株来说是如此。含多化酚氧化酶的菌株子实体色泽好。

3. 虫漆酶　各种食用菌中虫漆酶的含量不同，各生长期的含量也不同，是参与分解木质素的酶种之一。相同条件下培养的同量菌丝含虫漆酶量高的菌株是好菌株，其同化培养基能力强，培养基残留物少。

4. 纤维素酶和半纤维素酶　不同食用菌中纤维素酶和半纤维素酶所含的种类和含量不同。实验认为，松菇、金针菇、滑菇的纤维素酶活性较高，耳类纤维素酶活性高于香菇。香菇、双孢蘑菇纤维素酶的活性较低。相同条件下，菌龄相同的菌株这两种酶活性较高的产量较高。

5. 同工酶　以同工酶谱测定菌株的优良程度是目前食用菌菌株优良性状检测指标之一，也是同一种类食用菌的不同菌株的鉴别方法之一。通过同工酶谱带的多少、宽窄、强弱，可以判断菌株之间遗传性状的相似程度和差异程度；同工酶谱与培养基基质成分、培养温度、pH、环境条件有关系，可以作为一种综合性状的检测指标。

6. 菌种分子标志检测　以各种食用菌菌种细胞中染色体的数量和染色体中遗传表达结构中大分子或分子基因为标志，检测不同的食用菌菌种的特殊标志和同一种食用菌各菌株的特殊标志，常用的方法有电泳染色体组型脱氧核糖核酸（DNA）鉴定分析法，限制性片断长度多态性（RAPD，RFCP）分析等方法。

（三）宏观指标

1. 子实体形状　一般以子实体色泽、厚薄、大小等形态特征作为菌株鉴定的宏观指标。这些指标均以商品要求为标准，所以说也是品种的经济指标。如香菇以大小适中，肉厚，色深，边缘内卷，柄短细为优良；双孢蘑菇以色白，子实体大小适中，菌柄短，不易开伞等为优良；银耳以色白，开片好，蒂头小，松泡率高为优良；金针菇以菌盖未开伞，直径 1.5 厘米以内，柄长 13～15 厘米，全体洁白或淡黄色，菌柄基部无绒毛，新鲜度好为优良；黑木耳以朵大肉厚，单片率高、耳面黑褐色，有光亮感，背面暗灰色，干耳浸泡时吸水率高为优良，一般春耳优于秋耳；白背毛木耳以朵大肉厚，耳面正反两面黑白分明为优良；猴头菇子实体以白色块状，圆而厚，表面布满菌刺，孢子未大量产生之前采收为优良；杏鲍菇以色白或乳白，菌柄粗长且结实，菌盖小且不易开伞，表面有丝状光泽，平滑，含水量低为优良；姬松茸以色泽鲜黄，菌盖半球形，直径4厘米以上，菌柄粗壮，未开伞时采收为优良；赤灵芝以朵大，菌管层厚，菌盖圆整，盖面色鲜艳，有光泽，背面鲜黄或淡黄色，菌柄短，菇体结实坚硬为优良。

2. 菇峰期长短　指每批菇持续产菇时间和两批菇之间间隔时间长短。各种食用菌菇峰长短不一，相同种类的不同品种也有所区别，如香菇，一般高温型菌种菇峰期短，间隔时间也短；低温型菌种菇峰期长，间隔时间也长。这与该品种对培养基同化能力有关系，与各种外界条件也有一定关系。一般同种食用菌凡是菇潮多，两菇潮间隔时间短，这样的菌种产量高，说明是优良菌株。例如优良的蘑菇菌种5～7天可以长一潮菇，甚至可以连续不断出菇；不良的菌种发生一潮菇要间隔15～20天才能再发生，所以产量低。

3. 出菇快慢和难易　食用菌栽培中以快出菇（第一潮菇）、出好菇作为菌种优良的一种指标，因其便于栽培，便于管理。凡具备生命力强，分解基质快，使基质变色明显，失重率高这些特征的菌株均可以作为优良菌株栽培。

4. 干燥率　子实体干燥率与子实体含水量有很大关系，一般说耐恶劣环境的优良菌株，干燥率较高。

（四）检测菌种的目测指标

1. 母种（试管种）**目测指标**　菌丝体在斜面上的色泽、质地（絮状、羽毛状等）、生长速度与温度的关系，以及菌丝分枝角度、有无隔膜或锁状连合等，均可作为试管种的目测指标（表3-8）。

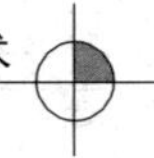

表 3-8　试管种目测指标一览表

<table>
<tr><td>香菇</td><td colspan="2">菌丝白色，棉絮状，初时较细，色较淡，后逐步粗壮变白，有伸向空间的气生菌丝，平伏生长的速度不等，一般每天生长 0.7～1.0 厘米，长满管后各种品种爬壁能力不同，一般都有爬壁现象，菌丝在琼脂培养基上生长不使培养基变色。通常中、高温品种在电冰箱中保存，可在试管内生长子实体，培养最适温度 24℃。</td></tr>
<tr><td>双孢蘑菇</td><td colspan="2">菌丝白色或灰白色,菌落分为三大类:气生型、贴生型和线(束)状型,生长现象有所不同。气生型,菌丝雪白,孢子分离 7 天左右肉眼可见星芒状菌落,随着慢速延伸,呈绣球、绒毛状,外缘整齐;贴生型,菌丝紧贴培养基表面延伸,菌丝体纤细,灰白色,稀疏,生长速度慢;线(束)状型,菌丝较粗壮,在培养基表面呈线状生长,生长速度较快。气生型菌种的产量仅为线状型的 1/6,目前使用的菌种多为线状型。培养适温为23℃左右,高温(26℃以上)培养时,菌丝发黄、变脆。</td></tr>
<tr><td>木耳</td><td colspan="2">菌丝白色至米黄色,平贴培养基匍匐生长,菌丝短,整齐,生长速度各品种不同,日生长 0.5 厘米左右，在 28℃培养条件下 13～15 天长满 5 厘米的斜面，满管后培养基呈浅黄色至茶褐色，见光情况下，斜面边缘或表面出现胶质琥珀状原基，毛木耳老化有红褐色、珊瑚状原基出现，培养温度 28℃。</td></tr>
<tr><td>草菇</td><td colspan="2">菌落分正常和不正常两种类型。菌丝浓密，均匀，灰白或淡黄白色，透明状，生长快，原垣孢子少为正常菌株；菌丝稀疏，成簇绒毛星散分布，生长速度慢，均为不正常菌株，不能继续使用。培养适温为 30℃。</td></tr>
<tr><td>金针菇</td><td colspan="2">菌丝白色，细棉绒状，稍有爬壁能力，生长速度与香菇相仿，老时菌落表面呈淡污褐色，低温保存时，试管内菌落上面出现水珠易形成子实体。</td></tr>
<tr><td>平菇</td><td colspan="2">菌丝白色，粗壮有力，气生菌丝发达，爬壁性强，菌丝密集，生长速度快，不分泌色素，具有耐高温性能，6～7 天长满 5 厘米的试管斜面，低温保存，能产生珊瑚状子实体。</td></tr>
<tr><td>猴头菇</td><td colspan="2">菌丝呈白色，菌丝初期繁殖较慢，呈绒毛状，向四周放射延伸，菌丝紧贴培养基表面，不爬壁，无气生菌丝，嗜酸性培养基，斜面易形成子实体。</td></tr>
<tr><td rowspan="2">银耳</td><td>纯白银耳菌丝</td><td>纯银耳菌丝白色，短而细密，先端由不明显到明显，生长整齐，菌丝开始斜立或直立，同培养基平面有角度，生长速度缓慢，日生长量约 1 毫米左右，过湿易出现酵母状分生孢子，菌落中部易出水珠，分泌白色至浅黄色水球，形成浅黄至黄色耳芽，白毛团周围一圈紧贴培养基晕环，不易胶质化，适合段木栽培；相反，则适宜代料栽培。培养适宜温度 23℃。</td></tr>
<tr><td>羽毛状香灰菌丝</td><td>香灰菌丝呈羽毛状，爬壁能力较强，6～7 天长满 5 厘米的斜面，3～5 天后分泌黑色色素。时间较久时，培养基变黑色，并出现炭质黑圈。培养适宜温度 30℃。</td></tr>
</table>

某些食用菌的双核菌丝经多次转管移植，也会出现变异、出现“退化”现象。如菌丝生长形成角形菌落，出现这种角变的菌株，出菇很少。因此，质量鉴定时，若发现培养基上（或粪草、麦粒、木屑培养基表面）出现白色的、菌丝浓密的扇形菌落，这种菌种应及时淘汰。

某些食用菌可以根据菌丝的生长速度和浓密的程度，推测菌株的温度类型。例如香菇、平菇的某些不同菌株，在相同的培养基上，菌丝生长比较浓密、速度比较慢的菌株，出菇温度比较低；而菌丝生长比较稀疏、速度比较快的菌株，出菇温度比较高。

此外，从菌落的形态还可以初步断定食用菌的菌龄。伞菌类的食用菌，菌丝浓密，易形成原基的是菌龄大的菌株，菌丝稀疏，不易形成原基的是菌龄较小的菌株。胶质类的食用菌，菌丝浓密，不易形成子实体原基的是菌龄较小的菌株；相反，菌丝稀疏，容易形成子实体原基或容易变成无性孢子的菌株是菌龄较大的菌株。

2. 原种、栽培种（二级种、三级种）**目测指标**

（1）香菇木屑菌种

①菌丝白色，棉絮状。在木屑培养基上每天生长 1.0 厘米左右，粗细菌丝相间均匀，末端基本成一平面，在过湿培养基上生长粗壮；在发酵的木屑培养基和加玉米粉培养基上，菌丝雪白。

②菌丝长满菌瓶后有气生菌丝出现，随着菌丝繁殖代数增加和培养基营养丰富时，气生菌丝生长加快。分泌褐色菌汁的特征因品种不同而不同，通常在 30℃之后，野生菌种易分泌酱油状液体，色泽深，而引进菌株分泌液颜色较淡。

③菌丝与瓶壁脱离迟早与装料松紧和干湿度有关，装料过松过于易脱离，相反迟脱离。菌丝紧贴瓶壁上，在见光处和有温差刺激下，有头状密集菌丝体出现，这是菌丝扭结现象，也是易出菇的标志之一。

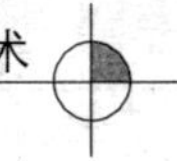

④菌丝生长过的木屑颜色变化大，说明菌种分解能力强或水分适宜；变化小说明菌种分解木屑能力弱或水分过干。

⑤菌丝从瓶中取出后保湿培养，恢复快为正常；恢复慢且易出现褐变，说明菌种低劣。接种后不易定植成活。

⑥菌瓶去掉棉塞后气味正常，无异味，菌瓶表面水珠甚少，是香菇纯培养物；若有异味，表面水珠很多的要防止霉菌污染。

⑦注意棉塞上的污染情况，菌丝与瓶（袋）壁萎缩分开的，不宜使用，这种情况若实在需要，也只能用中部少量菌种。

（2）蘑菇菌种

①蘑菇菌种常用稻草、麦秆或麦粒三种培养基。稻草种菌丝洁白，粗细均匀，后期出现菌索，进而出现黄水，750毫升瓶装以28天左右菌龄为宜，袋装以35天菌龄为宜（23℃培养）。麦秆种菌丝较稻草种菌丝色深（不浓白），但菌块收缩较少，瓶装培养基30天左右，菌袋38天左右长满。麦粒菌种制种时麦料干湿度和灭菌压力、温度的控制很重要，有菌被产生的说明过湿，上下不均匀时说明预湿不佳。

②蘑菇菌丝培养适宜温度23℃，过度菌丝黄褐色，蛛丝状，这种菌丝繁殖后不易吃料。

③优良的蘑菇菌种，应当具备抗高温，吃料快，菌丝色泽正常，抗病能力强。

④菌种污染了杂菌或发生螨类为害时，应尽早去除并销毁。

（3）木耳菌种

①菌丝洁白，菌丝生长均匀密集，前缘平面整齐、上下一致。

②菌丝长满瓶后出现浅黄色的色素，黑木耳由下而上出现胶质耳基，毛木耳耳基常在表面。

③菌种瓶内菌种与瓶壁紧贴，水珠白色为适龄菌种，菌丝分泌黄色液体为老化菌种，原基自溶，黄水较多时不可使用。

④毛木耳若耳基过多，只能用下部少量菌种。

（4）草菇菌种

①正常的草菇菌丝是灰黄色，半透明状，蓬松，在菌瓶中分布均匀，菌丝密集，有红褐色的厚垣孢子产生。

②若菌瓶中有白色棉絮状菌丝出现，则有杂菌。

③菌丝表面凋缩、不蓬松，培养料干缩有水分溢出，证明老化，不宜使用。

④根据栽培经验，厚垣孢子多的菌种，子实体较小较密，相反则较大较稀疏。

⑤菌龄，稻（麦）草种 20 天为宜。

（5）金针菇菌种

①菌丝体白色，在木屑培养上生长比香菇纤细，密集。

②菌丝长满瓶后，遇到低温能出现原基，长出成丛子实体。原基一般从表面产生或从菌袋中培养基与菌袋间隙处产生。

③菌种以健壮、富有弹性易出菇，原基色泽黄白色，原基整齐，菌盖不易开伞的菌种为优良菌种，菌龄控制在 25～30 天为宜。

（6）平菇（凤尾菇）

①优良平菇（凤尾菇）菌种菌丝洁白，粗壮，密集，菌丝粗细相间，比香菇菌丝更粗，成熟菌种在表面产生珊瑚状菇蕾（凤尾菇）或紫黑色原基（鲍鱼菇）等。

②菌丝呈棉毛状，有爬壁能力，分解培养基变色明显，菌丝粗细相间，分布均匀，没有杂菌害虫的为优良菌种。

③麦粒菌种若菌丝生长缓慢，其原因一是过干，二是有杂菌污染（含细菌和霉菌），三是过湿。

④若出现菌丝生长稀疏，发育不均或收缩自溶产生红褐色液体，均不宜使用。

（7）银耳菌种

①银耳菌种由于长期人工栽培所使用的基质不同，产生有适宜于段木栽培和适宜木屑、棉籽壳等代料栽培的菌种。两种不同

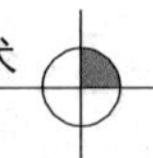

基质栽培的菌种，在菌种培养时间，耳基分化期限等方面有较大的不同。

②适用于代料栽培的菌种应是菌龄（从发育程序上说）较大的菌种，即无论在母种、原种或栽培种培养基上易分化耳基且能开片的菌种。

③母种、原种、栽培种在代料培养基上不易开片，但白毛团生长正常，母种20～25天、原种35～40天、栽培种30～35天有角质化等菌种适宜段木栽培。

④在菌种中羽毛状菌丝生长速度快，爬壁能力强，分布均匀，有灰黑相间的花斑，黑色色素多、黑色斑纹多的为好菌种。

⑤银耳菌种优良程度不仅是要求纯白菌丝生长好，而且要求羽毛状菌丝生长好，选育优良菌种分别从两种菌丝着手，然后混合使用。

⑥接种时应当两种菌丝混合均匀，特别是纯白菌丝，若没有纯白菌丝就不会出耳，但可用银耳孢子液注射补救。

（8）猴头菌种

①菌丝洁白、浓密，初时生长速度慢，后期较快，上下均匀，在培养基表面易形成子实体（珊瑚状）。

②在pH≤4的培养基上生长速度加快，生长旺盛。

③菌种萎缩，吐淡黄色液体为老化菌种。

在木屑培养基中，木生食用菌的双核菌丝长到瓶底后，能立即回头（向上）生长，在培养基上方的空间中，产生气生菌丝并扭结成原基的菌株是好的菌株。这种容易由营养生长转入生殖生长的菌株，有可能是高产的菌株。而那些菌丝长满瓶后，培养基原封不动，不变色，未被分解，菌丝长成一层白色的菌皮，不容易生菇的是不好的菌株。这种现象在灰树花菌种中表现尤为明显。

十二、菌种的分离技术

人工栽培的食用菌都是从野生菇（耳）分离驯化而来的。经过长期的栽培、选种和育种，才产生多种多样的食用菌优良栽培品种（菌株）。由于长期的研究和实践，已建立起一套科学的菌种分离和繁殖技术。

(一) 孢子分离法

1. 多孢分离法

（1）用接种环直接钩取伞菌菌盖、菌褶中的孢子涂布于平板培养基上或试管斜面培养基中，可得到单孢菌落，也可得到多孢菌落。简单多孢分离可采用此法。

（2）采一块银耳或木耳耳片，用铁丝钩吊挂于有培养基的三角瓶中，也可切取一块伞菌菌褶贴于试管斜面上部管壁，让其弹射孢子，获得多孢分离菌株。

2. 单孢分离法 异宗结合的菌类进行杂交育种时，通常需要分离单孢子，获得单孢菌株，再配对杂交。对于同宗结合的食用菌，单孢分离也是遗传育种不可少的技术。

（1）单孢子分离可用单孢分离器，在显微镜下，直接挑取平板中的单孢子，再置于空白平板中培养，从而获得单孢菌株。

（2）用平板稀释分离法获得单孢子菌株，此法同一般微生物学常用的平板稀释分离法。

（3）还可用接种环在平板上划线的办法获得单孢子菌落。

用单孢分离器获得单孢菌株，不需要进行单孢鉴定。而用稀释分离或划线分离获得的单孢菌株，需用显微镜检查鉴定，以获得具有无锁状连合结构的单核菌丝为单孢菌落。对不形成锁状连合结构的少数菌类，如草菇等，则不用此法。

(二) 组织分离法

1. 菇类子实体组织分离 菇类子实体的柄、盖均可用作组织分离的材料，但一般均取菌盖、菌柄连接处的菌肉组织进行分离。此处菌肉较厚，容易操作。分离时在接种箱内按无菌操作进行，菇体需经表面消毒后撕开，用尖镊子或接种钩挑取一小块中部菌肉组织，放入试管斜面培养基中央即可（图 3-25）。

2. 耳类组织分离 耳类（黑木耳、毛木耳）因子实体较薄，作为分离组织块的耳片需晾干，经无菌处理后，轻轻地在无菌操作中撕开子实层，在无孢一面挑取一小块菌肉组织放入试管培养基上培养。注意切勿沾到孢子。

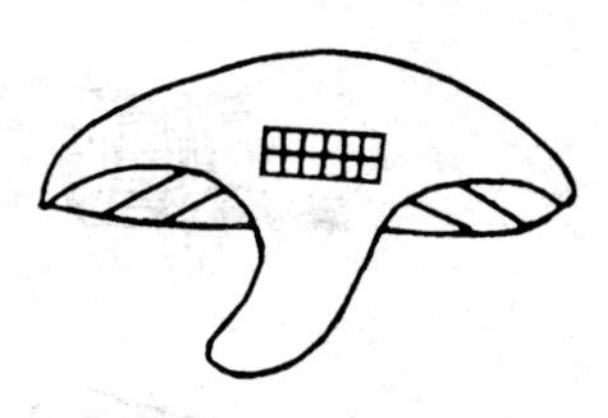

图 3-25 菇类组织分离

3. 菌索组织分离 蜜环菌、假蜜环菌菌丝生长时，常形成大量的外壳坚硬粗壮的菌索，把菌索洗净消毒，剪成 1 厘米小段，接入培养基斜面即可。菌索组织分离也须在接种箱内按无菌操作进行。

（三）基质分离法

基质分离法也叫做基内菌丝分离法。基质分离包括耳（菇）木分离、菌袋（瓶）分离等形式。木耳、银耳的子实体胶质，组织分离较难成功，多采用耳木分离法获得菌种。对于组织分离较易成功的菇类，基质分离可作为菌种分离的一种辅助措施。

耳木分离的关键是取耳基下耳木。先用锯子锯下该段耳木，带回实验室，按无菌操作，经表面消毒，用利刀切除表面，后切取一小块洁净无菌耳木放入试管斜面，则可获得纯菌种。黑木耳及木生菇类亦可采用此法（图 3-26）。

代料栽培的菌袋（筒）也可分离到适宜菌种。选择子实体生长优质高产的菌袋（筒），最好是只长过一潮菇（耳）的菌袋（筒）带回实验室，稍加晾干，在无菌条件下用灭菌刀切开菌袋（筒），从菌丝生长旺盛，无杂菌，培养料色泽、气味正常处挑取菌丝块放入试管斜面培养。

各种食药用菌的基质分离和纯化的难易有很大的不同。一般单一纯种的基质分离和纯化较容易，而混种（如银耳种）分离和纯化较困难。银耳菌种的羽毛状耳友菌丝分离和纯化较容易，而纯白银耳菌丝分离和纯化较困难。当获得生长银耳基质之后，首先把耳友

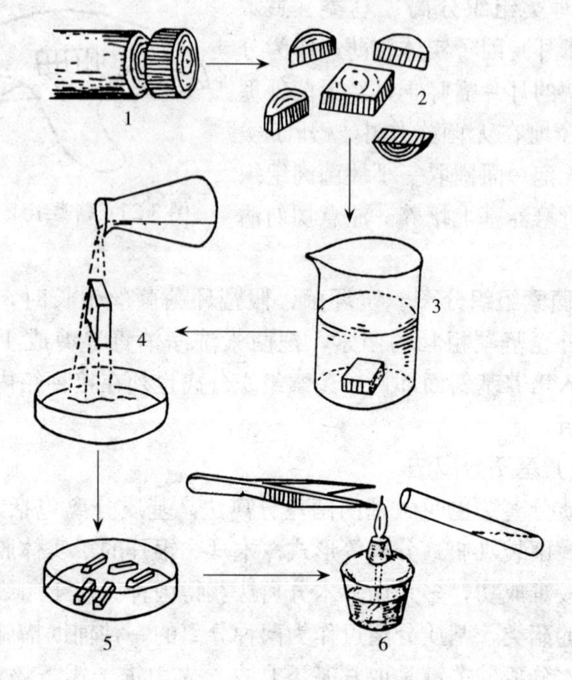

图 3-26　耳木分离示意图

1. 种木　2. 切去外围部分　3. 消毒

4. 冲洗　5. 切成小块　6. 接入斜面

菌丝分离和纯化保藏。然后把基质置于常温下晾干，当羽毛状菌丝生命力极大减弱或死亡时，在耳基深处分离银耳菌丝。当获得银耳菌丝时，往往还混有羽毛状菌丝，这时必须对相对干燥的试管斜面培养基进行多次小心挑选纯化，才有望获得银耳纯菌丝体。

十三、菌种的保藏和复壮

（一）菌种的保藏方法

菌种是重要的生物资源，也是食用菌生产首要的生产资料。一个优良菌种，如果管理不好，就会引起衰退，污染杂菌，甚至

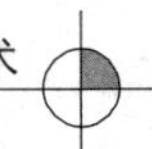

死亡，给生产带来严重损失。因此，保藏菌种和选育菌种具有同样重要的意义。分离或引进优良菌种要用适当的办法妥善保存，以保持其生活力和优良性状，降低菌种的衰亡程度，确保菌种为纯培养，防止杂菌和螨类的污染。通常采取的措施是干燥、低温、冷冻和减少氧气，尽量降低菌丝的代谢活动，遏止其繁殖，减少其变异，使之处于休眠状态，使外界环境的变化对菌种的影响减少到最小的程度。菌种保藏应着重注意温度，温度高了，菌丝体将继续缓慢进行生长发育，不断消耗基质中的营养。随着营养的枯竭，菌种老化的程度也就愈加严重，甚至导致菌种自溶死亡。因此，采用低温、干燥、缺氧的办法，能够有效的控制其生命活动。以下介绍几种简单易行的保藏方法。

1. 琼脂斜面低温保藏法 这是常用的最简便的保藏方法，即将菌种在适宜的斜面培养基上培养到接近成熟后，放入冰箱中（4～6℃）保藏，每隔 6～8 个月移植 1 次，几乎所有的食用菌（除草菇外）都可以使用这种方法保藏菌种。草菇是高温性菌种，在 5℃以下的低温，菌丝体容易死亡，需提高到 10～12℃保藏。

利用低温保藏菌种，应尽可能使菌丝体在培养基上不干、不死，以延长保藏的时间。为达到此目的，应做到：

（1）必须使用营养丰富的天然培养基，使菌丝体发育健壮。生长不良的菌种（菌丝体纤弱、稀疏等）处于长期低温环境下，菌丝体往往会发生倒伏，甚至自溶而失去生活力。健壮的菌种利于低温保藏。

（2）琼脂具有保水的功能，在配制保藏用培养基时，琼脂量可从一般用量的 2%加大到 2.5%，以减少水分的蒸发。

（3）菌种培养成熟后，为减少培养基水分的散失，最好将试管棉塞齐管口处剪平，上用石矿蜡封严以后，再包扎一层塑料薄膜，以延长保藏时间。

（4）适当加大试管内琼脂培养基的用量，使每管不少于 12 毫升，适当摆长斜面，以延缓水分的损耗。事实证明，只要培养基不干，菌种也就不会死亡，也无损菌种的质量。

（5）为防止菌种在保藏过程中产生的酸分积累过多，在配制保藏培养基时还需加入少量缓冲剂，一般加入0.2%～0.3%的磷酸氢二钾或磷酸二氢钾。

（6）保持冰箱内温度的稳定，不要随意或过多的打开冰箱，在条件允许下，设置一个永久性的保藏冰箱，与经常用菌种的冰箱分开使用。

（7）在菌种培养基干缩到一定程度时，再取出转接试管，一般应每隔一定时期，调换一次培养基配方，以补充营养、水分，消除菌丝体代谢产物的影响，保持菌种正常的生活能力。

（8）没有冰箱的菌种场，可采用土法保藏。如把母种试管密封后放在固体尿素中保存，或蜡封后再用塑料薄膜包紧管口部分，置于较大的广口瓶中，瓶口密闭，悬于井底保藏。

菌种的斜面保藏法保藏时间较短，需经常转管移植，转管次数多了，不仅易造成差错，招致污染，且创伤多，消耗大，对菌种的活力也有影响。因此，在生产上最好把斜面低温保藏法与其他方法结合起来，以减少转接次数。可在母种第一次扩大培养时，多转几支斜面，并分3种处理，第一种处理取3～4支作石蜡保藏；第二种处理暂存在4℃低温处，留以后生产用；第三种处理用于生产。待低温保存的菌种用完后，再从第一代石蜡保藏的菌种中移出繁殖，这样做可使每批生产所用菌种都保持在前几代的水平，有利于优良种性的保持，使衰老的速度减慢。

2. 石蜡保藏法 食用菌的菌丝体都可用此法保藏。在菌苔上灌注液体石蜡可以防止培养基水分的散失，使菌丝体与空气隔绝，以降低新陈代谢，从而达到保藏的目的。此法保藏菌种一般可贮藏2～3年，但最好每1～2年移植1次。加了石蜡的菌种，置于室温下保藏比放在冰箱内更好。

将100毫升液体石蜡注入250毫升三角瓶中，在121℃下灭菌2小时，再在40℃烘箱中烘烤几小时，蒸发水分备用。然后

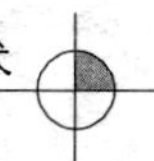

在无菌操作条件下，在培养好了的斜面菌种上注入一层石蜡油，注入量以高出斜面尖端1厘米为度。灌注少了部分菌丝会暴露在石蜡油上，培养基容易干燥；灌注多了，以后移植时也不方便。刚从石蜡油菌种中移出的菌丝体常沾有石蜡油，生长较弱，因此需要再移植1次，才能恢复生长。

使用石蜡保藏时，菌种必须置在小铁丝篓或试管架上垂直存放。棉塞易受污染，最好将棉塞齐管口剪平，用石矿蜡密封后再以塑料薄膜包扎贮于清洁、避光的木柜中。

3. 麦粒保藏法 用麦粒来保藏蘑菇和灵芝菌种，保藏期蘑菇达一年半，而灵芝可达5年之久仍有生活力。制作方法如下：

（1）取无病虫害新鲜小麦，淘洗后，在水温20℃下浸5小时，使麦粒含水量达25%为宜。

（2）将麦粒稍加晾干，装入试管长度的1/3，在121℃下灭菌40分钟。

（3）将灭菌后的麦粒趁热摇散，冷却后，每管内接入菌丝悬浮液一滴，摇匀置25℃下培养。

（4）大多数麦粒出现菌丝即保藏在干燥冷凉的地方。

4. 菌丝球生理盐水保藏法 将保藏菌种，在无菌操作下接入马铃薯汁蔗糖培养液中，然后以每250毫升三角瓶装入营养液60毫升，用摇床（以旋转式摇床为好）振荡培养5～7天（180转/分钟，25℃），然后将形成的菌丝球用无菌吸管吸入装有5毫升无菌生理盐水的试管中，每管约转入4～5个菌丝球，试管用蜡封口，放在4℃冰箱或常温下保藏。

5. 锯末保藏法 配料：78%锯末，20%麸皮，1%蔗糖，1%石膏粉，加适量水拌匀，装入试管长度3/4，洗净管口，塞好棉塞，放入铁丝篓用牛皮纸包扎好，在1.47×10^5帕压力下灭菌40分钟，接种后置25℃下恒温培养。待菌丝长到培养基2/3时，取出用蜡将棉塞封好，包上塑料薄膜，置于4℃冰箱内，能保藏1～2年。

使用时，从冰箱取出后置于25℃恒温箱内培养12～24小时，用无菌操作挖掉试管上部的菌种，取下面较新鲜的菌丝体，接入斜面培养基即可。此法适用香菇、黑木耳菌丝体保藏。

6. 菌丝体液体保藏 直接将斜面菌种在无菌操作下，取菌块放入营养液中（马铃薯200克、葡萄糖20克、水1 000毫升），注意接种块菌丝体的一面朝上，在适温下静置培养。其成活率，33个月为91.9%，42个月则为88.9%。

7. 孢子滤纸条保藏法 适用于蘑菇、金针菇、香菇、黑木耳和猴头，用滤纸条保藏其孢子，可存活1.5年。

（1）将白色滤纸或黑色粗而厚纸剪成宽约0.6厘米，长2厘米的滤纸条若干纸。

（2）将滤纸条一一平铺在大培养皿底（直径15厘米），在1.08×10^5帕压力下灭菌30分钟，然后在烘箱中稍加烘干。

（3）将灭过菌的滤纸条培养皿移入接种箱孢子采集罩内（熏蒸过），接受孢子（孢子白色宜用黑色纸）。

（4）待孢子弹射上滤纸条后，在无菌操作下，用镊子将纸条一一移入无菌空试管中（管内先装几粒干燥剂——变色硅胶），然后将试管融封保藏在2～10℃下。

8. 常温保藏法 有些食用菌或药用菌的菌种不适宜在4℃条件下保藏，适宜在10～20℃的常温或接近常温条件下保藏。如草菇不适在低于15℃条件下保藏；毛木耳、灵芝、姬松茸等长时间在4℃保藏，菌丝生长速度和某些特性有明显影响。这类食药用的菌种可采用一定容积的培养料培养菌丝体，在低温条件下短期保藏后移至常温（10～20℃）条件下保藏，定期移植。

（二）菌种退化的原因和复壮措施

优良菌种的种性不是永恒的。在菌种传代过程中，往往会发现，某些原来优良的性状渐渐消失或变坏了，出现长势差、出菇迟、产量不高、质量不好等现象。这些现象称为“退化”。退化有可复壮的退化和不可复壮的退化。

1. 菌种退化的原因

（1）可能是由于菌种的遗传性造成的（内因），即原种菌系不好。同时，许多食用菌菌种随着种植时间的延长和种植空间距离的靠近，容易杂交，而现在的菌种又多是杂合性的，它的细胞核是杂合的，在遗传性上会出现分离，出现极性变化与单核化，遗传差距减少。由遗传性造成的退化是不可逆转的，不能复壮。只有经过基因重组，才有望获得优良性状的“复壮”。

（2）菌种可能被病毒寄生。

（3）可能是在人工培养条件下，由于培养条件不适合（外因），其中包括营养、温度、湿度、pH、杂菌感染等，不能满足它的生活要求，使食用菌失去自我调节的能力，以至暂时失去正常的生理功能，不能表现优良种性。

（4）就某一菌株而言，随着培养和使用时间的延长，个体的菌龄越来越大，新陈代谢机能逐渐减低，失去抗逆能力，或失去高产性状，以至失去其使用价值。

由此可见，菌种的所谓“退化”，是在传种继代过程中，从量变到质变的渐变结果。也是一种病态和衰老的综合表现。菌种既然可以衰老和“退化”，我们就应该一方面用妥善的保藏方法去延缓或遏制菌种迅速老化和变异，另一方面是给予适宜的环境条件，使其“返老还童”，恢复原来的生活力和优良种性，达到复壮目的。

2. 菌种复壮的措施

（1）重视种质资源的保护和合理开发利用。食用菌优良菌种的选育是以优秀的种质资源为基础。我国悠久的食用菌栽培历史和辽阔的地域，造就了丰富的食用菌种质资源。如香菇中的名菇有安徽的徽菇、广东的铜钱菇、福建的汀菇，耳类的名耳如通江银耳、漳州雪耳、云南蒲耳等。这些名菇、名耳一方面以其质量名贵而为我国食用菌产品走向世界创立了品牌，另一方面为良种选育准备了丰富的种质资源。要珍惜这些资源，有意识地加以保护，有计划地开发利用。

（2）在菌种的培养、继代过程中，配制营养成分丰富的培养基，使其生长健壮，每隔一个时期，注意调换不同成分的培养基（改变、调整、增加某种碳源、氮源或矿质元素等），或直接转到适生段木上去，并给予适宜的环境条件。此法对因营养基质不适的衰老菌种，有一定的复壮作用。

（3）菌种分离，要有计划的把无性繁殖和有性繁殖的方法交替使用。在自然条件下，菌种的复壮，只有靠产生新一代才能实现，反复进行无性繁殖是会不断衰老的。经有性繁殖所产生的孢子，是食用菌生活史的起点，具有丰富的遗传特性。因此用有性繁殖的方法获得的菌株，再以无性繁殖的方法保持它的优良性状。可使菌种的变异和遗传朝着对人们有利的方向发展。菌种的组织分离、出菇评选试验最好每年都进行，把第二年要用的菌株，在上年评选确定下来，避免生产上的盲目性。有性繁殖，应当根据各种食药菌的遗传特性，采用最有效的基因重组方法，定向培育优良菌株，以适应不同季节，不同市场需求。

（4）经过分离提纯的原种，适当多贮存一些，妥善保藏。分次使用，转管移植次数不要过多，避免带来杂菌或病毒污染，以致削弱菌种的生活力。

（5）银耳菌种出耳率降低，可加入芽孢进行复壮。方法为：取30～40支银耳斜面芽孢试管，配500毫升营养液（500毫升净水+5克葡萄糖+乳酸数滴，调pH5.5左右），经灭菌后，将营养液用无菌长吸管注入芽孢试管，将芽孢菌落全部洗脱，装入无菌小口瓶，即配成孢子液。孢子液要随配随用，每瓶木屑菌种注入孢子液20毫升即可，用于段木接种，出耳率明显提高。

（6）在高温夏季，培育蘑菇、凤尾菇等食用菌母种时，在琼脂培养基中加入适量维生素E有延缓细胞衰老的作用，产量还有增加的趋势。每支试管培养基加1粒维生素E胶丸，灭菌后接种。蘑菇菌种在28℃下，经20天不出现黄菌丝，无倒菌丝、萎缩现象发生。

第四章

食用菌安全栽培技术

食用菌栽培是合理利用资源，生产食用菌产品的过程。在当前许多食用菌种类的产品产大于销，且我国已加入WTO的形势下，食用菌栽培要从产品数量型转变为产品质量效益型。栽培技术要紧紧围绕着提高产品质量，使产品符合“天然、营养、保健”的功能和栽培全程无害化的原则。在栽培种类和使用品种确定的前提下，除了各种栽培管理过程中的技术因素外，还要把握如下原则：一是原材料的安全性，包括作为培养基质的木屑、棉籽壳、作物秸秆、覆土材料及各种添加成分的安全性，杂菌污染后的原材料，污染的部分不可重新用于栽培，以防有害成分积累；二是栽培场所的环境卫生和水质标准应符合食品生产的环境、水质要求，直接喷洒在菇体上的用水要符合饮用水标准；三是病虫害防治和生产、加工环境治理要贯彻以防为主，决不允许向菇体直接喷洒农药。不得不使用药剂时，要选用低毒高效生物试剂，且使用药剂的时间，剂量应遵循农药安全使用标准。空间消毒剂提倡使用紫外线消毒和75%酒精消毒。只有把栽培全过程的各控制点纳入人为受控的无害化规范栽培之中，才能使食用菌栽培水平提高到使产品符合“天然、营养、保健”的新水平。

一、食用菌安全栽培环境选择和危险点控制

食用菌的安全栽培是一项新课题。它与农业种植业的许多栽

培品种相比，有其可控制的环节较多，避免污染的机会多，生长高品位安全产品的可能性大等优点。但是，在工业“三废”排放日益增多，农业化肥、农药施用量不断增加的今天，食用菌产品在栽培，加工过程中受环境和外界污染物所污染的机会也随之增加。就安全食用菌栽培而言，应从栽培环境的选择，栽培原料、水质等方面加以控制。

（一）栽培环境的选择

食用菌栽培传统的地域是山清水秀的山区、林区，使用原料是农林下脚料，而且有的还经过高温灭菌，浇喷的水是山泉水，其栽培产品一般为安全食品，这是事实存在的一面，也是与其他农产品相比较所表现出来的优势。但是，另一方面随着食用菌种植品种的增加，利用于栽培资源种类的拓宽，栽培面积的扩大和栽培地域的扩展，食用菌栽培受污染的事件时有发生，特别我国加入WTO后，许多产品要经受国际市场的严格检验。国内市场也要实行食品市场准入制。对此，食用菌栽培应从一开始就要加以慎重对待，谨防各种可能造成产品污染的机会。

1. 栽培场周边环境选择　在现今乡镇企业不断发展，乡镇不断城市化的情况下，食用菌栽培场应选在远离可能造成污染的地方，周边环境符合食品卫生要求，对人体健康无危害，没有污染源和尘土。在城镇周边选择栽培场，更要注意远离人口密集的居民点和公路主干道，还要防止城市生活垃圾有害废气、废水及过多的人群活动造成的污染。

2. 地形地貌的选择　食用菌栽培场的理想场所应选择在坐北朝南、地势开阔、水源干净、栽培资源丰富的地方。坐北朝南，地势开阔有利于空气流通，有利于好气性食用菌生长繁殖；水源要符合饮用水的标准。作为绿色食品和有机食品栽培的环境大气应符合国家《环境空气质量标准》中的一级标准，详见表4-1。水质应符合饮用水标准，详见表4-2。

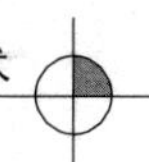

表 4-1　大气环境质量标准

项　　目	标准（毫米/米^2）	
	日平均	1 小时平均
总悬浮微粒（TSP）	0.12	—
二氧化硫（SO_2）	0.05	0.15
氮氧化物（NO_2）	0.10	0.15
氟化物　滤膜法	7（微克/米^3）	20（微克/米^3）
挂片法	1.8（微克/分米^2）	—

表 4-2　饮用水标准

项　　目	标　　准	项　　目	标　　准
色	不超过 15 度，不呈其他异色	氟化物	1.0 毫克/升
浑浊度	不超过 3 度，特殊不超 5 度	氰化物	0.05 毫克/升
臭和味	不得有异臭、异味	砷	0.05 毫克/升
肉眼可见物	不得含有	硒	0.01 毫克/升
pH	6.5～8.5	汞	0.001 毫克/升
总硬度	450 毫克/升	镉	0.005 毫克/升
铁	0.3 毫克/升	铬（六价）	0.05 毫克/升
锰	0.1 毫克/升	铅	1 毫克/升
铜	1.0 毫克/升	银	0.05 毫克/升
锌	1.0 毫克/升	硝酸盐(以氮计)	20 毫克/升
挥发酚类	0.002 毫克/升	氯仿	0.06 毫克/升
阴离子合成洗涤剂	0.3 毫克/升	四氯化碳	0.002 毫克/升
硫酸盐	250 毫克/升	苯并（a）芘	0.01 微克/升
氯化物	250 毫克/升	细菌总数	100 个/升
溶解性总固体	1 000毫克/升	总大肠菌群	不得检出
		游离余氯	不低于 0.3 毫克/升

对于采用覆土栽培的食用菌种类，如双孢蘑菇，草菇、姬松茸、平菇等，除根据各自栽培需要各自土壤质量要求外，还需要

符合中华人民共和国农业行业标准《绿色食品 产地环境技术条件》中的《土壤中各项污染物的指标控制要求》，如表4-3。

表4-3 土壤中各项污染物的指标控制要求

项目内容	指标（毫克/千克）		
	Ⅰ	Ⅱ	Ⅲ
pH	<6.5	6.5～7.5	>7.5
镉 ≤	0.30	0.30	0.40
汞 ≤	0.25	0.30	0.35
砷 ≤	25	20	20
铅 ≤	50	50	50
铬 ≤	120	120	120
铜 ≤	50	60	60

（二）危险点的控制

在食用菌栽培中，除了环境的选择外，可能造成污染的环节有原材料的选择、原料加工环境和配制过程。

1. 原材料的选择 现有人工栽培的食用菌均是腐生菌，采用农林下脚料为主原料配制成培养基进行栽培。选用无公害原料是防止食用菌产品污染的重要基础环节，也是防污染的最重要控制点。对于以木屑为栽培主原料的，原料受污染的机会很少。若有污染，主要原因：一是加工过程受污染物侵入；二是采用修剪的果枝，由于果树常喷农药，可能带来原料中农药残留的污染。对此，应事先进行原料安全性检测，若超标，可采用浸水、发酵等方法减少残留含量后使用。以粪草为栽培主原料的，原料受污染的机会较多，如棉籽壳、稻草有因棉花、水稻栽培过程中施用农药而带来残留。禽畜粪便也可能因饲料带来污染物超标。如姬松茸产品中重金属镉超标问题，除姬松茸菌丝本身具有重金属富集功能外，牛粪、稻草和覆土材料中镉含量高是造成超标的根源。对此影响产品质量的指标，应在栽培前对各种原料中相关成分进行必要的测试，选用危害成分含量低的原料为培养基质。在

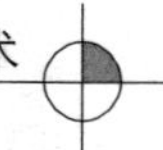

各种食用菌栽培时严格按配方用料，配方组成严格按 NY 5099—2002《无公害食品 食用菌栽培基质安全技术要求》标准执行（见附录）。

2. 原料加工环境的控制　对于无污染的安全原料，应严格控制加工环境，不使原料加工过程受到有害物质的入侵，例如杂木屑在加工粉碎过程要防止有害油污混入；选用木材加工厂下脚料时，防止含有芳香树种木屑混入；加工后防止有害物质混入。

3. 原料配制过程的控制　选定的原料配制培养基，各组成成分应都是安全的原料，应严格按培养基配方配制，不可随意加入自认为可增产的成分如化肥、营养剂等。食用菌培养料配制全过程严格执行 NY 5099—2002《无公害食品 食用菌栽培基质安全技术要求》，配制用的水质要符合饮用水标准，使用工具、机械应是安全卫生的用具。

4. 栽培品种与栽培模式的控制　目前可人工栽培的食用菌和药用菌近 50 种，还有近百种可引种驯化为人工栽培的种类。这些食用菌、药用菌从营养方式方面可分为腐生菌，土生菌和共生菌，现人工栽培的种类基本上都是腐生菌。由于其菌丝生长的适宜温度、湿度生长速度各有差异，对外界物质分解的速度和同化能力也各有区别。有的品种对某些金属具有较强的富聚能力，有的品种本身代谢中就有福尔马林产生，有的代谢中有甲酸产生。若对某些成分有特殊要求的产品，应考虑食用菌各品种营养代谢的特性。平菇类较易富聚重金属，且各品种间这种富聚能力有差别。

在食药用菌的栽培中，造成产品污染与栽培模式和采用原料也密切相关。原料选择和原料配制过程的控制前面已经说明。栽培模式与造成污染的相关性也不可忽视，如覆土栽培的模式比无覆土栽培模式污染机会多，脱袋栽培比不脱袋栽培机会多。对于覆土栽培种类，应控制覆土材料的安全性；脱袋栽培模式在畦栽

时也要注意畦上土壤的安全性和浸水时水质的安全性；不脱袋栽培模式应注意栽培环境和注水的水质安全性。

5. 栽培管理过程的控制 除以上栽培环境，原料，原料配制的危险点控制外，在栽培过程中也有受污染的可能性，主要是水质质量控制和采收盛具的卫生。对直接喷在子实体上面的水质，一定要符合饮用水的标准，对用于浸泡菌袋的水质至少也要符合禽畜饮用水标准。

对于采收时盛具应符合食品原料的卫生要求，包括采收的人员应是健康人员，有的种类采收时应带有专用手套进行。

以上食用菌无公害栽培的环境选择和栽培管理中避免污染的危险点控制技术适合于每一种食用菌和药用菌。在目前食用菌产业污染尚轻的情况下，应从环境和生产中各环节加以重视，严格执行农业部新近颁布的 NY T 3912—2000《绿色食品 产地环境技术条件》和 NY 5095～NY 5099 的绿色食品《香菇》、《平菇》、《双孢蘑菇》、《黑木耳》产品质量标准、《食用菌栽培基质安全技术要求》，使食用菌产品不仅成为安全食品，而且成为绿色食品、有机食品。

二、食用菌栽培的菇事安排

我国地域广阔，气候多样，各地必须依据当地气候条件，因地制宜地选择适合该条件下栽培的食用菌，以市场的需求为导向，安排生产。

第一，根据食用菌菌丝生长的最适温度和子实体发生的温度范围，参照当地旬平均气温、温差、空气相对湿度，选择相适应的品种及其栽培季节和制种时间。常见食用菌中的草菇、灵芝、高温蘑菇、茯苓等多在 24℃以上的高温季节出菇或结苓，滑菇、金针菇、低温型平菇、香菇常在 5～15℃较低温度的冬季发生子实体，其他食用菌多在春、秋两季出菇。

第二，根据各地纬度、海拔高度等所造成的温差，确定栽培

季节和制种时间。海拔较高的地方，相同品种的制种和栽培季节安排，可比海拔低的地方适当提前。

第三，根据栽培场所和制种场的设备条件，确定栽培和制种时间。调温设备齐全的地方，可选择出菇最适季节，推算各项工作的季节安排。在条件不适时，利用调温设备进行培养。当调温设备不全时，则以食用菌菌丝生长温度和子实体发生温度为基准，综合确定季节安排。

现以双孢蘑菇和香菇为例，具体说明菇事安排的以上原则。

（一）双孢蘑菇栽培的菇事安排

1. 菇事安排的依据

（1）双孢蘑菇 2796 菌丝生长最适温度 24℃，高温蘑菇新登 96 菌丝生长最适温度 24～26℃

（2）双孢蘑菇 2796 出菇最适温度范围 13～18℃，高温蘑菇新登 96 出菇最适温度 26～31℃。

（3）菇房（场）旬平均气温见表 4-4。

表 4-4　菇场旬平均气温（℃）

	1月	2月	3月	4月	5月	6月	7月	8月	9月	10月	11月	12月
上旬	11.4	11.4	10.9	16.7	23.2	23.8	28.3	28.6	26.9	22.7	17.7	15.4
中旬	8.0	13.4	9.9	17.5	20.5	26.2	28.5	28.5	27.1	24.1	18.5	15.0
下旬	11.1	15.0	14.3	18.8	25.6	28.8	29.1	27.0	25.9	21.1	17.0	14.2

2. 菇事安排　根据气象资料（最好是历年平均值），11 月中旬之后，气温可以稳定在 18℃以下，10 月份气温最适合蘑菇菌丝生长。6 月中旬至 9 月中旬气温均不适于蘑菇 2796 菌丝生长和子实体发生。但适宜高温蘑菇新登 96 的菌丝生长和子实体的发育。1 月上旬至 2 月上旬，气温偏低，不适宜 2796 和新登 96 蘑菇的子实体发生。综合以上各因素，蘑菇周年栽培的菇事安排如表 4-5 所示。

表 4-5 仙游县蘑菇周年栽培日程

月份	主要工作	期限（天）	其他工作
1～2	制定全年生产计划确定栽培品种，促进常规蘑菇*出菇管理	20	市场调查预测，高温蘑菇制种材料预备
2～3	（1）高温蘑菇一级种繁殖 （2）高温蘑菇二级种培养料堆制发酵 （3）常规蘑菇品种出菇试验	15～20 80～90	高温蘑菇栽培材料预备 常规蘑菇出菇试验准备，菌种室清理消毒 品种试验的登记、考察、分析
3～4	（1）常规蘑菇品种出菇试验管理 （2）高温蘑菇二级种制作培养 （3）常规蘑菇一级种制作与培养	20～25 15～20	蘑菇房的构筑、修缮 高温蘑菇栽培料预备
4～5	（1）高温蘑菇三级种制作与培养 （2）高温蘑菇栽培料堆制，二次发酵，播种，覆土	20 12～15	高温蘑菇栽培房清理、消毒 高温蘑菇覆土材料准备
6～9	（1）常规蘑菇二级种制作与培养 （2）高温蘑菇出菇管理，采收、加工、销售	25 100～120	常规蘑菇栽培料的准备 高温蘑菇品种观察登记比较，确定明年应用菌株
9～10	（1）常规蘑菇培养料堆制发酵、二次发酵 （2）高温蘑菇扫尾采收、菇房清理	15～20 5～10	菇房的清理、消毒、修缮 喷水设备准备、维修
11月至翌年4月	（3）常规蘑菇播种、覆土管理，常规蘑菇出菇管理，采收、加工、出售	7～10 150～180	品种观察登记，下季生产一级种备料

*常规蘑菇是指福建秋冬春栽培的蘑菇；高温蘑菇是指夏季出菇的蘑菇。

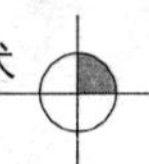

（二）香菇代料栽培的菇事安排

1. 菇事安排的依据

（1）适于脱袋畦式代料栽培的香菇菌株 Cr-02 菌丝最适温度 24℃，出菇适宜温度 8～23℃。

适于脱袋式夏季覆土栽培的香菇菌株 Gr-20 菌丝生长适宜温度 24℃，出菇适宜温度 10～26℃。

适于不脱袋层架式栽培的香菇菌株 L-135 菌丝生长适宜温度 24℃，出菇适宜温度 7～20℃。

（2）菇场海拔高度分别是屏南县城关 827 米，仙游县游洋镇 429 米，长汀县城关 306 米。严寒的北方海拔对温度的影响不是主要因素。

（3）菇场的旬平均气温，屏南县见表 4-6；仙游县游洋镇见表 4-7；长汀县城关月平均气温和降雨量见表 4-8；游洋镇月平均气温和降雨量见表 4-9，各月平均日温差见表 4-10；佳木斯市月平均气温和湿度见表 4-11；河北省张家口市尚义县大青沟月平均气温和 5～10 月空气相对湿度见表 4-12。

表 4-6 旬平均气温（℃）

	1月	2月	3月	4月	5月	6月	7月	8月	9月	10月	11月	12月
上旬	4.7	5.8	5.8	11.5	19.7	19.3	23.6	23.8	22.3	17.1	12.3	8.5
中旬	1.3	8.4	3.8	13.0	16.6	22.2	23.6	23.7	22.5	18.0	11.9	9.8
下旬	5.4	10.8	9.5	13.4	20.9	23.2	24.7	23.2	20.3	14.6	10.5	7.3

表 4-7 旬平均气温（℃）

	1月	2月	3月	4月	5月	6月	7月	8月	9月	10月	11月	12月
上旬	7.0	7.1	9.0	13.6	18.5	21.0	24.1	24.8	23.5	19.9	16.3	11.0
中旬	7.0	6.0	11.5	14.9	19.5	22.6	22.6	24.3	21.9	19.4	14.4	8.7
下旬	7.2	7.4	11.6	16.6	19.5	23.8	23.8	23.7	20.7	17.1	12.7	7.5

表 4-8　月平均气温和降雨量

项目＼月份	1	2	3	4	5	6	7	8	9	10	11	12	平均
气温（℃）	7.8	9.5	13.9	18.8	22.8	25.1	27.2	26.9	24.5	19.7	14.3	9.9	18.4
降雨量（毫米）	58.6	96.1	174.6	238.7	305.4	310.6	132.7	148.1	89.6	84.6	44.9	53.2	合计 1 737.1

表 4-9　月平均气温和降雨量

时间	1月	2月	3月	4月	5月	6月	7月	8月	9月	10月	11月	12月	全年平均值
月平均气温（℃）	8.1	8.6	11.3	15.9	19.5	22.1	24.7	24.1	22.4	18.4	14.5	18.4	16.7
月平均降雨量（毫米）	51.9	55.5	117.9	149.6	230.4	265.7	240.7	385.4	164.8	69.2	36.8	37.9	151.62

表 4-10　月平均日温差

时间	1月	2月	3月	4月	5月	6月	7月	8月	9月	10月	11月	12月	全年
平均日温差（℃）	9.9	9.2	9.5	9.4	8.4	8.1	9.2	9.2	9.1	9.7	10.1	10.3	9.4

表 4-11　月平均气温和湿度

时间	1月	2月	3月	4月	5月	6月	7月	8月	9月	10月	11月	12月	全年
月平均气温（℃）	−20.1	−16.0	−6.0	5.2	13.2	18.6	21.7	20.7	13.8	5.3	−6.9	−16.4	2.8
空气相对湿度（%）	/	/	/	/	/	/	/	81	75	/	/	/	/

注：①佳木斯年降雨量总和为 538.4 毫米。

②除 8、9 月外，其余各月空气相对湿度平均值均低于 75%。

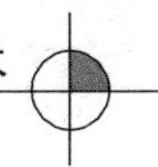

表 4-12　月平均气温和湿度

时间	1月	2月	3月	4月	5月	6月	7月	8月	9月	10月	11月	12月	全年
月均温（℃）	−15.5	−12.1	−3.5	5.3	12.9	17.4	19.4	17.8	11.9	4.7	−4.7	−12.5	3.4
相对湿度(%)	/	/	/	/	74	77	80	80.5	73	72	/	/	/

注：除 5～10 月外，各月空气相对湿度均低了 72%。

2. 菇事安排

（1）脱袋斜置畦栽模式　根据福建省屏南县气候条件和栽培的香菇菌株特性，该县除 1～3 月因气温太低不适宜出菇外，其余月份均可出菇。菌丝生长在 6～9 月均适宜，所以福建省屏南县木屑袋栽香菇的菇事安排见表 4-13 所示。

表 4-13　香菇袋栽日程

月份	主要工作	期限（天）	其他工作
1～2	生产菌株出菇试验	10～20	菇菌的保温管理，准备木屑
2～3	试验品种菌丝培养管理	50～60	菇菌出菇前准备，准备生产用木屑
3～4	试验品种出菇管理	30～40	生产前的计划确定
4～5	根据生产前出菇试验情况确定投产菌株，母种生产	10～15	准备生产前的各种原材料
5～6	生产用原种、栽培种的生产	60～70	菇场选择，准备搭架料
6～7	菌袋生产，菌袋培养管理	30	培养室管理
7～8	菌袋管理	50～60	培养室温度管理，出菇场搭架
8～9	菌袋排场、转色、管理	30	浸水沟构筑，烘烤设备购置
9～12	出菇管理，采收加工	120	品种的评价，出售产品

（2）不脱袋层架式栽培模式　根据以上气象资料，仙游县游洋镇旬平均气温在 20℃以下的季节是 10 月上旬至次年 5 月下旬。如果该地选用 L-135 菌株（出菇温度范围是 7～20℃，菌龄要求 150～160 天）进行花菇栽培，可以这样安排生产季节：

12 月：母种的选择与购买；

翌年 1 月：原种的制作与培养；

2 月：栽培种的制作与培养；

3～4 月：菌筒的制作与培养；

4～9 月：菌筒的培养与越夏管理；

10 月至翌年 2 月：花菇的培育与管理；

3～5 月：花菇或普通香菇的栽培管理。

从降雨量分析,游洋镇的花菇培育最佳季节在10月至次年2月。

如果选择菌龄培养期为 120 天即可出菇的 L-939 菌株，在游洋镇栽培花菇，其生产季节的安排可比 L-135 推迟 1 个月进行各级菌种生产和栽培管理。

根据表 4-12 气象资料，黑龙江省佳木斯应选用低温型香菇品种，种植香菇、培育花菇的难点是 10 月至次年 3 月的菌丝培养时期加温问题，即创造适宜菌丝生长的温度。培育花菇的温湿度适宜季节应当在 4～10 月，其季节安排应为：

7 月：母种的选择与定购；

8 月：原种的制作与培养；

9 月：栽培种的制作与培养；

10 月至翌年 3 月：菌筒的培养与管理；

4～10 月：花菇的培育管理。

根据表 4-13 气象资料，河北省张家口市尚义县大青沟栽培香菇、培育花菇的技术关键是冬季保温，创造香菇菌丝适宜生长的温度。空气相对湿度除 7～8 月稍高外，其他时间均符合培育花菇的湿度条件。栽培季节安排完全可以同佳木斯市。

（3）*脱袋覆土式栽培模式*　脱袋覆土式栽培是利用土壤和荫棚调节温度，创造夏季出菇的条件。所以栽培季节的安排是 2～3 月制袋，4～5 月排畦覆土，6～10 月出菇。根据长汀县气象资料，应选用温型较高的菌株 Cr-20、Cr-52 等，1～2 月制袋，3～4 月排畦覆土，5～6 月出菇，9～11 月继续出菇。7～8 月海拔较

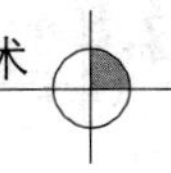

高地方可正常出菇，海拔较低不能正常出菇。

（三）香菇段木栽培的菇事安排

1. 菇事安排的依据

（1）适于段木栽培的香菇菌7924，菌丝生长最适温度24℃，子实体发生温度5～20℃。香菇菌株7924属于中低温性、春秋型菌株。

（2）菇场海拔高度400～600米。

（3）福建省建阳县菇场旬平均气温见表4-14。

表4-14　旬平均气温（℃）

	1月	2月	3月	4月	5月	6月	7月	8月	9月	10月	11月	12月
上旬	6.6	8.9	9.3	14.6	23.1	23.8	27.4	28.7	26.7	20.5	14.9	10.1
中旬	3.4	9.8	8.1	15.9	20.0	25.6	27.4	28.1	26.4	21.8	13.6	10.7
下旬	7.3	13.0	12.2	16.9	23.9	25.5	26.6	27.3	24.4	17.6	12.7	9.6

2. 菇事安排　根据7924香菇的品种特性和福建省建阳县的气温条件，结合菇木砍伐最佳季节，其菇事安排见表4-15所示。

表4-15　段木栽培香菇的菇事日程

月份	栽培管理	制种菇事	其他工作
1～2	段木接种，“井”字形堆放	试验菌株出菇管理	采收冬菇
2～3	检查段木接种成活率，补种	试验菌株出菇管理	出菇场选择与构筑
3～4	菇木翻堆，杂菌防治	试验菌株出菇管理	
4～5	菇场防梅雨管理	试验菌株出菇管理	
5～6	菇场遮阴管理，喷水、防洪	品种试验结束	
6～7	菇场越夏管理，搭盖、修理荫棚	生产菌株的确定	

（续）

月份	栽培管理	制种菇事	其他工作
7～8	菇木越夏管理，遮阴、浇水	生产计划的制定	
8～9	菇木越夏管理，遮阴、浇水	母种扩大繁殖	准备段木
9～10	菇木出菇，新菇木购置	原种生产、培养、管理	准备制种原料
10～11	菇木砍伐，架晒抽水	栽培种生产、培养、管理	
11～12	菇木截段、运输	栽培种生产、培养、管理	
12月至翌年1月	段木接种	菌种销售、运输	出菇场的选择，阴棚构筑

三、香菇林地段木栽培

香菇段木栽培具有菇质好、安全、无污染的优点。但栽培周期长，资源转化率较低。我国香菇生产主要是代料栽培。在工业“三废”排放日益增多，乡镇企业日趋发展的今天，应选择远离工厂、人群密集，避免空气污染和尘土飞扬的地方作为栽培场。

（一）工艺流程

准备菌种┐
准备段木├→人工接种→菇木堆叠→架立菇木→采收
选择菇场┘

（二）技术要点

1. 准备菌种 菌种质量、菇场位置和管理水平直接影响段木栽培香菇的产量和质量。通常所说的菌种好坏，实质上包括菌种遗传性状的优劣，以及菌丝活力强弱两个方面。

近年来，华中农业大学应用真菌研究室驯化利用了 7925、7917 号香菇良种。各地在推广利用这 2 个品种之前，最好先做

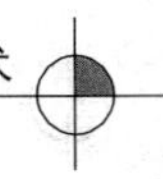

品种比较试验，然后根据试验结果择优利用，逐步推广，以便得到最佳栽培效益。

在选定了适于当地段木栽培的菌种之后，就要适时定购或自己生产菌种，即所谓的准备菌种。所需菌种数量，主要决定于栽培规模、点菌密度和菌种种型。表 4-16 是接种 10 米³ 段木所需菌种数量的参考值。

表 4-16 接种 10 米³ 段木需要菌种数量

密度（厘米） 菌种数量（瓶）	10×8	20×6	15×8
木屑种（750 毫升瓶装）	200	150	140
种木（1 000 粒/瓶）	42	29	28

2. 选择和清理场地

（1）选择菇场 香菇菌丝生长阶段和子实体发生阶段对温度、湿度、光照、通气等生态因子有着不同的要求。若能采用“两场制”栽培香菇，即在发菌场培养菌丝体，在出菇场架木出菇，更有利于获得高产。但是，由于我国目前的香菇生产多在林区进行，搬运菇木的机械化程度较低。所以，实际生产中多为“一场制”，即菇木发菌和架木出菇都在同一场地进行。有鉴如此，在选择菇场时，必须兼顾香菇菌的不同生长发育阶段的基本要求，同时在管理中加以调节控制。实践证明，只要精心管理，“一场制”栽培香菇，也可以获得较好的收成。

菇场位置，直接关系到投工的多少、香菇产量的高低和质量的优劣，是一个值得重视的技术经济问题，选择菇场需要兼顾资源、水源、地形、海拔以及林相等条件。较好的菇场应该是：避北风、向阳地、资源好、水源近、有树阴、多石砾、山高（海拔 400～800 米）、缓坡地，远离工厂和人群密集的村庄，无工业废气和尘土，空气新鲜，水源干净。当然，实际情况往往很难同时满足上述各项要求。在自然荫蔽较差的场地搭盖人工荫棚，或者结合长远规划种植速生树种，以利将来遮阴。水源较远的菇场，可以引流筑池，蓄水备用。

（2）清理场地　清理场地的主要目的，是创造适于香菇菌生长发育而不利于杂菌、害虫孳生为害的生态环境，具体做法是：

①按照春夏之交三分疏露、七分荫蔽的要求，选留必需的遮阴树，再把其余的成材砍作段木或者枕木，同时，清除场地外围数米内的小灌木和杂草，砍除乔木（遮阴树）的低矮枝丫，以便进行操作管理，也有利于场地通风。

②清除场内的枯枝落叶、树根，以及场地外围数米内的腐朽之物，铲除杂菌、害虫滋生地。

③根据地形适当平整场地，开辟必要的通道，开挖排水沟，修筑浇灌设施。

④在天然荫蔽不足的地方，搭盖人工阴棚，使整个菇场处处适于香菇生长。

3. 选择菇树　除了松、杉、柏、樟、木荷、槐等含有树脂、醚、醇芳香油等杀菌物质的树种外，大部分常见阔叶树都能生长香菇。通常将能够生长香菇的树，统称为菇树。此外，选树时还应考虑下列几点：

（1）菇树材质较紧实，边材多，心材少。

（2）树皮厚薄适中，且不易脱落。

（3）保护经济林木。

目前我国各地生产上实用的树种有麻栎（*Quercus acutissima*）、槲栎（*Q. aliena*）、白栎（*Q. fabri*）、袍栎（*Q. glandulifera*）、栓皮栎（*Q. variabilis*）、蒙栎（*Q. mongolica*）、米槠（*Castanopsis cuspidata*）、南岭栲（*C. fordii*）、刺栲（*C. hystrix*）、鹅耳枥（*Carpinus turczaninowii*）、茅栗（*Castanea seguinii*）、黑桦（*Betula dahurica*、别名棘皮桦）、枫杨（*Pteroearya stenoptera*、别名疙瘩柳）、化香（*Platycarya strobilacea*、别名麻柳）以及枫香（*Liquidambar*

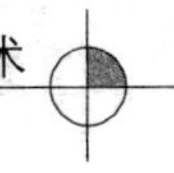

taiwaniana）等 20 余种。

4. 准备段木

（1）*树径和树龄*　为了便于操作管理，段木栽培不宜采用过粗过老的树木，一般以胸径 12～20 厘米，树龄 10～25 年为宜。树皮较薄的树，树龄可以大些；树皮较厚的树，树龄宜小些。直径小于 10 厘米的幼龄木心材少，接种后发菌快，出菇早，但菇木容易腐烂，持续产菇年限较短；直径大于 20 厘米的段木，接种的第 2 年才能成批出菇。但是，较粗菇木生长的香菇质量好，而且产菇年限长，可以连续产菇五年以上。

（2）*砍树*　菇树枝干内积累香菇菌丝体生长所需养分最丰富的时期，为适宜砍伐期。我国地域辽阔，树木种类繁多，砍树时间很难统一。一般可以物候为准，从菇树叶片三成变黄的时候开始，直到翌年早春菇树萌芽为止，都是砍树适期，即所谓“叶黄砍树”。叶黄砍树有三大好处：

①叶黄期枝干积累的养分最丰富。

②叶黄期树木处于休眠状态，树液流动缓慢，树皮和木质部结合紧密，不易脱落。

③叶黄砍树，有利于树桩萌芽再生，继续利用。

（3）*原木干燥*　通常将砍伐后的菇树称作原木，将去枝截断后的原木称作段木，进行原木干燥，实质上是为了调节段木含水量，以利于接种后香菇菌丝定植生长，段木含水量在 40%～50%时接种较易成活。

段木含水量因树种、树龄、林相、砍伐期、去枝断木时间和放置地点，堆放方式而异。硬质树木冬季的含水量只有 45%～50%，而软质树木周期含水量可达 65%以上。所以，干燥时间不能一概而论，常以干燥后没有萌发力为度，或以接种打洞（接种穴）时树液不渗出为宜。

（4）*去枝断木*　原木经过适当干燥后，应及时去枝断木。原木去枝后，将直径 6 厘米以上的枝干锯成 1.0～1.2 米长的段木，同时用5%的石灰乳涂刷断面和去枝后的伤口，防止杂菌侵蚀。然后按段木粗细和材质软硬分开堆放，以便接种后分别管理。

5. 人工接种 将菌种植入段木的操作，即所谓人工接种（点菌）。

（1）接种日期 接种日期主要取决于菇场的气温和空气湿度，在气温5～20℃，相对湿度70%～85%时进行人工接种，既有利于菌种定植，又能有效地控制杂菌。

一般年份，长江流域宜在2月下旬至4月进行接种，最好在3月上旬基本完成接种任务。华南地区冬季气温较高，可在12月至3月接种，最好在春雨到来之前的1月至2月完成接种任务。华东地区的福建各地，砍树接种均可在11月上旬至翌年1月上旬进行，最适接种期是11月下旬至12月上旬。

（2）接种工具 段木接种，常用2千克重的锤式打孔器（图4-1）打接种穴。接种木屑菌种，宜用内径12.5毫米的锤式打孔器与14毫米的皮带冲（取树皮盖）配套使用。接种棒形木块菌种，则应根据种木直径，选用相应规格的打孔器。如果使用电钻钻孔，既可以减轻劳动强度，更利于保证接种穴深度。

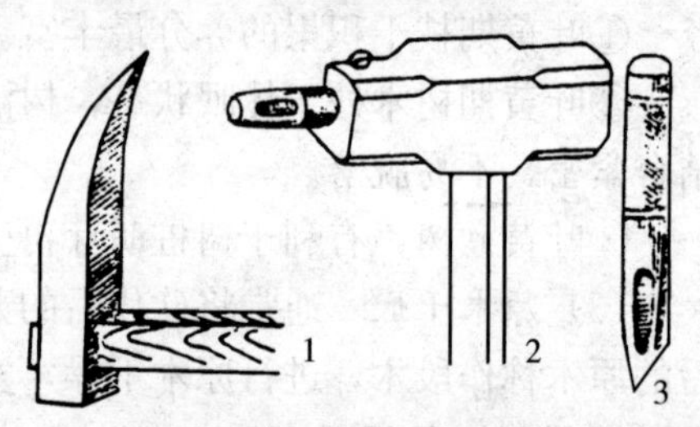

图4-1 段木接种工具

1. 斧形凿 2. 锤式打孔器 3. 皮带冲

（3）接种方式

①木屑菌种接种法。主要包括打接种穴、放菌种、取树皮盖、盖盖子四道工序。如果段木树皮太厚，表面太糙，必须先用树皮刨刮去外层老皮，然后再打接种穴，以利于点菌和将来出菇。

接种时，先用锤式打孔器或电钻在段木上打接种穴，穴深1.5～1.8厘米，穴距10～15厘米×8厘米，接种穴交错成梅花形（图4-2）。每根段木打完接种穴后，应及时装填菌种，并且做到逐穴装填，松紧适中。点菌后，尽快用直径大于接种穴

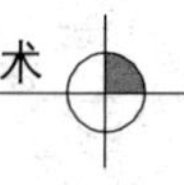

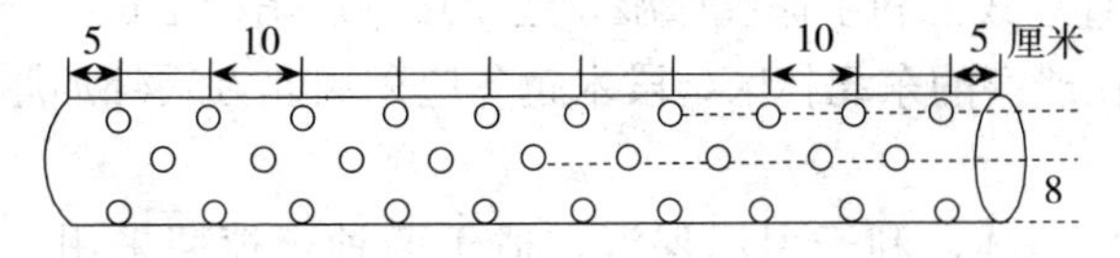

图 4-2　接种穴排列方法

1.5～2.0 毫米的树皮盖盖在菌种上，锤平密封，或者涂蜡密封，以防水分蒸发，雨水浸入或菌种脱落。段木接种的各项工作，最好固定专人操作，实行流水作业，边打眼、边点菌、边盖盖子、边上堆、边覆盖，全部工序当天结束。

②木块种接种法。木块菌种分棒形、楔形两种。接种楔形木块菌种时，先用斧形凿（图 4-1）在段木上凿成深 2 厘米的裂口，凿口与段木成 45°角，然后将楔形种木播入裂口中，轻轻锤紧，使种木与段木的木质部密合即可。上述凿口方法与老法种菇“砍花”相似，是砍花种菇的继承和发展。由于凿口不易规范化，生产上已较少采用。

接种棒形木块菌种,打接种穴的方法与上述木屑接种时相似,但其点菌密度稍大,且种木植入后锤平即可，不必加盖或涂蜡。

③液体菌种接种法。为了实现段木接种机械化，可采用注射钻接种法。此法的要点，是借助一种专用设备——注射钻，当其在段木上钻眼的同时，将液体菌种注射到接种穴里，液体菌种与接种穴内被注射钻螺丝刀拉成绒毛状的木质纤维很好地混合在一起，菌种注射完毕，钻头即已退去，最后用糊状树脂封口，接种工作即告完成。用注射钻接种液体菌种比传统方法提高工效上十倍，而且能够保证点菌质量。

6. 菇木堆叠与翻堆

（1）*堆叠方式*　接种后的段木即可称作菇木式菌棒。为了使香菇菌丝在菇木中尽快定植生长，必须根据天气和菇场地形，采用相应的堆叠方式，并且按树种、树径大小分开堆放。常用的堆叠方式有：

①直立式。利于保温保湿，适于接种后菌种定植期采用（图4-3）。在严寒的东北林区，段木越冬应采用此方式外加厚草帘保温。

②顺码式。利于保温保湿，适于菌种定植期采用。顺码式（图4-4）堆高以1.2～1.5米为宜。

③覆瓦式。利于菇木保湿，适于雨水较少或场地较干时采用（图4-5）。

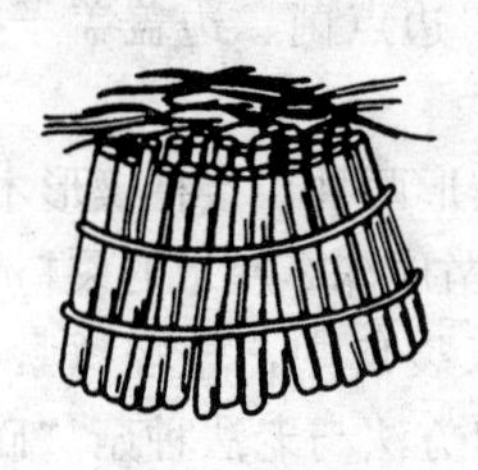

图4-3　直立式

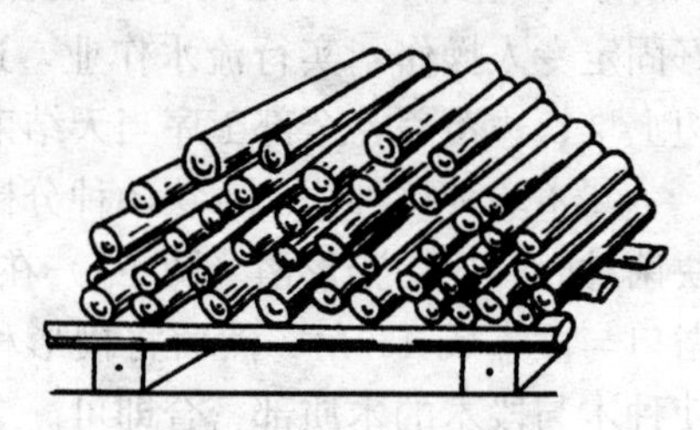

图4-4　顺码式（山字形）

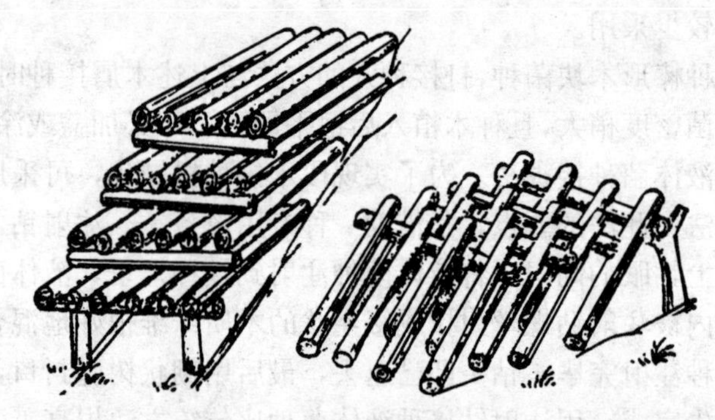

图4-5　覆瓦式

④井叠式。利于通风排湿，适于雨水较多，场地较湿的菇场，或者采菇后短期养菌时堆放菇木（图4-6）。

⑤蜈蚣式。比井叠式更利于通风排湿，摆放等量的菇木，蜈蚣式（图4-7）所占场地面积最大。

（2）翻堆　翻堆可以调节菇木湿度，促使香菇菌丝在菇木中

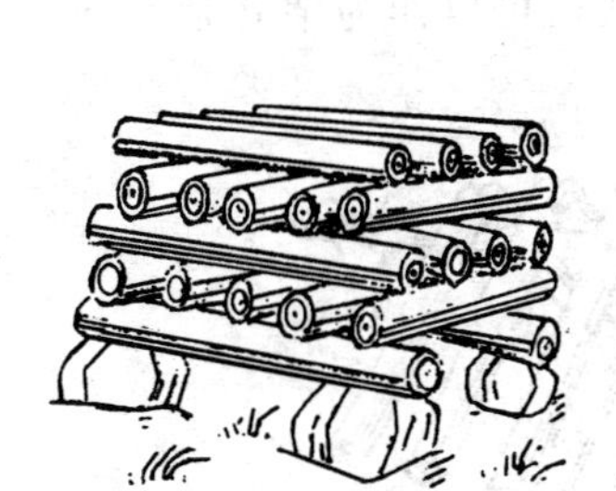

图 4-6　井叠式

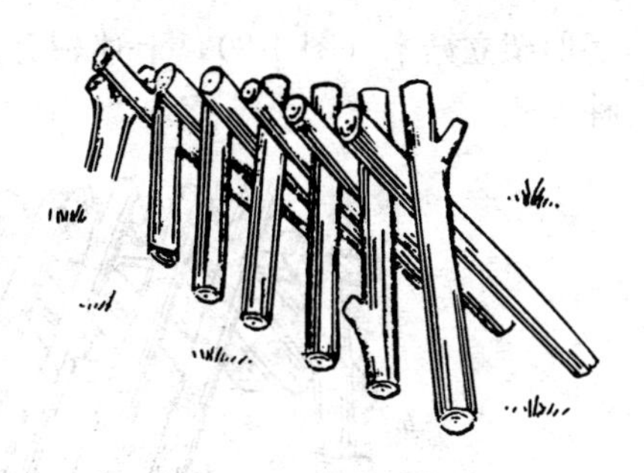

图 4-7　蜈蚣式

均匀地蔓延。翻堆间隙一般为 30 天。但是，堆放在排水较差场地的菇木，特别是雨季，则应勤翻堆。翻堆间隙以 15～20 天为宜。翻堆方式因菇木堆叠方式而异。直立式、覆瓦式和蜈蚣式堆放菇木的翻堆要领，是将菇木逐根调头，顺码式和井叠式翻堆时，是将上面堆放的菇木翻到下面去，将堆中间的菇木翻到堆外面。

7. 水分管理　香菇是好气性真菌，不喜欢过分潮湿郁闭的环境，菇场以六干四湿为宜，即菇场略带湿度，但不过湿，这是培养优质菇木的条件。发菌期间，菇木含水 40%，菇场空气湿度 70%左右为宜。

在湿度较大的杉树林、松林下，应该除掉低矮树枝和地面杂草，以利于通风排湿。在地势较高的松林、向阳的竹林、比较干燥的杂木林地或人工荫棚下堆放菇木，干旱时应加强蔽荫保湿，或者改变堆放方式，或者浇水抗旱，但关键是加强遮阴。

在冬季严寒的东北，初冬时和开春气候升温与降温还反复时期，保持菇木干燥。此时若菇木浸水或大量喷水或长时间淋雨，菌丝吸收较多水分会因严寒结冻而菌丝大量死亡。

8. 架立菇木　香菇菌丝在菇木中生长到一定的程度，便会在菇木表层相互扭结形成原基，进而长大成菇蕾，即所谓出菇。把即将出菇或已经出菇的菇木（成熟菇木）架立成适当的形式，既有利于菇蕾生长，也有利采收。在场地较宽敞时，通常采用人字形架立菇木（图 4-8），上述覆瓦式也可以作为架立菇木的一种方式。

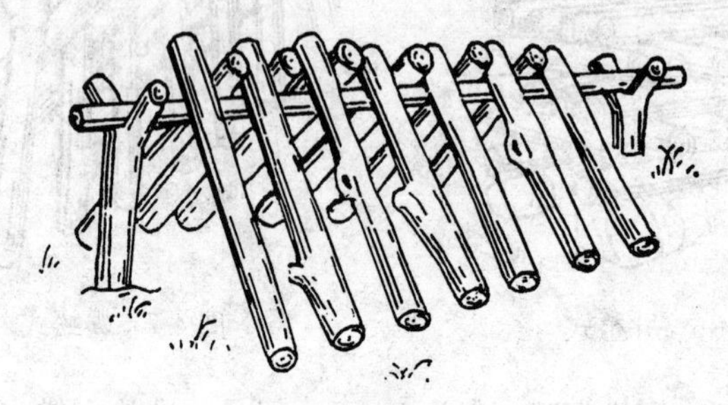

图 4-8　人字形架木

成熟菇木的标志有如下几点：

（1）手按树皮，感觉柔软，且富有弹性。

（2）用手敲打菇木，发出浊音或半浊音。

（3）揭开小块树皮，可见树皮下变成黄褐色或柿子色，且具有鲜香菇特有的香味。

（4）进一步仔细检查菇木，可见树皮裂开许多小口，露出白色菌丝组织（原基雏形）。

（5）已经有“报讯菇”的菇木是发菌良好的成熟菇木。

上年年底或当年早春接种的菇木（新菇木）经过 6～9 个月的发菌管理，大多发菌良好，入秋后，当日平均气温降到 15℃左右时，普遍发生“报讯菇”，这时便应架木出菇。菇木长期堆放后，含水量大大减少。在架立菇木前，如果没有明显的降雨过程，需要进行人工补水，以便整齐出菇。人工补水可以采用轻喷勤喷的方式，使菇木均匀地吸足水分，也可以把菇木浸在水中（水温越低越好），6～12 小时后取出架木，但忌用流水浸泡，以免养分损失过多，影响累计产量。

9. 采收　香菇长至 6～8 成熟，菌盖边缘仍向内卷时，是采摘最适时期。适时采摘的香菇菌肉厚，香味浓，质量好。菌幕尚

未破裂，菌盖未展开的菇蕾（不论大小）不能采摘。菇蕾尚未成熟，味稍苦且影响产量。过迟采摘。菌盖平展，甚至翻卷破裂，菌肉薄，品质下降，只能加工成香信，经济价值低。

采收香菇最好在晴天进行，采摘后先摊晒，再烘烤，有利提高商品外观质量。春雨期间，香菇成熟时菌褶上常有褐色小斑点，这是开始腐烂的象征，这时不管什么天气，都要立即采收，及时烘烤，避免损失。秋末冬初，天气干燥，或遇雨雪，气温很低，香菇生长缓慢，可以适当延迟采摘时间。

采摘香菇的方法，用手指钳住菇柄基部，轻轻旋起即可，尽量使菌盖边缘和菌褶保持原貌。注意不要碰伤未成熟的菇蕾。菇柄要完整地摘下来，以免残留部分在菇木上腐烂，招来虫蚁、害菌伤害菇木，影响今后出菇。

10. 旧菇木的管理　发菌较差的新菇木，当年秋天很难成批出菇，应继续让其发菌，等到来年春天再催菇。

已经出过香菇的菇木称为旧菇木。旧菇木在寒冷干燥的冬季很少出菇。菇木越冬宜堆放在避风向阳的地方，适当覆盖，保湿保温培养菌丝体。开春以后，气温逐渐回升，可接收雨水任其自然出菇，或人工补水催菇。

采收春菇以后，当平均气温超过18℃时，菇木也很少出菇，这时应做好蔽荫调湿的越夏管理工作，给菌丝体创造一个休养生息的环境，既关系当年秋菇的产量，也影响来年出菇。

（三）问题讨论

1. 原木砍伐时间及段木含水量与菌种定植成活的关系　进行段木栽培时，砍伐原木，去枝断木，人工接种3个生产环节的工作日程应统筹兼顾。以湖北为例，如果只考虑叶黄砍树，11月份已进入砍树适期。就准备段木而言，11月砍树完全可以。同样，单就适时接种而言，湖北各地2月下旬至4月底均可以点菌。如果某菇场头年11月份砍树，翌年3～4月份接种，从砍树到点菌，段木堆放4～5个月，碰上早春雨水较少的年份，接种后很难定植成活。笔者认为，砍伐原木到人工接种，最好能在30天内完成，生产规模较大的菇场，也不要超过50天。

2. 不同年份菇木的出菇量及其总产量预测 段木种菇具有1次点菌，多年收益的特点。通常早春接种的1根菇木（长1米、直径10～12厘米），当年秋天可以长出15～50个香菇。如果提早接种优良菌种，加上发菌场荫蔽度、湿度合适，接种当年就可长出100个香菇。这种优良菇木从第二年春天到第三年秋天，平均每根菇木可以长出100～200个香菇。虽然第三年以后产量会减少一半，但是总的说来，平均1根菇木3～4年累计可以长菇150～250个。假设1根菇木累计收菇200个，以每个菌盖直径4～8厘米，鲜重15克计算，则可以生产3千克鲜菇。

3. 如何处理不出菇的菇木 已经培养了两个夏天的菇木，接收雨水，或经过喷水、浇水、浸水补足水分以后，一般都会整齐地大量出菇。但是，也有很少出菇少，甚至完全不出菇的菇木。出现这类现象的原因之一，是菌丝体在菇木中生长发育缓慢，因而出菇期推迟；原因之二，是菌种本身的问题，菌丝体本身没有锁状连合，所以不能长菇。如果是第一个原因导致出菇迟缓，可以继续养菌，等到下一个出菇季节再补水催菇，或者让其自然出菇。如果接种后的第三年还不出菇，那就是第二个原因所致，没有办法挽救，生产中极少出现这种现象。

4. 近年来，在资源相对丰富的东北林区，段木香菇有长足的发展。但总体而言，出菇慢，菇量少，产量低，畸形率高，周期太长，资源浪费严重。这其中除气候低温期长和菇木坚硬等客观条件外，经考察认为主要原因是：

（1）缺乏适宜东北气候条件和柞木栽培的优良香菇菌种。

（2）段木接种密度太稀、穴深不足，接种的菌种量不足。

（3）段木在入冬前经淋雨或浇水，吸足水分的菌丝在严寒中冻死。

（4）开春解冻时期，雪水溶化被段木菌丝吸收后重新封冻，

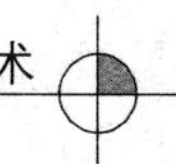

使菌丝死亡。

（5）每年长达半年的冬季，段木没有任何保温防冻措施，任其自然受冻。

（6）没有实行两场制管理，出菇场缺乏经常性喷水设施和保湿措施，而东北气候又相当干燥。

四、香菇代料栽培

当前代料栽培香菇的主要模式是脱袋斜置畦栽，不脱袋层架式栽培和脱袋覆土畦栽三种模式。本节主要讨论以上三种模式的栽培技术和生产过程的安全控制技术。

（一）工艺流程

代料栽培，主要包括原料准备，建造灭菌灶，装袋灭菌接种，菌袋发菌，搭盖荫棚，脱袋排场转色或上层转色、挑蕾出菇，或破袋转色覆土及出菇管理等项技术环节。

栽培工艺流程：

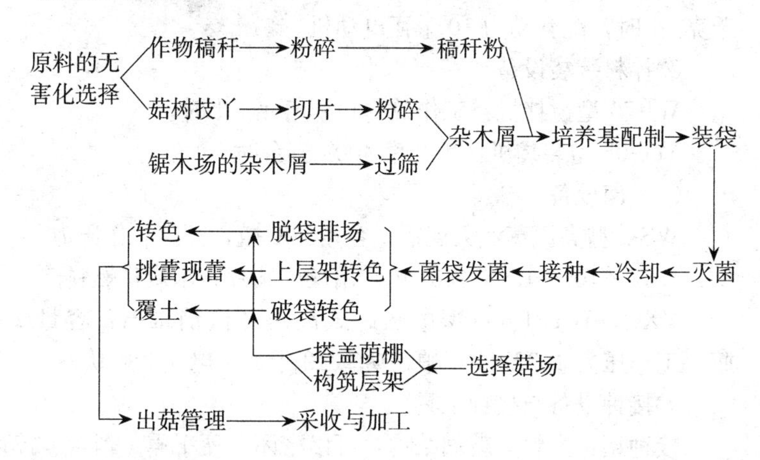

（二）技术要点

技术要点包括无公害环境的选择和栽培过程各危险点的控制，主要环节有准备工作、制作菌袋、灭菌冷却、接种发菌等项工作各模式是一样的。而在菌种的选择应用、季节安排、出菇场构筑、出菇方式及水分管理等各种模式各不相同。在此以脱袋斜置畦栽的模式为主线进行技术介绍，其他模式则介绍其不同点。

1. 准备工作　代料栽培香菇具有生产周期短、季节性强的特点，根据生产计划，做好各项准备工作，十分重要。

（1）生产设备　生产设备主要包括原料加工设备、拌料装袋设备、灭菌设备、接种设备四大类。

①原料加工设备

ZQ-600 型枝丫材切片机：切片规格 60 毫米×20 毫米×4 毫米，可切直径 120 毫米，工作效率1 500～2 000千克/小时，配套动力 10 千瓦柴油机（S195）。

PFCS 40 型木片粉碎机：可将木片粉碎成木屑，筛孔直径 1.5～2.0 毫米，工作效率 90～100 千克/小时，配套动力 10 千瓦电动机或 10 千瓦柴油机。

ZF-450 型锯粉机：可将枝丫直接锯成木屑，工作效率 100 千克/小时，配套动力 10 千瓦电动机。

②拌料装袋设备

WJ-70 型搅拌机：工作效率1 000千克/小时。

MT-08 型装袋机：生产率 400 袋/台时。

③灭菌设备

WS-2 型高压蒸汽灭菌锅：容量 200 瓶，额定工作压力 1.47×10^5～1.96×10^5 帕，用煤或柴片、木炭作燃料。

YXQ、WY21-600 型电热卧式高压蒸汽消毒器：容量 200 瓶，工作压力 1.37×10^5 帕，功率 12 千瓦，电压 380 伏。

④接种设备与接种工具

接种箱：木料、玻璃结构，可以密闭，便于熏蒸消毒。接种箱有单人接种箱和双人接种箱两种，箱顶内壁装有紫外线灯（30 瓦）和日光灯各 1 只，通常每箱接种 70～80 瓶或 50 袋。

净化工作台：这是广泛应用于电子工业的一种空气净化装

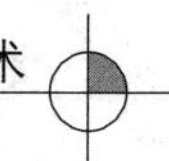

置，可过滤0.5纳米以上的尘粒。

接种针：用于转接试管种或试管种接二级种。

接种器：主要用于转接木屑菌种。

（2）生产场地　生产场地主要包括拌料场、灭菌室、冷却室、接种室和培养室五个部分。为了省工、减少搬运途中的污染，生产场地力求布局合理，尽可能一字排开，首尾相连远离污染源。

①拌料场。拌料装瓶（袋）的场所。可以在室内，也可以在工棚下，面积依生产规模而定，日产1 000～2 000袋（瓶）的厂家，面积18～30米^{2}为宜。

场地要求：远离污染源；避风雨；水泥地面；有水源，符合饮用水标准；准备使用机械拌料、装袋（瓶）的拌料场，必须有电源。

②灭菌室。摆放高压灭菌锅或建造推车式常压蒸汽灭菌灶的地方。场地条件与拌料场相同。

③冷却室。供灭菌后的培养基冷却的地方，要求具备接种室（无菌室）的条件。日产1 000袋（瓶）以下的厂家，可用缓冲间代替冷却室；日产1 000袋（瓶）以上的厂家，必须设专用冷却室，安装制冷设备，以利于流水作业。

④接种室。接种室即无菌工作室，安双层玻璃窗，密封性好，便于熏蒸消毒。室内四周六面要尽可能光滑，耐水洗，不吸潮。接种室大小常为3～4米×4～6米，高2米，设一拉门与缓冲间相通，吊装一只紫外线灯管及1～2只日光灯。条件许可时，可安装一台分离式空调机，室内摆放2～4个茶几式工作台（长1.55米，宽0.55米，高0.75米），工作台上放接种工具，酒精灯、药棉、镊子等物。

⑤培养室。接种后菌袋发菌的房间。因代料栽培是在夏秋高温季节制种，所以培养室最好设在冷凉、干净的地方。培养室单间面积不宜过大，以16～24米^{2}为宜，总面积依生产规模而定。

可供参考的计算公式如下：

$$培养室面积（m^2）=\frac{生产菌袋数量（袋）}{培养架层数\times 50\times 0.65}$$

$$培养室面积（m^2）=\frac{菌种（瓶）}{培养架层数\times 100\times 0.65}$$

例如，某厂家有三间培养室，总面积 50 米²，培养架 5 层（层距 0.4～0.5 米），一次可以摆放8 125袋或者16 250瓶菌种。

（3）出菇场　供发菌成熟的菌筒出菇的场所。脱袋式斜置畦栽需荫棚和梯形菌筒架，不脱袋层架式栽培需立体层架式菇房外加荫棚，覆土式脱袋畦栽只需荫棚和覆土材料。其中搭盖荫棚都是一样的，只在遮阴密度上随季节和出菇阶段不同而有所差异。

①脱袋式菌筒斜置畦栽模式。这种模式的栽培多在 11 月开始脱袋（转色）出菇，而此时的气候特点是气温迅速降低，由 10 月份的月平均 15℃左右降到 10℃左右。因此，菇场应设在避风向阳，水源方便的地方。比较平坦的山坡，房屋后的空地，以及冬闲田均可以辟为菇场。菇场选定以后，必须在脱袋排场之前作好下列准备工作：

整畦：根据地形开沟作畦，畦长 6～10 米，宽 1.2～1.4 米，高 0.1 米。畦面略呈龟背状，畦间留有人行道和菌筒浸水沟（图 4-9）。

构筑梯形菌筒架：脱袋后的菌筒在畦面呈鱼鳞式排放，并

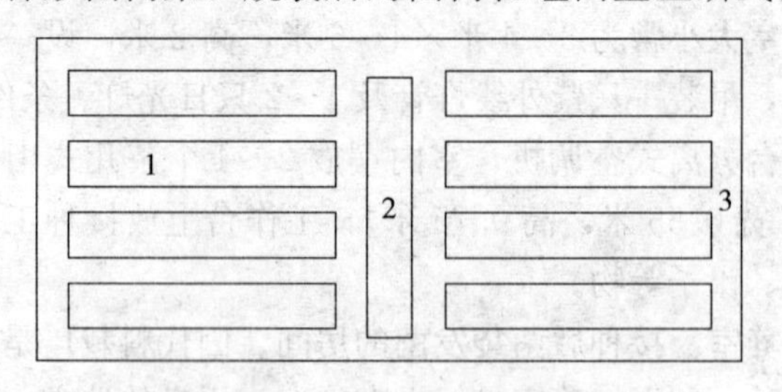

图 4-9　菇畦平面图

1. 菇畦　2. 浸水沟　3. 人行道

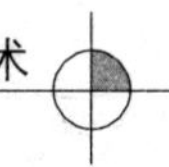

以梯形菌筒架为依托，架子的长和宽与畦面尺寸相同，横杆间距 20 厘米，离地 25 厘米。为了便于覆盖塑料薄膜，还必须用长2～2.2 米的竹片弯成拱形，固定在菌筒架上，拱形竹片间距 0.5 米左右（图 4-10）。菌筒斜置和覆盖薄膜后如图 4-11 所示。

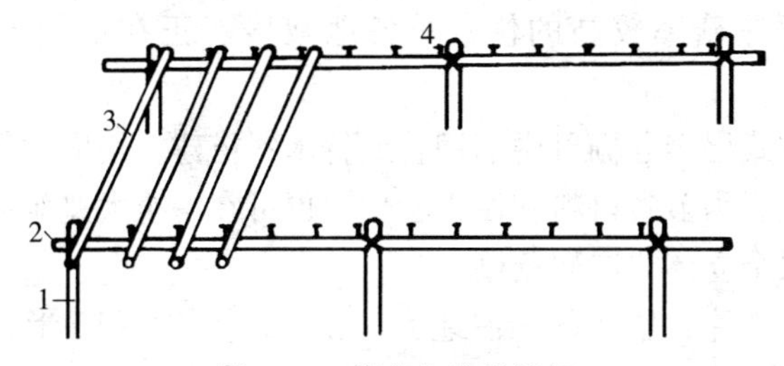

图 4-10 菇床上的排筒架

1. 架脚 2. 直条 3. 横枕 4. 铁钉

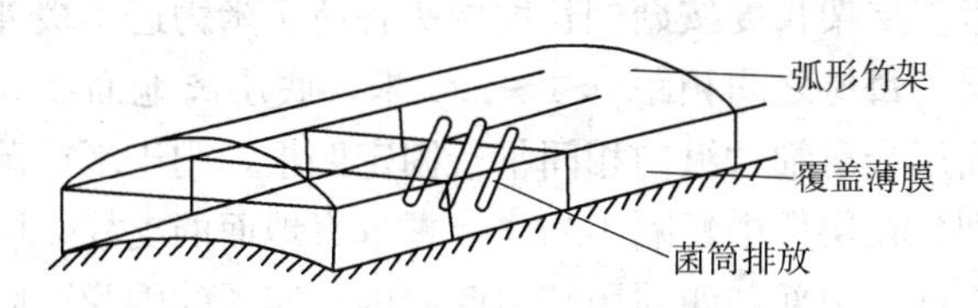

图 4-11 菇床上拱形竹架及覆盖薄膜

搭盖荫棚：香菇菌出菇阶段只需要 10～50 勒克斯的散射光，而晴天的太阳光照可达3 000勒克斯以上。因此，菇场上方必须搭盖荫棚，棚高 2～2.5 米，上盖适量茅草，树枝，山竹等，给畦面留下 3～4 成阳光。为了挡风御寒，防止禽畜侵入菇场，荫棚四周要围篱笆，且西、北两面的篱笆要密一些，荫棚篱笆以能够承受大风和积雪重压为准，力求牢固。永久菇场，可栽种猕猴桃、金银花、丝瓜、苦瓜等藤蔓繁茂的瓜果覆盖荫棚，变单一经济为主体型庭园经济。

②不脱袋层架式栽培模式。这种模式的荫棚如前，只是要求其高度高于立体层架菇房，且在夏秋气温高时，可调节遮阴度为

八阴二阳；秋冬气温低时，可调节为七阳三阴。

立体式层架菇棚的构筑：立体式层架菇棚也称层架式塑料菇棚，是近年来浙江庆元和福建寿宁等地菇农培育花菇采用的方式。这种方式具有占地小，每单位空间菌筒容量多（是常规畦栽的4～5倍），管理方便，菇棚内栽培空间的温度、湿度较易控制，因而花菇率较高的优点。各地栽培者正在引用这种栽培模式。

立体式层架菇棚可用旧钢管或竹木料搭建，用旧钢管可增加使用年限。为节省材料和便于管理，也可在一个大遮荫棚内分搭两个至数个立体式层架菇棚。

一个立体式层架菇棚占地为2.5～3米×8～15米。棚中梁高2.5米，边高2米，宽2.5～3米，长8～15米，成东西向排列，以利通风。棚内两侧各搭一个层架。层架宽1米，中间通道宽0.5米。层架长度按菇棚长度两头各留1米为进出缓冲间。一般搭四层，每层之间相距0.4～0.5米，底层离地面2.5米。每层层架面用光滑细竹纵向相间平行固定四根，用于平放菌筒进行出菇管理。在层架中每隔1米立一根垂直地面的支柱，以承受菌筒重量。菇棚顶部和四周用塑料膜遮围。四周的围膜可固定在外侧的横架上，但必须在相应的距离设有活动的通风窗。围膜也可以构筑成活动的，既可掀开也可盖下。遮盖塑料膜主要用于防雨淋和调节空气相对湿度、温度。覆盖顶部的塑料膜必须透明度好，以利透光。菇棚附近还应设有一个高位蓄水池或水桶，蓄水以供出菇管理中给菌筒注水用。立体层架式菇棚的模式参见图4-12。立体式层架菇棚是培育花菇的理想场所。

菇棚若搭建在大田里，相对湿度仍达80%以上，必须采取措施降低湿度。具体做法可在菇棚的地面铺一层薄膜，以减少或防止地面水蒸气蒸发；还可将菇棚两侧的塑料膜撩起通风，东西两端的薄膜揭除，使空气处于大流通状态。此外，菇棚四周排水沟应挖深挖大，以降低地面水位。

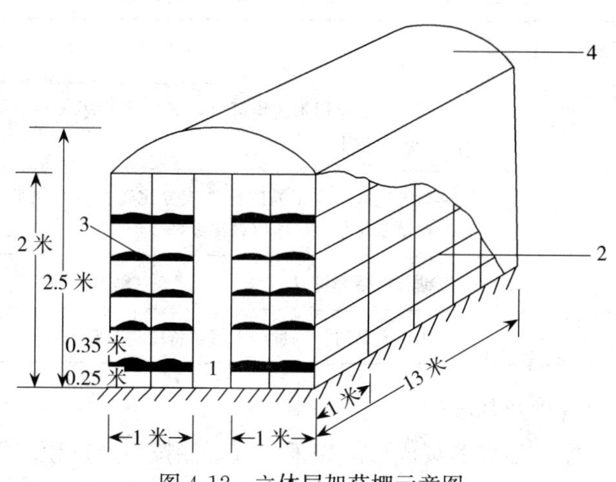

图 4-12 立体层架菇棚示意图

1. 菇房通道 2. 层架 3. 架上菌筒 4. 塑料膜

一个理想的花菇栽培棚，空气相对湿度应能自如地控制在65%左右，空气流通，光照和遮阴物可调节自如，冬暖夏凉。如果无法进行以上控制，就必须采用分阶段分场管理办法，即采用分场制管理：催蕾和菇蕾期与花菇形成期分开管理，各阶段选择适宜的场所和条件，促其正常发育，才能获得花菇培育的产量和质量双丰收。

③覆土式脱袋畦栽模式。此模式的荫棚如前，只在东西两个方向和棚顶的遮阴度更密，以防夏季高温，南北方向较疏，以利通风。整畦亦如前，只是要求每荫棚内畦沟要求在一水平线上，进水、排水口与畦沟相连接，以利进水和排水。

（4）*准备原料* 代料栽培所用原料，主要包括配制培养基的原料、塑料袋和消毒药品三大类。

①配制培养基的原料。配制培养基的主要原料是木屑、麸皮或米糠、糖和石膏粉等。有的配方中还加入了少量尿素和过磷酸钙。现将生产 1 万袋需要备料的数量列于表 4-17。

表 4-17 生产 1 万袋需要准备的原料

名称	数量（千克）	备注
木屑	8 000	新鲜或陈旧菇树木屑均可以，折合枝丫材 10～12 吨。可用棉秆粉代替木屑
麸或糠	2 000	越新鲜越好，由于麸的营养成分比较稳定，而糠中的谷壳的含量变化很大，所以麸比糠好
糖	100	红糖、白糖都可以
石膏粉	100～150	使用生石膏时，用量加 1 倍，备用量 200～300 千克

②塑料袋及其配件

塑料袋：如果购买成形的袋子，可直接按生产规模决定购买数量；如果是购买低压聚乙烯长筒卷袋（简称筒料），生产 1 万筒需购买宽 15 厘米，厚 0.05 毫米的筒料 70 千克。买回后先裁成长 55 厘米的小段，将一端齐 3 厘米处用棉线扎紧，并在烧红的铁板上把扎紧的一端熔化后黏成一个小疙瘩。操作时应掌握火候，既要封严，又不可烧伤了袋子的装料部分。裁剪、扎口、熔化封口三道工序最好分组进行、专人操作，以便熟能生巧，把事情做得又快又好。

粗棉线：用于装料后给袋子扎口，酌情准备即可。也可以用塑料带代替。

胶布：用于接种穴封口。医用胶布、食用菌专用胶布（宽 3.5 厘米）、牛皮封箱纸，以及透明胶带均可。使用时的小块规格为 3.5 厘米×3.5 厘米，专用胶布每筒可封口1 000穴（200～250 袋），考虑到生产过程中的损耗，每生产 1 万袋，需要准备 50～60 筒专用胶布。

消毒药品：常用的消毒药品有酒精、高锰酸钾、福尔马林、生石灰、多菌灵、托布津，以及石炭酸、来苏尔、硫黄等。现将生产 1 万袋所需消毒药品列于表 4-18。

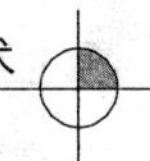

表 4-18　生产 1 万袋需要准备的消费药品

名　称	数量（千克）	使　用　方　法
酒　　精	4.0	1. 可以购买浓度为 95%的工业酒精，原液可以作为灯用酒精 2. 表面消毒的有效浓度为 75%
高锰酸钾	2.5	1. K_2MnO_4 为强氧化剂，可与甲醛混合进行熏蒸消毒，用量为甲醛的 1/2 2. 表面消毒溶液的有效浓度为 0.1%～0.3%
福尔马林	5.0	甲醛（福尔马林）含量 40%，用于空间消毒，初次用量为 10 毫升/米^3，连续使用时用量减半。可与高锰酸钾混合使用（熏蒸），也可以加热熏蒸
生 石 灰	50～100	CaO 为场地消毒，除湿剂须干燥保藏
硫　　黄	10.0	空间消毒剂，用量为 15～20 克/米^3，使用前将环境预湿，以增加熏蒸效果
来 苏 尔	0.5	亦称煤酚皂，用于表面消毒，使用浓度为 2%～5%，可用酒精或高锰酸钾代替
石 炭 酸	0.5	除了同来苏尔一样用作手或接种工具表面消毒外，常用 5%的溶液喷洒接种室（箱），净化环境

③其他

塑料薄膜：用于菇场覆盖菌筒，农用薄膜即可。

接种器：镊子、剪刀、酒精灯、药棉、广口瓶（100～250 毫升）各 1 件称为 1 套接种用具，日产1 000袋的厂家需准备 4～6 套。

温度计：测量灭菌灶蒸汽温度的温度计（量程 105℃以上），以及测量培养室和菇场温、湿度的干湿球温度计各 2～10 支。

量筒（100～500 毫升）、量杯（500～1 000毫升）、秤（称重 75 千克以上）、粗天平各 1 件，脸盆、提桶各 2～5 个。

2. 制作菌袋

（1）制作菌袋的时间　如表 4-19 所示。

表 4-19 不同栽培模式的制袋时间

栽培模式	代表菌株	栽培地的制袋时间
脱袋式	Cr-02 Cr-20	福建省 海拔 400 米以下 9～10 月 海拔 400 米以上 8～9 月 湖北省 8～9 月
层架式	L-135 L-939	福建省 海拔 400～600 米 L-135 2～3 月 L-939 4～5 月 海拔 400 米以下不适栽培
覆土式	Cr-20 Cr-52	福建省 2～4 月

进行脱袋式斜置畦栽的菇农可以查阅当地的气象资料，以历年秋季平均气温降到 28～14℃的日期为起点，倒推 60 天左右，即是适于制袋时间。湖北的大部分地方，最好在 9 月份完成制袋任务。

（2）常用配方

①木屑 78%，麸 20%，石膏 1%，糖 1%，水适量。

②木屑 78%，麸 19%，石膏 1.5%，糖 1%，尿素 0.2%，过磷酸钙 0.3%，水适量。

③木屑 63%，棉籽壳 20%，麸 15%，石膏 1%，糖 1%，水适量（适宜鲜香菇栽培）。

④甘蔗渣（粉碎过筛）50%，木屑 30%，麸皮 18%，石膏 2%，水适量（适宜鲜香菇栽培）。

⑤玉米芯（粉碎过筛）60%，木屑 20%，麸皮 18%，石膏 1%，糖 1%，水适量（适宜鲜香菇栽培）。

⑥杂木屑 80%，麸皮或细米糠 18%，碳酸钙或熟石膏粉 20%（适宜不脱袋层架式栽培培育花菇）。

⑦杂木屑 82%，麸皮或细米糠 16%碳酸钙或熟石膏粉 2%。（适宜不脱袋层架式栽培培育花菇）。

⑧杂木屑 78%，麦皮 12%，细米糠 4%，玉米粉 4%，熟石

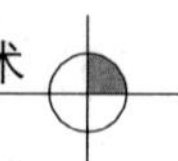

膏粉 1.5%，消石灰 0.5%（适宜覆土式脱袋栽培）。

⑨棉秆粉 66%，棉籽壳 10%，麸皮 20%，玉米粉 2%，石膏粉 1%，糖 1%。

以上配方中，水的用量依料的干度、木屑种类、粗细和气温高低略有不同，但一般用量约为干料总量的 1.3～1.5 倍，即 100 千克干料加水 130～150 千克。

（3）拌料　根据当地条件，选用一种配方，并按日生产能力称料。在拌料场先将木屑、麸皮、石膏粉干拌混匀，将糖和化肥溶于水中，再与干料混匀，并用清水加至适量（温度适宜）。最好用搅拌机拌料。人工拌料时必须反复翻拌 4～6 遍，以保证干料均匀吸水。

（4）装袋　为了保证装袋质量，提高工效，最好买一台装袋机。日产2 000袋以下的厂家，只需要 1 台装袋机，配备 6～8 人操作即可。劳力可作如下安排：1 人铲料上机，1 人递袋，1 人装袋，3～5 人扎口。轻拿轻放，不拖不磨，避免人为弄破袋子，是每个工作人员必须始终注意的问题。

装袋尽可能松紧合适，切忌过松过紧。装料过紧（多），容易胀破袋子；装料过松时菌筒难成形，且操作时袋子必然鼓动，使袋内外空气对流，容易感染杂菌。

（5）扎口　装袋后，袋子空余长度约为 7 厘米，先用粗棉线或耐高温塑料带紧贴料面扎紧，再将其扭曲反折，重新扎牢，最后把料筒稍稍压扁，就可送去灭菌。

（6）灭菌　培养基灭菌有高压蒸汽灭菌和常压蒸汽灭菌两种途径。

①高压蒸汽灭菌。工作压力 1.37×10^5 帕，温度 126℃，保持 1.5～2.0 小时。

②常压蒸气灭菌。常压下，温度 100℃，保持 4～6 小时。

灭菌过程应根据所用塑料袋的耐热性而采用相应的灭菌方式，既要彻底灭菌，又要避免袋子熔化破损。高压灭菌应掌握进气慢、排气缓的原则；常压灭菌则要求开始火力大，始终保持水沸腾，使锅内温度维持100～103℃，4～6小时，不可稍有下降。

③灭菌灶内菌袋的摆放。代料栽培多用灭菌灶蒸料灭菌。灶内菌袋的摆放方式有两种，一种是在灶内用方隔板分层装袋，层距50厘米，每层隔板上叠放4层菌袋，四周留足10厘米的空隙，以利于蒸汽流动和冷凝水回流到锅中。另一种是先用周转筐（长70厘米、宽45厘米、高45厘米）装袋，然后把周转筐堆放在灶内，这种方式进出袋方便，菌袋搬动次数少，可减少破损。

3. 冷却和接种

（1）冷却　在无菌条件下，使灭菌后的培养基温度降到30℃以下的过程，称为冷却。冷却室或缓冲间都是可供冷却的地方。

冷却室在使用前12～24小时，应进行清扫和消毒。冷却时，有制冷装置的可以密闭门窗，强制降温；没有制冷装置的，可打开一个窗户（订3层干净纱布）供热气散出，当料温降到30℃以下时，就可搬进接种室，准备接种。

（2）接种

①接种室的消毒。接种室使用前应进行2次消毒，在菌袋搬进接种室前后各进行1次。如果用福尔马林熏蒸消毒，应在使用前24小时进行，以保证消毒效果和接种人员健康与安全。气味太浓时，可以用氨水、硫酸铵或碳酸氢铵吸收空气中游离的甲醛分子。或者打开接种室与缓冲间的门，接种前再用5%的石炭酸或来苏尔向空中喷雾1次，然后接种。或采用气雾消毒剂对接种室空间消毒，根据使用说明用足剂量即可。

②菌种的预处理。认真挑选无杂菌，长势旺的菌种，用消毒药液清洗菌种瓶外壁，然后在接种箱内按无菌操作将棉塞换成无菌塑料薄膜（用消毒药液浸泡5分钟以上），密封后放进接种室备用。

脱袋模式栽培所用菌种均是7～8月培养的，此时高温高湿，

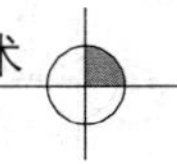

棉塞上常带有大量杂菌孢子。接种前进行菌种预处理是减少杂菌污染的重要措施之一（其他模式栽培所用菌种也要进行预处理）。

③接种人员安排及注意事项。接种必须严格实行无菌操作，而清洁卫生是无菌的基础。因此，接种人员肤发指甲，一定要干净；工作服等应经常洗晒熏蒸，每次进接种室的人员不宜过多，通常3人一组即可。菌袋是先打穴、贴胶布，后灭菌的，接种时可以2～3人一组，传递菌袋，预撕胶布、接种各1人；灭菌前菌袋未打接种穴的，接种时增加1人打接种穴。接种穴分单面排列和对面排列两种，单面排列时每袋4穴，对面排列每袋5穴，一面3穴，一面2穴，互成品字形。

采用22厘米×55厘米菌袋装料的打6穴，两面接种各3穴。接种时可每组8人，打穴、接种、封口各1人，每3人为1组，负责一面3穴接种，然后由另3人负责另一面3穴接种，流水作业，传递菌袋和送叠接种后菌袋各1人。

接种前做好一切准备工作，接种台桌的长短、高低和宽窄要适宜，台面要光滑，操作人员的座凳高低要方便操作、舒适。进接种室后马上各就各位，一旦开始接种，就不要来回走动，更不能中途进出接种室，以免空气剧烈流动，造成污染。小组成员应配合默契，各项操作有条不紊，干净利索，一气呵成。

4. 菌袋发菌及其管理　接种后，香菇菌丝在菌袋中蔓延生长的过程，称为菌袋发菌。发菌管理的主要任务是调节培养室的温度与湿度，适时通风，检查处理杂菌。

（1）培养室温度与菌袋堆叠　菌袋在培养架上的堆叠方式与堆压层数，依培养室温度而定。当室温低于23℃时，可将菌袋堆成顺码式，堆高4层；当气温为25℃左右时，可将菌袋摆成井字形，每层3～4袋，堆高4层，当气温达到或超过28℃时（超过28℃时最好停止生产），可将菌袋排成疏散的井字形，每层2～3袋，堆高2～3层，气温较高时，应采取荫蔽降温措施，并在夜间打开培养室门窗，降低室温，以利于菌丝生长。

（2）菌袋翻堆与杂菌处理

①通常，脱袋斜置和脱袋覆土栽培使用短菌龄菌株，菌袋的发菌时间60天左右。长菌龄菌株发菌时间依不同菌株而不同，如L-939为90～120天，L-135为150～180天，L-241-4为180～210天。

翻堆与处理杂菌多在最初的1～2周内进行。第一次在接种后4～5天进行，主要任务是检查几种繁殖极快的杂菌污染情况，如链孢霉、毛霉、根霉等；第二次检查在接种后7～10天进行；第三次检查在接种后15～20天进行。后两次重点检查木霉、青霉、曲霉及链孢霉的污染情况，翻堆与检查杂菌同步进行。当杂菌较猖獗时，应增加检查次数，以便“治早，治了”，防患于未然。

②杂菌处理。检查中，如果发现个别菌袋或接种穴周围有星点杂菌菌斑时，可以注射95%的酒精或20%的甲醛或50%的多菌灵溶液，控制杂菌蔓延；对于污染面积较大，但尚未出现杂菌孢子的菌袋，可以破袋取料，重新利用。对于严重污染，已产生杂菌孢子的菌袋，视污染杂菌种类分别处理，对竞争性杂菌中的某些种类，如毛霉、根霉、曲霉、青霉、链孢霉等，它们对糖、淀粉等小分子碳水化合物具有很强竞争性（汲取营养），但对木屑之类大分子碳水化合物显得无能为力。对这些杂菌污染的菌袋，移入低于22℃环境或在疏松土壤中掩埋3～5天，造成低温、缺氧状态，可有明显抑制作用。红色链孢霉的孢子发生时滴入煤油有抑制孢子飞散和繁殖的作用。只要香菇菌丝已成活，最终当麸皮和糠的养分消耗完后，杂菌自然因缺乏营养而消失，香菇菌丝依然可长满全袋出菇。对侵害性杂菌如木霉等既可分解木质素、纤维素，又能分泌毒素，伤害香菇菌丝，应尽早处理，严重时在安全处集中烧毁或破袋掩埋到果园里。

（3）菌袋的越夏管理

①选择适宜的度夏场所。采用层架式不脱袋栽培的菌株多为

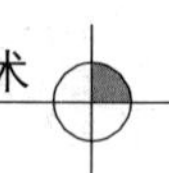

长菌龄菌株，用于培育花菇，制袋季节无论如何安排，都必须经过高温的夏季。花菇培育的制袋时间，对于福建和江南各地常在春节后至5月份。这时的气温在20℃以下，菌丝培养场所相对容易解决。到了夏天，各地气温高低不同，原有的场所有的依然可用，有的需要更换或改造。如在春季时为了防潮，把菌袋放置楼上，夏季高温，有的楼上就不适宜，要转移至楼下，但楼下要注意空气对流，防止潮湿。在相同温湿度条件下，通风与否，对室温的升降和湿度饱和差的增减起重要作用。适当通风，可以及时散热，保证培养室温度不会升高，并维持原有湿度差水平。培养室如果通风不良，必须进行必要的改造，使门与窗或窗与窗之间具有空气对流的条件。为了既通风又避光，可在窗门的框架上檐水平伸架1～1.5米长的支架，使窗门在遮盖避光物后形成缓冲间，然后在支架的上方、左右、前方用红黑两层薄布遮密，可以达到既增加通风量，又避光的目的。也可以把培养室移到通风干燥的半地下室或其他适宜地方，如在高海拔地方制袋接种，待度夏后移至低海拔出菇等。

对于室内培养一时难以满足需要的栽培者，可以构筑临时性室外培养场所。室外培养场所选择在通风干燥处，由内外两棚架构成。外棚是遮阴不遮雨的阴棚，高2.5米，上面用竹木枝叶、茅草或芒萁遮阴，遮阴度达85%，东西方向严密避光，不可让阳光直射棚内，南北方向应创造成为气温高时可避光通风、气温低时可通风保温的条件。内棚高2米，层间距20厘米，多层，可遮雨。外棚大于内棚四周2米。

②切实重视培养场所的温度变化。夏季的高温程度和每天高温持续时间长短各地表现不一，栽培者应当切实了解本地夏季气温资料，做到对本地气温变化心中有数。培养场所应配有温度计，每天早中晚认真观察和记录气温的变化，记录每天最高最低气温和高温持续时间，对照香菇菌丝对温度的适应性，以便采取相应管理措施。

③切实做好菌袋的疏散和降温工作。菌袋度夏时在培养室内的排列方式，由接种时的柴片式改变为井字形或三角形、六角形、堆高由原来8～10层，降低为3～4层，每层由3～4筒减少为2筒，而且每堆菌袋之间的距离增大，以利增加散热机会和减少单位空间的发热量。培养场所要求坐北朝南、通风、避光、干燥、凉爽。

对于那些有可能受高温影响的培养室或培养场所，要千方百计采取措施防暑降温。

通风降温：利用空气对流达到散热降温。当然，通风也有时效性和通风量大小的问题。当外界气温高于室内的中午期间，应避免通风，并适当隔热，如关闭门窗等，以减少热对流和热辐射。

隔热降温：在培养室的顶部和东西日照方向，覆盖草帘或其他隔热物，以减少热传递。每天高温期间，培养室内外暂时隔绝，减少对流，减少外部热气入内，保持室内气温不会很快升高。

蒸发降温：利用水分蒸发散热的方法降低培养室温度。通常水温比气温低，向培养室外围的房顶和隔热物喷冷水，使水分蒸发带走热量，达到降温目的。若在培养室内洒水，要及时通气，让水汽及时挥发。

气调降温：有条件者采用空调器或其他制冷设备引入冷气，使培养室温度降至适宜菌丝生长的温度。

此外，还可异地降温，如把菌袋移至高海拔的地方，或干燥通风的防空洞、半地下室。

④菌袋的扎孔通气管理。根据香菇是好氧性真菌和各地花菇越夏管理的经验，在长达数月的菌丝培养管理中，必须对菌袋进行扎孔通气。通常海拔较高、夏季气温较适宜的地方通气两次。第一次在接种后的菌丝生长分布达到（菌丝斑）直径10厘米左右，若接种穴贴有胶纸，通气时把胶纸去掉；若封石蜡，用消毒过的竹签或铁丝在穴上扎一个直径2～3毫米、深1厘米的小孔

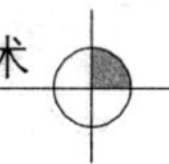

即可。若接种时没有封口，可在离菌丝生长前端 2 厘米处的圆周线上扎数个细孔，以利菌丝繁殖的空气需要。第二次通气常称通“大气”，是在菌丝长满菌袋表面四周、越夏场所已充分准备就绪且已改造符合越夏条件时进行。这次通气后就要减少菌袋搬动，让菌袋“休眠”越夏。所谓通“大气”，是指用竹签或铁钉向菌筒四周扎孔通气，扎孔数量依菌株和菌袋长短、松紧、轻重及培养场所的条件不同而异，不可强求一致。基本原则：

一是拌料时加水较多、湿度大、菌袋重的扎孔数可多一些，相反就少一些。通常每袋 30 孔左右，孔分布在菌袋四周，均匀排列。

二是培养室通风降温条件好，培养地海拔高，夏季气温较适宜菌丝生长的，可少扎孔通气，相反的则多扎孔通气。但如果培养场所潮湿，通风差，如果多扎孔通气，不但不能使筒内水分蒸发，反而菌袋会吸潮增重，并容易污染杂菌。在这种情况下，应先改造好培养场所后再进行第二次通气。

在海拔较高的地方，由于日夜气温差别大，低温时，常在所用菌株出菇温度范围的上限之下，所以通气次数可少，避免翻动，以减少出菇的可能性。但对中低海拔的地方，在越夏时气温很少低于 20℃，或很少低于菌株出菇温度的上限，在这种情况下，数次扎孔通气也是可行的。

三是根据管理经验，扎孔深度依菌株不同而有所不同。L-135 可扎深些，其他菌株，如 Cr-02、Cr-20、Cr-52 等可浅些。扎孔的工具要消毒干净。

四是“通气”的目的是提供更多氧气，让菌丝分解木屑培养基，积累菌丝量和养分。同时通过通“大气”降低筒内温度，导出黄水，促进转色，保护菌丝正常生长。如果扎孔过多，会导致水分蒸发过甚，偏干的菌袋会影响菌丝正常分解木屑。这种情况虽然较耐高温，但出菇量少，拉长出菇周期，减少出花菇的最佳机遇。

五是菌袋已分泌出酱色液（吐黄水）时，可在积有酱色液处刺破塑料膜，导出此液，然后把扎孔工具消毒后，再往菌筒深处扎孔。

(4) 菌袋在低温条件下的管理　我国东北、西北和西南某些高海拔地方夏季气温常在20℃以下。这些地方越夏管理并非防暑降温，而是保持培养室温度相对稳定在菌丝的适宜生长范围，减少翻动，防止提前出菇。

①选择保温性能良好的通风干燥避光处为菌丝培养场所，协调好保温与通气的关系，否则，虽然温度符合条件，但通风不良，菌丝培养依然不理想。

②菌袋适度扎孔通气，减少翻动。在夏季气温不高的地方，菌丝生长的关键是通气供氧。菌袋长满菌丝后，需适当扎孔通气，以促进转色。又因气温时常出现在20℃以下，为了培育好菌丝，应尽量减少菌袋翻动，以免过早出现菇蕾，消耗养分。

(5) 污染原因分析及综合防治措施

①菌袋污染原因分析

一是菌种混带杂菌造成污染

症状：杂菌发生在接种菌块上或其周围，往往成批污染，且杂菌种类单一，发生较早。

措施：严格菌种的质量检查；向信誉高的菌种厂定购菌种。

二是培养基灭菌不彻底造成污染

症状：同一批灭菌的培养基大部分或全部污染，杂菌种类较多，出现极早。

措施：高压蒸汽灭菌要排尽冷空气后再关闭排气孔，继续加热至规定压力及温度，才能彻底灭菌。常压灭菌灶要始终保持灶温100℃，不可间断；每锅（灶）装袋合适，不可挤得太满；干料均匀吸水也很重要。

三是操作过程造成污染

症状：杂菌多在接种穴附近点状发生，发生菌袋数量不定；

发生时间或早或晚，依杂菌种类而定。

措施：严格进行接种室熏蒸消毒和无菌操作；做好菌种的预处理；提高接种技术和责任心；气温较高时在夜晚或清晨接种。

四是环境造成的污染

症状：前期污染率低，随着时间的推移，污染率一天比一天高。杂菌种类可能较多，也可能很少。

措施：尽量检出并处理各种原因造成污染后长出的杂菌；消灭培养室内的老鼠、蟑螂、蚊、蝇等有害动物；当某一培养室污染较多时，应暂停使用，并对其进行彻底清扫消毒；气温高于28℃时，如果出现上述现象，当暂停生产，以免造成更大损失。

五是菌袋破损或扎口不严造成污染

症状：杂菌发生于菌袋破损处和两头的扎口上，尤其是装料后的扎口上发生更多。

措施：装袋时检查袋子有无破损；操作时轻拿轻放；承放菌袋的容器内壁光滑，必要时可以衬一层棉布；驱除或消灭生产场地内外的老鼠、蟑螂等有害动物；扎口紧贴料面扎牢扎实，不让气体流通；接种后将扎口在托布津或多菌灵溶液中泡几秒钟再摆到培养架上发菌。

②综合防治杂菌的措施，以预防为主。

一是使用无杂菌污染，长势旺盛的菌种。

二是改善生产环境，使菌种生产或制袋场地与菇场保持一定距离。条件许可时，尽量隔远些。

三是避免在高温高湿下制种。

四是提高操作技术和责任心。

五是提高杂菌识别能力，一旦发现及时妥善处理。

六是提倡药剂拌料。

七是适当加大接种量。

5. 转色管理

（1）脱袋转色管理　短菌龄菌株接种后经60天左右的发菌

管理，菌袋已经发菌成熟，当具备：菌丝已布满菌袋中的培养基成为有一定韧性的菌筒；接种穴周围或袋内薄膜与培养料有空隙处出现褐色现象；在见光或温差大排放处的菌袋内有原基出现或"发泡"现象；气温在12～27℃范围内；出菇场设施构筑完备。这时就可脱袋排场进入转色管理。

①转色的目的。菌袋脱袋后，在光照、通气和温、湿度变化的作用下，菌筒表面的菌丝停止生长，形成厚薄均匀的褐色菌皮。

②菌皮的作用。菌皮相当于菇木的树皮，具有调温、保湿、隔热、抗杂菌的作用，有利于菌筒出菇。

③转色期间管理

转色前期的管理：转色前期是指脱袋后的头10天。前期又分为两个阶段，最初5～7天为第一阶段，是菌筒转白过程，管理工作的重点是保持一定的湿度。畦面太干时，应当先浇湿畦面再脱袋排场；畦面太湿时则要适当通风。多数情况下是保湿为主，辅以通风降温排湿。转色前期的后3～5天为第二阶段。这一阶段应根据香菇品种、场地干湿和气温高低，采用保湿和通风相间的管理办法，并且逐步增加每天的通风次数。对于气生菌丝过旺的菌筒，还要拉长通风时间，强制气生菌丝逐渐倒伏。

经过以上管理，菌袋从接种穴附近开始转色，慢慢地扩大转色面积，并吐出黄水，菌筒色泽由浅变深，最后变成栗壳色。在室内脱袋转色，垫有塑料布的，应清除吐出的黄水，以免加厚菌皮，影响出菇；室外脱袋转色，菇场有泥沙地面，黄水易被吸收，不必另行清除。

转色后期管理：转色后期是指脱袋后的第二个10天，转色后期管理工作的重点是加大昼夜温差，继续保湿、通风。常用的方法是白天盖好塑料薄膜，夜间揭膜通风。脱袋后如果碰上高温天气，可以边喷水边通风，利用水分蒸发降温，利用通风带走水分。正确处理温、湿、气三者的关系，是菌筒转色早、转色好的

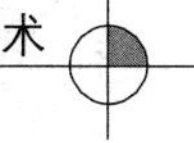

关键。

④转色期间可能出现的异常现象及处理办法

转色太淡：转色太淡，常不出菇。起因可能是：配料时加水太少，接种穴通气太早，菇场风大；或者脱袋后没有及时覆盖塑料薄膜，场地太干；或者覆盖的塑料薄膜破损厉害，无法保湿。由于上述一种或多种原因，使菌筒转白之前，表面已经失水变干，致使转色太淡。发现这种现象，马上调换塑料薄膜，喷水保温，诱发气生菌丝，转入正常转色管理。

局部转色：菌筒被杂菌污染的部分常不转色，脱袋后可将局部污染的菌筒单独排场，并且将污染部分的塑料薄膜留下，防止排场后扩散或见水后松散，使污染蔓延。当菌筒只一端污染时，可切除污染部分再排场。

气生菌丝徒长，难以转色：出现这种现象的主要原因有三个：菌龄太短；菇场湿度太大；培养基中氮素过多。挽救办法是：加大通风量，甚至完全不覆盖，强制菌丝倒伏；用2%的石灰水喷洒菌筒，刺激气生菌丝倒伏，进行偏干管理，待其生理成熟时自然转色。

(2) 不脱袋菌袋的转色管理　不脱袋的菌袋，由于菌丝接触空气量有限，所以与脱袋转色管理不同，转色时间长。转色首先在接种穴附近和培养料与塑料膜之间有空隙处，塑料膜与菌丝之间紧贴、没有空隙的地方，不形成褐色菌被，不转色。分泌酱色液与转色形成褐色菌皮是前因后果的关系。实践考察证明，转色分泌酱色液与菌株、温度、湿度、通气、光线等因素有关，而温度高低是最活跃的影响因素。培养室温度越高，分泌酱色水越早、越多，相反则越迟、越少。培养料湿度越大，相同条件下，分泌酱色水也越多。菌袋内通气量大，如装料松，分泌酱色液也较多，菌筒收缩厉害，转色也快。如果气温高，分泌酱色液多并不是坏事，可以使菌筒内温度及时散发，达到降温、自我保护的作用，同时尽早形成具有保护作用的菌皮。分泌酱色液色泽由浅

到深，该液有特殊的香菇菌丝气味，无其他异味。如果气温持续过高，酱色液又无法排出，容易促进菌丝自溶且易受杂菌感染，使酱色液酸败，菌筒腐烂，产生臭味。所以酱色液应及时排出。

对转色过程的分泌酱色液现象，应当区别情况，正确对待，细心管理。

①根据各地地理位置和气候条件决定越夏和转色管理的具体措施。不同海拔、不同气候条件的管理应当有所不同，不可生搬硬套。对于海拔不高，夏季气温较高的地方，越夏和转色要立足防暑降温，特别在双抢大忙时期和常规香菇制袋的时候，千万不可忘记花菇菌袋的越夏转色管理。

②越夏管理和转色管理的关键是选好、改造好培养场所，提倡菌袋单层有斜度地排放通风管理。只有千方百计降低培养场所温度，让菌袋疏散通风、才能减少酱色液的分泌量，才有利菌袋“休眠”度夏。

③酱色液应及时排出，特别是高温季节。如果出现局部腐烂现象，在导出黄水后，要划破菌袋塑膜，剥去腐烂的菌皮，撒入一小撮生石灰，放置阴干，然后用透明胶带把袋膜密封。

④菌筒转色完成，不像普通香菇的脱袋菌筒那样色泽均匀，而是成为灰褐相间的花菌皮。气温如果在适宜菌丝生长的温度上下，一般很少再分泌酱色液，进入“休眠”期。如果气温常低于20℃，不可轻易翻动，否则容易出菇。如果气温再次升高。还会继续分泌酱色液。在这种情况下，管理上除及时导出酱色液外，重点应放在降温通气，创造适宜菌丝正常生长的环境。

⑤防杂菌污染管理。当香菇菌丝长满全菌袋之后，如果外界条件相对比较适宜菌丝生长，杂菌的入侵繁殖相对比较困难，不可能有大的损失。但如果长期处于高于28℃的环境中，又缺乏通风、干燥、降温等条件，使香菇菌丝处于快速衰老自溶之中，这时杂菌就容易入侵造成毁灭性失败。在整个越夏管理过程中，特别在高温的环境中，高温喜湿性杂菌如绿色木霉、红色链孢

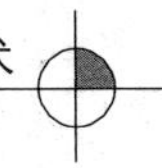

霉、黏菌炭团属的某些种类具有繁殖迅速、感染力强特点，对此，应该采取“以防为主”的方针，将它们消灭于萌芽之时。装袋后要及时刷净剩余料渣。清理培养室内霉菌滋生源，接种穴和袋口必须封密，保持培养室干燥、通风、凉爽。如果发现杂菌，要及时清理污染菌袋，定期空间消毒。

⑥在菌丝生长到一定成熟度时，当气温温差变化大的时候容易发生菌袋的“起泡”现象，同时与含氮量的高低有关，这是由菌丝扭结现象引起的。“起泡”为塑料膜与培养料分离出空隙，创造了菌丝与空气接触的机会，有空隙处的菌丝容易转色，并在分泌酱色液的过程中容易积留酱色液而造成腐烂，应注意及时导出这些酱色液。

(3) *脱袋覆土栽培的转色管理*　覆土栽培的菌袋转色有两种做法：一是先脱袋转色后覆土；二是菌袋脱袋后立即覆土，然后进行转色管理。菌袋转色后覆土有两种办法，一种是在培养室内用刀片把塑料膜刈一纵刀放回原位继续加快转色，当70%～80%的表面转色后脱袋排畦覆土。另一种是菌袋先排畦，在排畦时刈一纵刀，将刈破一面朝畦面，待70%～80%表面转色后再脱袋覆土。这时畦面上拱形塑料膜上部遮雨，下部通风。若气温太低，可垂下覆盖的塑料膜，但畦两头仍保持通风，且每天两次以上掀膜通气，促进转色。

脱袋后立即覆土的土质要疏松、小颗粒状，防止太干燥、大颗粒，以免伤害幼嫩的菌丝。在菌筒排畦后，轻轻覆土，土厚1～1.5厘米，并喷一次水使土壤湿润。拱形覆盖薄膜。这时可常扒开土壤观察菌筒转色程度。根据具体情况确定土壤调湿和薄膜的通风程度，达到促进转色出菇。转色后将表面土壤扫去露出菌筒上表面。

采用转色后覆土的菌筒，当脱袋排畦后，把消毒过的覆土材料撒在菌筒上，用塑料扫把扫平，使筒与筒之间的间隙填满土，并使菌筒上表面露出。然后喷一次重水，使土壤湿润，并把菌筒表面的泥土冲洗干净。喷水过程中，由于水的冲力作用和湿土下沉可使部分菌筒间隙表面外露，需补填覆土，并覆盖拱形塑料膜。

当气温20℃以上，25℃以下时，菌筒即可喷一次重水，用塑料薄膜拱形覆盖3～4天，待菌筒的菌丝转白生长后，加大通风，促进菌丝倒伏转色，每天喷水一次，保湿10天后，加大通风量和调节干湿差、温差，20天左右即可出菇。

6. 出菇管理 木屑菌袋室外栽培香菇，脱袋斜置畦栽模式，一般接种后60～80天出菇。秋冬春三季均可出，但不同季节的出菇管理不一样。不脱袋层架式栽培，以培育花菇为目标、管理方法有较大差异。

(1) 脱袋斜置畦栽的出菇管理

①催菇。代料栽培第一批香菇多发生于11月，这时气温较低（湖北为10℃左右），空气也较干燥，所以催菇必须在保温保湿的环境下进行。催菇的原理是人工造成较大的昼夜温差，满足香菇菌变温结实的生理要求，因势利导，使第一批菇出齐出好。操作时，在白天盖严薄膜保温保湿，清晨气温最低时掀开薄膜，通风降温，使菌棒"受冻"，从而造成较大的昼夜温差和干湿差。每次揭膜2～3小时，大风天气只能在避风处揭开薄膜，且通风时间缩短。经过4～5天变温处理后，密闭薄膜，少通风或不通风，增加菌筒表面湿度，菌筒表面就会产生菇蕾。此时再增加通风，将膜内空气相对湿度调至80%左右，以培养菌盖厚实、菌柄较短的香菇。催菇时如果温度太低（低于12℃），可以减少甚至去掉荫棚上的覆盖物，以提高膜内温度。

②出菇管理

初冬管理：11～12月，气温较低，病虫害少，而菌筒含水充足，养分丰富，香菇菌丝已达到生理成熟，容易出菇。采收一批菇后，加强通风，少喷水或不喷水，采取偏干管理，使菌丝休养生息，积累营养。7～10天后再喷少量清水，继续采取措施，

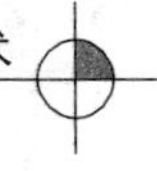

增加昼夜温差和干湿差距，重新催菇，直到第二批菇蕾大量形成，长成香菇。

冬季管理：第二年的1～2月进入冬季管理阶段。这时气温更低，湖北各地平均气温低于6℃，香菇菌丝生长缓慢。冬季管理要加强覆盖，保温保湿，风雪天更要防止荫棚倒塌损坏畦面上的塑料薄膜和菌筒。雪凌较少的暖冬年景，适当通风，也可能产生少量的原菇或花菇。

春季管理：3～5月，气温回升，降雨量逐渐增多，空气相对湿度增大。春季管理，一方面要加强通风换气，预防杂菌；另一方面，过冬以后，菌筒失水较多，及时补水催菇是春季管理的重点。先用铁钉、铁丝或竹签在菌筒上钻孔，把菌筒排列于浸水沟内，上面盖一木板，再放水淹没菌筒，并在木板上添加石头等重物，直到菌筒完全浸入水中。放入时间应做到30分钟满池，以利于上下菌筒基本同步吸水，浸入时间决定于菌筒干燥程度、气温高低、菌被厚薄、是否钻孔、培养基配方以及香菇品种。如Cr-20的浸水时间就应比Cr-02的浸水时间长些。一般浸水6～20小时，使菌筒含水量达到55％～60％为宜。然后，将已经补足水分的菌筒重新排场上架，同时覆盖薄膜，每天通风2次，每次15分钟左右，重复上述变温管理，进行催菇。收获1～2批春菇后，还可酌情进行第二次浸水。浸泡菌筒的水温越低，越有利于浸水后的变温催菇。通过冬春两季出菇，每筒（直径10厘米，长40厘米左右）可收鲜菇1千克左右。这时，菌筒已无保留价值可作为饲料或饵料。如果栽培太晚，或者管理不善，前期出菇太少，在菌筒尚好、场地许可的条件下，可将其搬到阴凉的地方越夏，待气候适宜时再进行出菇管理。

（2）*不脱袋层架式出菇管理*　这一模式栽培的目标是培育更多更好的花菇。花菇培育的管理工作量比常规香菇栽培要少些，工作强度也较轻。它自始至终不向菌筒和菇棚喷水。进入出菇管理阶段主要工作有排场、温差催蕾、开穴露蕾、干燥刺激、温度和光的控制，以及注水、补水、养菌等工作。

①排场。菌筒经数月的营养生长（时间视菌株而定）后，达到生理成熟阶段。这时，开始将菌筒由培养场所（菌丝培养阶段也可将菌筒横叠菇棚内或层架上）移至菇棚内，准备促其出菇。在菇棚内菌筒的排列方式有横排和竖排两种。

横排：这是采用立体层架式菇棚栽培的排法，即将菌筒横排在菇棚的层架上。每层并列排放两排菌筒，每段菌筒之间距离相隔4～5厘米，务必使每段菌筒都能处于较干燥又不致死亡的生存条件，不致产生高湿度死角，同时又能在秋冬季受到较强烈的光照。由于层架有高低（每架分4层至5层）差异，光照常受影响，需通过搬动菌筒调放上下层架位置，使大部分菇体表面都能开裂并充分接受光照。

菇棚面积如按2.5米×15米测算，每座菇棚约可排放1 820段菌筒。每667平方米的层架可排放3.2万段左右的菌筒。

竖排：这取自大田常规菌筒栽培模式和台湾模式，即在阴棚内畦面上横架以小木棒，将菌筒竖靠其上。其与常规栽培所不同的是畦面上应铺一层塑料薄膜，不进行喷水处理。竖排操作方便，但占地面积大。

②温差催蕾。温差对菌丝生长不利，而对子实体原基的形成有利。原基的形成必须有温差的刺激，所需温差的大小视菌株而定。

达一定生理成熟的菌筒经搬动排列后处于疏散状态。菌筒本身呼吸作用产生的热量容易散发，温度相对降低，菌筒接受菇棚内较大的昼夜温差刺激和光照的刺激，成熟的菌丝体开始扭结形成子实体原基，进而现出小菇蕾。为促使菇蕾的正常发生，须在菇棚的自然条件下人为辅助加大温差，即采用白天用塑料薄膜覆盖菌筒，夜间掀开，让冷空气直接袭击菌筒，促使菇蕾发生。

③开穴现蕾。菌筒排场后经加大温差和光照刺激，菇蕾开始形成。花菇的培育多采用菌筒不脱袋的方式，所以形成的菇蕾还

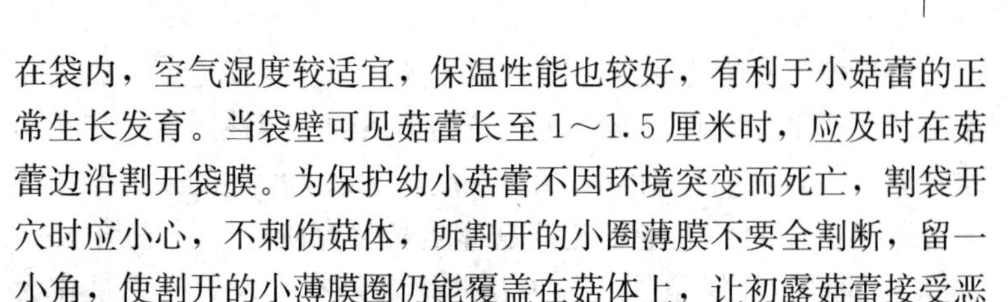

在袋内，空气湿度较适宜，保温性能也较好，有利于小菇蕾的正常生长发育。当袋壁可见菇蕾长至 1～1.5 厘米时，应及时在菇蕾边沿割开袋膜。为保护幼小菇蕾不因环境突变而死亡，割袋开穴时应小心，不刺伤菇体，所割开的小圈薄膜不要全割断，留一小角，使割开的小薄膜圈仍能覆盖在菇体上，让初露菇蕾接受恶劣环境的刺激，有个缓冲过程。割口的大小以能让幼蕾自由露出生长即可。

开穴应选准晴朗天气进行，以利达到预期目的。开穴一定要在菇蕾长至一定大小时进行，如过早开穴，菇蕾太小，自身积累的营养不足，根基浅，难于抵抗较长时间的恶劣干燥条件，要么早死亡，要么只能抵挡一阵，菌盖过早开裂，无法继续生长，而形成花菇丁；如太迟开穴，菇蕾过大，会受到袋膜压迫，容易畸形。

出现菇蕾密生或过多时，应选留长势粗壮圆正的，每段菌筒留下数朵至十来朵（分布稀疏的）即可，其余的用手在袋外去除。

④干燥刺激。开穴后露出的幼蕾先在适宜环境中培养，菇棚内空气相对湿度仍保持在 85％左右，气温一般为 15～20℃。当菌盖长到 2～3 厘米时，表面颜色变深，并呈顺利生长之势态时，即可降低空气相对湿度，进行干燥刺激处理。如加大菇棚两端空气对流，若能造就一股微风吹拂菇体表面最为理想。若湿度还太大，也可用电扇吹风。

幼蕾裸露袋外，面临干燥刺激需有一个适应过程。因此，降低空气相对湿度应当是一个渐进的过程。

当 65％左右的空气相对湿度维持在一天以上，加以较强的光照，幼蕾表皮即开始出现微小裂纹。若在 15℃左右气温下维持 3～5 天时间，花菇形成已有把握。其后这样的条件继续维持下去，便是菇体菌盖表皮加深裂度和顺利长大的过程。其间只要菇体未直接沾水，空气相对湿度短时间升高至 80％～85％，不会造成花纹的完全消失。

降低空气相对湿度，给菇蕾以干燥刺激，是促进菇体表皮开裂形成纹理的决定性因素，也是花菇形成的决定性因素。在花菇培育管理中，如何控制空气相对湿度，除以上所述的人为操作调节外，更主要的是决定于花菇菇体生长发育阶段（一般须15～30天）的自然气候条件。因为花菇培育是有一定规模，是在大场所大空间里进行，难于完全由人为调控。在此阶段天气多为晴朗，这是先决条件。在这条件下，加上人为辅助调节，就有把握培育成优质花菇。

在培育花菇过程中，空气中湿度饱和差越大，花菇裂纹越容易发生，相反则越不容易产生。但湿度饱和差与温度有明显关系，当相对湿度不变时，温度越高，饱和差越大；当温度不变时，相对湿度每降低10%，湿度饱和差增加100%。这说明，高温高湿或低温高湿都不利于花菇形成；高温低湿或低温低湿都有利于花菇形成。这也说明，花菇管理过程要紧紧抓住湿度这一中心环节才是最有效的。花菇形成过程如图4-13所示。

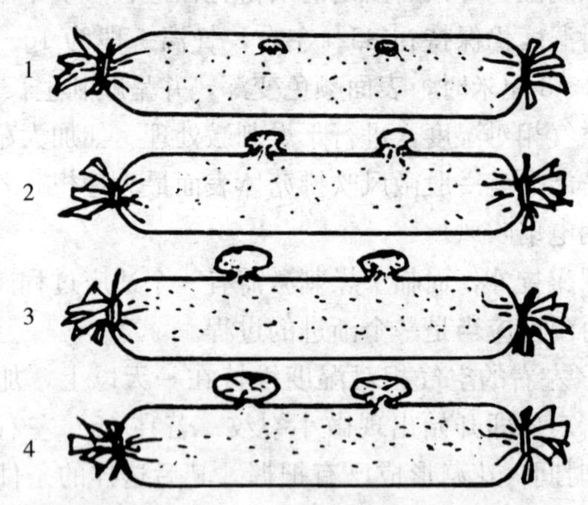

图4-13　花菇形成过程

1. 初现菇蕾（1～1.5厘米）　2. 开穴露蕾（1.5～2厘米）
3. 菌盖表皮初裂，形成纹理　4. 菌盖裂纹增多加深，纹理增白，花菇形成

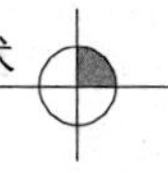

就福建省的气候条件，花菇培育的最佳季节在秋冬旱季的晴朗天气，应抓住秋冬晴天的有利时机，促使天然花菇的形成。到了春雨绵绵的季节，很难控制干燥，也就很难培育出花菇了。

⑤温度和光线控制。温度与花菇纹理的形成无关。在花菇形成的决定性因子——空气相对湿度具备的条件下，香菇子实体生长发育的较适宜温度为 8～20℃。只有在较低的温度下，才能控制子实体缓慢生长，菌肉加厚而坚实，不易开伞，能保证花菇的质量。在空气干燥的条件下，高温型菌株在高温下也能长出花菇，但其质量无法与较低温度下长成之花菇相比。因为在高温条件下，子实体发育快，极易开伞，且肉薄柄长。所以大棚培育花菇还必须掌握适宜的季节，利用遮阴物、覆盖的薄膜、层架的设计、菌筒的排列等措施，力求出菇前有较大的温差，出菇时温度在 10～20℃，表皮开裂后又有较强的直射光，随着裂纹加大，可根据气温适当加强光照，乃至达到1 500～2 000勒克斯。

光和热是相对的。秋冬气温较低，在 8～20℃时，直射光有利于花菇裂纹增白；夏秋气温高达 25℃以上时，较强的直射光会灼伤菇体，也伤害菌筒。在栽培实际中，必须注意观察，根据不同的气温条件，灵活合理地掌握光照度，使菇体既能承受又不至于受伤害，就能获得优质花菇。

吴学谦、吴克甸（1995 年）对花菇形成的研究表明：花菇的形成是香菇子实体生长和生态因子共同配合的结果，并非仅取决于生态因子，还与子实体发育的内部条件和子实体成熟度有关。这说明在花菇培育时，应当从菇蕾时就创造条件促进花菇形成。当菇蕾太大时再接受干燥等刺激，往往只有菌盖外圈开裂形成花纹，而菌盖中心部分不产生花纹。其研究还表明，低温和温差与花菇形成无直接关系，温度的高低并不影响花菇率，这些只影响子实体的厚薄和发育的快慢。因此，在掌握了花菇形成所需的生态条件与子实体分化所需的生态条件是不同的原理之后，就可以分别设置菇蕾发生的栽培场和花菇培育的栽培场，充分利用自然条件，加上人为科学管理，进行两场制栽培管理，使花菇培育工厂化，规范化。

根据某些花菇生产地（如寿宁）菇农的经验，如果每户培育花菇4 000筒，可以建造一座标准立体层架式菇棚，并在菇棚旁边同时配套一畦式阴棚。当菌筒在畦式阴棚内出现菇蕾后，移到立体式菇棚的层架上培育花菇。花菇采收后，把菌筒移到立体层架两端的缓冲间养菌，然后进入畦上注水催菇，再移到层架上管理，形成花菇。这种模式的循环操作，有利于花菇率和花菇产量的提高。

⑥菌筒的补水与养菌。培育花菇的菌筒不脱袋，很难从菌皮获得空气中的水分，也无法喷水补充，出菇后更不能以增加空气湿度来补充水分。因此，其自身含水量也就成为花菇整个生活周期最重要的供水来源。由于菌筒长期薄膜包裹，水分不易散失，至出菇时均能符合出菇要求。但培育花菇的菌筒，经过一批或几批出菇之后，内部水分消耗较大，此时需要通过人工补水，来补充培养基内的水分，以利菌丝恢复营养生长，促使菇蕾的再发生。浸水的办法易引起养分流失，又难于控制吸水量，容易造成菌皮过湿，现蕾过多，以及造成菌袋内空间湿度大，杂菌容易滋生，也较难于管理形成花菇，所以，一般不采用浸水法。

最合适的补水方法是注水法。注水法是利用一定压力的水源，如喷雾器加压或高水位水槽的水势通过注水器把清水或营养水注入菌筒内。采用注水法既省工省时，又可避免菌筒在搬运中产生碎断和浸水中所引起的养分损失。注水的水质要符合饮用水标准，不低于畜禽养殖用水标准。

应用于香菇菌筒的注水器种类有单管多孔注水器和多管针式注水器。

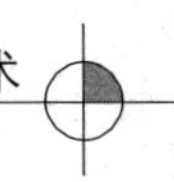

单管多孔注水器：这是用长度350～400毫米，外径5毫米、内径3毫米的不锈钢管或黄铜管加工制成。管的尾端焊上水管接头，如喷雾器喷杆内螺纹接头，使之与压力供水管相连接。管的头部加工成尖锥形，并封死。管壁上从头部起，按孔距35毫米等距交错钻3行直径0.6～0.8毫米的小孔，其总长度为280毫米左右。菌筒注水前，应先用尖头直径6毫米钢筋8号铁丝，从菌筒端面中心插入打孔，插孔深度大约为菌筒长度的3/4，然后将注水器插入菌筒孔中，将压力水或营养水注入菌筒。

多管针式注水器。这是利用喷雾器（单管喷雾器）把水打入一个多排连通的分配器，分配器上焊有多个（20～40）喷雾器上通用的出水座，借用多条手动喷雾器的喷杆胶管体，与分配器上出水座连接，喷杆上按孔距35毫米等距离交错钻三行直径0.6～0.8毫米的小孔，喷杆在280～300毫米处截断，杆头上加工成尖锥形并封密，即成多管针式注水器。其使用法与单管多孔注水器相同，但其一次可同时对数段菌筒注水，工效较高。

在菌筒出菇后期，需添加营养剂，也在注水过程中将营养剂溶解在清水中，通过补水办法注入菌筒。注水量多少视菌筒失重的多少而定，一般以补足原来菌筒重量的2/3为宜，往往凭操作者的经验，以手提拿菌筒凭感觉判断是否补足。

花菇培育进入春梅雨季节，由于春雨绵绵，空气相对湿度很大，这时如果没有全人工气候的条件，是难以培育出花菇的。同时这时的菌筒从去年秋季开始出菇，至今春营养消耗很多，菌筒萎缩变小，菌筒内培养基菌皮与塑料袋之间的间隙距离增大。塑料袋因出菇开穴而“千疮百孔”，这时的管理有两种办法。一是选用比原有装料袋直径小，与现有萎缩后菌筒直径相似的新塑料袋，把旧袋破开，将料筒装入新袋，依然同原来培育花菇时一样进行管理。二是去掉菌筒旧塑料袋，与普通香菇一样进行出菇管理。这样管理虽然难以产生花菇，但如果在管理中把握好喷水量或浸水时间，控制每批出菇量，与培育花菇一样，控制出菇场的相对空气湿度，增大通风量，也可培育出比普通香菇更高质量的子实体。

花菇培育新技术是在原有香菇栽培技术的基础上发展起来的一项实用新技术。出菇前与普通香菇栽培基本相同。目前菌筒培育时间在120～200天之间，经历度夏管理，出菇期间根据不同地区、不同海拔的地理气候条件，或秋冬春出菇，或春秋冬出菇。这期间如遇到少雨多晴的气候，形成花菇的几率就高，遇到多雨多湿的气候，就难以形成花菇。就目前福建省花菇生产状况，培养料栽培的花菇率多在30%～40%，有的高达50%左右。随着出菇场所设备条件的不断完善和人们对花菇形成机理理解与掌握的增多，花菇率会不断提高。在适宜形成花菇的季节，应当抓紧时机，多出花菇，出好花菇；进入不适宜出花菇的季节，也要通过人为的管理，争取出暗花菇或多出厚菇，以增加产量，提高效益。

花菇培育技术除以上介绍的方法外，还有我国台湾省的太空包栽培法和辽宁、黑龙江等地采用的菌块（或菌床）覆土（或盖沙）栽培法等。太空包栽培法有利于提高花菇、厚花菇的比例，但占地大，菇房造价高。菌块覆土栽培法是将培养好的香菇菌种制作成块摆于畦沟中，或将菌种掏出铺于畦沟中，在其上面覆土或盖沙，让其出菇。覆土法保湿性能好，且寒冷时能保温，炎热时能降温。因此，此方法较适合于我国长江以北某些气候常年较干燥和较寒冷的地区。

（3）脱袋覆土畦栽的出菇管理　菌筒覆土后，通过调节土壤湿度和扩大温差，促进菇筒出菇。当菇蕾出现后，为了长好每朵菇，根据不同品种菇蕾出现的多少，进行疏蕾护蕾工作，当菇蕾成丛，过密时，去弱留壮，去小留大，保持每筒表面均匀分布有4～6朵菇蕾即可。这时菇棚内应排干水，采用喷水调节土壤和菌筒湿度，让菇蕾较缓慢长大，以利菌盖增厚，提高质量。掌握从菇蕾出现到成熟的发育期在10～15天。此时喷水的水质要符合饮用水标准，用喷向空间，水雾自由落下的方法，不直接喷向

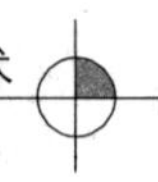

畦面，直接喷时土粒容易溅黏在子实体上而成为泥菇。

头潮菇采收后，停止喷水10天，清除采收时余留的菇柄，然后灌水入沟使水面至菌筒一半的高度或较重地喷一次水，其后隔天喷水，阴雨天停喷，晴旱天重喷，保持土壤20%～22%的含水量，促进第二潮菇生长，其后重复循环管理。

覆土栽培香菇的出菇管理，正处夏秋季节，这时气候特点是多雨高温、干燥，在管理中要注重以下几个环节：

①防雨。当夏季雷阵雨时，防止出菇场内土壤湿度过大，成为烂泥田，其管理过程中，遇到大雨要防雨水大量入棚内，阵雨后要及时排水和加强出菇场通风，降低场内湿度。

②防高温。在气温高于出菇温度范围时，通过夜间通风降温和畦间水沟灌水，保湿降温的办法，调节土壤温度；采用白天灌水，夜间排水的办法，加大温差，促进出菇。

③防干旱。在水源较缺、土壤干燥的地方，应防止畦中土壤过于干燥。通过喷水的办法，保持土壤潮湿。过于干燥的环境中香菇出蕾后，难以开盖长大，且盖面开裂为花菇，长期缺水，会成为花菇丁。

保持土壤中适宜含水量，使香菇顺利出菇，出好每一朵菇，菌筒含水量长期保持适宜的程度，这是一项很关键的管理技术，此适度掌握好了，即可出好菇，又可延长菇筒的寿命，不会烂筒，达到优质丰产。

在出菇后期，有的菇农选用营养液施喷土壤，常可取得出菇朵形保持圆整肥厚的好效果。常用的营养液是葡萄糖、酒石酸等，常用浓度为0.2%。香菇的采收、加工及贮藏技术将在第六章介绍。

（三）问题讨论

1. 代料栽培的优势

（1）我国地域辽阔，农副产品资源丰富，除菇树枝丫、木屑可以利用外，甘蔗渣、棉秆、棉籽壳、玉米秆、玉米芯等，均可栽培香菇，而段木栽培只能利用菇树的枝干。

(2) 代料栽培的生产周期短，1年可以完成全过程；而段木栽培香菇需要3～5年才能完成全过程。

(3) 就生物学效率而言，代料栽培可达60%以上，段木栽培目前只有20%左右。

(4) 代料栽培城乡均可进行；而段木栽培多在偏僻山村。城镇进行代料栽培，能将分散的作坊式生产变为工厂式的集约化经营，是山区农村脱贫致富的一条有效途径。

(5) 代料栽培可缓解菌林矛盾，保护生态环境。

2. 当前代料栽培香菇中的突出问题

(1) 在菌政管理方面是生产发展无序，自发性强；菌种管理混乱，有时劣种冲击市场；销售无序竞争，造成增产不增收；资源浪费较严重；税收与资源保护、资源再生及科研不能密切结合，产、供、销、研相互脱节。

(2) 在产品质量方面虽比过去有很大提高，但在产品致密度、口感、香味、子实体外观形态、菌肉厚度等方面仍不如段木香菇。在产品的“绿色壁垒”方面也存在一定问题，有待于在规范化栽培和标准化加工过程中克服。在栽培管理中，培养料选择应严格执行NY-5099—2002标准；水质应符合饮用水标准；农药使用要符合无公害要求。香菇产品执行NY-5095—2000标准。

3. 栽培模式发展趋势的探讨

(1) *走集约化规模栽培和产业化经营之路*　香菇和蘑菇都是世界性菇种。从各国发展食用菌的经验来看，都是从分散经营向专业化经营的模式发展，并逐步与市场紧密结合，逐步形成长期性产业。

福建的香菇生产，根据以往的经历，一般几年就出现一个周期性的起伏变化。香菇业的这种大幅度起伏，反映产业化程度和市场培育的不成熟，因此，经常给广大栽培者带来严重的经济损失和资源的大量浪费。为了避免在花菇生产过程中重复这种现象，

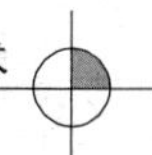

必须走与市场相适应的集约化规模栽培和产业化经营的道路。

集约化规模栽培香菇明显地区别于千家万户的兼职栽培。其特点：一是生产专业性，即集中，形成规模，生产过程有明显的分工，是劳力密集型，技术保障完善的生产模式；二是具有高投入（包括资金、人力、技术诸方面的投入）、高产出（产出批量大、质量好、价值高）的特点；三是生产同市场经济紧密结合，投产前有市场调查，投产后容易为市场认可或容易培育出新的市场，有利栽培者和加工者利益的协调一致，栽培规模和质量与市场较为适应；四是有一套懂技术、懂市场、懂管理的班子，容易从管理和科技成果的应用中产生综合经济效益。

香菇的产业化经营模式是许多食用菌工作者所追求的模式，它应是长期性的专业生产，在当地农业生产中占有一定的比重，产生一定经济效益，是产供销一条龙、科工贸一体化的生产经营方式，它可以使原有生产方式提高到一个新的水平。

（2）层架式栽培有利工厂化和专业化发展 香菇栽培应当是杂木资源较丰富山区的重要种植项目之一。从提高香菇的品质出发，层架式栽培和覆土栽培均有利提高香菇的产品品质，层架式可培育出部分高质量花菇，覆土式难以培育出相同密度的花菇，但产量比层架式高。

随着香菇生产的发展，香菇专业户可以选用层架式固定栽培方式，并根据香菇菌丝生长和出菇的不同环境条件，采用两场式层架栽培管理，进行集约化规模栽培。随着层架质量的提高，层架外阴棚上面可立体栽培藤类瓜果遮阴，荫棚内同样可以采用层架覆土栽培，达到既提高产量又提高质量的目的。也可成永久性设施农业投资进行规模栽培，通过这种栽培模式，可以选用不同菌龄的菌株，可脱袋也可不脱袋，可覆土也可不覆土，进行同年栽培，栽培出符合不同市场要求的产品。

目前影响代料栽培香菇经济效益的主要因子是成品率（出菇菌筒数量与接种菌袋数量的百分比）、生产成本以及产品销路和价格。提高经济效益，是栽培者的最终愿望。生料栽培虽然可以大大降低生产成本，但杂菌污染严重，生产上不宜采用。笔者认为，改革生产工艺，是提高经济效益较有希望的途径之一。比如说，改木屑种为木（竹）条菌种；改打穴点菌为直接播入木（竹）条菌种；用波浪式畦面代替菇场的排筒架等，既可以降低成本，简便易行，又可望提高成品率。在管理上要加强菌政管理，克服生产无序、销售无序的现状；在加工销售方面要创名牌，建立食用菌专业市场和健全有效规范竞争机制，建立健全行业管理，提高产业的组织化程度，建立公司＋基地＋农户的模式，促进产销平衡。

总之，选育适于代料栽培的优良菌种，筛选经济有效的抑制杂菌的培养基配方，探讨香菇深加工的工艺，广开销路等项工作，是摆在我们面前的重要课题。

五、黑（毛）木耳段木栽培

木耳栽培源于中国。我国黑木耳产量来源主要不是段木栽培，而是代用料栽培。发展黑木耳段木栽培必须符合国家退耕还林保护生态的大政策。

（一）工艺流程

木耳纯菌丝种段木栽培程序大体如下：

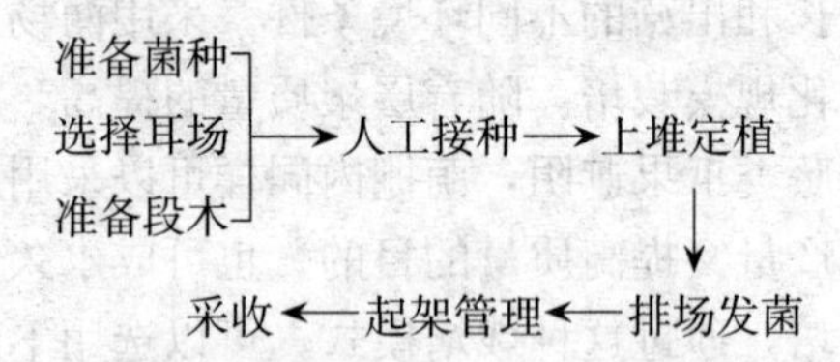

（二）技术要点

1. 准备菌种　黑木耳的菌种质量直接影响栽培效益。栽培实践证明，在同一耳场，用同样耳木和在同等管理水平下，单因菌种不同，产量可以相差几成至几倍。因此，在准备菌种时，既

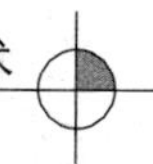

要选用适合当地段木栽培的优良品种（湖北房县的793号、湖北南漳的薛坪1号等），又要严格进行质量检查；选用生活力强，生产性能优良的纯木耳菌种。并且根据栽培规模和菌种种型备足菌种（参阅表4-16）。

2. 选择耳场　栽培木耳的场地称作耳场。耳场环境条件直接影响管理用工和木耳的产量、质量。耳场应选择无公害环境，远离工厂和人员密集地，水源干净，无废气和尘土，空气新鲜。常以木耳菌对温、湿、光等环境因子的要求为根据，并结合当地实际情况来决定。在耳林资源丰富，海拔400～800米的低山或较高山，可选择近水源，背风向阳的山坳作耳场，或者利用河沟沿岸的沙滩作耳场。沙滩地下水位高，既滤水又保湿，且杂菌少，是较理想的耳场。但是要防止耳棒被山洪冲走丢失。

3. 准备段木

（1）选树　选择耳树所遵循的原则与选择菇树所遵循的原则基本相同。适于香菇生长的各种树木，如栓皮栎、麻栎、槲栎、米槠、枫杨等，亦可栽培木耳。木耳产区常选用栓皮栎和麻栎生产木耳。这两种树分布广，易造林，萌蘖更新能力强；同时，其栓皮层有调温、调湿的作用，且边材发达，营养丰富，木质较耐腐，具有结耳时间长，木耳产量高，质量好等优点，是栽培木耳的优良树种。

（2）树径和树龄　同栽培香菇相比，栽培木耳宜用直径较小的段木。通常栎类的胸径10～14厘米，10～15年生中龄树栽培木耳较适宜。

（3）砍树

①从老叶发黄（或红）到新芽初发，均是砍树适期。

②缓坡耳林提倡东西向带状砍伐；陡峭林地则应择伐（砍大留小），以利水土保持。

③砍口部位要低，且砍口整齐，莫伤树蔸，以利于抽枝再生。

（4）去枝断木　耳树砍（锯）倒后，顺主干由下而上剃去侧枝，然后将直径 6 厘米以上的枝干锯成 1.0～1.2 米长的段木。

（5）架晒段木　将段木按直径大小分开，在通风向阳的地方，按井字形堆叠起来晒 7～15 天，让树完全干死，以利于木耳菌丝腐生。但要注意段木含水量，一般活树架晒后失水 2～3 成（100 千克新鲜段木晒至 70～80 千克），接种后干耳菌种容易定植生长。

4. 人工接种　段木栽培木耳的接种工具，接种日期及接种方法，均与上述香菇的有关内容基本相同，只是接种密度略高于香菇，一般以穴行距 10 厘米×6 厘米为宜。

5. 上堆定植

（1）上堆　将已经接种的段木（耳木）按直径大小分开，以井字形或顺码式堆成 1 米高的堆子。上堆后适当覆盖，创造暖湿的小气候，原则上保持堆内温度在 24～28℃之间，空气相对湿度 70%～80%为宜。覆盖物最好是松杉树枝，或灌木、茅草，也可以加盖塑料薄膜。树枝、茅草可以增减其覆盖厚度来控温调湿，比较安全可靠。覆盖塑料薄膜则要加强管理，特别要注意晴天中午堆中的气温，若接近 28℃则应掀开部分塑料薄膜通气降温，避免高温灼伤木耳菌种。

（2）翻堆与浇水　上堆后每隔 7～10 天翻堆一次。如遇干旱或大风天气，可结合翻堆进行浇水；如果连续降雨 3 天以上，用树枝、茅草盖堆的，则应加盖塑料薄膜遮雨，待雨停转晴之日再揭去薄膜。

6. 排场发菌　上堆定植时间的长短依树种，段木粗细和当时的气温高低而定，一般需要 30～45 天。木质较松、直径较小的段木，或气温较高时，上堆定植的时间可以短些；木质较硬，直径较大的段木，或气温较低时，上堆定植的时间应适当延长。经过上堆定植以后，木耳菌丝已长入耳木，这时应散堆排杆（困山），以便菌丝进一步在耳木中迅速蔓延。排场的方法，将耳木一根根（间距 5 厘米）平铺在湿润的耳场上，使其吸收地潮，接收阳光雨露和新鲜空气。散堆排场以后，每隔 10～20 天将耳杆

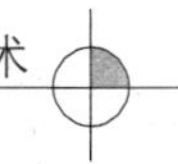

翻动一次，同时清扫耳场，保证场地通风透光，防止杂菌害虫危害耳木。排场期间，若7天以上天晴无雨，则应浇水保湿。

7. 起架管理

（1）起架的时间　耳杆起架的时间决定于排场发菌的情况。在湖北木耳产区，接种后只需3个月左右，耳木就可以进入“结实”阶段。也就是说，经过两个月的发菌管理，耳木上即可长满耳芽。当耳芽长满耳木，部分耳片长到五分硬币大时，便可结束排场发菌管理，将耳木上架。

（2）起架管理　在水源方便，避风向阳的地方，将耳木按覆瓦式（旱季）或人字形（雨季）上架；在阳光过于强烈的地方，应搭盖简易荫棚，做到“七分阳、三分阴，花花太阳照得进”，以利于生产色深肉厚的优质木耳。

起架后，水分管理最重要。木耳生长过程中需要消耗大量水分，空气相对湿度需达90%左右。同时又要保持干干湿湿，干湿交替的环境条件。在天气干旱时，应进行人工浇水解决耳木水分不足的问题。夏季的晴天，应在早晨和傍晚浇水。并采用巡回浇水的方法，每次都要浇细、浇全、浇透。若采用喷灌机浇水，则抗旱保湿效果更好。

条件适宜时，耳芽经过7～10天，就可长大成熟。采收时顺便将耳木上下调头，并停止浇水，让耳木晒5～7天，使其表面干燥，促使菌丝向耳木深处蔓延。然后进行喷水管理，耳芽又会陆续冒出，并很快长大。一般每隔半个月可采收一茬木耳，接种当年可以采收三茬木耳。

8. 采收　凡是长大成熟的木耳都应采收。成熟木耳的标志是耳片舒展，边缘内卷，少皱褶，耳根收缩，由大变小。采收时用手指顺着木耳边缘插入木耳子基部（耳根），将木耳摘下。不可强拉耳片，以免撕破耳片，影响木耳质量。采收木耳宜在雨后初晴，耳片开始收边时进行。晴天可在早晨露水未干时采收。如遇连续阴雨，已成熟的耳子雨天也要及时采收，以免霉烂、流耳，造成损失。总之，采收木耳要做到成熟就采，勤采细收，确保丰产丰收。

（三）问题讨论

香菇、木耳是我国栽培范围最广，栽培规模最大，经济效益最显著的两种木腐菌。一般说来，能生长香菇的树木就能生长木耳，能栽培香菇的场地也能栽培木耳，在菇场采收到木耳是很平常的事情。但是，有些木耳老产区试种香菇，或者香菇老产区试种木耳，往往试种效果不理想。笔者认为，弄清下面几个问题，有希望帮助你提高试种效益。

1. 香菇菌要求七成荫蔽，三分阳光，菇木忌阳光直射　木耳菌与其相反，要求三成荫蔽，七分阳光，且耳木需要适量的直射阳光，特别需要一定强度的紫外线照射。在海拔400米以上的山地，甚至可以在无树阴的露地摆放耳木。湖北房县、陕西留坝县的部分耳场就没有树阴，黑龙江省的大部代料和段木栽培的耳场都是露地的，这些地方早晚常有云雾笼罩，空气湿度比较大，耳木接受适量的阳光，更有利于木耳菌生长发育。

2. 耳木的耐旱能力低于菇木　由于上述原因，耳木接受了更多更强的光照，蒸发量较大（与菇木相比），旱时只有勤浇水补偿耳木中的水分，才能满足木耳菌对水分的要求。段木点菌后，香菇菌种定植阶段（20～30天），即使天晴无雨，也只需覆盖保湿，可以不浇水；菌种定植以后，如果久晴无雨，可以每隔15天左右浇一次水。木耳菌点菌后，如果天晴无雨，定植期间上堆后一个星期就应开始浇水，以后每隔5～7天浇一次水比较适宜。

3. 在子实体　生长阶段，耳芽要求干干湿湿、干湿交替的环境，最好是三晴两雨，晴雨相间。旱时则需每天早晚浇水，直到耳芽长大。香菇却不相同，菇蕾长大成为香菇，全靠菌柄吸收菇木中的水分。旱时只能蔽荫保湿，切忌中途浇水；菇蕾迅速长大期间，雨天最好用塑料薄膜覆盖遮雨，以免香菇淋水后菌盖发黑，影响商品外观。

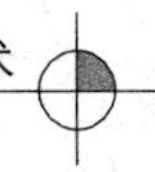

六、黑木耳代料栽培

目前，我国段木栽培的黑木耳主要分布在长江流域和东北，代料栽培全国各地均有，主要栽培方式是熟料短袋，以挂袋、畦上直立或层架上出耳的形式。

（一）工艺流程

1. 袋栽工艺流程

生产季节安排—安全备料—拌料—装袋—灭菌—冷却—接种—菌丝培养—菌包排架—出耳管理—采收—去蒂清洗—干制—分级加工贮藏

2. 瓶栽工艺流程

生产季节安排—安全备料—拌料—装瓶—灭菌—冷却—接种—菌丝培养—出耳管理—采收—去蒂清洗—干制—分级加工贮藏

（二）技术要点

1. 出耳场所选择 选择地势较平坦、开阔、东西方向宽，日照充足，空气流通，具有清洁水源的地方。

2. 生产季节 我国江南黑木耳菌袋出耳生产常安排在秋季，菌袋生产一般于7月中下旬至8月进行制袋，单季稻收割后的稻田整畦，高海拔地区9月初菌袋下地排场，平原地区9月中旬菌袋下地排场。夏季炎热的地区可采用春季栽培，11～12月制袋，12月至翌年1月保温培养菌丝，2～6月出耳。生产季节安排后，选择适宜的黑木耳菌株，根据菌袋制作的具体时间分别提前35天、75天、90天制作栽培种、原种、母钟。

3. 原料与常用配方 主原料是杂木屑。适宜种植黑木耳的树种比香菇广泛，许多木质疏松的树种如鹅掌材、山乌桕、苦楝树、盐肤木的木屑均可栽培黑木耳，且允许粉碎的木片略粗。目前15厘米×53厘米高密度低压聚乙烯菌袋含干木屑0.6～0.65千克，棉籽壳50克，麸皮50克，轻质碳酸钙20～25克，含水量56%～60%。没有添加棉籽壳的菌袋培养料每袋麸皮增至75克。装料后实际长度38～40厘米，袋重1.5～1.6千克。现将常用配方整理成表 4-20。

表 4-20　黑木耳代料栽培常用配方

原料 比例（%） 配方	稻草	杂木屑	蔗渣	棉籽壳	麸皮或米糠	糖	碳酸钙或石膏粉
1		78			20	1	1
2			80		18	2	
3				90	8	1	1
4		30	30	30	8	1	1
5	68～78				20～30	1	1
6	50	30			19		1

4. 灭菌与接种　长袋黑木耳菌袋灭菌筒同香菇菌袋灭菌，短袋灭菌同菌瓶灭菌。接种箱接种，长袋每筒打接种穴 3 穴，往穴内接种后套外袋（规格是 17 厘米×62 厘米）培养。短袋同菌瓶接种工艺。

5. 菌丝培养　接种后的菌袋井字形排列，常温、避光培养菌丝。接种后争取在 24～28℃环境温度下培养，通常 35～45 天菌丝长满袋。

6. 整场与排袋　出耳田园整成畦宽 1.2 米左右，东西或南北走向均可，畦面铺 5～6 厘米厚的稻草，沿畦方向离地高 20 厘米拉一条铁丝，作为菌筒斜靠支撑，黑木耳菌丝长满袋后，经打孔机打出耳孔运到出耳场排袋，交叉排列，尽量使菌筒有充分阳光照射。每亩通常可排8 000袋。

7. 出耳管理

（1）开口出耳　长袋栽培时管理同银耳长袋栽培一样进行管理，但周期比银耳长。一般 14 厘米×50 厘米菌袋在 30～35 天后揭开胶布一角加强通气。出耳时可以利用接种口出耳，亦可另行开口出耳。为适应目前市场对黑木耳产品单纯的质量要求，长

菌袋在菌丝长满袋后采用专用扎孔机滚筒式一次性在菌筒四周扎孔160个左右后，运入出耳场排放。短袋栽培（亦称太空包栽培），当菌丝长满全袋后，依菌袋大小在菌袋四周开6～9个穴（呈品字形排列）。无论什么样菌袋开穴，首先用0.1%高锰酸钾溶液把开穴处表面消毒，然后用消毒过的刀开穴。穴大小1厘米×1厘米～1.2厘米×1.2厘米。

（2）水分管理是开穴至出耳全过程的主要管理环节　这个管理环节根据天气、气温、栽培室（场）保湿性能、污染情况等灵活掌握。要保持栽培场（室）空气相对湿度在90%～95%之间。保湿不佳的环境应用塑料布保湿。空旷出耳场采用自动喷灌系统。开穴后5～7天是原基产生到幼耳生长阶段，这时宜多喷水但不直接喷向穴口，而喷向空中，让空气湿润以利耳基形成。耳基成长约需7～10天，这阶段每天喷水1～2次，以满足木耳开片需要。当耳片开大后，可采取喷喷停停的办法进行水分管理，使耳片边缘保持内卷，延长耳片增大时间，使耳肉增厚和耳片大小较均匀，也有利于抑制杂菌发生。耳基有污染时，可直接用干净清水冲洗。气温高于25℃时喷水时间要持续30分钟以上，并加强通风管理。

（3）其他管理　黑木耳除以上管理外，通气和光照管理亦很重要。出耳阶段，较多的光照和通气对减少污染和木耳开片都很有好处。

黑木耳的主要菌害是绿色木霉和铜绿假单胞杆菌。阳光直接照射和通风管理有利于防治黑木耳主要菌害。

8. 采收与干制　当鲜耳片长至3～5厘米，符合单片、厚片要求即可采收。晴天时采收，不在阴雨天采收。采收时用竹片或刀片从耳基割下，去蒂头，清洗后在干净处晒干、晾干、吹干或低温(40℃)烘干均可。目前常采用在搭有离地80～100厘米的晒耳架上，铺上遮阳网日晒湿耳，当耳片自然失水收缩，耳片可沙沙着响，手握耳片有刺痛感，含水量达11%左右即可进入分拣加工。

（三）存在问题和克服办法

1. 菌袋污染和菌穴污染，造成成功率低 通过选择适温季节生产，采用无菌操作和药物防治相结合的办法，并注意丰产技术的具体实施。污染物及时隔离，菌丝培养环境保持温度25℃左右，发菌阶段菌袋不宜过多翻动，翻动时轻拿轻放，可以减少菌袋污染。栽培场所宜选在室外有直射光又阴度适宜的场所，室内栽培效果很差，污染率高，而且黑木耳菌丝对药物很敏感，容易被药物伤害。

2. 黑木耳产量低，质量较差 目前黑木耳应通过有性繁殖的方法，选育优质丰产菌株，组织分离过程要不混入孢子。当前国际市场单片厚肉黑木耳畅销，选育丰产、易单片出耳菌株和选用富含氮源的培养料栽培，采用菌袋多开孔，开小孔，增加出耳单纯率并在加工分级方面增加科学商业手段，可以获得较好的经济效益。

七、白背毛木耳代料栽培

白背毛木耳是20世纪80年代初从台湾省引进栽培的一种毛木耳，主要在福建漳州地区栽培。其产品脆嫩可口，有很好的食（药）用价值，且耳片面黑背白，商品外观性状好，是出口畅销的产品。通过几年的栽培实践，在福建已形成规模栽培，并摸索出一套高产优质栽培的实践经验。该栽培技术有两个显著特点，一是栽培工艺上应用发酵技术处理培养料，灭菌后菌袋露天开放式接种，以提高劳动生产率，且菌袋成品率高；二是采用“一场制”墙式立体栽培，既节省土地、劳力，又可达到优质高产的栽培目的。

（一）工艺流程

安全备料→原料处理→堆制发酵→装袋→灭菌→冷却→{接种、搭建耳棚}→菌丝培养→开袋口出耳→管理→采收→加工

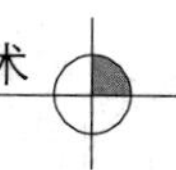

（二）技术要点

1. 季节安排　白背毛木耳属中偏高温结实性菌类，子实体发生温度范围13～30℃，最适18～22℃。高于26℃耳片生长快，肉薄且发红，产品质量较差；低于15℃生长缓慢，10℃以下停止生长。福建省大规模栽培一般安排在8月下旬至9月下旬制袋，11月至翌年4月采收，5～8月清场再作生产准备。

2. 原料准备与预处理　白背毛木耳栽培所用原料主要有木屑、蔗渣、麸皮或细米糠。木屑最好选用边材发达、心材较小、木质松软的杂木树种木屑。木屑至少提前半年备好，堆成山形，在堆上淋水。视堆形大小，至少淋水3天以上，直至从堆底流出的水色由黄黑色变为近无色为止。使有害物质经漂洗而大部分流失，有利于木耳菌丝的生长。若堆中混有较多针叶树木屑，须堆制淋漂1年以上才宜使用。蔗渣也要提前备料，渣粒越细越好。麸皮或细米糠要求新鲜、无霉变、无结块，以红色麸皮为好。

3. 耳棚搭建　耳场选择向阳通风，水源近，交通便利的田地。用毛竹、塑料薄膜、遮阳网、草帘等材料搭建。每座耳棚宽9～10米，长度因地制宜，但不超过50米（一般为20～25米），棚顶高4.5米，拱边高3.2米。棚顶上层为毛草，中层遮阳网，下层塑料薄膜；棚四周外层用遮阳网，内层用薄膜；棚顶中部每隔3米开一个50厘米见方的通气窗。棚内光线亮度以关闭通风窗可阅读报纸为宜。光线太强，耳片背面绒毛不白；若光线太暗，耳片正面不黑，即黑白不分明，易长出不符合出口标准的产品。棚内中央留有1.5米宽的通道，将大棚一分为二，各边用竹子作支柱分为三格，每排间隙1米。

4. 建堆发酵　建堆前1个月停止向木屑淋水，以免建堆时料太湿。建堆发酵时间在制袋前15天进行。建堆发酵的堆量多少以每天可保证装袋灭菌的生产量为度。建堆前整好龟背形发酵场地以利发酵期间的液体排泄。按配方木屑70%，蔗渣13%，麸皮或细米糠15%，石灰1%，碳酸钙1%，将原料拌匀，含水量控制在60%～65%，pH7.5～8.5。建堆高1.0～1.2米，长宽不限，以操作方便为宜。发酵周期15天，发酵期间翻堆3次，分别在第五天、第九天、第十二天进行。每次翻堆前一天在堆料畦面上每隔1.0～1.5米处扎一个直通堆底的洞。翻堆时要补充水分，发酵前期水分控制在65%左右，后期60%左右。发酵结束的料中有一层白色放线菌，外观为均匀一致松软的深褐色发酵料，无异味，pH6～7，此时即可装袋灭菌。

5. 菌袋制作与灭菌 发酵后的培养料用振筛机除杂后通过装袋机装袋，通常采用17厘米×38厘米×0.05毫米塑料袋，料高20厘米左右，袋湿重1.2～1.25千克。完成装料、压实、打扎、上塑料套环，塞棉花塞后放入周转筐内，每筐排16袋，将周转筐堆叠在配套的轨道式平板车上，经换轨车道推入常压灭菌柜中蒸汽灭菌。温度达100℃时保持10～12小时。自然冷却后经轨道进入接种棚内开放式接种。规模栽培一般日接种量2万袋以上。接种后的菌袋在棚内堆成墙式，菌袋横放，每层袋口朝向一致，上下层方向相反，层间用两竹片横隔，以防高温。墙高16～18层（袋），底层离地面10～15厘米。菌袋放至耳棚之前，需对耳棚四周和棚内进行一次彻底清扫，并用多菌灵、敌敌畏等稀释液喷洒消毒。

6. 发菌管理 在菌丝培养期间，耳棚温度控制在33℃以下，空气湿度在80%以下。菌袋发菌前期，气温高，雨水多，湿度大，管理上主要是做好降温、降湿工作，主要管理措施是白天把棚四周的薄膜、遮阳网及通气窗盖严，晚上掀起，且在耳棚四周用草帘遮光，以减少热辐射。培养后期，气温较低，相反白天把棚四周的薄膜、遮阳网及通气窗掀起，增加通气量和光照，晚上再盖严。

在发菌管理期间，还要着重进行检查处理杂菌污染工作。红色链孢霉是主要污染菌，发现时可用棉花团蘸煤油或柴油塞入破

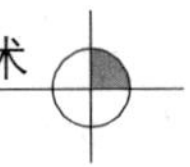

口处或涂于棉塞上，以控制孢子飞散传播。若发生螨类和瘿蚊，要定期用克螨王、水胺硫磷和尼索朗等稀释液喷洒。

7. 出耳管理

（1）适时开袋　接种后经35～45天菌丝可长满袋。当气温稳定在15～20℃时，不论菌丝是否满袋（至少半袋以上）都要开袋出耳。开袋时，用利刀把培养料上方塑料袋刈下，尽量不伤料面，刈完袋口上方有4厘米左右“帽舌”，下方与料面齐，这样可避免喷水时袋口处积水引起烂耳。开袋前，用尼索朗800倍、速螨酮250倍、敌敌畏500倍混合液喷洒袋口、地面和耳棚四周一次。

（2）水分、通气、光线的管理　水分管理方法是开袋后经3～7天，待袋口料面有气生菌丝形成后才轻度空间喷雾和地面喷水，保持棚内空气相对湿度85%左右，以促进耳基形成。随着耳片增大，可加大喷水量，但以勤喷、轻喷，保持耳片湿润不滴水为度，维持空间湿度85%～90%。这样条件下耳毛浓密。重喷可使浓毛倒伏，耳片变薄而不长耳毛。喷水时要结合通风，不喷关门水，且随着耳片增大而增加通风量。当耳片长至5厘米左右，停水7～10天，使耳片边缘干燥，以增加耳片厚度和达到面黑背白的效果，然后再加大喷水量，这是耳片增厚的技术关键。通过干干湿湿的管理，把耳片成熟期从原来的40天左右延长至60天，这种生长缓慢，增厚耳片的操作可使符合出口产品率提高到60%～80%。

采收前停水3～5天，当第一潮耳进入成熟期时，在袋口另一端底部开个2厘米的十字形或V形孔口，这样在第一潮耳采收时，二潮耳基已形成。同第一潮一样管理，全期可收3～5潮耳。

出耳期间的病虫害防治是开袋时喷药一次，秋耳每采完一潮喷药一次，春耳7～10天喷一次。

8. 采收与加工　采收时一手托耳片，一手用刀从耳蒂处刈下，防止带料。出耳整齐的应一次性全部采收。出耳不整齐可采大留小，但不可伤害小耳茎。

采下的耳片先经去蒂去杂物，经清水冲洗或进入专用滚筒机滚洗，然后摊在干净筛上晒晾，烘干时温度不得超过60℃，并加大通风量，否则，温度过高，耳毛发黄，耳片变性吸水时无法复原。晒干率常为4.5～5：1，干耳，按耳片大小分级包装贮存。贮存时要密封后置于干燥处。

八、双孢蘑菇栽培

双孢蘑菇是我国目前最大宗的出口创汇食用菌，双孢蘑菇的规模化、高产、优质和周年栽培是当前的发展趋势。

(一) 工艺流程

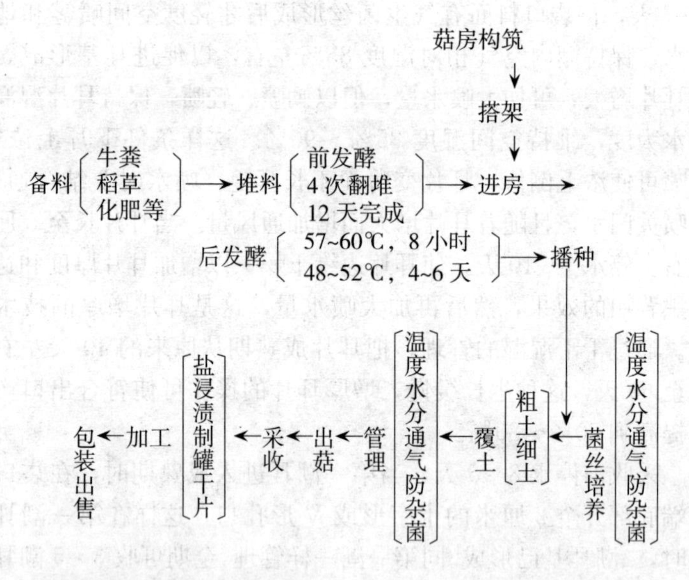

(二) 技术要点

1. 堆肥配方 蘑菇堆肥可分为无粪堆肥（合成堆肥）和有粪堆肥两大类，但多为有粪堆肥。现将国内外常用堆肥配方介绍如下（表4-21）。

表 4-21　常用堆肥配方

编号 配料（千克） 原料	1	2	3	4	5	6	7	8	9	10
干牛粪							650	1 500	1 000	
干禽粪		33			100					
马厩肥	1 000	1 000	1 000							
麦秆（稻草）	1 800			1 000	1 000	1 000	350	2 000	2 000	2 500
血粉	73									
麦芽			16							
米糠				25						
棉籽饼粉			10							
豆饼粉				10			15			
菜籽饼粉								50	50	50
尿素	18		3.5	5	15		3	5	8	21
硫酸铵							6	10	2	25
碳酸钙	36		25	20			15	40	40	25
过磷酸钙	73	15	7	30			10	1	2	25
石膏粉			25		15			10	15	50

2. 菇房设置　菇房是蘑菇栽培场所。结构合理的菇房可以提高管理效果和产品质量，减轻劳动投入，减少病虫害。

（1）方位　选择地势开阔，冬暖夏凉，交通方便，水源好，周围干净的地方。

（2）结构　多为土木结构或砖木结构，也可以用塑料大棚或半地下室菇房。菇房必须具有地窗（下窗）和上窗，以利于保温，保湿和阴凉通风（图 4-14）。为了提高菇房使用率，常用木竹构筑 6～7 层栽培架，各层排有小竹或竹片、芦苇。底层距地面 0.3 米，层距 0.65 米，顶层离屋顶不少于 0.5 米，可防止热辐射而影响栽培效果。菇房门口设有防风屏，不使凉风或热气直线出入。

3. 堆料　菌种质量、堆料质量、管理水平是蘑菇栽培中三大关键技术。堆料是其中之一，其技术要点是：

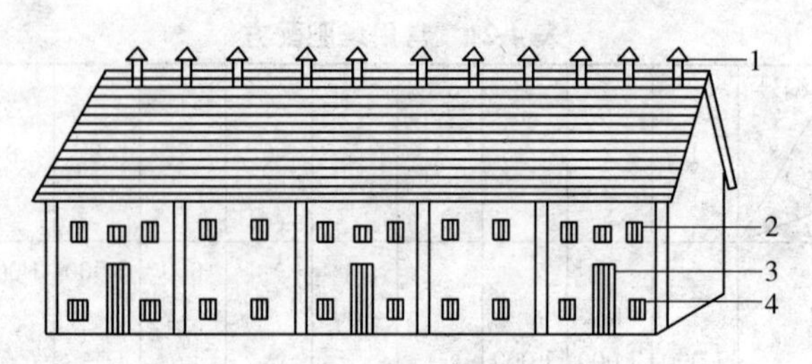

图 4-14　地上式蘑菇房

1. 拔气筒　2. 上窗　3. 门　4. 地窗

（1）优质原料　蘑菇栽培所需原料主要是马（牛）厩肥牛马粪（畜粪）和秸秆（麦草、稻草等）。牛马粪要求新鲜时晒干、碾碎、保持黄褐色。黑色牛马粪是雨淋或没有及时晒干所致，含有大量厌气细菌，影响堆料发酵效果。稻草、麦秆要求及时晒成金黄色，秆多叶少，贮备在干燥处，防止过湿发霉。

（2）合理的碳氮比　丰产经验表明，前发酵堆料合理的碳氮比为 33∶1；后发酵（二次发酵）为 17～18∶1。一般地说，堆肥原料中碳源有余、氮源不足，所以需要添加尿素、硫酸铵等氮肥。堆料中含氮量过少，不利于微生物增殖，堆温不高，拖延堆料时间，影响堆制效果。含氮量过高，堆料过湿时，堆温也不高，且氨臭严重，蘑菇菌丝不能正常蔓延。

求出合理碳氮比的步骤：

①计算主原料（粪、草）碳、氮含量。

②根据 33∶1 原则，求最适碳、氮理想数量。

③求原料应补充碳和氮的数量。

（3）堆制优质培养料　培养料堆制过程：原料预湿—建堆—翻堆。预湿时注意将秸秆预湿透，可以假堆 2～3 天经常向堆内喷水，达到预湿的目的。建堆时以先草后粪的顺序层层加高堆制。按照宽 1.6～2.0 米、高 1.6～1.8 米的规格，长度根据场所而定。添加化肥大部分在建堆时加入，至少加入 50%，边建堆边喷水，建堆完后有水渗出堆外为原则。晴天用草被覆盖，雨天

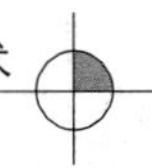

用塑料薄膜覆盖，严防雨水淋入。雨后及时掀开薄膜通气。翻堆宜在堆温达最高后开始下降时进行。一般按 5～4～3 的天数翻堆，即建堆后 5 天第一次翻堆；第一次翻堆后 4 天进行第二次翻堆；第二次翻堆后第三天进行第三次翻堆。翻堆时视堆料干湿度，酌情加水，并且第一次翻堆时把所需添加的化肥全部加入。测试堆温时应将温度计放入好氧发酵区（图 4-15）。发酵结束后的培养料标准应当是秸秆平扁、柔软、呈咖啡色、草形依在、手一拉即断、具有培养料特有的香（霉）味。如果料发黑，说明厌气发酵过甚，水分过湿；草料变色和柔软性不够，说明水分过干。

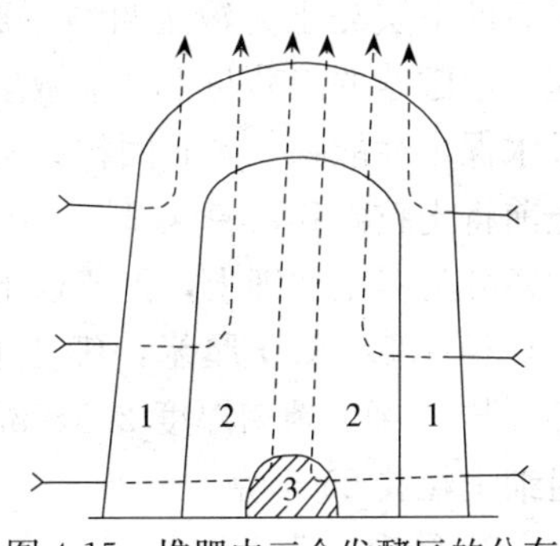

图 4-15 堆肥内三个发酵区的分布

1. 干燥冷凝区 2. 好氧发酵区

3. 厌氧发酵区

（4）*后发酵* 前发酵结束后，将料移入菇房，堆在层架上，用蒸气加温，让过热的蒸汽通入菇房，在 1～2 天内房温升到 57～60℃，维持 6～8 小时后降到 48～52℃，维持 4～6 天，这个过程称后发酵或二次发酵。其目的在于利用高温杀死部分或大部分害虫卵和病菌（杂菌）孢子，利用高温放线菌在菇房中改善供氧情况下再次发酵，增加料中营养。

4. 播种 二次发酵后，当料温降至 30℃且无氨味时，把料拍平压实，按 10 厘米×10 厘米规格播种，每平方米用种量为棉籽壳种 2 瓶或麦粒种 1 瓶（250 克），深度为在料内 2 厘米左右，后用农用塑料薄膜或灭菌的旧报纸覆盖。

5. 菌丝发育 控制菇房温度 20～24℃。播种后若有氨味应立即通风，若无氨味可密闭 3～4 天后适当通风，湿热天气多通风，干冷天气少通风，经过 10～15 天菌丝可长满料面。

6. 覆土 覆土在播种后 15 天左右进行。以近中性或偏碱性的富含腐殖质土壤为覆盖土。农村常用村庄附近肥沃水稻田去表层后的下层泥土为覆土材料。蘑菇覆土作用机制尚待进一步研究，但蘑菇的出菇与土壤中微生物群体有关是肯定的。土粒要求吸水保水性能强，具有团粒结构，孔隙多，湿不粘，干不散。覆土前将土粒破碎，浸吸2%石灰水，并用5%甲醛消毒处理。有的还分为粗土和细土，先覆粗土，后覆细土，有的不分粗细。粗土直径1.5～2.0厘米，细土直径0.5～1.0厘米，粗细比例65%与35%。覆盖厚度2.5～3.5厘米，每平方米栽培面积约需粗细土粒共25千克。

7. 管理　覆土后调节水分，使土层保持适宜含水量，以利菌丝早日爬上土层，促进土壤微生物同蘑菇菌丝共同作用，生长子实体。调水量随品种、气候、菇房保湿性能等因素变化，通常每天喷水2次，每平方米床面每次喷水150～300毫升。

8. 出菇　出菇前后是蘑菇栽培管理的关键阶段。这时的主要任务是调节好水分、温度、通气的关系，特别要做好高温阶段的水分和通气管理。常以晴天多喷、阴天少喷，高温早晚通气，中午关闭的原则进行管理。“出菇水”在菌丝长至土层2/3时喷洒。这时维持2～3天喷重水，每平方米每次可达300～350毫升，使土壤捏会缩、搓会圆、泥不散、不漏床为标准。

9. 采收　蘑菇常在现蕾后的5～7天采收，气温寒冷时可在现蕾后8～10天采收。在福建，秋冬可采收2～3批，第一潮菇质量最好，产量最多。2月份休床后春天还可收4～5批菇。目前国内栽培的蘑菇品种多在13～20℃温度范围出菇，以16～18℃出菇整齐、质量好。蘑菇要求在子实体菌膜未破时采收，菌膜破后为开伞菇。开伞菇质次价低，且销路不广。夏季蘑菇从现蕾到采收3～5天，每天采收次数（至少2次）。采收的蘑菇去柄、分级后及时运往工厂加工。运输包装应加软物衬垫，防止挤压和碰伤。

10. 加工　目前蘑菇主要加工成罐头，其次是盐渍加工成盐

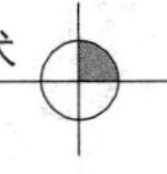

水蘑菇或切片烘干为蘑菇干三种形式。高温蘑菇的产品鲜销或加工必须及时，否则容易变色、开伞。

（三）双胞蘑菇周年工厂化栽培

双胞蘑菇（*Agaricus bisporus*）周年工厂化栽培是目前欧美蘑菇栽培的主导生产模式，其生产规模有大有小，从日产数吨到数十吨不等。我国双孢蘑菇工厂化周年栽培刚起步，生产规模较小，技术和设备大都是引进，机械化程度较国外低。部分机械化生产设备已国产化。

周年工厂化生产双孢蘑菇具有生产模式先进，生产厂房布局合理、占地小，工艺流程科学、省能省力，设备先进、功效高，单产高，质量稳定，经济效益显著等优点。集中工厂化生产有利于建立安全可追溯的规范化管理和标准化产品加工模式，可生产出绿色食品；有利于建立符合市场要求的稳定产品供应模式；有利于采用各种先进科技；有利于资源循环利用，节约能源和环境保护。

周年工厂化生产双孢蘑菇的特点是一次性投资大，生产工艺经专门设计，厂房建设和工艺布局一次成型，难于改变；机械化程度高，使用劳力较少；生产全程科技含量较高，需要有专门人才进行操作管理；工序联系紧密，相互依存密切。

1. 工艺流程

原料堆制在固定的堆制场所进行，原始一区制，即就地发酵就地出菇的栽培工艺已经基本无人采用；二区制是指双胞蘑菇生产过程分为原料发酵区和出菇区二区的栽培模式；三区制是指双胞蘑菇生产过程分为原料发酵区、发菌区和出菇区三区的栽培模式。

生产场所规划布局→厂房建设→安全备料→原料预湿和粪料粉碎打浆→拌料→建堆→首次发酵→二次发酵→三次发酵→进料铺床→接种→菌丝培养→覆土→出菇管理→采收

二区制栽培工艺：

备料→固定堆料场草料预湿，粪料粉碎打浆建堆→第一次翻堆发酵→第二次翻堆发酵→第三次翻堆发酵→质量检验→进床上架铺料（有或无二次发酵）→播种→菌丝培养管理→覆土→出菇管理→采收加工

三区制栽培工艺：

备料→草料预湿，粪料粉碎打浆建堆→翻堆→质量检验→二次发酵→质量检验→发酵料转场冷却→拌种→发酵培养（三次发酵）→铺菌料上架→菌丝培养管理→覆土→出菇管理→采收加工

2. 技术要点

（1）生产场所规划布局和厂房建设的基本原则　周年工厂化蘑菇栽培厂的厂房布局通常需要经专业设计单位进行设计。设计布局和建设应遵循如下原则：

①节约用地的原则。符合我国人多地少的基本国情，生产工艺布局科学合理，菇房建设充分利用立体空间多层栽培。

②符合微生物传播规律的原则。无菌程度要求高的生产环节应布局在主风向的上方，无菌程度要求较低的生产环节可安排在主风向的下方。远离污染源。

③节约劳动力和降低劳动强度的原则。工艺布局符合生产流程，避免机械或人工来回搬运。场地有坡度时，充分利用坡地进行节能传送。

④节约能源的原则。充分利用太阳能、热源、水源走向和管道紧靠受热体，且外包隔热材料，水源和热源尽量循环使用，减少热源、水源浪费。

⑤符合环境保护的原则。锅炉产生的废气须经处理后排入大气；浸料剩余的水和出菇管理喷菇渗出水回收利用；栽培剩余物和废渣综合利用。

周年栽培蘑菇厂的厂房由于使用机械的环节较多，需要按标准设计建造。其特点有：

①原料场、堆料场、隧道发酵场、出菇房、热源供应处、产品加工包装车间、办公场所等建设本着前面所述原则，参照当地

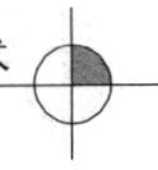

具体自然条件进行合理规划设计。图 4-16 是建筑面积 9 万米^2，每间占地 150 米^2 的菇房 600 间的大型蘑菇生产厂规划布局图。

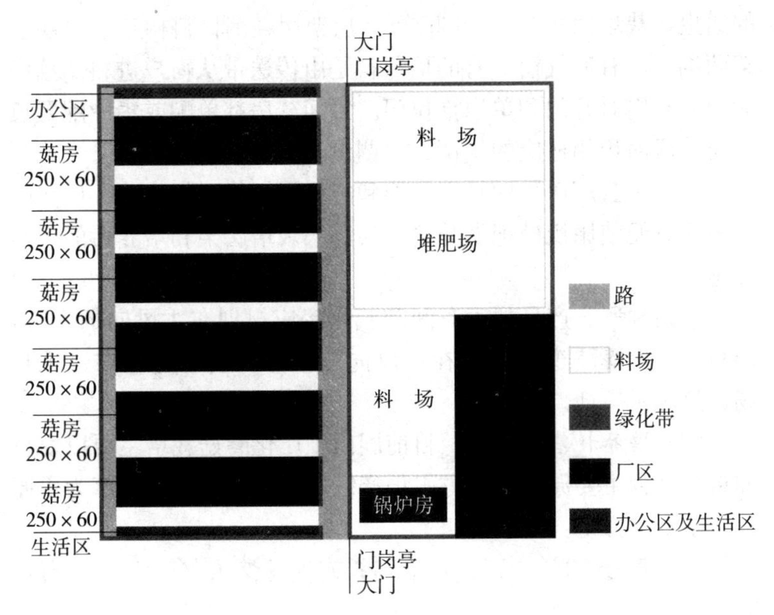

图 4-16 大型蘑菇生产厂规划布局图

原料场地势稍高，平坦，水泥地面，四周有排水沟，运输车辆可直达场所。堆料场可防雨，面积可供堆积全厂一年 6 次栽培的原料，原料通常是打包堆叠。

堆料场是供建堆时使用的，水泥地面，具有水源和高压通气装置，有堆制时水分渗出回收池，回收的水分可重复使用。面积是可供 30 天的培养料堆制量。

粪草发酵场所有发酵槽和发酵隧道两种。发酵槽和发酵隧道由专门机构设计，具有高压气仓和水源。热源由相配套吨位的锅炉提供。

每一栽培区长 260 米，宽 70 米，沿栽培区宽度方向内建 2 列相距 8～10 米，房门相对，各 50 间长 30 米、宽 5 米的栽培房，每一间栽培房内左右沿墙设 2 列 6～7 层、宽 1 米层架，中间设宽 1.5 米层架 1 列，每间菇房共 3 排床架，2 条宽 0.75 米的通道，栽培面积 585～685 $米^2$。层架用轻钢材料构建，每层层架两端对应有通气窗。有的培养料是由传送带从窗户进料。菇房大门有双扇对开门和单扇推拉门。每间菇房都单配或集中配置负荷与菇房面积相适应的气调、湿调设备。

②大多数厂房采用轻钢梁架和规格彩钢保温板建造，厂房的门窗要方便使用机械把发酵培养料输入栽培层架和培养后的废料卸出。

③菌种厂、产品加工车间和栽培房应规划在主风向的上方，堆料场、发酵隧道应规划在主风向的下方。栽培房应靠近堆料场、热源供应地。

（2）培养料基本配方　目前国内工厂化蘑菇栽培主要以麦秆和禽畜粪为主要原料，南方水稻产区也有阶段性采用稻草为主原料。基本配方是：

①干麦秆 53%～55%，干鸡粪或牛马粪 42%～47%，石膏 3%～4%。

②干稻草 52%，干牛马粪 45%，石膏 3%。

③干麦秆 55%，干鸡粪 42%，石膏 3%。

工厂化规模栽培具有原料用料量大，用料均衡性和可计划性的特点。由于麦秆和稻草原料来源是季节性，因此收购麦秆和稻草必须在一季收够储存一年的用量。禽畜粪也必须有固定来源，并保持有 20～30 天的储备量。在工厂建设时必须具有相应规模和条件的储备场所。

（3）培养料堆制发酵　工厂化周年栽培在原料建堆过程中，使用堆料机边揉软秸秆边预湿建堆。干的禽畜粪经粉碎后加水打浆，按照一层秸秆灌一层浓浆的次序建堆。采用露天发酵槽进行发酵时，建堆后需要进行加压通气，通气量的大小根据堆料中高温放线菌的多少而定。当堆温达到 60℃以上的最高点，开始降

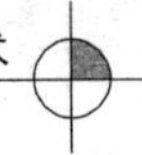

温时进行翻堆，翻堆过程与季节性栽培的粪草料翻堆一样，需要添加水分和各种配料，翻堆的次数由发酵料的成熟度决定。采用密闭式隧道发酵时，由于隧道内既可蒸汽加温，又可加湿和加压通气，可不必翻堆，直至发酵料达到标准；对于发酵不均匀的隧道，需要进行1～2次机械翻堆或边转场边翻堆继续堆制，直至发酵料达到标准。

采用三区制栽培模式时，发酵达标后的粪草料需要转场到拌种发酵场（场所常用隧道或其他菌丝培养场所），降温后的粪草料与菌种按一定的比例拌种在特定场所内进行菌丝培养。当菌丝基本长透培养料时将料铺床培养，覆土，进入出菇管理。这种三区制栽培模式由于粪草料熟化程度更高，每平方米的绝对用料量多一些，菌种用量较大，因而有利于缩短出菇期，增加出菇房的利用率，节约能源，降低成本，与二区制栽培模式相比，每年通常可新增2批次栽培。

专用堆制场设有发酵槽、发酵隧道，发酵料自始至终在该特定的场所内堆制。发酵槽场所是敞开式，地面平坦，水泥地面，内设有高压通气系统。隧道式发酵仓是密闭式，仓体体积大小与菇场日用料量多少有关，配套高压通气系统。

（4）出菇管理　工厂化周年栽培的出菇管理，由于采用自动调温调湿，蘑菇又是恒温出菇类型，所以管理相对简单。菌丝培养期的温度调控在23℃左右，菇房空气相对湿度控制在70%～80%。出菇期的温控根据不同品种，调节在13～18℃范围内的某个更准确的温度下，粪草料的湿度控制在60%～65%，菇房空气相对湿度控制在90%～95%。菇床的喷水管理实施定量喷水，培养料的含水量除感官检测外，还可用水分测量仪测定。菇房的空气相对湿度管理采用自动增湿机增湿，增湿机的喷雾雾点大小和喷量也是可控的。

（5）采收　工厂化周年栽培的鲜菇采收有人工采收和机械采收两种方法。人工采收时，采收人员站在附架于床架边梁上的可升降采收车（篮）内进行手工逐个采收，采后的鲜菇由传送带传出集中加工。机械采收是采用专用采收车沿着床架行走进行割采，采收后的鲜菇由传送带传出集中加工。为适应机械采收，蘑菇菌床中粪草发酵熟度、厚度的一致性，菌种种龄的一致性都有严格的要求。

3. 存在问题

（1）国内外周年工厂化双孢蘑菇生产过程差异较大　国内以合作模式较多，规模较小，日产 2～5 吨鲜蘑菇规模居多。投资 500 万～3 000万元人民币，机械化程度较低。机械与手工并举，主要机械有翻堆机、增湿机、喷水机，自行设计。以稻草、麦草和牛马粪为主原料，覆土材料以田土为主。二区制发酵，隧道式发酵。每平方米栽培床用干料 40～45 千克，床架二次发酵后手工播种覆土管理，产菇 15～30 千克/米^2。基料大多用于回田，少量制作有机肥

国外以家庭农场模式较多，规模较大，日产 2～20 吨鲜蘑菇规模居多。投资 500 万～5 000万美元，机械化程度较高。机械种类繁多，主要机械有翻堆机、堆料机、播种机、覆土机、进料机、卸料机等 20 多种设备。专业设计。以麦草和鸡马粪为主原料，覆土材料以泥炭土或人造泥炭土为主。专区发酵，隧道二次、三次发酵。每平方米栽培床用干料 50 千克或以上，专区一次、隧道二次、三次发酵后机械播种覆土和管理。产菇 30～40 千克/米^2，人工采收或机械采收。一般基料加工制作有机肥。

（2）国内外工厂化周年蘑菇生产成本与利润差异较大　根据 2009 年 12 月杨国良教授在中国第三届蘑菇节上的资料数据，荷兰与中国厂家蘑菇生产成本构成与利润比较（1 米^2 计算）：我国比荷兰用工费高出 20%，菇厂折旧费高 11%，菇厂能耗高出 4%，菇厂单产低 5 千克/米^2，荷兰菇厂投资利润率比我国高 20%。

（3）影响周年工厂化栽培成功的主要因素　根据作者对我国

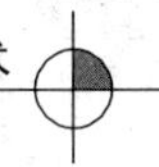

南北方6厂家参观考察，目前国内工厂化周年栽培厂多数处于亏损状态，即使设备全部引进的厂家，产量和质量也很少能达到设计水平。探讨其中究竟，本人认为主要有：

①建设成本较高，蘑菇单产和价格较低。周年工厂化蘑菇生产厂常是合资建厂、建设材料和设备引进的模式。由于国内生产设备引进消化许多方面质量未能过关，建设材料未标准化，与设备、材料、菌种、技术购买国的人民币汇率差等问题，造成建设菇房材料、生产机械设备引进的投入价格高；当建设资金部分或大部分是银行贷款时又要付出为数可观利息；厂房、设备投入急于回收，必然要有较高的厂房、设备折旧率。而产出的蘑菇普遍单产每平方米低于5千克左右，这其中有实际单产低的原因，也有单产不低而每次栽培的期限较长，造成每年栽培次数减少，因而平均单产降低。还由于生活水平和生活习惯的问题，大众化的市场消费价格不可能太高，这些综合因素造成建设蘑菇周年生产厂的投入产出比例普遍较国外低。菇房建设材料、设备、菌种国产化是减少负债，实现周年生产厂盈利的最主要因素。

②缺乏与工厂化栽培相适应高质量菌种。我国蘑菇菌种的研究取得很大进步，研发的蘑菇菌种在生产中产量和质量有很大提高。在同等条件下栽培，我国自育菌种与国外菌种相比，在良种色白、出菇集中度、整齐度、产量等方面并无显著差异，但与国外良种的质地坚硬、转潮快等特点还有一定差距，需要从育种、改善菌种制作方法和培养条件等方面入手，使菌种质量适应工厂化栽培的需要。适应工厂化栽培的菌种特性要求：

一是菌丝生长速度快，菌丝成熟期较短，出菇早、转潮快。

二是抗逆性强，适应在较高氮源的培养料上生长。

三是出菇整齐，菇质较坚硬，不易开伞。

③堆制优质粪草发酵培养料技术不完善。优质发酵培养料是蘑菇生产优质高产的基础。根据粪草发酵原理，通过二区制、三

区制，隧道高温发酵，制作含水量适宜，适度腐熟，色泽均匀，弹性感好，无氨味，有特殊香味，适宜蘑菇生长的优质发酵料。

④劳工和管理成本较高　尽管是采用机械化程度很高的蘑菇厂，我国用工的人数也比国外多出20%左右，机械化程度不高的厂家用工数量就更不用说了。这其中有劳工操作技术的熟练问题，也有机械以外的配套问题。管理人员较多是国情和食用菌产销市场发育程度还较不完善所造成。

（四）问题讨论

1. 我国的蘑菇单产低。克服办法是：一方面引进国外优质高产菌株，另一方面加强优质高产菌株的选育工作。目前菌株上高产和优质存在矛盾，需要通过科研工作加以解决，才能达到既高产又优质。同时推广2次发酵和泥炭土为覆土材料及施用增产剂等丰产措施。

2. 病虫害是蘑菇栽培中的一个国际性问题，严重影响蘑菇的产量与质量，必须根据“预防为主，综合防治”的原则，才可望获得高产优质的栽培效果。主要防治措施有：

（1）菇房规范化，且环境整洁。

（2）培养料碳氮比合理，推行2次发酵技术。

（3）选用纯净无杂、生活力强的高产菌株，适时播种。

（4）土粒经太阳暴晒或用800～1 000倍多菌灵处理后再覆土。

（5）处理好菇房温、湿、气之间矛盾。

（6）及时认真地清除床面上的病虫、死菇、菇脚等病（虫）源。

（7）发生病虫害时，应及时选用无公害药物防治，将损失控制在最小范围。

（8）病虫害严重的菇房或床架要轮换或淘汰。

九、四孢蘑菇栽培

四孢蘑菇［*Agaricus bitorguis*（Quel）Sacc.］，也称大肥菇、棕色蘑，是一种适宜夏季栽培的耐高温的品种，近年来在全

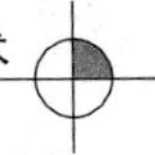

国各地有批量栽培，取得较好的栽培效果。四孢蘑菇具有耐高温、个体大、抗逆性强、产量高等优点，但菇体组织疏松，含水量高，不耐储藏，因高温高湿环境而葡萄肉状菌易感染。

四孢蘑菇菌丝生长和出菇的适宜温度均为 30～33℃，与双孢蘑菇的菌丝生长和出菇的温度要求完全不同；营养要求 C/N 比双孢蘑菇高，要求 N 素含量较多；菇房的通气量和相对湿度要求较大；其他如酸碱度、光线等要求与双孢蘑菇相同。

（一）工艺流程

安全备料→草料预湿→建堆发酵→翻堆 1→翻堆 2→翻堆 3→质量检验→进床上架铺料（有或无二次发酵）→播种→菌丝培养管理→覆土→出菇管理→采收加工

（二）技术要点

1. 栽培季节　四孢蘑菇的栽培季节安排在 6～10 月进行，正好与冬季蘑菇可接茬进行栽培。

2. 培养料配制　培养料中的碳氮比按28～30：1计算配料，略高于双孢蘑菇的33：1的碳氮比；培养料的处理与双孢蘑菇相同。

3. 覆土材料　要求土质颗粒状，疏松。

4. 出菇管理　菇床喷水量和空间湿度均较大，但喷水过后需较长时间的通气，以保持菇房内温度为 30℃、空气相对湿度为 85%～90%较适宜。

5. 采收　因气温高，鲜菇易开伞，采收应及时，采收后及时出售或加工。在高温下四孢蘑菇的子实体容易酸败。

（三）存在问题

1. 缺少优质、保质期较长的菌株。

2. 由于出菇期正值夏季高温季节，子实体快速生长，同草菇栽培一样，必须 24 小时不间断及时采收，采收后在高温条件下固体容易酸败变质，缺乏保质办法。

十、草菇栽培

草菇（*Volvariella volvacea*），又名兰花菇，是热带、亚热带地区一种草腐型食用菌，也是我国南方夏季栽培的主要食用菌种类。

中国是草菇栽培的发源地和主产国。草菇栽培资源广泛，操作方便，周期短，广大水稻产区均可栽培。我国年产量（含台湾省）约占全世界年总产量的80%。

（一）工艺流程

草菇因其菌丝生长速度快，子实体产生周期短，决定了其栽培工艺较粗放。目前具有推广价值的栽培法主要有室外草堆法、室内床栽及周年工厂化床栽。

1. 室外草堆法工艺流程

准备菌种
↓
选场→整地作畦 ┐
备料→浸　　料 ┘→扭草把→作畦建堆→施肥播种→覆盖草被→发菌管理→出菇→采收

2. 室内床栽工艺流程

准备菌种
↓
栽培房选择→床架构筑 ┐
备料→切草→浸　　草 ┘→铺料播种→覆盖→管理→采收

（二）草菇季节性栽培技术要点

1. 选场作畦　室外堆栽选择水源方便、土壤疏松肥沃的园地，松土20厘米，作成龟背形菜畦，周围有排水沟，畦宽1～1.2米，畦长不限，畦间20厘米，用1%茶籽饼水或2%石灰水喷洒场地。

2. 栽培季节　各地可以选择旬平均气温高于25℃季节栽培草菇。如广东4月下旬至10月中旬，福建5月上旬至9月下旬，湖北6月中旬至8月下旬均可栽培。河南、河北7～8月可栽培草菇。

3. 原料选择与配方　稻草、棉籽壳、废棉、甘蔗渣等均可作为栽培草菇的原料，室内室外均可栽培草菇。一般说来废棉室内栽培的产量最高。栽培草菇的培养料配方见表4-22。

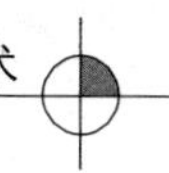

表 4-22 栽培草菇的培养料配方

配方 \ 比例（%）\ 原料	稻草	棉籽壳	废棉	麸皮	硫酸铵	干牛粪	石膏	石灰	过磷酸钙
1	95	/	/	/	2	/	/	1	2
2	90	/	/	4	0.5	5	/	0.5	/
3	70	15	/	10	/	4	1	/	/
4	40	/	40	1	0.5	15	3	0.5	/
5	/	95	/	/	/	/	/	2	3

4. 建堆播种 在整好的场地，沿畦内侧 15 厘米处施用准备好的干牛粪、猪粪等家畜粪或火烧土，把浸水预湿的草把拧成麻花形或草枕状，整齐一端朝外，草把相互紧挨排列，中间用乱草堆满。排好后，在距离外缘 15 厘米处的两草把之间播下菌种。第二层草把向内缩进 3 厘米左右，并使草把在播种点上方排列，最后草堆四周均呈梯形。一般堆叠 6～7 层草把，每堆 50 千克稻草，播种 3～5 瓶菌种。每层草播种后可施少量肥料或麸皮。顶层播种后可喷洒清水。然后沿草堆四周和顶部撒一层火烧土，再盖上一层干的草被，并清理好排水沟，建堆接种就算完毕。

5. 室内床栽原料处理和播种

（1）稻草为原料时，先将稻草切成长 10 厘米左右，再用袋装草浸水，捞出沥干后，根据配方添加辅料。先加入石膏、硫酸铵等，堆制 1～2 天后拌入牛粪，再发酵 2～3 天，铺入预消毒的栽培床。料厚 15 厘米，拍平压实后，在穴深 2 厘米处播菌种，然后撒上 2 厘米左右厚度的火烧土。

（2）废棉为原料时，先用 1%石灰水浸泡，然后拧干，使培养料的 pH 为 7.0 左右，pH 超过 8 时应用清水漂洗后再拧干至含水量 70%，直接上床分层播种，最后每平方米用 2 瓶菌种撒翻盖面，并用消毒过或曝晒过的旧报纸覆盖。

（3）废棉加稻草为原料床栽时，先按以上方法将原料浸湿，再按一层草一层棉的办法分层下料和播种，底层稻草，上层废棉。

6. 出菇管理

（1）室外草堆管理　室外栽培受外界气候条件影响较大，建堆后在草堆上方用草帘遮盖，以防烈日曝晒。当建堆2～3天时，堆温可达60℃左右。当堆温降35～40℃时，即建堆7天左右开始在草堆四周出现菌丝扭结，产生草菇幼蕾，这时喷水须小心轻喷，向空中喷雾；过重冲喷会使菌丝断裂，菇蕾死亡。早晚各向草堆四周浇水一次，同时掀开草被通气。

（2）室内床栽　室内床栽的管理主要是掌握温度、光线和水分三个因素。当气温高时应多喷水多通气，既要保持空气相对湿度95%左右，又要适当通气，防止杂菌为害。同时需要一定光线使子实体正常生长。

（三）草菇周年栽培技术要点

草菇周年栽培就福建省来说，是一种新的栽培模式，是一种劳动密集型、高投入、高产出与市场关系十分密切的栽培新模式，也是食用菌栽培管理中科技含量较高的新模式。

1. 菇房构筑标准化　菇房以3厘米×4厘米木条或角钢为框架，墙面、房顶由3厘米厚保温膜板构筑，内衬透明的、0.06厘米厚塑料膜，顶部外盖防雨防晒塑料布，水泥地面，长6米、宽4米，房脊高2.5米，檐高2米，内层架4层，层高0.5米，尼龙网布为衬床底面，内设菇床两排，各宽1.5米，中间通道，连接前后两门，门高1.8米，宽60厘米，门顶各有30厘米×60厘米通气窗一扇，可关闭。各菇房栽培使用面积72米^2，底层距水泥地面20厘米，有蒸汽管道通入，四周有排水沟。菇房构筑要求密闭、牢固，菇房内地面略高于房外地面，热源为锅炉所提供的蒸气。

在菇场整体布局上还要有堆料房、发酵场、晒料场；水电方便，用水量和供电负荷满足菇场需要，鲜菇应有15℃温控的临时储存仓库。

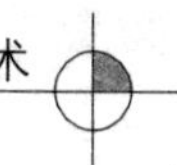

2. 选料、堆料、发酵

（1）选料　选用新鲜未霉的破籽棉、落地棉、棉籽壳或稻草为原料，以破籽棉、落地棉产量最高，生物学效率可达40%；棉籽壳次之，纯稻草生物学效率在10%左右。破籽棉或落地棉加入20%～30%的稻草，可达到既高产优质又节省原料费用，降低成本，有利菌床通气，使菌丝生长良好。

（2）堆料发酵　按照每平方米15千克破籽棉或废棉，5千克稻草的用料标准，外加3%～5%的麸皮和石灰，麸皮添加量夏季少加，冬季多加。发酵时将破籽棉或落地棉浸湿，与石灰、麸皮分层堆制在180厘米×45厘米的木框内，踏实。堆制发酵2～3天（冬天3～4天），翻堆1次，再堆制2天（冬天3天）即可进床。进料前，检查堆制的堆养料含水量65%左右，pH7.2～7.5为适宜。进床后立即进行二次发酵，密闭菇房通入蒸汽使房温达60℃，保持12小时以上，然后使菇房自然降温至35～37℃，即可播种。

（3）播种　在料厚15～20厘米的菌床上把料埔成龟背形，夏天用料可薄些，冬天用料厚些，以面播撒播方式播种，每瓶菌种播1～1.5米²。菌种菌龄5～6天为宜。

3. 管理　白色草菇在播种后4天，菌种即可长满菌床，这时喷一次出菇重水，灯光照射，以后以保持室内空气相对湿度90%～95%为准。气候干燥时微喷水，喷头朝上。灰色草菇品种5～6天重喷出菇水，以后停喷，保持室内空气相对湿度90%～95%。

4. 采收加工　当菇蕾达到符合规格大小，结实，菌膜未破时采收，采后立即置于15℃以下环境中分级加工，鲜菇立即上市，或进行清洗、杀青、盐渍或制罐。

（四）问题讨论

1. 存在问题　草菇栽培历史悠久，但发展没有蘑菇和香菇那么快，其原因一是单产低，收购价格低；二是易开伞，不耐贮藏，不及时加工就会影响产品质量。必须在距离加工厂较近的地方栽培草菇，或有相配套的加工设备。

2. 克服办法

(1) 从选择优良菌株入手，同时采用废棉和添加增产有效成分，推广室内床式立体栽培，达到提高单产和总产的目的。

(2) 管理上注意勤喷水、喷细水，不损伤草菇原基。

(3) 采用0.05%的稀盐酸溶液（鲜菇∶盐酸液=1∶1.2比例）喷洒，可保鲜防开伞，有利扩大栽培区域，提高子实体质量。

(4) 周年工厂化栽培要产生良好经济效益必须具备：

①销售市场需开拓至一定规模；

②生产规模必须达到一定规模（60座以上）；

③保鲜、加工、销售配套。

十一、金针菇栽培

金针菇［*Flammulina uelutipes*（Fr.）Sing］，也称朴菇，是我国第三大宗食用菌。近年来由于市场需求的不断增加而栽培规模不断扩大，特别是周年工厂化栽培，目前全国周年工厂化栽培金针菇的工厂约有200多家，产菇规模为日产鲜菇2～20吨，季节性栽培面积有所减少，工厂化栽培规模不断扩大，福建省年产量已达鲜菇6 000吨以上。

（一）工艺流程

1. 季节性熟料瓶（袋）栽工艺流程

季节安排→安全备料→原料配制→装袋(装瓶)→灭菌→接种→菌丝培养→开袋（去瓶塞）→搔菌→原基产生→套筒→出菇管理→采收与加工→恢复期培养→二次搔菌→出菇管理→采收与加工→清理菌袋(菌瓶)

2. 工厂化周年栽培工艺流程

安全备料→原料配制→装袋（装瓶）→灭菌→接种→菌丝培养→开袋（去瓶塞）→搔菌→原基产生→套筒→出菇管理→采收与加工→清理菌袋（菌瓶）

3. 季节性生料床栽工艺流程

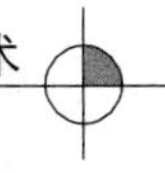

季节安排→安全备料→原料配制→铺料播种→菌丝培养→催菇→搔菌→原基产生→出菇管理→采收与加工

（二）技术要点

1. 配方　金针菇对氮源的要求略高于香菇等食用菌，因此在氮源配比上要高于其他食用菌（表4-23）。

表4-23　金针菇袋料栽培常用配方

原料名称 配方及比例（%）	木屑	棉籽壳	玉米芯	麸皮	碳酸钙
1	73	—	—	25	2
2	50	15	10	23	2
3	40	20	18	20	2
4	30	30	20	18	2

2. 栽培容器　工厂化瓶栽容器常用800毫升和1 100毫升的塑料广口瓶（瓶口直径4厘米），并配备纸筒套，季节性栽培有用750毫升菌瓶或500毫升的广口罐头瓶；无论是工厂化袋栽还是季节性袋栽，常用14～17厘米×28～36厘米×0.05～0.06毫米的高密度低压聚乙烯袋或聚丙烯袋。

3. 品种选择　金针菇品种有黄色品种系列和白色品种系列，周年工厂化栽培均使用白色系列菌株，季节性栽培多使用黄色品种系列，也有使用白色菌株。同香菇一样，黄色金针菇有不同温型和成熟度较早、较晚的品种。目前国际市场以菌柄长13～15厘米，菌盖小，不易开伞，柄质细嫩，洁白或奶白色为上品。选择使用的金针菇菌种适宜菌龄是适温条件下（24℃）培养30天以内（25～26天）。老化菌种影响成活率和产量。

4. 培养料配制　培养料要求新鲜、无杂菌。装袋之前的培养料除麸皮只用30%外，其余按配方比例称重，混合堆制，经7～10天的发酵，翻堆2～3次，使菌料腐熟或半腐熟状态，在拌料装袋（装瓶）时再拌入余下的70%的麸皮，发酵料装袋或床栽均可起到减少杂菌和缩短栽培期、提高产量的效果。用于生料栽培的培养料提倡先经发酵后床栽。

生料栽培的培养料要求经过数天暴晒之后，收藏在干燥阴凉处备用。培养料含水量略高于香菇，可达65%左右。袋栽金针菇拌料方法与上述袋栽香菇拌料方法相同，生料栽培应减少麸皮、米糠之类营养丰富成分的含量，并进行必要的堆制。生料栽培床宽1.0～1.2米，先铺一层农用塑料薄膜，后铺培养料4～5厘米，用1/4菌种撒播或点播拍平压实，再铺4～5厘米培养料，再用1/4的菌种撒播或点播，然后再撒4～5厘米培养料，将余下一半菌种覆盖表面，压实、拍成龟背状，再覆盖塑料薄膜，每平方米用干料20～25千克，播菌种10瓶。

5. 灭菌、冷却、接种 同其他食用菌熟料栽培一样，培养料灭菌时应注意压力和温度的关系，常压100℃，6～8小时，且灶内菌袋排列有一定间隙。高压1.47×10^5帕，126℃、1.5小时，培养室和栽培室均用硫黄或其他消毒剂熏蒸消毒。培养料冷却及接种方法，与袋栽香菇相同。

6. 发菌管理

（1）温度 无论什么品种均可在温度22℃左右，空气相对湿度75%左右的较干燥环境中避光发菌。

菇蕾发生阶段的温度控制依不同品种略有高低之别，可根据品种的种性说明灵活掌握。通常非工厂化栽培场合下，金针菇需要3种不同温度，即菌丝生长温度、菇蕾发生温度和子实体生长温度，工厂化栽培另增加一个使子实体发育整齐4℃的低温抑制阶段。根据培养顺序，这些温度的基本标准为：

$$\text{培养菌丝}\xrightarrow[\text{20～25天}]{\text{14～20℃}}\text{催蕾}\xrightarrow[\text{10～14天}]{\text{10～15℃}}\text{抑制}\xrightarrow[\text{5～7天}]{\text{3～5℃}}\text{育成}\xrightarrow[\text{10～15天}]{\text{5～8℃}}\text{采收}$$

（2）湿度 金针菇栽培全过程的湿度由低到高，即75%～85%～95%，抑制阶段由于温度低，自然湿度也降低，过湿的环境，菌柄易变褐色。

（3）通气量 经常保持培养室空气新鲜。

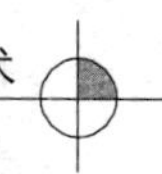

（4）光线　发菌过程除了菇蕾形成时需要一定光线外，其他均可在较暗处培养生长。由于金针菇的菌盖分化同光效应有一定关系，人为地控制光线微弱，可以达到抑制菌盖细胞分化、促进菌柄伸长的目的。

7. 出菇管理

（1）搔菌　菌丝培养结束时，常将菌瓶（袋）或菌床表面菌被划破、让菌丝断裂，即所谓搔菌，促进出菇。搔菌后应覆盖报纸或塑料薄膜防止水分蒸发。

（2）加纸套或提升袋口　瓶栽情况下，搔菌后原基形成时，以长度15厘米左右的纸套套在瓶口上，其作用一是遮光线，促进菌柄抽长；二是使抽长的菌柄有依托，不会四周散开倒伏；三是创造较高的二氧化碳（0.114%～0.152%）环境，以利金针菇柄整齐发育（图4-17）。

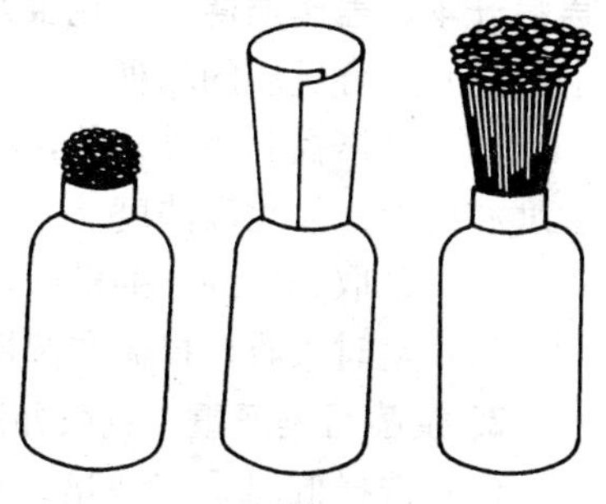

图4-17　加纸套

袋栽情况下，当搔菌后原基形成时，把塑料袋口提升拉直，作为菌柄生长的依托，并造成适宜的小气候。床栽时，菌床四周应有15厘米高的挡板。菌床过大时，中间应当隔成若干小块，使菌柄往上生长时有依托，不致散开倒伏，有利于金针菇整齐生长。

（3）适当通风　当菌柄长至3～4厘米时，在降温抑制生长的同时可以加大通气量，促进生长环境干燥，有利菌柄整齐生长。

（4）水分管理　原基形成和菌柄抽长时需水量增大，喷水次数要相应增加。喷水雾点宜细，以报纸湿润，料面无积水为适度。

8. 采收　当菌盖内卷未平展，菌柄抽长13厘米以上，菌柄色白或奶黄色时，即可采收。采收时左手固定菌袋（瓶）或菌床料面，右手紧握金针菇菌柄基部，整丛拔下，放入铺有塑料薄膜的容器中。

9. 恢复期管理 采收后，将料面残留的小菇、菌根等清除干净，升温到22℃，培养10～15天，然后重新搔菌，重复上述出菇管理。生料床栽可再次成批出菇；瓶栽再次出菇没有多大经济价值；袋栽可以将菌袋底部朝上，划破塑料袋，从另一端重新搔菌出菇，亦可获得成批的子实体。

（三）问题讨论

1. 金针菇的质量低，主要表现在菌柄褐色，长短不齐，菌盖易开伞，盖肉质薄等 克服办法是：

（1）选育优质的品种。

（2）严格控制培养条件，特别是光线、温度，同时保持较高湿度和适量二氧化碳浓度。

（3）采取必要的辅助措施，如加纸套，弱光出菇等。

（4）适时采收，提倡在菌柄伸长到符合质量长度后采收。

2. 杂菌污染严重 克服办法是：

（1）选择低温季节栽培。特别是生料栽培，季节气温应在20C以下，湖北各地可在当年9月至翌年2月接种栽培。

（2）灭菌、接种的设备规范化，从业人员经培训持证上岗。

（3）湿度适宜，切忌过湿郁闭的环境。

（4）加大接种量，造成金针菇菌丝生长优势。

十二、姬松茸栽培

姬松茸（*Agaricus blazei* Murrill）属蘑菇科、蘑菇属，又称小松茸、巴西蘑菇、A. b. M菇等。其子实体脆嫩爽口，香气浓郁，且具有防癌、安神、降血脂及改善动脉硬化症等功效。1992年以来，姬松茸菌种引入我国福建及其他部分省份试种推广，现已形成规模。它具有栽培原料来源广泛、技术简单、周期较短、适应性广、产量高等特点，是一种很有开发前途的食药用真菌。

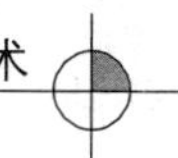

（一）工艺流程

备料→堆积发酵
菇房或菇棚构筑→建床或整畦→消毒
→铺料播种→发菌→覆土→出菇管理→采收与加工

（二）技术要点

1. 栽培季节 姬松茸属中温型菇类。子实体在 16～26C 均能发生，以 18～21℃最适宜。温度偏高时生长快，菇薄且轻，温度偏低生长慢。在福建，一般春、秋两季栽培，春季在 2 月上旬至 4 月中旬堆料播种，秋季在 7～8 月堆料播种。我国幅员辽阔，各地区应根据当地自然气候特点，选择最佳季节。

2. 培养料配方

（1）稻草 58%，干牛粪 40%，石膏粉 1.5%，石灰 0.5%。

（2）稻草 58%，木屑 30%，干牛粪 9.7%，尿素 0.3%，石膏粉 1.5%，石灰 0.5%。

（3）稻草 43%，棉籽壳 43%，干牛粪 7%，麸皮 6%，石膏粉 1%。

（4）稻草 42%，蔗渣 41%，干牛粪 10%，麸皮 6%，石膏粉 1%。

上述配方供各地栽培时参考。姬松茸可利用的原材料广泛，栽培者可根据各地自然资源，选择配制培养料。

3. 堆制发酵 在播种前 12～20 天按常规法堆制发酵。发酵过程中翻堆 3～4 次。尿素在建堆时与主料一起加入，石膏、石灰等在第二次翻堆时加入，最后一次翻堆时调整培养料含水量至 60%左右，并按 100 米^{2} 用料量用敌敌畏 500 毫升加清水稀释喷入料内，覆盖薄膜，闷杀害虫。

4. 大田栽培

（1）搭盖荫棚 大田棚内畦栽类似于竹荪栽培。选择地势稍高、靠近水源、背风向阳、土质肥沃的沙壤土，在其上搭盖四分

阳六分阴的遮阴棚。

（2）整畦消毒　整地作畦，菇床南北向，畦宽 1 米，畦高 15 厘米，呈龟背形，畦长不限，棚周有 30 厘米～40 厘米畦沟以利排水。畦面撒石灰粉或喷农药驱杀虫害。

（3）铺料播种　畦面上平铺 15～20 厘米发酵料，稍加拍紧，待料温降至 26℃时即可播种，可撒播、穴播、条播。选择高产、无污染、菌丝健壮的适龄（满瓶、袋后 10 日左右）菌种播于料面。每平方米用麦粒种 2 瓶，草种或木屑种 3～4 瓶，播完立即覆盖薄膜。

（4）发菌管理　一般播种后 20 小时菌丝开始萌发，48 小时开始向料内蔓延。2～4 天内不揭膜（保湿保温），7 天后将薄膜用竹片弧形撑起，检查发菌情况，如有不萌发、不蔓延的及时补种，以后可视气温高低每天揭膜通风 1～2 次，早晚进行，每次 30～60 分钟，控制膜内温度 20～30℃，空气相对湿度 70%左右。若料面干燥可适当喷水调节。

（5）覆土调水　播种后 15～20 天菌丝蔓延至料厚 2/3 时即可覆土（也可选用播种后立即覆土的方法）。土质要求保湿、透气性好，pH6.0～6.5，土粒 1.5～2 厘米，覆土厚 3～5 厘米。喷水保持土层湿润。

从覆土到出菇的管理工作主要是前 3～4 天调节水分，盖密薄膜，使菌丝在土粒间蔓延生长，但不上土面（以免形成菌被），然后逐步加大通风量，直至土粒发白，促进原基形成。这个过程 30～40 天。

（6）出菇管理　当土粒间出现米粒大小的子实体原基时，喷一次重水（2～3 千克/米^2），并加大通风量，以后每天轻喷水 1～2 次，保持空气相对湿度 80%～90%，待菇蕾直径 1～2 厘米时，停止喷水。每潮菇采收后拣去菇脚、死菇及污染物，补土，停水 5～7 天。第二潮菇后可喷施 0.5%尿素或 0.2%磷酸二氢钾溶液或其他营养调节剂。

姬松茸从第一潮菇采收到产菇结束60～80天，每潮间隔14～19天，第一潮菇占总产量46%～50%，第二潮占26%～35%，以后每潮逐减。整个栽培周期可收3～5潮菇。

（7）采收与加工　当菌盖直径4～8厘米，菌盖肥厚结实，表面褐色或浅褐色，菌膜未破时采收。每天采收2～3次。采收后削除根部泥土，洗净泥沙，即可鲜销、冷藏保鲜、盐渍加工或脱水烘干出售。

5. 室内（外）层架立体栽培

（1）菇房（棚）设计　此方式似蘑菇栽培，可用原有双孢蘑菇房进行栽培。也可按蘑菇房（棚）规格建造，每房（棚）面积常为100～200米^2。

（2）菇房规格　单侧采菇床面宽不超过0.8米，两侧采菇床面宽1.2～1.5米。每床架设5～6层，底层离地面10～15厘米，层间距离0.6米，顶层离房顶1米左右。

（3）通风设施　同蘑菇房。

（4）播种前准备　培养料进房前一天，把菇房门窗关闭，堵住拔风气窗和密封门窗缝隙，每立方米（按说明）用气雾消毒剂或10毫升甲醛、5克高锰酸钾熏蒸。24小时后打开门窗，通气后进料上床。

（5）其他　铺料、播种、发菌管理、覆土及出菇管理方法似大田畦栽。只在通气管理上菇房（棚）是通过门窗和拔气窗的开关调节，而大田栽培是通过塑料薄膜的揭盖来调节。

6. 箱式栽培　箱式栽培同前两种栽培方法相比，优点是管理灵活，可因气候条件变化而灵活选场，亦可在室内培养菌丝，移到室外出菇，哪里条件适宜就在那里出菇。较适用于试验性栽培。缺点是花工较多，成本较高。

（三）问题讨论

目前姬松茸栽培产量的高低尚不稳定，除菌种质量的因素外，还与不同栽培季节采用的栽培方法有一定关系。栽培实践表明，春季床栽产量比大田畦栽高,秋季大田畦栽比床栽高。原因分析:春季气候多变,湿度大,床栽温度较稳定,培养料透气性好,而大田畦栽容易受气候影响,使料透气性差,湿度过大。秋季气候干燥,菌丝培养阶段气温高,床栽培养料容易失水,菌丝易老化,而大田畦栽保湿性好,通气性好,不易持续高温,菌丝生长较适宜。

十三、杏鲍菇栽培

杏鲍菇(*Pleurotus eryngii*)又称刺芹侧耳、雪茸菇,属侧耳科、侧耳属。有很多的生态型,栽培时应注意从不同国家、不同地区、不同基质上分离或引进的菌株,具有不同生物学特性。杏鲍菇营养丰富,菌盖及菌柄组织致密结实,柄雪白粗长,质地脆滑爽口,口感极佳,并有杏仁香味,孢子少,保鲜期长,有“平菇王”“干贝菇”之美称,深受消费者喜爱。

(一)工艺流程

备料→配料→装袋→灭菌→冷却→接种→发菌→出菇管理→采收加工

(二)技术要点

1. 栽培季节 杏鲍菇属中低温型菇类,子实体形成的适宜温度为10~18℃,温度太低、太高都难于形成子实体。根据各地气温条件合理安排栽培季节。一般以秋末冬春为适宜,南方常安排在11月前后开始出菇。冬季气温较高的地方,应安排在全年气温最低的12月至翌年2月出菇。

2. 栽培方式 目前,杏鲍菇多采用室内地面或层架式栽培,栽培方式有瓶栽、袋栽和箱栽。箱栽时最好进行覆土。福建多采用规格为17厘米×33~35厘米的聚丙烯塑料袋栽培。

3. 原料与配方 杏鲍菇分解纤维素、木质素能力较强,可在木屑、蔗渣、麦秸,豆秸、棉籽壳、废棉、稻草等基质上生长。丰富的有机氮源有利于菌丝生长和提高产量。PDA、PSA培养基均为适宜的一级种培养基,添加少量蛋白胨、酵母膏或麦芽汁可加快菌丝生长。栽培料中添加麸皮或米糠、玉米粉作为辅

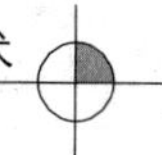

料有促进菌丝生长的作用；添加豆秸粉、棉籽壳或废棉可提高产量。栽培料中木屑或稻草粉比例较高时，菌丝生长慢，生长周期长，产量低。目前，较为常用的栽培料配方如下：

（1）杂木屑或蔗渣 37%，棉籽壳 37%，麸皮或细米糠 24%，糖 1%，碳酸钙 1%。

（2）杂木屑或蔗渣 73%，麸皮或细米糠 20%，玉米粉 5%，糖 1%，碳酸钙 1%。

（3）杂木屑 23%，棉籽壳 38%，豆秸粉 15%，麸皮 9%，玉米粉 5%，糖 1%，碳酸钙 1%。

（4）杂木屑 24%，棉籽壳 24%，豆秸粉 30%，麸皮 20%，糖 1%，碳酸钙 1%。

4. 制袋、接种与培养 按以上配方制作培养料，控制含水量为 60%～70%，pH 为 5～6。常规装袋、灭菌、冷却、接种、培养。培养温度控制 22～25℃，空气相对湿度 60%～70%。17 厘米×33～35 厘米栽培袋培养时间为 35～45 天。

5. 出菇管理 菌丝长满袋达生理成熟后，即可移至栽培室内催蕾。催蕾时注意保持空气相对湿度在 85%～95%，一般经8～15 天开始形成原基。此时开袋，即去掉棉花塞和套环，将袋口张开拉直，菇蕾发育正常，出菇整齐，商品价值高。若早开袋，因湿度、通气等因素导致原基难以形成，或出菇不整齐，商品价值低。菇房温度与出菇快慢有直接关系，气温在 13～16℃时出菇最快（8～10 天），菇蕾多，生长整齐。现蕾后，气温在 13～18℃时，菇体生育快，15 天左右可采收。干料每袋 0.4～0.5 千克的菌袋头潮菇产量可达 200～300 克鲜重，占总产量的 60%～70%。相隔 15 天左右可采收第二潮菇。

当温度低于 10℃时，原基难于形成；高于 18℃时，原基停止分化，小菇蕾停止生长并萎缩，未采收的子实体迅速生长，品质下降。所以在整个出菇管理中菇房温度应控制在 13～16℃。

湿度管理，采用喷细雾法保持空气湿度，不宜将水直接喷在子实体上，否则子实体易变黄或有斑点病。子实体形成和发育需要新鲜空气，每次喷水后要加强通风，使子实体上水珠蒸发掉。整个管理过程必须注意温度、湿度、光线、通气等条件的综合调控，才能获得优质高产。

6. 采收与加工 菌盖平展，边缘内卷，孢子未弹射时为采收适期。杏鲍菇柄长、结实，盖小且不易开伞，保鲜期比一般菇类长。在4℃冰箱中敞开放置10天不会变质，10℃时可放置5～6天，15～20℃时可保存2～3天不变质。除保鲜外，烘干、制罐仍可保持口感脆嫩等特色。

十四、茶薪菇栽培

茶薪菇（*Agrocybe cylindracea*），也称杨树菇、柱状田头菇、柳松茸、柳环菌等，隶属粪锈伞科、田头菇属，是近年来新开发的食用菌品种之一。子实体单生、双生或丛生，菌盖直径2～8厘米，表面光滑、浅褐色，菌肉厚3～6毫米，菌柄长3～8厘米，粗3～12毫米，中实，表面有条纹，浅褐色，菌环着生菌柄上部。茶薪菇子实体味美鲜香，质地脆嫩可口，含有丰富蛋白质，是欧洲和东南亚地区最受欢迎的食用菌之一。

中医认为其性平、味甘，有利尿、健脾胃、明目、提高免疫力的功效。

（一）工艺流程

备料→培养基配制→装袋（瓶）→灭菌→冷却→接种→培养→出菇管理→采收加工

（二）技术要点

1. 原料选择与培养基配方 茶薪菇系木腐菌。以阔叶树木屑、棉籽壳或作物秸秆等为主原料，添加适量的麸皮、米糠、玉米粉、豆饼粉、油粕、混合饲料等，菌丝均能旺盛生长和形成正常子实体。

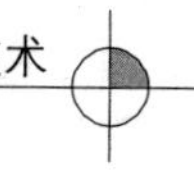

培养基配方：

（1）阔叶树木屑40%，棉籽壳40%，麸皮或米糠14%，玉米粉或豆饼粉5%，石膏1%。

（2）棉籽壳80%，麸皮或米糠14%，玉米粉或豆饼粉5%，石膏1%。

（3）阔叶树木屑69%，麸皮30%，石膏1%。

（4）阔叶树木屑89%，混合饲料或油粕10%，石膏1%。

以上各培养基配方的含水量均为65%～75%，pH5～6为最适。

2. 培养基制作与培养　培养基制作方法同其他袋栽（木腐型）食用菌。茶薪菇栽培多采用规格为17厘米×33～38厘米的聚丙烯塑料袋熟料栽培，也有采用15厘米×55厘米低压高密度聚乙烯菌筒栽培或瓶栽。短袋栽培时配有套环和棉塞，每袋装干料0.2～0.3千克；长袋每筒装干料0.7千克。按常规灭菌、接种与培养。培养温度控制在25℃左右，待菌丝长满后即可转入出菇管理。

3. 出菇管理　出菇场所可选用室内菇房或室外荫棚。一般短袋栽培或瓶栽采用室内菇房，菌筒栽培采用室外棚栽。室内栽培可单层直立层架排放或墙式排放，待菌丝长满袋后，拔去棉塞，取下套环，将塑料袋口提拉直立，上盖报纸，每天喷水1～2次，保持报纸湿润，空气相对湿度85%～95%，温度控制在16～28℃，最佳20～24℃，保持通风换气和一定的散射光。另一种出菇管理方法是待菌丝长满后，将袋口放松，以利形成菇蕾，现蕾后将菌袋移至菇房，随着菇蕾长大，将袋口塑料袋剪去，使菌袋上面料筒四周长出菇蕾，随着料筒四周菇蕾自上而下逐步出现而将菌袋向下移脱，直至全部脱掉。水分管理员采用喷雾法，不直接向子实体喷水。菌筒栽培时，待菌丝长满后，将接种穴面的薄膜刈去一条，然后排于畦面上覆土，土厚1厘米左右。排场前对场地和覆土进行杀虫、杀菌消毒，覆土2天后向土

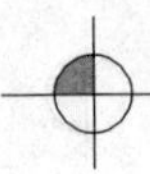

面喷水，保持土壤湿润。低温时，畦面覆盖薄膜保温保湿。开袋后10天左右子实体大量发生。采收后停水5～10天养菌，再进入第二潮菇管理。营养保存尚好的菌袋越冬后第二年春季能继续出菇。

茶薪菇栽培宜于3月接种，5月出菇；或7月接种，9月出菇。在高温季节容易诱发病虫害，特别要注意防治眼菌蚊和螨。受眼菌蚊为害的栽培袋，培养料变深褐色，菇蕾无法形成，已形成的菇蕾也会萎缩腐烂。防治方法以控制好环境条件及切断侵染源为主。具体做法在栽培袋（瓶）搬入菇房前，对菇房进行彻底清洗消毒，门窗应装上60目纱网。

4. 采收加工 子实体长至菌环即将破裂时及时采收。一旦菇盖下的菌环破裂，采下的菇就会失去商品价值。茶薪菇常以保鲜菇和干品上市销售。

（三）问题讨论

1. 从目前应用的茶薪菇菌株看，其抗逆能力较弱 表现在相同营养和环境条件下，其菌袋成品率明显低于其他菇类（如平菇、金针菇、香菇等）。茶薪菇是中偏高温型菇类，基质含氮量随着气温的升高明显影响菌袋成品率，同时，含氮量增加也明显延迟初潮菇的形成。当培养基中含麸皮30%和玉米粉5%时，比含麸皮15%和玉米粉5%的生殖生长延迟1个月以上。因此，可通过控制适宜含氮量和菌种选育工作来不断提高其抗逆能力。此外，茶薪菇菌丝适宜酸碱度范围广，可在pH4～10范围内生长，最适pH5～6。因其菌丝代谢过程中产生有机酸较少，在调制基质pH时要特别注意不宜偏高。

2. 目前茶薪菇的单产不太高，鲜菇与干料比大致为60%～90% 分析原因：一是产量与使用氮源添加物的种类及其添加量有密切关系，如添加物为麸皮时，添加量30%最佳，其产量为添加量10%的4.5倍。添加物为麸皮、混合饲料、油粕的产量高于添加物为米糠和玉米粉。二是茶薪菇因菌丝呼吸量大，栽培袋基质容易失水收缩，除配制基质时含水量可达65%～75%，

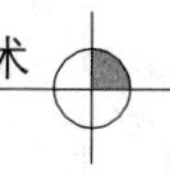

通常采收二潮菇后，料中含水量已低至难于供应子实体生长。这时可采用脱袋覆土法保湿，以提高产量和质量。

十五、真姬菇栽培

真姬菇［*Hypsizigus marmooreus*（Peck）Bigelow］属伞菌目、白蘑科、玉蕈属，又称玉蕈、斑玉蕈、蟹味菇、海鲜菇、鸿喜菇，是日本首先驯化栽培成功的一种珍贵食用菌，在国际市场上颇受欢迎。真姬菇菌盖肥厚，菌柄肉质，菌盖颜色一般为灰色、灰褐色。真姬菇质地脆嫩，口味鲜美，营养丰富。我国于20世纪90年代引进并逐步推广，生产的真姬菇多以盐渍品出口外销，出口规格为菌盖直径1.5～4.5厘米，柄长2～4厘米。生产过程主要通过控制环境条件获得盖小柄长的子实体。近年来，国内一些大城市郊区也有鲜品和腌制品出售，市场前景十分看好。

（一）工艺流程

1. 熟料袋栽工艺流程

配料→装袋→灭菌→冷却→接种→发菌→出菇管理→采收加工

2. 生料（发酵料）袋栽工艺流程

配料→堆制发酵→装袋→接种→发菌→出菇管理→采收加工

（二）技术要点

1. 栽培季节　真姬菇与香菇、平菇相似，属中低温型、变温结实性菇类。子实体原基分化温度为10～17℃。在适宜温度范围内，温差变化越大，子实体分化越快。真姬菇的规模栽培主要分布在湖北、河北、山西、河南等产棉省份，一般为秋冬栽培。在河北省石家庄和冀州市的最佳出菇季节为10月中下旬至翌年的3月中旬，即7月上旬制作三级种，9月中旬接种栽培袋，10月中下旬开始出菇。

2. 菇棚建造　真姬菇栽培产量高低、品质优劣，除选用优良菌种、选择适宜季节和科学管理外，在我国北方栽培中关键还

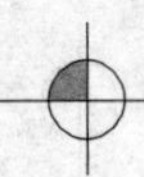

需建造一个结构合理，具有良好保温、保湿性能的菇棚。菇棚以半地下室为好。选择背风向阳地，菇棚东西向长10～20米，南北宽3～5米，栽培地下深1米，棚顶最高处2米。菇棚结构有两种，一是周围“干打垒”土墙结构，北高南低呈30°角；另是拱形顶。东西墙留有对称通风口，竹木为架，塑料薄膜封顶，加盖草帘。棚门设在土墙东西向的中央，棚内中央设一东西向通道，菌袋按南北方向叠放成墙式，排放于（东西）中央过道两侧。一般每100米^{2}可放置5 000千克干料的出菇菌袋。

3. 培养料准备 真姬菇属木腐菌，可广泛利用棉籽壳、棉秆屑、玉米芯、豆秸秆、木屑等为培养料，其中以棉籽壳利用最广泛，其生物转化率可达70%～100%；豆秸秆栽培的生物转化率为70%～80%；玉米芯转化率65%左右。原料要求新鲜，无霉变。陈旧的原料需经发酵处理后再利用。

4. 制袋与发菌管理 生料栽培的菌袋多采用22厘米×45～48厘米低压聚乙烯袋。培养料采用新鲜无霉变的棉籽壳加入3%石灰，按料水比为1∶1.3～1.4拌匀后堆闷1～2小时，用手紧握培养料，指缝中有水痕渗出为宜。按4层菌种3层料装袋，每袋装湿料2.5千克左右，混种量15%左右。发菌最好选择在室外树阴下，场地要求干净，无杂草，远离禽畜舍，地面撒上石灰。根据气温高低决定排列层次，通常4～6层。低温时，适当增加层数，20℃以上时适当减少堆层，以利通风散热。各层菌袋之间以两根平行细竹竿隔开，以利通气，防高温烧菌。菌袋堆墙二列为一组，每列菌袋墙间隔10～15厘米。每3～6天翻堆1次，袋内温度控制在20～26℃为宜，通常20～30天菌丝可长满菌袋。

熟料栽培菌袋多采用17厘米×33厘米聚丙烯袋。培养料配方：

（1）棉籽壳92%，麸皮5%，钙镁磷肥料2%，石膏1%。

（2）棉籽壳72%，木屑20%，麸皮5%，钙镁磷肥料2%，石膏1%。

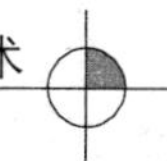

(3) 木屑 78%，麸皮 20%，糖 1%，石膏 1%。

每袋装干料 500 克左右，在 1.47×10^5 帕压力下灭菌 2 小时。冷却、接种后置于菇棚内堆成墙式避光培养，每 3～6 天翻堆 1 次，并及时处理污染菌袋，温度控制在 20～27℃，保持棚内空气新鲜，空气相对湿度不超过 70%。

5. 出菇管理　室外发菌的菌袋，当菌丝发透 2～3 天后，移入菇棚内，墙式堆放，高 4～6 层，将袋口打开，喷水降温加湿，并给予温差刺激。子实体分化生长温度为 10～20℃，以 15～17℃为最适，空气相对湿度保持 85%～95%。较大的温差时，子实体分化快、出菇整齐。根据子实体生长情况调整通风量，不良通风易长畸形菇，光照以 100～200 勒克斯为宜。在上述管理条件下，5～7 天袋口产生黄水，这标志着即将出菇。菇体长至符合标准时应及时采收。每次采收后将料面清理干净，重复进行出菇管理，菇潮间隔 10～15 天，一般可采收 3～5 潮菇。每 1 000克干料的菌袋 1～3 潮菇鲜菇量分别可达 600 克、250 克、150 克。第三潮菇时，需用补水器向袋内补水。

6. 采收与加工　当菇盖直径达到 2～4 厘米，柄长 3～5 厘米时，及时采收。采摘时既不使培养料成块带起，又使菇柄完整，不留柄蒂。菇棚内温度较低时每天采收一次，较高时早晚各采收一次。采下鲜菇用小刀切去根蒂，分级、加工。

盐渍加工，将分选过的真姬菇放入开水中煮沸 3～5 分钟，捞出放入冷水中冷却。菇体下沉后捞出(不下沉可再煮)，放入缸或池中腌制。菇水比 1∶1，保持盐度 20 波美度，经 15 天可出售。

十六、鸡腿蘑栽培

鸡腿蘑（*Coprnus comatus*）又名毛头鬼伞，日本称细裂夜耳，是一种具有广泛开发价值的食药兼用型珍稀食用菌。其肉质肥厚细嫩，味道甘醇鲜美，营养丰富，具有益脾健胃，清神宁智，治疗糖尿病、痔疮、降血糖、去血脂等功效。鸡腿蘑还具有易栽培、产量高、口感好、便于保鲜等优点。近几年来，在我国农村栽培规模发展迅速，社会经济效益明显。

（一）工艺流程

1. 生料袋栽和畦（床）栽工艺流程

备料→堆料发酵→装袋或畦床铺料→接种或播种→发菌管理→覆土→出菇管理→采收加工

2. 熟料袋栽工艺流程

备料→装袋→灭菌→冷却→接种→发菌管理→出菇管理→采收加工

（二）技术要点

1. 生料栽培技术要点

（1）栽培季节　鸡腿蘑属中高温型菇类，为草腐土生菌。菌丝生长温度范围10～35℃，最适20～30℃；子实体发育温度8～30℃，最适16～22℃。温度极大地影响鸡腿蘑的生物转化率，各地应根据各自气候特点安排栽培季节。多数地方以秋春栽培为主，上海地区以秋栽为主，即5～8月制种，9月下旬至11月出菇，第二年4～6月仍可出菇；也可春栽，即1～2月制种，4～6月出菇。

（2）菌种制作　二级种培养料多采用麦粒加1%石灰，栽培种培养料配方可用：

①菌糠（如蘑菇废料）40%，棉籽壳40%，麸皮20%。

②堆制发酵棉籽壳80%、麸皮20%，以石灰调节pH，一般每100千克料用石灰3千克左右，麸皮也可用玉米粉代替，但用量酌减。

③棉籽壳90%，麸皮或玉米粉9%，石灰1%。

含水量60%～65%，用17厘米×33厘米的塑料袋装料、灭菌、接种，置20～30℃室温培养35～40天，菌丝即可长满袋。

（3）培养料堆制发酵　培养料常用配方有：

①棉籽壳50千克，菇类菌糠30千克，干牛马粪20千克，尿素0.5～1千克，磷肥2千克，石灰3千克，水150～160千克。

②稻草、麦草、玉米秆、玉米芯、芦苇等皆切碎或粉碎成粗

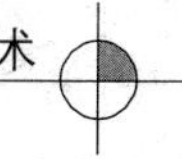

糠状，单一或混合，每100千克料加干牛马粪20千克，尿素1千克，磷肥2千克，石灰3～4千克，水160～180千克。

③玉米芯45%，豆秆粉42%，麸皮10%，尿素1%，石灰粉2%，料∶水=1∶1.50。

将料充分拌匀后堆成高1～1.2米、宽1.5米，长不限的堆形，覆盖塑料薄膜，四周压实。待料温达50～60℃时保持12小时后翻堆，重新建堆后数小时料温即可达60℃，再保持12小时，即可终止发酵，将料摊开降温。

（4）装袋发菌、排袋覆土出菇模式　生料装袋采用22～25厘米×45～50厘米聚乙烯塑料袋，按一层菌种一层料装袋，一般4层菌种3层料，用种量为总重量的20%左右，墙式堆垛，25℃左右避光发菌。一般20天菌丝长满袋，满袋后10天脱袋覆土。所用覆土材料用1%的敌敌畏和0.2%的高锰酸钾溶液喷洒后堆闷3～4天后使用。

根据鸡腿蘑不覆土不长菇的特性，在菇棚内挖一深15厘米的畦床，将菌袋截成两半，去掉塑料膜，断面朝下，紧排在畦床上，覆盖3～5厘米厚的预备沃土，随即喷一次透水，覆盖塑料薄膜，棚外遮盖草帘，棚内温度控制在16～22℃，空气相对湿度提高到85%～90%，每天揭膜通气增氧，刺激菌丝体迅速扭结。一般经10～15天即可现蕾。鸡腿蘑子实体喜湿好氧，菇蕾破土后，管理上以通风、增湿为主。在近成熟阶段，每天需数次喷水，经7～10天发育，在菌环刚刚要破时，及时采收。迟采，子实体开伞自溶。每潮菇采收后要清理死菇、坏菇、菇蒂和其他杂物，整平床面。数天后再重复重水喷雾，促进现蕾出菇。一般每潮菇间隔10～15天，可连续采收5～7潮菇。

（5）铺料发菌、覆土出菇模式　按常规整畦和构建荫棚或塑料大棚。室内床栽或箱栽可参照蘑菇栽培。将发酵料铺于垫有塑料薄膜的床架上或箱内，料厚15～20厘米，可层播或穴播，用种量为总料量10%～15%，最后平整料面并稍压实，覆盖3～5

厘米厚土。20～30天菌丝可长满培养料并布满土层。

出菇管理以降温、增湿、通风为主，具体方法同上（详见装袋发菌，排袋覆土出菇模式）。

（6）采收加工　当菌盖边缘菌环开始松动，尚紧包菌柄时及时采收。子实体开伞后变黑自溶，失去商品价值。采收时，一手握住菇体，一手用利刀沿土面刈下，削净菇脚上泥土和菇体上鳞片后即可上市鲜销或加工。

2. 熟料袋栽技术要点　熟料袋栽与生料袋栽技术要求基本相同，只在栽培袋制作和埋土处理方面有所不同。

（1）栽培袋制作　培养料配方：

①稻草（切断或粉碎）60%，玉米粉8%，干牛马粪27%，复合肥3%，糖1%，石灰1%。

②棉籽壳90%,麸皮5.5%,磷肥2%,尿素0.5%,石灰2%。

③稻草、麦秆、玉米秸、玉米芯、芦苇等单一或混合物85%～90%，麸皮10%（或玉米粉5%），尿素0.5%，磷肥2%，石灰2%。

④棉籽壳、混合草粉、菇类菌糠各30千克，麸皮或玉米粉或棉籽饼粉10千克，尿素0.5～1千克，磷肥、石灰各2千克。

⑤菌糠67%，砻糠23%，玉米粉8%，石灰2%。

以上各配方调配至含水量65%，拌匀后直接装袋或经常规堆制发酵（45～60℃）3天后装袋。

栽培袋用17厘米×38厘米或22厘米×45厘米聚乙烯或聚丙烯袋（可高压灭菌），装料时压实，两头扎口后常压灭菌，两头接种。培养25～30天菌丝长满袋，即可出菇管理。

（2）脱袋排畦覆土　在棚内挖宽1米，深20厘米，长不限的畦床，用竹片搭成拱形小棚。将17厘米×38厘米菌袋脱袋后横排于畦床上，袋间相隔2厘米，填入肥土（土厚3～5厘米），每平方米约放30袋。22厘米×45厘米菌袋截成两半竖排，同样覆土。经十几天后菌丝布满畦床，洒冷水、增湿至空气相对湿度

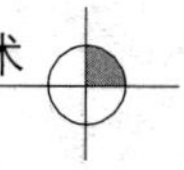

85%～90%，温度调节16～22℃，每天揭膜通风，增加氧气，刺激菌丝体扭结成菇蕾。出菇管理同上。

（三）问题讨论

1. 有关资料报道（徐文香等，1997），鸡腿蘑能产生抗真菌的抗生素，具有较强的抑菌抗杂能力。但这种能力是菌丝生长至一定数量后形成的，因此，在栽培中创造条件使鸡腿蘑菌种迅速萌发，争取早日在培养中占据优势，可提高生料栽培的成功率。发酵料栽培成功率可达100%。

2. 鸡腿蘑具有以下三个典型特点

（1）子实体发生和发育均离不开土壤，即不覆土不出菇；

（2）菌丝体具抗衰老性能，即培养好的菌种在避光常温下存放6～8个月，覆土处理后，仍能正常出菇；

（3）子实体开伞后极易变黑自溶，失去商品价值。

根据以上特点，结合市场销售需求，可以周年生产栽培袋，通过控制覆土时间，把握最佳出菇期，提高经济效益。

3. 有关栽培试验表明，鸡腿蘑覆土方式不同与产量有直接关系，即竖袋覆土比横袋覆土出菇早，产量高。其原因可能与接种面朝上的上部菌丝体成熟早有关。

十七、大球盖菇栽培

大球盖菇（*Stropharia rugoso annulate*），又称皱环球盖菇、酒红色球盖菇、褐色球盖菇，隶属球盖菇科、球盖菇属。大球盖菇是一种草腐生菌。大球盖菇朵大、色美、味鲜、嫩滑爽脆、口感好，富含多种人体必需氨基酸及维生素，有预防冠心病、助消化、解疲劳等功效，是国际菌类交易市场中十大菇种之一。

大球盖菇栽培较为粗放，可在果园、林木、农作物中套种，成为结构合理、经济效益显著的立体栽培模式，是一项短平快的脱贫致富的农业种植项目。

（一）工艺流程

备料→培养料处理（浸料）
菇场选择与构筑→整畦消毒 }→铺料播种→发菌→覆土→出菇管理→采收加工

（二）技术要点

1. 栽培季节 大球盖菇多采用室外、野外生料栽培，直接受到自然气候条件的影响，所以因地制宜地安排栽培季节，显得尤为重要。

大球盖菇属中温型，子实体形成温度范围8～28℃，最适16～24℃。福建省中低海拔地区以9月中旬至翌年3月均可播种，高海拔地区在9月至翌年6月均可播种，以秋初播种温度最适宜。长江以北地区，大致在8月上旬及2月下旬播种，10月中旬及4月中旬开始出菇较为适宜。具体操作时应参照各地气候条件，选择在气温15～26℃范围播种为宜。

2. 菌种制作 二级种和三级种用麦粒、谷粒或木屑、棉籽壳为原料均可，具体制作按常规操作。

3. 培养料及其处理 稻草、麦秸、玉米秸、野草、木屑、棉籽壳等任选一种或数种混合，不需添加其他辅料即可栽培。稻草最好选用晚稻草，因其质地坚硬，产菇期较长，产量也较高。各种材料需无霉烂，色泽、气味正常。备用的秸秆在收获前不使用农药，且晒干后切碎使用。

将备好的培养料在播种前用清水或1%石灰水浸泡，使原料浸透吸足水分，然后沥干，使含水量在70%～75%，料的pH5.5～7.5为宜，即可用于栽培。

4. 菇场构筑 菇场选择在避风遮阳的三阳七阴或四阳六阴的环境中，场内排水良好，土质肥沃疏松，富含腐殖质。棚内或无棚有遮阴的野外均可栽培，常采用畦栽，畦宽1.5米，长度不限，畦面龟背形或平整，四周开挖排水沟。铺料前畦面须喷药杀虫杀菌，并撒生石灰消毒。

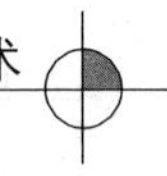

5. 铺料、播种和覆土　将浸泡沥干水的栽培料铺在畦面上，底层料厚 8～10 厘米，压实，均匀穴播菌种，穴距 20 厘米×20 厘米，然后上铺一层 15～20 厘米厚的栽培料，压实，均匀穴播或撒播。规格同前，撒播每 500 克颗粒菌种播种 1.5 米^2 畦面。其上层铺 1～2 厘米栽培料，以不见菌种为宜。最后覆盖草帘或旧麻袋保温保湿。用料量 20～25 千克/米^2，播种后，2～3 天菌丝萌发，3～4 天开始吃料。覆土时间依不同栽培模式和环境有所不同。

大球盖菇的栽培模式大致有三种：一是果园立体栽培模式，南方以柑橘园为多。此模式不需搭棚，利用柑橘树自然遮阳，其覆土时间一般在播种后 25～35 天。二是阳畦栽培模式，该模式主要是利用冬闲田或落叶树林地或山坡荒地。栽培时采用简易搭瓜棚的形式或不搭棚架直接覆盖草帘遮阳。此模式由于缺少林木或其他遮阳环境，场地光照充足，水分散失较快。为避免畦床中栽培料偏干，影响菌丝生长，一般播种后 10～15 天覆土。三是塑料大棚栽培模式，此模式可参照蔬菜塑料大棚搭建或利用蔬菜大棚与蔬菜套种。此法一般在菌丝长满料层 2/3 时，大约在播种后 1 个月覆土。

覆土材料选用腐殖质含量高的疏松土壤，土层厚 2～4 厘米，覆土材料需预先杀虫杀菌，并调节土壤含水量至 20%左右。

6. 播种后的管理　播种后的菌丝生长阶段力求料温 22～28℃，料含水量 70%～75%，空气相对湿度 85%～90%。播种后 20 天内一般不直接向料中喷水，只保持畦面覆盖物湿润，防雨淋。20 天后根据料中干湿度可适当喷水。喷水时，四周多喷、中间少喷，以轻喷、勤喷管理。料温过高时，掀开覆盖物并可向畦床扎洞通气；过低时覆盖草帘保温。

7. 出菇管理　覆土后保持土层湿润，15～20 天菌丝爬上土层。这时调节空气相对湿度 85%左右，并加强通风换气，再经 2～5 天后即有白色小菇蕾出现（通常在播种后 50～60 天出现）。

这时主要工作是加强水分管理和通风换气，保持空气湿度90%～95%。从菇蕾出现到成熟需 5～10 天。菇蕾出现后喷水，应细喷轻喷，以免造成畸形菇。大球盖菇朵重 60～2 500克，直径 5～40 厘米，在菇盖内卷、无孢子弹出时采收。正常情况下可采收3～4 潮菇，以第二潮菇产量最高。鲜菇产量 6～10 千克/米^2。采收时紧按基部扭转拔起，勿伤周围小菇。采后去除菇蒂泥土，即可上市销售或保鲜，盐渍加工或干制加工。

十八、平菇（凤尾菇）栽培

平菇是侧耳属的统称，约有三十几种，已进行人工栽培的有以下 10 种：

（1）糙皮侧耳 *Pleurotus ostreatus*

（2）紫孢侧耳 *P. sapidus*

（3）凤尾菇（漏斗状侧耳） *P. sajorcaju*

（4）金顶蘑 *P. citrinopileatus*

（5）佛罗里达侧耳 *P. florida*

（6）白黄侧耳 *P. cornucopiae*

（7）鲍鱼菇 *P. cystidiosus*

（8）阿魏侧耳 *P. ferulae*

（9）裂皮侧耳 *P. corticatus*

（10）长柄侧耳 *P. spodoleucus*

平菇属于木腐菌类，可以同香菇、木耳一样进行段木栽培，但尤其适于代料栽培，既可以进行熟料（高温灭菌）袋栽，也可以大规模地进行生料床栽或袋栽。

以上各种平菇均有人工栽培，规模较大的栽培种类有阿魏侧耳、鲍鱼菇、佛罗里达侧耳、凤尾菇、榆黄蘑（金顶侧耳）等。它们均属于温型较高的种类，具有栽培管理较粗放，产量高、栽培周期较短等优点。

平菇属的种类，特别是生长快、产量高的凤尾菇、佛罗里达

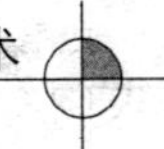

平菇等，容易在菌丝生长过程中，从基质富集较多的重金属。

（一）平菇袋栽技术

1. 工艺流程

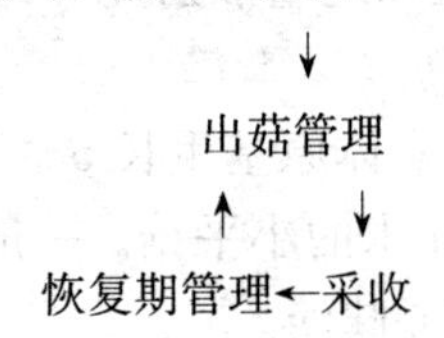

2. 技术要点

（1）培养基配方

①杂木屑78%、米糠或麸皮20%、蔗糖1%、碳酸钙或石膏粉1%。

②杂木屑93%、麸皮或米糠5%、蔗糖1%、尿素0.2%～0.4%、碳酸钙0.4%、磷酸二氢钾0.2%～0.4%。

③棉籽壳98%、生石灰（CaO）2%。

④杂木屑92%、麸皮或米糠5%、蔗糖1%、过磷酸钙1%、石膏粉1%。

⑤棉籽壳88%、木屑10%，生石灰1%、石膏1%。

上述配方中木屑、棉籽壳，可用稻草、废棉、玉米芯和甘蔗渣等代替。

（2）装袋　栽培平菇可用聚丙烯塑料袋（17厘米×33厘米×0.06毫米或12厘米×24厘米×0.06毫米），边装边稍压实。装至2/3时，套颈圈、塞棉塞。

（3）灭菌　高压蒸汽灭菌，1.47×10^5帕压力（126℃），维持1小时；常压灭菌，100℃维持4～6小时。

（4）接种　在无菌室或接种箱接种。用接种勺，每袋接入一勺即可。

（5）发菌　把接种好的培养袋放在23～25℃，相对湿度70%的培养室中避光发菌，10～20天平菇菌丝可长满培养料，

发菌时要经常检查，及时拣出污染杂菌的袋子。

（6）*出菇管理* 将长满白色菌丝的塑料袋，去掉棉塞，平放于菇房床架上，控制菇房温度 12～17℃，相对湿度 90%左右，保持菇房空气流通和适量散射光，约经 7～15 天后就可以出菇。

（7）*采收* 幼小子实体原基生长 5～7 天即可采收，出口平菇要求采收菌盖 2～4 厘米的小平菇。一般在菌盖边缘还稍内卷时就采收，过迟采收质差味淡。

（8）*采收后管理* 采收后清除料面死菇、残留菇柄及碎块，喷一次水或营养液，将料面整平，使菌丝恢复生长 10～15 天；当料面又出现子实体原基时，重复上述出菇管理，这样，经过几天采后管理，还可采收几次菇。

（二）平菇（凤尾菇）床栽技术

1. 工艺流程

配料→菇房消毒→铺料播种→发菌→出菇管理→采收

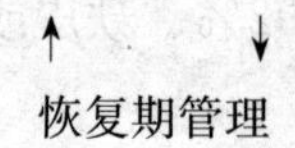

2. 技术要点

（1）*培养料配方* 平菇床栽培养基配方与袋栽配方基本相同。为了防止杂菌污染，可添加 0.1%的多菌灵或托布津。

（2）*拌料* 多菌灵、石灰需溶于水后，再同其他原料充分拌匀。原料含水量以手捏料时指缝有水珠渗出，但不成连珠状滴下为合适，即含水量约为 65%左右。

（3）*菇房消毒杀虫*

①认真清扫菇房。如有可能，可用石灰水粉刷墙壁和天花板，同时打开门窗通风。

②硫黄或甲醛熏蒸，或用来苏尔、新洁尔灭等，在播种前 24～48 小时，喷洒菇房。

③栽培室安装纱门、纱窗。

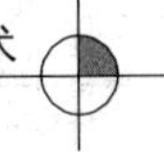

(4) 铺料播种　铺料前先在床架或地面上铺一层农用塑料薄膜，然后铺料，稍拍紧后，料的厚度以8～10厘米为宜。气温较高时培养料略薄，气温低时培养料略厚，每平方米床面用干料约15～20千克。

铺料后即可插穴点播菌种，穴距5～8厘米，穴深3～5厘米，每平方米用菌种4～5瓶。点播后最好再撒一层菌种盖面（1瓶/米^2）。播种后先盖一层报纸，再盖农用塑料薄膜即可。

为了便于管理，节省塑料薄膜，畦宽以1.0～1.2米为宜。

(5) 发菌管理　播种后菇房温度控制在15～20℃，以不超过25℃，相对湿度70%为宜。气温高时应注意料温变化，若超过27℃，应揭开塑料薄膜通风降温。播种10天后，每天可揭开塑料薄膜1～2次，每次10～20分钟。

(6) 出菇管理　凤尾菇发菌20～25天、普通平菇30～40天，料面上就出现桑葚状子实体原基，此时可揭去覆盖的塑料薄膜，控制菇房温度12～18℃，经常喷水，将菇房相对湿度调至90%左右，加强菇房通风，经5～7天平菇即可成熟。采收标准与袋栽相同。

（三）发酵料栽培平菇技术

1. 工艺流程

配料→发酵→铺料或装袋→接种→发菌→出菇管理→采收

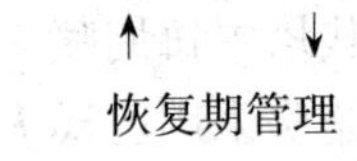

恢复期管理

2. 技术要点

(1) 培养料配方同上述袋栽配方。

(2) 拌料堆制　将尿素、多菌灵溶于水中后，倒入其他原料中拌和，含水量为60%～70%，然后中央用粗木棒捣几个直通料底的洞，以利通气发酵，再覆盖草帘或农用塑料薄膜。当堆中温度升至60～80℃时，维持24～48小时即可结束发酵。也可进行一次翻堆，再维持高温发酵24～48小时。

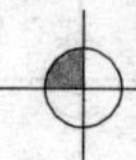

（3）铺料或装袋　发酵完毕，即可铺料或装袋，进行床栽或袋栽，直到采收平菇。

（四）问题讨论

1. 大床栽培时，早期料易发热烧死播入的菌种　克服措施是：

（1）控制室温25℃以下。

（2）揭膜通风散热。

（3）采用发酵料栽培。

2. 生料栽培易污染杂菌　防治措施是：

（1）选用新鲜未霉变的原料，用前将棉籽壳、稻草、木屑等曝晒1～2天。

（2）培养料进行堆制发酵，料温达60℃以上。有条件地方如双孢蘑菇一样进行二次发酵后播种栽培。

（3）菇房温度控制在20℃以下。

（4）注意通风、降低湿度。

（5）一旦污染杂菌，可用5%石灰水涂刷染杂部位。

（6）在料面覆盖2～3厘米的湿土。

3. 老菇房易发生虫害　防治措施是：

（1）菇房安装纱门纱窗。

（2）栽培前彻底清扫，打开门窗大通风7天以上。

（3）栽培中每周喷一次杀虫药。

（4）菇房采用巴氏灭菌及杀虫，即通入蒸汽，使房温在50～60℃下维持2～4天。

（5）采用塑料袋栽培法。

4. 培养料发菌好，但不出菇　可分别采取以下措施：

（1）设法降低室温至15℃以下，拉大昼夜温差。

（2）搔菌，用铁耙或刀片、竹片划破料面。

（3）加强通风。

（4）浇水或浸水，补水催菇。

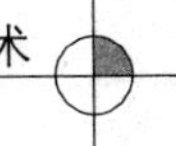

5. 若出现畸形菇，柄粗盖小，菇体呈花椰菜状　克服措施是：加强通风，改善光照条件，可望长出正常子实体。

十九、阿魏蘑栽培

阿魏蘑菇（*Pleurotus ferulae*）是侧耳属中的一个品种，它是一种低温型的变温结实性木腐菌。其子实体肥厚，肉质鲜美，市场售价高，保质期长，是一种高蛋白，低脂肪，富含食物纤维、维生素和多种有益于健康的矿物质的保健食品，也是菌类中含菌类多糖很高的一个种。阿魏蘑的菌丝生长适宜温度是5～32℃，最适温25℃，子实体发生温度15～28℃；需光，适宜光强200～10 000勒克斯；需通风，栽培房的二氧化碳浓度达0.5%时，子实体的畸形率高；空气相对湿度80%～90%，pH6～7为适宜。阿魏蘑因子实体营养丰富，多糖含量高，结构致密，较其他一些平菇种类耐贮藏，可鲜菇出口，是一种有发展前景的珍稀食用菌。

（一）栽培工艺

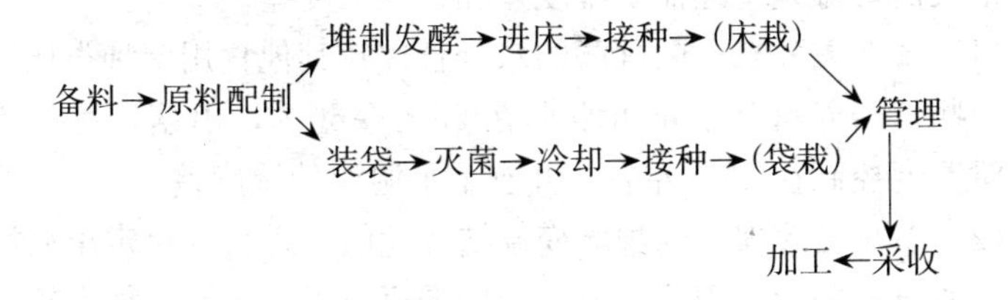

（二）技术要点

1. 生产配方

（1）杂木屑50%，棉籽壳50%，外加前两种主原料总重量的20%麸皮，1%熟石膏或碳酸钙，1%糖，调至含水量60%～65%，pH自然。

（2）杂木屑60%，棉籽壳20%，麸皮18%，熟石膏或硫酸钙1%，糖1%，含水量60%～65%，pH自然。

2. 原料配制 阿魏蘑的栽培可用熟料袋栽或发酵料床栽。进行熟料袋栽时，按配方中各原材料的比例称重、干拌、湿拌、装袋、上套环、塞棉塞后灭菌、冷却、接种的工序进行。发酵料堆制时预湿各种原材料，各种材料混合均匀，可溶性糖溶于水后加入拌料，并用石灰水调节 pH 为 7.5 左右。建堆的堆形为底宽 1.4 米，上宽 1.2 米，堆高 1.2～1.5 米，成梯形。成堆后，从堆顶每隔 40～50 厘米打一直孔，侧边与地面成水平方向打 2～3 排孔，以利通气发酵。堆顶覆盖塑料膜，堆底部有 30～50 厘米不覆盖。

3. 发菌 熟料栽培采用 17 厘米～35 厘米菌袋装料，每袋可装干料重 0.4～0.5 千克，在 25℃温度下，培养 35～40 天菌丝可发透培养料，培养过程注意通风，保持培养室较干燥。

发酵料床栽的料厚 15～18 厘米，菌种可点播、撒播、层播，最上一层为菌种，播种后覆盖塑料膜，菌丝 35～40 天可长透发酵料。在出菇温度适宜时，菌丝长透培养料 8～10 天即可出现菇蕾。

4. 出菇管理 阿魏蘑的出菇机制与其他食用菌的不同之处在于不仅需要温差，还需要湿度差和光线强度差。

（1）*湿度差管理* 阿魏蘑的水分管理较其他食用菌种类比较略干一些，培养料含水量可掌握在 55%～60%，出菇环境的空气相对湿度控制在 85%左右，并有干干湿湿的湿度差。

（2）*温度差管理* 阿魏蘑变温结实性的生理特性决定出菇需要较大的温差刺激，因此季节性栽培需要通过人为管理加大昼夜温差，促进菇蕾发生。

（3）*光照强度差管理* 除采用昼夜的光明与黑暗刺激外，必要时还可采用灯光的强弱、遮阳网的揭盖等方法加大光照强度差。

（三）问题讨论

1. 同名为阿魏蘑的菌株，由于其原产地不同，菌株选育的过程不同，形成各自生物学特性有所差异的现象，这在管理上应当有所区别，才可望顺利出菇。

2. 白阿魏蘑（*Pleurotus nobrodensis*）菌株（亦称白灵菇）与阿魏蘑的生物学特性有差别，两者虽在原料配方、菌丝生长温度等方面与阿魏蘑相同，但在出菇适温（8～15℃）与阿魏蘑有较大差别，阿魏蘑属温型较高的品种（15～28℃），而白阿魏蘑属温型较低的品种。这方面的差别，造成在栽培季节安排、栽培地选择等方面有较大区别。栽培者在引种栽培中特别要清楚引种的特性，并根据其特性进行栽培季节安排和出菇管理。

3. 国内已出现大面积的白阿魏蘑栽培不出菇的现象，如果不是菌种的质量问题，应当考虑出菇温度和温差刺激、光线刺激的管理措施是否满足该菌种的要求。

二十、鲍鱼菇栽培

鲍鱼菇（*Pleurotus abalonus*），又名台湾平菇、鲍鱼侧耳、因具有如同鲍鱼的营养和口味而得名。隶属于层菌纲、伞菌目、侧耳科、侧耳属。它是一种温型较高的菇种，其名称常与美味侧耳、糙皮侧耳、盖囊侧耳等混用，是平菇属（侧耳属）中颇受市场欢迎的夏季菇种。

鲍鱼菇具有较高的食用价值，它的菌肉肥厚、菌柄粗短，肉质脆嫩可口，具有风味独特的鲍鱼风味。据报道，子实体含粗蛋白 19.20%，脂肪 13.49%，可溶性糖 16.61%，粗纤维 4.8%。精氨酸 1.30%，赖氨酸 1.09%，氨基酸总量 21.87%，其中必需氨基酸 8.65%。它的温型与其他高温型食用菌种类一起，丰富夏季鲜菇种类，增加市场鲜菇量，满足市场的需求。

鲍鱼菇也同平菇属的其他种类一样，是栽培较粗放的种类之一。它可利用的栽培的原材料种类很多。较耐高温，覆土栽培时，子实体肥厚，色泽鲜亮，具有优质高产的特性。

（一）技术要点

1. 生产工艺流程

（1）熟料袋栽工艺流程

备料→配料→装袋→灭菌→冷却→接种→菌丝培养→出菇管理→采收加工

（2）发酵料床（畦）栽工艺流程

备料→配料→建堆发酵→翻堆→进床（或上畦铺料）→接种→菌丝培养→出菇管理→采收加工

2. 生产季节安排　鲍鱼菇属高温型的夏季栽培品种，出菇温度20～32℃，最适25～28℃，具有较强的抗寒能力和抗高温能力。因此北方栽培一般安排在夏秋出菇，而南方可安排在20℃以上的春、夏、秋三季多批栽培。在选定出菇季节之后，还要具体安排菌种生产的时间。鲍鱼菇的一级种培养需要10天，二、三级种需要25～30天，菌袋培养需要30～35天，菌床20厘米厚的培养料层播菌种需35～40天。由此，可以依次安排具体操作程序，循环作业。

3. 菌种生产与培养

（1）一级种　PDA培养基接种后在24℃条件下培养10天即可用。

（2）二、三级种

木屑种配方：杂木屑78%，麸皮20%，糖1%，碳酸钙1%，pH自然，含水量60%。

棉籽壳种配方：棉籽壳80%，麸皮18%，碳酸钙1%，石灰1%。石灰和棉籽壳预先堆制发酵7天，后进入装袋灭菌接种的工序。

麦粒种配方：麦粒100千克，碳酸钙2千克，杂木屑10千克。麦粒浸水（常温）10～12小时，杂木屑预湿，拌均匀装袋、灭菌、接种，一定用高压灭菌。

以上各配方经装袋、灭菌、冷却、接种、培养即可获得所需

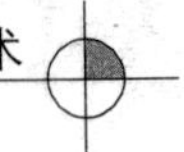

的菌种。

4. 熟料袋栽

(1) 备料 鲍鱼菇属木腐菌，除阔叶树的木屑可作为原料栽培外，还可广泛采用棉籽壳和各种作物秸秆粉碎物进行栽培。其中以棉籽壳栽培最为广泛，生物学转化率可达100%～150%。添加含氮量较高的豆秆粉等可提高子实体产量。覆土栽培有可能获得高产。原料要求新鲜，无霉变。

(2) 生产配方

①棉籽壳90%，麸皮8%，碳酸钙2%，含水量60%，pH自然。

②棉籽壳50%，杂木屑40%，麸皮8%，碳酸钙2%，含水量60%，pH自然。

③杂木屑78%，麸皮20%，糖1%，碳酸钙或石膏1%，含水量60%，pH自然。

(3) 制袋 按配方把各种配料拌匀，采用17厘米×33厘米规格聚乙烯袋装料，每袋装湿料2～2.2千克，压实，整平，套上套环，塞棉塞。常压灭菌100℃保持10～12小时，高压灭菌126℃，2小时。常压灭菌时，应注意灶内菌袋品字形堆放或隔板堆放，以利蒸汽穿透灭菌；高压灭菌时，注意把冷气排尽以免造成假压，同样在菌袋排放时应分层隔开，以利灭菌效果完好。灭菌结束后，冷却至30℃以下即可接种。

(4) 接种 按无菌操作程序对接种箱或接种室进行预消毒和接种前的消毒，然后进入人工接种。

(5) 菌丝培养 接种后的菌袋可在室内层架上培养或地面墙式堆放培养，控制室内温度在20～28℃。若在出菇棚内培养时，以墙式堆放，棚内应有防雨、避光、控气通风装置。不论在何处培养菌丝，接种后3～7天应检查成活率和污染率，出现问题，及时采取补救措施，并分析产生原因。每10天左右检查一次，保持菌丝培养场所空气流通，相对湿度70%左右，光线较暗。

(6) 出菇场所的构筑　鲍鱼菇是一种对栽培条件要求较粗放的种类，且是在气温较高的季节栽培，其对出菇场所结构要求相对较不严格，但环境卫生、水质等条件必须符合要求。

①室内出菇场所。在室内出菇时，可采用原培养菌种或菌袋的层架，没有层架时，可采用地面墙式堆放。室内要求有充足散射光，通风，有干净的水源和必要的温控条件或温控辅助条件。

②室外荫棚场所。室外出菇棚建在地势较高、有干净水源处，棚顶要有防雨设施，四周有防风、控光的塑料膜和遮阳网。南方的出菇棚要求高度2.5米，北方可在2.0米左右，棚内墙式堆放出菇。

(7) 袋式栽培的出菇管理　鲍鱼菇的出菇方式与其他平菇品种不同，不能采用打穴或脱袋方式出菇。栽培实践证明，在菌袋边打穴不一定能长出子实体，经常从打穴处长出柱状分生孢子梗束，而不发育成为子实体。若脱袋后，培养料表面长出分生孢子梗束和分泌含有分子孢子的液滴，使子实体极少产生。因此袋栽常采用去套环和棉塞直接出菇。

若采用墙式堆放菌袋，把套环和棉塞去除后，将菌袋口的塑料袋反卷至培养料同齐，使菌丝培养基表面暴露在空间。每天进行3～4次空间喷水，保持出菇场空气相对湿度90%左右，子实体原基在菌袋表面陆续发生，过密原基应当摘除，以利子实体发育成长。如果空间湿度不足时，应在料面覆盖保湿物，如旧报纸或无纺布，向纸上喷水保湿，这样管理菌袋表面易产生原基。

采用层架式使菌袋直立出菇时，在去除套环和棉塞后，直接覆盖报纸，在纸上喷水，使菌袋表面有足够湿度，以利原基产生。当原基产生后，掀去报纸，摘去过密的原基，加大出菇场湿度，增加亮度，适当通风，使子实体发育至产品要求的规格。

5. 发酵料床（畦）式栽培

(1) 生产原料配方

①棉籽壳92%，麸皮5%，钙镁磷2%，石膏或碳酸钙1%，

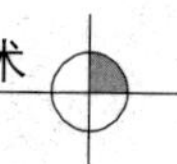

含水量60%，pH自然。

②棉籽壳72%，杂木屑20%，麸皮5%，钙镁磷2%，石膏或碳酸钙1%，含水量60%，pH自然。

（2）栽培工艺流程

棉籽壳破碎 —24小时→ 预湿 —加钙镁磷→ 建堆 —4～5天→ 翻堆 —3～4天→ 翻堆 —2～3天，加麸皮→ 翻堆 —消毒→ 进床铺料 → 播种 → 菌丝培养 → 出菇管理 → 采收加工

（3）注意事项

①以棉籽壳为主原料，要求棉籽壳破碎，以利预湿吸水，预湿的水质要求符合卫生标准。预湿时，原料要求吸水均匀，湿透。

②每次翻堆在堆温上升到最高，开始下降时进行。堆温越高越好，当温度低于60℃时应当检查原因，采取措施，使堆温升高。通常堆温不高有两个原因：一是湿度不够或湿度过大；二是堆料中氮的含量太少。根据实际情况找出原因，采取相应的补救措施，继续堆制。

③麸皮之类的粮食添加物在最后一次翻堆时加入，过早加入，易导致污染杂菌。

④进料铺床（畦）时，进行一次杀虫灭菌消毒，常用挥发性杀虫杀菌剂，表面喷撒，覆盖24小时，然后掀开覆盖物，稍候进料。

⑤播种可层播或点播，在气温较高的季节播种时，用种量应当高一些，以利尽早控制床（畦）面，造成菌丝生长优势，抑制杂菌发生。

⑥在菌丝长满床（畦）上培养料后，表面菌丝开始吐黄水，这时应加大栽培场所的通风量，气温超过33℃，应停止喷水，降低空气相对湿度，使菌床（畦）培养料偏干，使气温下降至适宜的范围时，再进行补水调湿，继续进行出菇管理。

（4）出菇管理　床（畦）式栽培的菌丝培养阶段常覆盖有塑

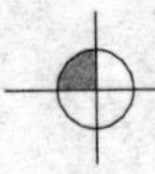

料膜，当菌丝长透培养料时，掀去塑料膜，加大空间湿度。当空间湿度难以维持90%左右时，可在菌床（畦）表面覆盖报纸，向纸上喷水，以保持纸与料面之间的湿度可满足原基产生的要求。当菌床（畦）面原基产生后，太密时可酌情摘去部分原基。摘除的原则是去密留疏，去弱留强，去小留大，去畸形留正常。同时去除覆盖的报纸，并加强对空间湿度的保持与管理，每天勤于水分管理。根据晴天多喷、阴天少喷、雨天不喷的原则，保持出菇场的空间湿度。同时适当加大通风量和光照强度，使子实体正常发育。

（5）采收　当子实体正常开伞至要求的大小，菌褶不翻卷、盖边缘尚内卷时即可采收。鲍鱼菇的子实体脆嫩，需小心采收。采收过程轻摘轻放，并且不适采用过大盛具，子实体也不适堆积太多，以免造成相互挤压使子实体破损。采收时单朵分开，及时削去菌根和培养料，采收要适时，产品应当符合市场质量要求，防止子实体过熟过大。

每潮菇采收后，应弃除床（畦）面上的老菌根，并用培养料补填，平整床（畦）面。

6. 床（畦）栽覆土出菇　床（畦）栽可采用覆土出菇的办法，这种方法可以达到提高产量和有限度地克服高温难以出菇的效果。覆土可在出菇1～2批后进行，也可在菌丝长满培养料时立即覆土。土质要求疏松、富含腐殖质。覆土后的床（畦）面应当盖有一层草或秸秆，以防喷水时泥沙沾在子实体上。

7. 保鲜加工

保鲜加工工艺流程：

原料采收或采购→原料整修、清除杂质→初分级装箱（筐）→晾晒排湿或冷藏排湿→预冷藏 $\xrightarrow{\text{24小时以上}}$ 分级包装→冷藏外运或出售

注意事项：

（1）保鲜加工场所和加工中使用的器具、水质、操作人员卫生等均需符合食品卫生标准。

（2）菇体排湿控制在含水量70%～75%。

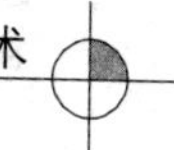

（3）尽快进入预冷藏环节，使整个菇体处于4℃的状态下，减少变质的几率。

（4）整修菇体的用具避免用铁器。

（5）水质必须符合饮用水标准。

（二）问题讨论

鲍鱼菇是一种高温型食用菌，同平菇的其他品种一样，具有生长速度快、栽培产量高和富聚重金属的特性。因此，在无公害食用菌栽培中，应注意原材料和覆土材料的安全性；在加工过程中，加工场所、水质、用具、人员均应达到食品加工的安全卫生要求。

二十一、榆黄蘑栽培

榆黄蘑（*Pleurotus citrinopileatus* Sing）又名金顶侧耳、玉皇蘑、黄蘑、元蘑，属担子菌纲、伞菌目、侧耳科、侧耳属的一种木腐菌。因常见腐生于榆树枯枝上而得名，是我国北方杂木林中一种常见美味食用菌。子实体成覆瓦状丛生，菌盖基部下凹呈喇叭状，边缘平展或波浪状，为鲜黄色，老熟时近白色，直径2～13厘米，菌肉菌褶白色，褶长短不一，柄偏生，白色，长1.5～11.5厘米，粗0.4～2.0厘米。孢子印白色，孢子五色，光滑，6.8～9.86微米×3.4～4.1微米，遗传特性属异宗结合。

榆黄蘑是一种广温型食用菌，菌丝生长温度为6～32℃，适宜温度23～28℃，34℃时生长受抑制；子实体形成的温度范围为16～30℃，适宜温度为20～28℃；适宜空气相对湿度85%～90%；适宜pH5～7，pH大于7.5，小于4时菌丝生长缓慢；子实体生长需光，光线弱时子实体色淡黄，室外栽培时子实体色鲜黄。代料栽培的基质含水量60%为适宜。

自榆黄蘑驯化栽培成功以来，已有季节性批量栽培，以鲜菇供应市场。市场也有干品销售。目前菌种筛选有所开展，栽培方法如平菇一样有多种方式。近年来的生化研究发现榆黄蘑的子实体含有较丰富的β-葡聚糖，其具有良好的抗肿瘤和提高人体免疫功能的作用，受到食品、医药部门的重视，作为保健食品开发和作为别具风味的食品添加剂开发有所进行。干品近年有批量出口。

(一) 栽培工艺

榆黄蘑的栽培方法有段木栽培和代料栽培。段木栽培量极少。代料栽培有袋栽和床栽，袋栽有长筒式袋栽和短袋栽培。袋栽可在室外荫棚下畦式排列栽培，也可室内层架式排放或地面墙式出菇。不论段木栽培还是代料栽培，均可采用覆土栽培方式，以利保温保湿，提高产量。

1. 代料栽培工艺

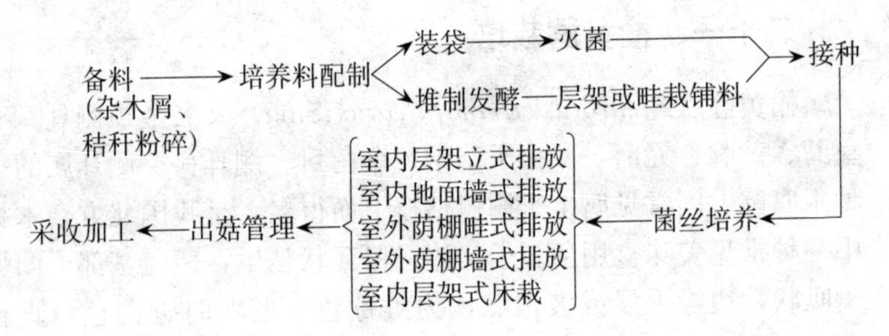

2. 段木栽培工艺

选材→砍伐→抽水→接种→培养

↓

采收加工←出菇←管理

(二) 技术要点

1. 培养料 用于榆黄蘑的培养料除杂木屑以外，黄豆秆、玉米秆、玉米芯等粉碎后均可用于栽培。对子实体的β-葡聚糖含量有要求时，要进行特殊培养料的试验测定才能达到栽培效果。

2. 菌种生产 榆黄蘑菌丝生长速度较快，750毫升的菌种瓶接种后在25℃条件下培养25天即可满瓶使用。菌袋培养30天左右，菌丝可满袋使用。

3. 培养料配方

(1) 杂木屑78%，麸皮20%，糖和石膏各1%，pH自然，

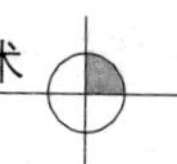

含水量60%。

(2) 大豆秆粉或玉米芯粉或玉米秆粉40%，杂木屑35%，麸皮16%，豆饼粉4%，石膏2%，石灰3%，pH6.0～6.5，含水量60%。

(3) 杂木屑100千克，麸皮20千克，豆饼粉5千克，石膏2千克，石灰2千克，pH6.0～6.5，含水量60%。

4. 生产季节 根据榆黄蘑的菌丝生长和子实体发生的适宜温度要求，南方可安排春秋两季栽培，冬季若有适当保温措施亦可栽培。北方可安排在春末、夏季和初秋栽培。

5. 培养料制作与培养

(1) 培养料熟料栽培 按配方中各原料比例称重，干拌2～3次后湿拌，调至含水量60%左右装袋、灭菌，冷却30℃以下接种培养菌丝体。

(2) 培养料发酵栽培 配方(2)、(3)可采用堆制发酵后进行床栽。按主、辅材料比例拌匀，分别在建堆后的第4天、第6天、第8天、第10天和第12天进行5次翻堆，翻堆时调节水分、测试pH。发酵好的培养料呈茶褐色，pH6.0左右，具有香味，后进床铺料播种。

6. 出菇管理 出菇场的环境卫生要符合食品原料栽培场所的条件。水质要符合饮用水标准，严禁向菇体直接喷洒农药，环境用药也遵循安全用药规则。

出菇场保持空气相对湿度90%左右，有较强的自然光。发现虫害时采用网纱窗门隔离或农药自然蒸发驱赶、灯光诱杀等方法防治。

7. 采收与加工 当菇盖生长未平展时采收，避免菌盖反卷过熟、色泽变淡时才采收。采收后根据产品质量要求加工，无论鲜销或制成干品，都要及时。因榆黄蘑子实体细长，烘烤时起始温度比香菇略低，从35℃开始，并在低温时保持时间长些。干品标准以色泽鲜黄，菇体完整，有特殊香味，含水量13%为宜。

（三）问题讨论

榆黄蘑是一种新开发的食药兼用食用菌。应根据产品的质量要求组织生产。要求子实体多糖含量高，应通过栽培品种筛选，改变培养基组成成分，经过栽培试验后进行有效成分分析，取得特殊栽培培养基的配方，才能达到预期的目的。

二十二、滑菇栽培

滑菇（*Pholiota nameko*），又名光帽鳞伞，因其菌盖表面分泌蛋清状的黏液，食用时滑润可口而称之为滑菇或滑子蘑。我国东北 1978 年开始人工栽培滑菇，以某些针叶树和杂木的木屑进行箱式栽培为主，近来亦发展用棉籽壳等原料进行栽培。

（一）工艺流程

备料→配料→装箱→灭菌→播种→发菌→出菇管理→采收加工

（二）技术要点

1. 培养基配方

（1）木屑 87%，麸皮（米糠）10%，玉米粉 2%，石膏 1%，料∶水＝1∶1.4～1.5，pH 自然。

（2）棉籽壳 90%，麸皮 10%，料：水＝1∶1.4～1.5，pH 自然。

（3）木屑 70%，米糠 30%，水适量，pH 自然。

2. 配料装箱（袋）和灭菌　根据滑菇喜湿的特性，配料时含水量应高于其他食用菌培养基的含水量，可高达 75%。箱栽时用木箱、塑料筐、柳条筐等为栽培箱，内垫农用塑料薄膜（箱大小为 60 厘米×35 厘米×10 厘米），把拌好的培养料倒入箱内，拍平压实，用塑料薄膜盖紧，经 1.47×10^{5} 帕、126℃高压蒸气灭菌 1.5 小时。

3. 人工接种　灭菌后冷却至 30℃以下即可接种。接种时在无菌室内先把塑料薄膜揭开，按 3～4 厘米×3～4 厘米规格穴播菌种。穴深 2 厘米。然后在料面撒上一层菌种，每瓶菌种接种 2

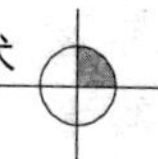

箱。接种后把塑料薄膜盖严，培养箱在培养室内按品字形堆叠，培养菌丝。

在冬季寒冷低温的情况下，也可将配制好的培养料整袋灭菌，然后把培养料趁热倒入预先消毒好的内垫塑料薄膜的箱内，拍平压实，冷却30℃以下接种。

4. 发菌管理 接种后，先控制室温10～15℃，让菌丝长满料面，再提高温度（22～23℃）继续培养，约经2个月菌丝长满厚度5～6厘米的培养料。在冬季自然条件下培养时，要经3～4个月菌丝才能长满培养料。夏季高温时加强通风，经常喷水散热降温，防止高温导致菌丝死亡。

5. 出菇管理 菌丝长满培养料后料面形成一层橙红色菌膜，这时培养料因菌丝生长而连结成块（菌砖），此时可将菌砖倒出，放在预先备好的栽培架上，掀开塑膜，用刀将橙红色菌膜划成2厘米×2厘米的格子，然后喷水保持空气相对湿度90%，调温15℃左右，适当通风，并保持栽培室内有一定散射光，以促进子实体的形成。

6. 采收加工 当子实体的菌盖长至3～5厘米，菌膜未开，质地鲜嫩时，即可以采收。以菌盖不开伞、色泽自然、菇体鲜嫩、坚挺完整，菌柄基部干净、无杂质、无虫蛀为上品；半开伞为次品；菌盖全开、子实体老化、菇体变轻为等外菇。

采收后的滑菇置于阴凉湿润处保存。5℃条件下可保存1周以上。

采收第1批滑菇后，去除菌根、菌丝，恢复10天左右，继续水分和温差管理，又可以出菇，总共可以产3～4批菇。

（三）问题讨论

滑菇栽培的主要问题是周期长，常被杂菌污染而产量不高。这些问题可依靠选育早熟、丰产、抗逆性强的菌株，加强栽培管理，实行流水作业，提高栽培场的周转率，间接缩短栽培周期等来加以克服。

二十三、大杯蕈栽培

大杯蕈［*Clitocybe maxima*（Gärtn et Mey. ex Fr.）Quèl］，又名大杯伞、猪肚菇、笋菇，隶属于层菌纲、伞菌目、白蘑科、杯蕈属，是近年来开始商业性栽培的一种新品种。

大杯蕈自驯化栽培成功以来，逐步被市场消费者所接受，它具有子实体鲜嫩清脆，可用于栽培的资源种类多，产量高等优点，子实体可鲜销、制罐、切片烘干。

根据三明真菌所对大杯蕈的营养成分分析表明，菌盖氨基酸含量为干物质的16.5%以上，其中人体必需的8种氨基酸，大杯蕈含有7种，这些必需氨基酸占氨基酸总量的45%，比一般食用菌种类中的必需氨基酸含量高，菌盖粗脂肪含量11.4%，菌柄总糖达48%。

大杯蕈是一种温型较高的种类，资源利用范围广，栽培管理相对较粗放，在气候炎热的夏季，食用菌产品淡季的时候，大杯蕈无疑是一种很有发展前景的新品种。

（一）生产工艺流程

1. 熟料袋栽覆土栽培工艺流程

备料→原料配制→装袋→灭菌→冷却→接种→培养→覆土出菇→管理→采收加工

2. 发酵料畦栽工艺流程

备料→原料配制→建堆发酵$\xrightarrow{5\sim6天}$翻堆$\xrightarrow{3\sim4天}$翻堆$\xrightarrow{2\sim3天}$翻堆→铺料→接种→菌丝培养→覆土→出菇管理→采收加工

（二）技术要点

1. 季节安排 南方每年可栽培两季，春季安排在4～6月出菇，秋季可安排在9～11月出菇。由于采用覆土栽培，菌床内部的温度相对保持稳定，与自然气温相差3～5℃。因此，实际出菇的季节可提前或推后。在每季生产中，可安排数批生产。

2. 熟料袋栽

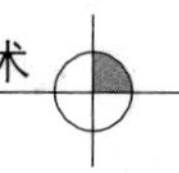

（1）原料配方

①杂木屑78%，麸皮20%，碳酸钙或石膏2%，含水量60%～65%，pH自然。

②棉籽壳85%，麸皮10%，玉米粉3%，碳酸钙或石膏2%，含水量60%，pH自然。

③杂木屑40%，棉籽壳40%，麸皮18%，碳酸钙或石膏2%，含水量60%，pH自然。

（2）配料装袋　按配方中各原辅料比例称重，先干拌，后湿拌。棉籽壳提前24小时预湿，采用17厘米×35厘米塑料袋装料，套塑料套环和塞棉塞。

（3）灭菌　常压100℃后保持10～12小时，高压1.49×10^{5}帕，126℃保持2小时。

（4）接种　当冷却至30℃以下时，在接种箱或接种室内接种。

（5）菌丝培养　春季菌袋生产应有升温设备，控制温度在25～28℃。秋季栽培，菌丝培养时气温高，应有降温设备。

（6）出菇场　采用覆土栽培，可利用室内蘑菇栽培房，此时蘑菇生产已完成，可进行大杯蕈栽培；当大杯蕈生产完成后，又可进入蘑菇栽培。

室外可采用荫棚下的畦床栽培方式。荫棚如同香菇、毛木耳栽培的即可。选择无公害、土质疏松、有方便干净水源的地方作为生产场所。

（7）覆土出菇　覆土有两种方法，一是畦面排袋，袋内覆土；二是脱袋埋土。

袋内覆土时，把长满菌丝的菌袋脱去棉塞和套环，排入整平的畦面，把塑料袋口拉直，在每袋培养料表面覆盖预先调湿消毒的泥土2～3厘米厚，然后剪去超出土层的塑料袋，整畦菌袋上方覆盖塑料膜保湿。

脱袋覆土时，先畦面翻土、暴晒、消毒、整畦，然后开沟，将长满菌丝的菌袋脱去袋膜，排入畦面开沟中，每袋相间5厘米，用覆土堆盖菌筒，表面厚2～3厘米。覆土完后喷水调湿，进入出菇管理。

(8) 出菇管理 进入出菇管理阶段，保持覆土层的含水量22%～23%，当气温适宜时，覆土后10～15天即可长出棒状菌芽，这时保持空气相对湿度85%～90%，增加通气量和光照强度，使子实体正常发育，一般经过7～10天即可采收。

3. 发料种畦栽 本方法与袋栽脱袋埋土栽培相似，但原材料配方和发酵工序不同。

(1) 配方

①棉籽壳90%，麸皮8%，碳酸钙2%，含水量60%，pH自然。

②杂木屑40%，棉籽壳50%，麸皮8%，碳酸钙2%，含水量60%，pH自然。

(2) 堆制发酵 将原料预湿，棉籽壳预湿24小时，建成宽1.2米，高1.5米堆。建堆时加入麸皮总量的50%，余下在第二次翻堆时加入。在建堆时边堆料边调节湿度，使堆料周围有少量水分流出。第一次翻堆一般在建堆后4～6天，气温高时可短些，气温低时可长些，掌握在堆温达到最高，开始下降时翻堆。第二、三、四次翻堆也是依此原则进行。当堆温达不到60℃以上，要进行分析，通常两个原因：一是含水量过多，湿度太大；二是含氮物质太少，无法满足高温放线菌的繁殖。遇到这种情况，若太湿，应把堆料摊开晾晒后再堆制；若氮素不足，可添加些硫酸铵之类化肥。

发酵后的培养料应是黑褐色，无臭，柔软疏松。

(3) 铺料 发酵后培养料经过灭虫剂喷雾，塑料膜覆盖24小时后，掀开塑料膜，挥发药味后即可进入铺料。畦面上铺料厚度20厘米，成梯形，边缘拍实，整平畦面。

(4) 播种 可层播或穴播，每平方米用种量一瓶（袋）。播

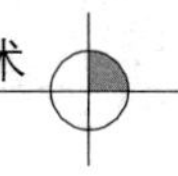

种完后表面覆盖干稻草或塑料膜。

（5）覆土　当菌丝长满料层2/3时，即可进行覆土。覆土材料可用火烧土、泥炭土、菜园土，事先用杀虫药喷洒消毒。盖土厚2～3厘米，覆完后调节水分至湿润。出菇管理同前。

4. 采收加工　当子实体成杯状，菌褶自然开裂、未翻卷时即可采收。采收时，用剪刀从土面剪下，放入干净卫生的盛具，随后把土层以下菌柄拔出削去表皮，清洗后也可食用。采收层的穴位应用土填平。

目前大杯蕈子实体以鲜销为主，少量制罐和切片烘干。

保鲜加工工序：

原料采收→菇体整修→分级预冷→分级包装→冷藏外运或销售

切片烘干加工工序：

原料采收→整理→切片→烘烤→翻动→烘烤→分级包装→贮运销售

（三）问题讨论

大杯蕈是一种新开发的食用菌，应根据市场需求量组织生产。在无公害栽培中，应注意原料、水质和覆土材料的安全性；腌制过程要注意腌制环境符合食品卫生加工要求，添加物要注意符合食品添加剂的安全要求，水质符合饮用水标准，包装桶符合食品卫生要求，贮存环境和运输工具均要符合食品贮存和运输工具的要求。

二十四、长根菇栽培

长根菇（*Oudemansiella radicata*），又名长根奥德菇、长根金钱菌，属伞菌目、白蘑科、金钱菌属。常于夏秋间单朵散生，极罕三五成群生于林中腐殖质地面。长根菇系腐生真菌，其子实体细嫩爽口、气味浓香、味道鲜美，发酵液对小白鼠肉瘤180有抑制作用。在国际市场上，长根菇是很受欢迎的食用菌之一。它具有栽培原料来源广泛、栽培技术较简便、生产周期短等特点，是一种有开发前景的食用菌。

（一）工艺流程

备料→装袋→灭菌→接种→菌丝培养→覆土→出菇管理→采收

（二）技术要点

1. 菌种制作 母种和栽培种配方为木屑或棉籽壳79%，麸皮15%，玉米粉5%，石膏粉1%，含水量65%～70%，pH5～7。按以上配方常规配制，装瓶、灭菌、接种，于20～25℃培养30天，菌丝可长满瓶或长满17厘米×34厘米菌袋（装干料0.25千克）。二级种用菌瓶，菌龄不超过40天；三级种可用瓶或袋，菌龄不超过35天。

2. 栽培季节 子实体发生与发育的温度范围10～23℃。该菇生长期短，在北方7～9月栽培为宜，南方海拔500米以上地区7～11月可栽培。

3. 搭盖菇棚 选择土壤透气性好、具有腐殖层和靠近水源的地方，参照香菇荫棚方法搭盖，遮阳度为“八分阴，二分阳”。

4. 栽培袋的制作与培养 栽培原料广泛，木屑、棉籽壳、花生壳、玉米秸、豆秆、蔗渣等均可。常用配方：

（1）木屑88%，麸皮10%，石膏粉2%。

（2）棉籽壳88%，豆秆粉10%，石膏粉2%。

（3）木屑45%，棉籽壳45%，麸皮8%，石膏粉2%。

以上配方含水量调至65%～70%，以17～20厘米×45厘米规格袋装袋灭菌，打穴接种，以“井”字形排放培养30天。注意通风，当培养袋表层形成粉红色，菌丝密集形成白色束状即可脱袋排放于荫棚内畦床上出菇。

5. 出菇管理 菌袋上方覆盖1～1.5厘米厚的沙壤土，畦床上搭拱形塑料薄膜棚，每天通风2～3次，早晚各喷一次水，阴雨天少喷。经15天左右子实体逐渐形成，这时每天喷水一次。在采完第一潮菇后，去除残留菇根；覆盖薄膜，逐渐加大喷水量，每天喷3～4次，通风3～4次。经10天后可采第二潮菇。

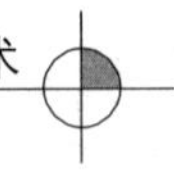

6. 采收 长根菇目前主要外销。采收前2～3天停止喷水，以增加菇体韧性，减少破损。菌盖长至3.5～4.5厘米时采收。采收时动作敏捷以减少带上培养基。采收后切根分级，鲜菇柄长为2～4厘米，可鲜销或脱水加工。

二十五、黑皮鸡纵栽培

黑皮鸡纵（*Oudemansiella* sp.），属长根菇属的一个种，分布在热带、亚热带和温带，我国大部分地区有野生分布。该菌常在6～10月单生或群生于阔叶林或针阔混交林中，细长的假根长在阔叶树腐根或地下腐木上，是典型的土生木腐型真菌。

黑皮鸡纵肉质细腻，菌柄脆嫩，味道鲜美，富含蛋白质、维生素和微量元素。子实体和发酵菌丝体具有降压作用。

黑皮鸡纵属于中高温型好氧性菌类，菌丝适宜生长温度25℃，子实体发生和生长的适宜温度15～28℃，最适25℃。培养料适宜生长湿度65%～68%，适宜空气相对湿度70%；适宜pH为6～6.5，适宜光照度100～300勒克斯，生理成熟的菌丝需覆土才能出菇。

（一）工艺流程

生产季节安排→安全备料→拌料→装袋→灭菌→冷却→接种→菌丝培养→菌包排畦→覆土→出菇管理→采收

（二）技术要点

1. 生产季节安排 黑皮鸡纵在南方可春、秋两季栽培，高海拔地区可周年栽培。春季栽培安排在1月制袋，4～5月出菇；秋季栽培可安排在7月下旬制袋，9～11出菇。

2. 栽培模式 黑皮鸡纵可在室内床栽或室外荫棚下畦栽。畦栽地要求土质疏松，富含腐殖质。环境通风，靠近水源，交通方便，避免污染源。

3. 菌种 目前黑皮鸡纵的菌株均为野生分离引种驯化的菌株。

4. 培养料配方

(1) 杂木屑48%，棉籽壳36%，麸皮15%，碳酸钙1%，pH6～6.5，料水比=1∶1.2～1.3；

(2) 杂木屑54%，棉籽壳15%，玉米芯15%，麸皮15%，碳酸钙1%，pH6～6.5料水比=1∶1.2～1.3。

5. 制袋 采用常压灭菌工艺的菌袋是17厘米×33～38厘米规格的高密度低压聚乙烯袋，高压灭菌工艺的菌袋是相同规格的聚丙烯袋。拌料均匀，装袋松紧一致，料袋重量1.3～1.5千克，常压灭菌100℃，保持10～12小时，高压灭菌，126℃、1.47×10^5帕，保持2～2.5小时。

6. 菌丝培养 采用以上菌袋的培养料，置于20～25℃条件下培养，接种后通常30～40天长满菌丝，70～90天达到生理成熟。菌丝成熟的标志是菌袋表面菌丝褐变为黑褐色菌被。

7. 整畦排袋覆土 室内床栽可把菌袋拔去棉塞，脱去塑料袋直立于菌床上，或不脱袋剪去料面以上的塑料袋直立于床上，覆盖2厘米腐殖土或沙壤土。

8. 出菇管理

(1) 水分管理 覆土后需喷重水2～3天，后保持空气相对湿度90%左右，同时适量通风，然后覆盖塑料膜，促进菌料水分吸收，使菌被湿润。每天通风2～3次。

(2) 温差管理 季节性栽培利用昼夜温差，室内栽培采用昼关门窗、夜开门窗的方法，室外栽培采用昼覆盖塑料膜、夜间掀开塑料膜的方法拉大温差，诱导原基产生。

通常覆土1周后即可产生原基，常温条件下，10～15天即可采收。采收时连菌根一起拔起。停水7～10天，重复喷重水和拉大温差的管理，约15天后可采收第二批菇。

(三) 存在问题

1. 菌种选育 目前黑皮鸡纵栽培菌株是从野生黑皮鸡纵组织分离而来，驯化时间短，生物习性不甚清楚，菌种选育尚未开

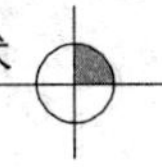

展，造成现阶段黑皮鸡枞单位面积产量低，子实体的质量也有待于提高。

2. 对土生木腐菌黑皮鸡枞的生物学特性有待进一步研究，从而才能对其最佳培养基配方、管理方法进一步完善，才能做到良种良法，优质高产。

二十六、秀珍菇栽培

秀珍菇（*Pleurotus geesteranus* Singer.）是平菇属中朵形较小的一个品种，1998年从台湾引进，在福建省罗源县规模栽培并发展成为主栽品种。2007年福建罗源秀珍菇种植面积达1.2亿袋，年鲜菇总量3.05万吨，产值2.45亿元，产量占全省60%以上，产品畅销我国南方各大城市。在全国食用菌区域优势种类发展中，秀珍菇也成为重要品种之一。

（一）工艺流程

生产季节安排→安全备料→拌料→装袋→灭菌→冷却→接种→菌丝培养→菌包排架→开袋→出菇管理→采收加工

（二）技术要点

1. 季节安排 秀珍菇因使用不同温型品种而有夏菇和冬菇栽培，两季栽培工艺基本相同，管理上只因环境气候而有所不同。夏菇品种耐高温性能强，25～35℃均可出菇，但需要8～10℃的温差刺激；冬菇品种并不耐寒，南方栽培也需菇棚有较好的保温条件。福建夏季秀珍菇的菌包制作通常在年初的2～4月，出菇至9月底结束；冬季菌包生产通常在8～9月，来年的3月底出菇结束。菌种制作按一、二、三级种的不同分别在菌包接种前的85天、70天、30天生产，适温培养。

2. 备料与原料预处理 按菌袋生产量和配方中各成分需要量备料。粗、细木屑分开，按时间先后分开先晒干后堆置；按批次每150～300吨建一堆，提前3个月选择粗细均匀的中粗木屑堆置淋水发酵，木屑含水量调至55%。一个月翻堆一次，共翻堆2次。拌料前一天使用3%石灰水浸泡预湿棉籽壳，拌料时先将麸皮及少量轻质碳酸钙均匀洒至发酵好的木屑上，按顺序从左到右翻拌均匀，将预湿的棉籽壳过筛，结块的搓碎，均匀筛入堆中，按顺序均匀翻拌2次，直至均匀，含水量为60%，pH 6.5～7.5。

3. 原料配方 杂木屑75%，棉籽壳12%，麸皮12%，轻质碳酸钙1%，含水量60%，pH6.5～7.5。

4. 制袋 机械规模菌包生产程序是：粗中细木屑混合→棉籽壳处理→木屑和棉籽壳混合→加入麦麸、石灰、碳酸钙、水→第1次搅拌→水分、pH第1次检测→调整水分→第2次搅拌→水分、pH第2次检测→传送装袋。

拌料后检验培养料标准：水分60%左右，即手握料团有水纹感觉，无水滴出现；色泽均匀一致，无麸皮状的黄白色和石灰状的灰白色。传送机口处取样检测两次一致，pH7.0～7.5。

机械装袋工序：套袋→装料→上套环→别袋口→打接种穴→塞棉花→上架→盖盖子。装袋质量要求是（1.4±0.05）千克，外观料袋长20～22厘米，袋口平贴料柱顶面，无破袋（如有小洞，立即用胶纸粘上）；手捏菌包松紧适宜，上下一致，整体各菌包基本均匀一致；袋口平展的薄膜呈圆形，与套圈顶面同面，与包同大，不上翘、不下垂；棉塞：大小、松紧适宜。

5. 灭菌 常压100℃保持8小时；高压，排净冷气后达126℃，保持3小时。

6. 冷却 按无菌操作规程管理冷却区，保持空间空气相对静止，无关人员不得进出。出锅前必须先打扫干净冷却区，用2%来苏尔喷雾消毒，灭菌完毕微开两侧门排气；出锅时常压灶外门（装袋机方向）关闭，出锅完关闭内门；冷却时架与架之间留有15厘米以上空间便于冷却；进接种房前抽出菌包上方防潮塑料盖，翻盖时上提抽出，防棉塞脱落，个别脱落的棉塞用灭菌过的棉花补塞，不许采用落地棉塞重塞。

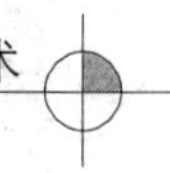

7. 接种

（1）菌种预处理程序：

菌种瓶表面消毒→除菌皮→菌瓶封口→耙菌→接种

（2）接种室：接种前用自来水冲洗地面和墙壁，漂白粉溶液拖地，提前3天用高锰酸钾：福尔马林（5克/米^3：10毫升/米^3）密闭熏蒸6小时以上，后打开通风换气直至无刺激性气味关闭门；推进菌袋前，用2%来苏尔喷雾消毒缓冲间和接种室；接种前3小时气雾消毒盒2～3克/米^{3}密闭熏蒸消毒；接种前45分钟紫外线消毒30分钟，同时空气过滤除菌。

（3）接种程序：

洗手→整理衣冠→踩消毒槽→进缓冲间→换工作服→戴手套或手表面消毒→耙菌→取棉塞→接入菌种→塞棉花

8. 菌包培养或外运　运输车辆的车厢冲洗干净，喷雾消毒。接种后的菌包小心搬运，不用手提袋口，横排平整，层次分明，安全、稳固；菌袋不掉地、不刮破、不刺破、不掉棉塞，排列不过挤；发现袋口内无棉塞、无菌种及时补上无菌棉塞和菌种，菌包有破损及时贴上胶纸；下雨天搬运，注意不要让菌包淋雨，棉塞潮湿。

9. 菌丝培养　在菌袋配方和含水量正常时，17厘米×38厘米秀珍菇菌袋的菌丝培养60～70天，即可达到生理成熟。气温偏低的季节，菌丝培养期适当延长。不同品种菌龄会有所不同。

10. 出菇管理

（1）割袋出菇　秀珍菇菌袋的菌丝达到生理成熟后即可割袋进入出菇管理。

（2）温差刺激　秀珍菇属变温结实性菌类。10℃以上的温差刺激有利于原基的形成。冬季栽培或气温低于28℃时，可利用昼夜自然温度的变化制造温差来刺激原基的形成。白天将菇棚紧闭让棚温升高，夜晚打开棚门，冷风进入以制造温差。当气温在28℃以上的夏季，利用自然温度变化制造温差困难时，将菌袋移进冷库或采用移动制冷机打冷刺激，温差8～10℃持续12小时。

（3）光照刺激　秀珍菇菌袋培养时可无光或弱光，出菇是绝对需光。开袋后进入催蕾期提高光照强度即能形成大量原基，且子实体正常发育。

（4）通风保湿　适当的CO_2浓度能促进秀珍菇原基的发生，也可以调控原基发生的密度。但原基分化后，就必须供给新鲜氧气，每天及时解开覆盖的薄膜，开启菇棚天窗通气，以利原基分化。进入开放式管理时可以全天通风，原基分化期的通气管理应循序渐进，根据当时天气、菇棚温湿度和菌包含水量、原基的多少具体确定通气时间、通气量及确定是否需要喷水、喷水时间和喷水量。通气时若遇风力较强，则需及时补充水分和保持空气湿度，可采用向空中、地面喷水保持环境湿度，原基发生期保持空气相对湿度在90%左右，否则容易造成袋口料面失水，原基不发生或原基干枯死亡。

（5）第一茬菇管理　茬次如管理不当，容易形成“红”菇和料面污染，造成第一茬菇蕾死亡。成因有两种：一是菌包降温处理时，温度较高，通风不足，菇蕾闷热死亡；二是菇蕾发生后，环境较干，过早通风，菌包料面干燥，菇蕾因缺水而死亡。使原基良好发育要正确把握通风供氧、降温、保湿这三者之间关系，通风时注意增湿，温度应尽可能控制处于菇蕾可正常发育的范围内。在秀珍菇冷刺激后，用遮阳网将菌墙四周包裹，见遮阳网上水分干了，就及时喷水。当部分菇蕾从遮阳网长出时，撤网，进入开放式管理。

当气温高于35℃时，部分小菇蕾会死亡，菇棚顶需要设有天窗利于降温散热，棚顶要覆盖稻草与遮阳物，并每隔8米左右安装一个喷头喷水降低棚温。应用保湿、雾化均匀、水的利用率较高、氧容量较大微喷系统有利于秀珍菇的出菇管理，但投资较大。

（6）转潮出菇管理　采收一批菇后的菌袋经停水通风后10～

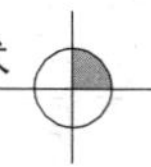

15天的养菌阶段即可转入下潮菇的出菇管理。夏季转潮出菇的菌袋在进行降温处理前需要适时补水。补水前清理菌袋料面，把遗留的菇根和枯萎幼菇去除，刮至可见新培养料，目的一是增加菌袋培养料吸水性，二是去除料面霉菌和虫卵。失水的菌袋表面喷水，失水严重的菌袋在降温处理前可直接灌水或浸水，使菌袋迅速吸水，同时制冷时在库内或棚内地面喷水，使菌袋在降温制冷过程中吸水增湿。

夏菇管理是技术性很强的工作，各种植户应根据基本原理和自己的生产实践灵活掌握。

11. 冬菇出菇管理　秀珍菇的冬季栽培在福建是指每年9月制包，11月至来年3月秀珍菇生产季节的出菇管理。冬季秀珍菇的出菇管理与夏季出菇管理方法步骤基本相同，只是在温差的管理上不必使用制冷，而采用自然温度下，人工昼夜温差管理的办法制造所需的温差。冬季还由于气温较低，病虫菌害相对较少，像夏季那样出现“红菇”、成批“死菇”等菌害或生理病害的机会很少。此外，冬季出菇管理上，还由于气温较低在喷水的时间和次数、出菇转潮时间的间隔上比夏季长，采菇安全保质期也长。

12. 采收加工

（1）适时、及时采收　秀珍菇以鲜菇销售为主，采收前停止喷水一天，还要根据市场对鲜品的品质要求，如子实体的大小、色泽深浅等，适时及时采收，特别是夏季栽培的鲜菇采收，由于此时气温高，子实体生长迅速，采收需要24小时不间断进行。

（2）采收方法　通常采用人工手持剪刀一朵一朵地剪下，并按大小、色泽等标准同时分级。采收剪下时尽量靠近菇柄基部，不能带培养基，以保持菇体干净。

（3）采收流程

按时采收→检验入库→分级包装→装箱→冷藏（0～4℃）→检验→出仓外运的程序加工

（三）存在问题

1. 缺少低温型菌株　目前秀珍菇生产用种基本上都是高温型，出菇温度范围在20～35℃，适宜冬季15℃以下可出菇的菌株甚少。因此影响产业周年发展和栽培者菇棚不能周年利用。

2. 夏季栽培的第一批菇较难管理　通常秀珍菇菌包在4～5月开袋，正值气温回升，菇棚内容易产生高温、高湿环境，第一批菇常出现成批死菇和成批细菌感染成红色菇，开袋后菌包也容易感染绿霉等杂菌。在喷水保持菇棚内空气相对湿度和通风降湿的管理上必须根据不同品种把握适度。

二十七、金福菇栽培

金福菇（*Tricholoma giganteum* Massee)，是台湾对巨大口蘑、洛巴口蘑的别称，又名白色松茸，香港称洛巴口蘑，日本称和仁王占地菇。属口蘑科，口蘑属，是一种刚驯化栽培成功不久的热带、亚热带高温型大型肉质、草腐生、非菌根食用菌，具有栽培子实体产量高、味道鲜脆、保质期长、适宜高温季节栽培的珍稀食用菌的特性。此菌的成功栽培新增了粪草栽培的食用菌种类，可利用可再生的农业下脚料进行栽培。栽培模式有室内床栽和室外畦栽。

金福菇同其他食用菌一样是好氧性菌类，属草腐菌，以土壤中腐熟或半腐熟的粪草、作物秸秆的堆肥为营养源，适宜的培养料的碳氮比为33∶1～42∶1；菌丝体生长温度范围15～35℃，适宜温度25～30℃，子实体发生的温度为22～34℃。温度低于20或高于35℃，菌丝生长速度缓慢，低于10℃或高于40℃，菌丝停止生长。培养料适宜含水量65%，适宜pH4～8.5，最适pH6～7。

（一）工艺流程

生产季节安排→安全备料→拌料→装袋→灭菌→冷却→接种→菌丝培养→菌包排架（开袋覆土）→出菇管理→采收加工

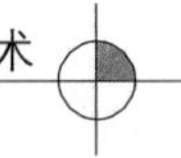

（二）技术要点

1. 生产季节安排 根据金福菇是高温型珍稀食用菌的生物学特性，南方季节性栽培可安排在春夏秋季出菇，北方季节性栽培可安排在夏秋出菇。就福建栽培而言，春夏季栽培可在3～4月播种，5～7月出菇管理；夏秋栽培可安排在7～8月播种，9～11月出菇管理。北方栽培一年一季，可安排在5～6月播种，7～9月出菇管理。洛巴口蘑的菌种生长速度较慢，通常750毫升的菌瓶原种需要45～50天才能长满瓶，栽培种需30～35天满袋，制种或订购菌种的时间要提前做好安排。

2. 安全备料与配方 可用于洛巴口蘑栽培的原料种类较多，农林下脚料均可作为栽培的原料，如作物秸秆稻草、甘蔗渣、玉米芯、棉籽壳、木屑等。

常用配方：

（1）稻草切段60%，棉籽壳20%，麸皮18%，碳酸钙2%，含水量65%～68%；

（2）杂木屑70%，棉籽壳12%，麸皮16%，碳酸钙2%，含水量65%～68%。

3. 培养料前处理 培养料的预处理有发酵和不发酵两种工艺，不发酵的培养料菌丝培养成熟的时间较长，发酵培养料菌丝培养成熟的菌龄较短。堆制发酵的培养料通过12天左右的建堆→翻堆1→翻堆2→翻堆3的程序达到培养料半腐熟，建堆时除麸皮以外的其他培养料按配方比例混合堆制，堆高1.5米，底宽1.5米，上宽1.2米，逐层撒入1%～2%生石灰，堆温达到65℃以上，发酵培养料可达到菌丝易消化吸收，减少杂菌污染，缩短出菇期，提高产量的效果。

4. 装袋灭菌 每袋装干料400克左右，采用常压灭菌工艺的菌袋规格是17厘米×33～38厘米的高密度低压聚乙烯菌袋，高压灭菌工艺的菌袋是相同规格的聚丙烯袋。拌料均匀，装袋松紧一致，料袋重量1.3～1.5千克。常压灭菌100℃，保持10～

12 小时；高压灭菌，126℃、1.47×10^5 帕，保持 2～2.5 小时。

5. 菌丝培养 菌袋置于 25～30℃条件下培养，通常 17 厘米×33 厘米规格菌袋 40 天左右菌丝长满袋。

6. 开袋覆土 菌龄成熟的菌袋去棉塞和套环，室内床栽可脱袋后直立于菌床上，统一覆土，也可不脱袋，逐袋覆土；室外栽培经过整畦，同样可脱袋后直立于菌床上，统一覆土，也可不脱袋，逐袋覆土。

7. 出菇管理

（1）水分管理 覆土后需喷重水 2～3 天，后保持空气相对湿度 90%左右，同时适量通风，然后覆盖塑料膜，促进菌料水分吸收，使菌被湿润。每天通风 2～3 次。

（2）温差管理 季节性栽培利用昼夜温差，室内栽培采用昼关门窗、夜开门窗的方法，室外栽培采用昼覆盖塑料膜、夜间掀开塑料膜的方法拉大温差，诱导原基产生。

通常覆土喷水 8～10 天即可产生原基，常温条件下，10～15 天即可采收。采收时连菌根一起拔起。停水 7～10 天，重复喷重水和拉大温差的管理，约 15 天后可采收第二批菇。

8. 采收加工

（1）适时、及时采收 洛巴口蘑以鲜菇销售为主，采收前停止喷水一天，还要根据市场对鲜品的品质要求，适时、及时采收，特别是夏季栽培的鲜菇采收，由于此时气温高，子实体生长迅速，采收更需适时。

（2）采收方法 通常采用人工整丛采下。采后切下菇蒂，不带培养基，保持菇体干净。

（3）采收流程

按时采收→检验入库→分级包装→装箱→冷藏（0～4℃）→检验→出仓外运的程序加工

（三）存在问题

1. 缺少低温型菌株 目前洛巴口蘑生产用种基本上都是高

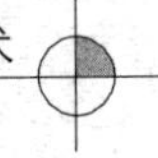

温型，出菇温度范围在 20～35℃，适宜冬季 15℃以下可出菇的菌株没有。因此影响产业周年发展和栽培者菇棚不能周年利用。

2. 洛巴口蘑夏季栽培的第一批菇较难管理　通常菌包在 4～5 月开袋，正值气温回升，菇棚内容易产生高温高湿环境，开袋后菌包也容易感染绿霉等杂菌。在喷水保持菇棚内空气相对湿度和通风降湿的管理上必须根据不同品种把握适度。

二十八、黄伞栽培

黄伞［*Pholiota adiposa*（Fr.）Quel］，又名黄蘑、柳蘑、黄柳菇、多脂鳞伞，是分布广泛的好氧性木腐食用菌，可导致木材杂斑状褐色腐朽。黄伞子实体中等大小，边缘常内卷，后渐平展，炎黄色、污黄色至黄褐色，很黏，有褐色近平伏鳞片，中央较密，菌肉白色或淡黄色。菌褶黄色至锈褐色，直生或近弯生，稍密不等长。菌柄长 5～15 厘米，粗 0.5～3 厘米，圆柱形，与盖同色，有褐色反卷鳞片，黏或较黏，下部常弯曲，纤维质，内实。菌环淡黄色，膜质，生于菌柄之上部。菌丝分解能力强，农林下脚料均可作为培养基进行栽培。目前该品种还处于引种驯化之中，少数地方可形成批量生产规模。基本生物学特性是菌丝生长温度范围 12～27℃，适宜温度 20～25℃，以 25℃生长最快，低于 5℃，高于 35℃，菌丝停止生长，色泽变褐；子实体原基形成的温度范围 13～25℃，最适 15～18℃；菌丝适宜生长 pH 为 5～8，最适 pH6～7；培养基适宜湿度 65%，出菇适宜相对湿度 85%～90%。黄伞是绝对需光菌类，菌丝生长可不需光线，出菇是绝对需光，适宜强度 300～1 500勒克斯。

（一）工艺流程

生产季节安排→安全备料→拌料→装袋→灭菌→冷却→接种→菌丝培养→菌包排架→出菇管理→采收

（二）技术要点

1. 生产季节安排　黄伞的出菇温度范围与双胞蘑菇相仿，

南北方的栽培季节可根据其出菇温度和各地气温情况进行具体安排。就福建而言，春季栽培可安排在 2～5 月，秋季栽培可安排在 8～11 月。

2. 配方

（1）杂木屑 75%，麸皮 20%，玉米粉 3%，碳酸钙 2%，含水量 65%，pH 自然；

（2）杂木屑 65%，棉籽壳 15%，麸皮 15%，玉米粉 3%，碳酸钙 2%，含水量 65%，pH 自然；

（3）杂木屑 55%，麸皮 20%，玉米芯 20%，玉米粉 3%，碳酸钙 2%，含水量 65%，pH 自然。

3. 制袋　常压灭菌制袋使用 17 厘米×36～28 厘米规格的高密度低压聚乙烯袋，高压灭菌使用相同规格的聚丙烯袋。按配方拌料均匀，含水量适宜，装袋时上下松紧均匀，每袋湿重 1.3～1.5 千克，干料重 400～450 克。

4. 菌丝培养　在适温（20～25℃）条件下，避光和适量通气培养，通常 40～50 天菌丝可长满袋。

5. 出菇管理　菌袋长满菌丝后处于 13～18℃环境中，保持环境相对湿度 85%～90%，7 天可出现原基。大量原基出现后，菇蕾长至 2 厘米左右，采用湿度与通气相结合的方法控制表面原基数量在 15 个左右，正常管理 10 天，子实体符合市场要求时即可采收。

出菇管理过程中，当大量子实体产生时，耗氧量大量增加，应注意保持空间湿度和适量通风换气。

6. 采收　当子实体菌盖长至 4～6 厘米，边缘尚内卷，柄长 10～15 厘米，色泽金黄，菌褶灰白，孢子未弹射时即可采收。第一潮菇采收后，停水 7～10 天，即可进入第二潮菇的出菇管理，重复第一潮菇的水、光、气的管理，再过 10 天即可采收第二潮菇，通常每季栽培可采收 3～4 潮菇，每袋鲜菇产量可达 300～350 克。

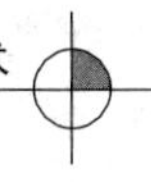

黄伞子实体可鲜销或干制，保鲜加工和烘干加工如香菇。

（三）存在问题

黄伞是新引进和驯化栽培的品种，无论是菌种选育还是栽培技术都还是刚起步，有待于进一步完善从菌种选育到栽培加工的各方面技术问题。当前生产上急需的是需要好的菌种、适宜配方和优质高产的管理方法。

二十九、蜜环菌栽培

蜜环菌［*Armillariella mellea*（Vahl ex Fr.）Quel］属白蘑科、蜜环菌属，是著名的食用和药用真菌，也是危害木材根腐病的病原菌和天麻人工栽培的伴生菌。夏秋子实体多丛生于老树桩和死树基部，菇体高 10～15 厘米，淡黄色，菌盖卵圆形，直径 4～9 厘米，盖中间有暗褐色鳞片，四周有放射状条纹，菌褶贴生或延生，白色或微白色，菌柄纤维质，上部有菌环。蜜环菌也是一种发光真菌，在 10～30℃的条件下均可发光，幼嫩的菌丝白色、绒毛状，能发出冷萤光，菌丝网状交织成菌索，颜色逐渐加深成褐色，老菌索从红褐色逐渐加深为黑褐色，不发光。蜜环菌分布广泛，我国各地均有分布。蜜环菌的寄主植物有 600 多种。从灌木到乔木至草本植物均可寄生种类。

蜜环菌发酵菌丝体和固体培养菌丝体均可入药。蜜环菌菌丝发酵和固体培养已有成熟生产工艺，发酵或固体培养生产真菌药剂是当前我国主要生产方式。

（一）工艺流程

1. 菌丝发酵深层培养工艺流程

安全备料与培养基制作→试管种培养→500 毫升摇瓶种子培养（发酵一级种）→5 000毫升摇瓶种子培养（发酵二级种）→0.5 吨种子罐培养（发酵三级种）→发酵罐培养→过滤与压榨→检验→（1）菌丝体烘烤压片→（2）液体浓缩成糖浆→检验出厂

2. 固体培养生产工艺

安全备料与培养基制作→试管菌种培养→一级种→二级种→固体培养基制作→接种→培养→培养物掏出→烘干磨粉→过筛→压片→检验出厂

(二) 技术要点

1. 菌丝深层发酵

(1) 菌种　采用经分离筛选，并经菌丝生长速度测试和发酵培养检验的菌株。

(2) 培养基

①出发菌株培养基：PDA（马铃薯、琼脂、葡萄糖）培养基。

②一、二级种摇瓶液体培养基：200克去皮马铃薯切片、煮熟、过滤，加葡萄糖20克、磷酸二氢钾1.5克、硫酸镁0.75克、蛹蚕粉5克、维生素B_1 10毫克，补水至1 000毫升，pH自然。

③发酵罐培养基：按重量比：蔗糖2%，葡萄糖1%，豆饼粉1%，蚕蛹粉1%，硫酸镁0.075%，磷酸二氢钾0.15%，pH自然，加水至所需用量。

(3) 接种及接种量　一支试管接种一瓶摇床种子瓶，一级种按二级种培养基的10%接种量接入，二级种按发酵罐所需培养液总量的5%～10%接入。

(4) 振荡培养和发酵条件控制　出发菌株采用试管PDA斜面培养基接种，在24℃条件培养；一级种采用三角瓶在旋转式摇床上震荡培养120～148小时，室温24～26℃，偏心距4～6厘米，转速240转/分钟；二级种在往返式摇床上培养72～96小时，室温26～28℃，往返冲程7厘米，转速90次/分钟。种子罐培养40升罐，注入20升培养液，接种后26～28℃培养96～120小时，搅拌速度200转/分钟，通气量1∶0.3～0.5。200升以上的发酵罐，投料达容积的60%～70%，接种后培养168～172小时，搅拌速度190转/分钟。

(5) 发酵物的处理　培养结束后，121℃灭菌30分钟，放出

培养液过滤，过滤液制糖浆，滤渣烘干制片剂。

2. 固体培养

（1）菌种　采用经分离筛选，并经菌丝生长速度测试和专用菇体培养检验的菌株。

（2）培养基

斜面培养基：麸皮 50 克，加水1 000毫升煮沸 20 分钟，过滤，滤液调至1 000毫升，加入 20 克葡萄糖、20 克琼脂，煮溶琼脂，分装试管，灭菌制成斜面备用。

种子培养基：麸皮 50 克，加水1 000毫升煮沸 20 分钟，过滤，滤液调至1 000毫升，加入 20 克葡萄糖、20 克琼脂，磷酸二氢钾 1.5 克，硫酸镁 0.75 克，分装于 500 毫升三角瓶中，每瓶 100 毫升，然后每一三角瓶加入 0.5 克蚕蛹粉，灭菌备用。

固体培养基：每 750 毫升菌种瓶加入 20 克玉米粉、10 克麦皮，注入水 80 毫升，摇匀，高压灭菌备用。

（3）培养条件控制　斜面试管接种后，置于 25～26℃条件下培养 15～20 天，菌种可置 4℃冰箱保存。接种后的一级种子瓶置于 25～26℃条件下培养 5～6 天；二级种子瓶按 10%接种量接种后，培养条件同一级种。栽培瓶每瓶接种 10～20 毫升菌种量，培养 8～10 天，菌丝布满菌瓶表面；15～20 天菌丝长满培养基，菌丝出现发光现象；25～30 天，菌丝老熟，进入加工。

（4）培养物的处理　取出菌瓶内培养物，70～80℃条件下烘干，研磨成粉，20 目过筛，制片剂。

（三）存在问题

发酵培养和固体培养各有长处，但发酵培养菌丝具有省工、培养量大的优势；浓稠的固体培养基所培养的菌丝健壮、单位菌丝量含有效成分高的优势。适宜发酵的菌株和适宜固体培养的菌株往往不同，不可通用。

三十、蛹虫草栽培

蛹虫草（*Cordyceps militaris*）也称北虫草，属子囊菌核菌纲、麦角菌目、虫草属，我国东北和西南有广泛分布。子实体常在春、秋从半埋于林地或腐枝落叶层下的鳞翅目昆虫蛹上长出，子座单生或数个从寄主头部长出，也有从虫体的节部长出，橙黄色，不分枝，或偶尔分枝，高3～5厘米，头部呈棒状，长1～2厘米，粗3～5毫米，表面粗糙。蛹虫草药用可治疗结核、人体虚弱、贫血等症，且有抗癌功效的报道。虫草素可致寄主细胞核变性。国内已人工栽培成功，菌丝和子实体用于药物或保健品。

蛹虫草的营养需求是：碳源可利用葡萄糖、蔗糖、麦芽糖、淀粉、果胶等；氮源以利用有机氮为宜，如蛋白冻、豆饼粉、酵母膏等，无机盐和维生素也是生长发育必不可少的。与担子菌不同的是适量的维生素能有效刺激菌丝生长，大大提高菌丝生长量。蛹虫草菌丝生长的温度范围是6～30℃，适宜温度18～22℃，原基分化和子座生长的温度范围为10～25℃，适宜温度为20～23℃，孢子弹射的温度为28～30℃。基质要求含水量60%～65%，菌丝生长时的空间湿度要求70%～75%，原基形成后的空间湿度要求80%～90%。菌丝生长适宜的pH5～7，最适pH5.2～6.8，随着菌丝生长，pH会逐步下降变酸。好氧需光，光照强度200～300勒克斯，要求光线均匀。

（一）工艺流程

生产季节安排→安全备料→菌种选择→栽培培养基制作→灭菌→冷却→接种→菌丝培养→采收加工

（二）技术要点

1. 生产季节安排 根据蛹虫草子实体生长的适宜温度是10～22℃，东北地区季节性生产安排在每年4～5月和9～11月

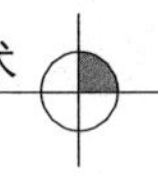

出子实体，南方11月至次年4月栽培。

2. 菌种选择　菌种应选择来自正规科研选育单位，菌株需经过栽培实践证明是优质高产的菌株。具体表现是菌丝生长健壮，纯度高，生长速度快，转色快，子座长出快，子座生长整齐的菌株。

3. 培养基配方与培养基制作

（1）配方

①大米100％；

②大米85％，玉米皮15％，外加多维葡萄糖0.02％；

③大米1 000克，麸皮100克，多维葡萄糖5克，多维豆奶粉10克，磷酸二氢钾1.5克，硫酸镁0.75克，酵母膏0.75克。

（2）按配方比例称重，用750毫升菌瓶加入按配方混合的培养基50克，加入配方基质重量的1.2倍符合标准的饮用水。

4. 灭菌　高压灭菌，灭菌后大米含水量应均匀。

5. 接种与培养　接种人员在无菌条件下，按接种规范程序操作接种。接种后的菌瓶置于23℃条件下培养，初期适温、通风、避光、空间湿度70％左右，经30～40天培养，菌丝逐步成熟，色泽逐渐加深为橘黄色，此时加强光照，每天达10小时，促进菌丝转色和原基形成。

目前国内也有人工室内饲养蚕蛹，在层架上铺5cm厚复合土，置蚕蛹于土层上，采取喷雾、注射等方法接种虫草菌，经45～60天的培养，可部分长出蛹虫草。

6. 采收与加工　当棒状橘黄色子座顶端开始膨大，即可采收。采收盛具和采收人员要符合食品药品卫生要求，子座整体采下，防止断裂，集中码齐，晒干或低温烘干。

（三）存在问题

蛹虫草单方或混合使用的药效研究有待于深入，才能促进该产业迅速成长。

三十一、银耳栽培

银耳（*Tremella fciformis*），又名白木耳，是我国传统的名贵食用菌和药用菌。具有强精补肾，滋阴润肺，生津止咳，补气和血等功效。银耳多糖具有提高人体免疫功能的作用。我国传统出口银耳有四川通江银耳和福建漳州雪耳。

（一）工艺流程

1. 段木栽培工艺流程

伐木备料→抽水→截段→打穴接种→发菌→出耳管理→采收加工

2. 代料栽培工艺流程

备料→拌料装袋（瓶）→灭菌→接种→菌丝培养→出耳管理→采收加工

（二）技术要点

1. 段木栽培技术要点

（1）菌种　选择试管种菌丝生命力强，生长速度快，不易出现酵母状分生孢子的纯白菌丝，同生长速度快，爬壁能力强的羽毛状香灰菌丝混合后，在二级种的菌瓶中灰黑斑点相间均匀，可出耳，耳基较大，耳片开展，洁白。栽培种表面出现许多白毛团集生点，培养20余天后有许多不规则的银耳原基者，为可用菌种。

（2）段木准备　选择木质结构疏松的阔叶树，如梧桐、油桐、山乌桕、拟赤杨、枫树、法国梧桐、鹅掌楸等，于冬季（出芽前）砍伐。原木伐后含水量常在45%～55%，需进行（抽水）原木干燥，带枝叶抽水到含水量40%左右，即可截成1～1.2米长的段木，并在两端截口上涂刷5%石灰水就可接种。

（3）接种　用打穴器打穴接种，随打随接，穴距3～5厘米，行距2～3厘米。注意菌种中纯白菌丛和羽毛状菌丝混合均匀，用接种器接入并用树皮盖或石蜡封口。

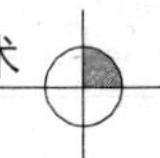

（4）发菌　接种后耳木堆叠成柴片式（顺码式），并用塑料薄膜覆盖保温于22℃左右，促进菌丝萌发定植和发菌。

（5）出耳管理　本阶段要求对耳木进行全面清理，按品种和接种期及成熟度分开，以便成批出耳。这时应根据气候条件掌握好温度、湿度、通气三者关系。在20～28℃温度下均可正常出耳，而气温高时水分蒸发量大，要求多喷水，以助散热和补充水分，但高温高湿容易招来杂菌滋生，必须适当通风，让耳木表面干爽。水分过多，容易产生流耳和发生线虫等虫害，造成耳基腐烂等现象。在白毛团扭结、原基分化、耳芽产生和耳片展开阶段，应当勤喷、细喷、均匀喷，每次喷水量以不过分流失为原则。

（6）采收　耳片充分展开时，用竹片或不锈钢刀，从耳基割下，并将残留耳基去除干净，以利于再生银耳。

2. 代料栽培技术要点

（1）菌种　选择早熟而易开片的菌种进行代料栽培。作为代料栽培的菌种，通常在试管中12天即可见耳芽产生，瓶子中15天左右即有耳片产生，其他同段木栽培部分的菌种要求。

（2）拌料装袋　栽培银耳常用塑料袋规格为12厘米×50厘米，菌种含水量58%左右，略偏干，料水比为1∶1.0～1.1。因为银耳菌丝较耐干燥，适宜偏干环境，且偏干的培养基不利杂菌滋生，有利提高接种成功率。代料栽培常用培养基配方如表4-24所示。

制菌袋时，先将塑料筒一端用线扎牢，在火焰上熔封，从另一端装料，约装45厘米长度的培养料，稍压实后，袋口用线绳或塑料带双道扎紧，然后将料筒稍压扁，在其上等距离打3～5穴，穴深1.5厘米、直径1.2厘米、贴上3.5厘米×3.5厘米专用或医用胶布，也可以灭菌后再打穴，接种后贴胶布。

表 4-24　银耳代料栽培常用配方

配方 \ 比例（%） \ 原料	杂木屑	棉籽壳	糖	麸皮	石膏粉	硫酸镁	黄豆*
1	72		1	25	1	0.5	0.5
2		78	1	18	1.5	0.5	1
3	75		1	22	1	0.5	0.5
4		89	1	8	1	0.5	0.5
5	15	60	1	22	1.5	0.5	

* 黄豆浸泡 24 小时后磨浆拌料。

（3）灭菌　用常压灶灭菌时，把料筒作井字形排列，保温 100℃，6～8 小时；高压（1.47×10^5 帕，126℃）灭菌 1.5 小时，灭菌结束后，将料筒搬到冷却室，冷却后接种。

（4）接种　同香菇代料栽培接种工序一样操作。

（5）菌袋发菌管理　接种后的菌袋放入菌丝培养或栽培室，前 3 天温度控制在 26～28℃、相对湿度 55%～65%，3 天后将温度调控在 24℃左右，适时通风，喷水保湿，具体日程如表 4-25 所示。

表 4-25　银耳代料栽培管理工作日程

培育天数（天）	生长状况	作业内容	环境条件要求			注意事项
			温度（℃）	湿度（%）	每天通风	
1～3	接种后菌丝萌发定植	菌袋重叠室内发菌，保护接种口的封盖物	26～28	自然 55～65	不必通风	棉籽壳为基料的室温应低 2～3℃，不得超过 30℃
4～8	穴中凸起白毛团，袋壁菌丝伸长	翻袋检查杂菌，疏袋调整散热	24～25	自然	2 次，各 10 分钟	防止高温，忌阳光直晒

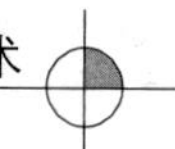

（续）

培育天数（天）	生长状况	作业内容	环境条件要求			注意事项
			温度（℃）	湿度（%）	每天通风	
9～11	菌落直径8～10厘米，白色带黑斑	空间消毒，穴口拱布通风，轻度喷水3～4次	20～23	75～80	3～4次，各30分钟	气温不超过25℃注意通风换气
12～16	菌丝黄色或黑云色，穴中出黄水珠	撕掉胶布，覆盖报纸，喷水加湿掀纸增氧	23～25	85～90	3～4次，各20分钟	菌袋穴口朝侧向，让黄水自穴外流
17～18	菌丝基本满袋原基分化，耳芽形成	割膜扩口1厘米，喷水于纸面保持湿润	23～25	90～95	3～4次，各30分钟	室温不低于18℃或不高于28℃
19～25	耳大3～6厘米，耳片结实白色	取纸晒干后再盖上，喷水保湿，间距12～24小时	23～25	90～95	3～4次，各20～30分钟	耳黄多喷水，耳白少喷水，结合通风，增加散射光
26～30	耳大8～12厘米，耳片松展，色白	晒纸1次，重盖袋面再喷水	23～25	90	3～4次，各20～30分钟	保温为主，干湿交替，晴天多喷水少通风
31～35	耳根略有收缩，色白基黄，有弹性	停止喷水，控制温度，成耳待收	23～25	80～85	3～4次，各30分钟	防止鼠害，35天后选择晴天采收

（6）采收加工　银耳采收必须掌握子实体的成熟度，成熟即采。采收过早影响产量，采收太晚，容易烂耳。一般掌握在耳片完全展开，色白，半透明，柔软而有弹性时，不论朵子大小均要采收。采收时，可用刀片从料面将整朵银耳割下，清水漂洗后，单层摆放在晒席或筛子上，暴晒1～2天即已干燥。在日晒过程中，可轻轻翻动几次，使其均匀干燥，在晒至半干时，结合

翻耳，修剪耳根。

（三）存在问题和解决方法

银耳目前国内主要栽培形式是代用料栽培法。当前在代用料栽培中存在的问题是：

1. 污染率高，主要污染杂菌是红色链孢霉。

2. 子实体色黄，不如段木栽培的雪白。

针对以上问题克服办法有：

1. 选用抗杂能力强，生长速度快的银耳菌株。在菌株筛选中代用料栽培菌种继代多次后重新栽培到段木上去，从段木上分离筛选适合代料栽培的菌种，可以获得优质高产的栽培效果。

2. 麸皮替代米糠，代料培养基中使用米糠比使用麸皮种出银耳更易色黄，其原因待考。

3. 代料菌袋栽培中注意拌料含水量应偏干，灭菌时井字形排列。且温度、压力要符合要求。及时清理污染源，栽培室（场）和培养室分开管理，培养基原料中的粮食类远离栽培室和培养室，以减少杂菌、害虫为害。

三十二、灰树花栽培

灰树花［*Grifola frondosa*（Fr.）S. F. Gray］，又名贝叶多孔菌、千佛菌、莲花菇，日本称为舞茸。野生灰树花常生长于秋季的栎、栲及其他阔叶树的树干和树桩上，尤其以板栗树林中更为多见，所以又称栗子蘑。隶属于层菌纲、多孔菌科、树花属。

灰树花是一种食、药用菌，人工栽培最早、规模最大是日本，近年来年产鲜品灰树花达万吨以上，还批量从中国进口干品。我国该品种人工栽培起步较晚，多年来一直处于小规模的批量栽培。深加工方面的工作国内还很少开展，目前仅有粗多糖提取加工。

灰树花子实体肉质柔嫩，味如鸡丝，脆似玉兰，具有野生松茸的芳香，是火锅料理的上品。鲜嫩的灰树花子实体营养丰富，含有 18 种氨基酸和多种维生素。尤其所含的灰树花多糖体和β-

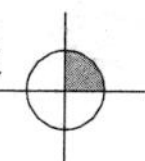

葡聚糖等抗肿瘤活性物质具有比香菇多糖、云芝多糖更强的抗癌能力，能更有效地激活人体内 T 细胞，是极好的免疫调节剂。在药理作用上，具有与猪苓相同的功效，可治小便不利、水肿、脚气、肝硬化腹水及糖尿病等，是一种疗效显著的天然药用菌。

（一）技术要点

1. 生产工艺流程

备料→拌料→装袋→灭菌→冷却→接种→菌丝培养——→出菇管理→采收加工

（菌丝培养→覆土、埋土→出菇管理）

采用以上工艺流程是无覆土栽培。目前有的在培菌后采取袋面覆土或整袋埋土的方法出菇，其他各工艺流程相同。

2. 生产季节安排 根据灰树花的子实体发生温度要求，我国南方一年可两季栽培，春季安排在 3～5 月出菇，秋冬安排在 10～12 月出菇。在每季期间，可多批生产。采用 17 厘米×35 厘米菌袋，接种后的菌丝培养期在 60 天左右，若采用口径更大的菌袋，菌丝培养期需更长，相应出菇的时期也会长些。季节安排应以出菇温度为基准，相应安排制袋、制种的时间。制袋、制种时的气温不适，应采用温控手段培养。

3. 菌种生产

（1）培养基配方 杂木屑 78%、麸皮 20%，糖 1%，碳酸钙或石膏 1%，含水量 60%，pH 自然。

（2）容器 二级种用 750 毫升菌种瓶，三级种可用菌瓶或 15 厘米×30 厘米菌袋。

（3）拌料装瓶、装袋 按配方拌料，含水量 60%左右。菌瓶将料装至瓶肩，菌袋料高 10 厘米左右。二级种不可在料中心打穴，三级种可打穴。菌袋需有套环和棉塞。

（4）灭菌 二级种要求高压灭菌，1.47×10^5 帕，126℃保持2 小时。常压灭菌当灭菌灶温度达 100℃时，保持 10～12 小时。

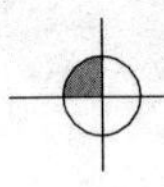

（5）接种　当冷却30℃以下时，进入接种箱接种。

（6）培养　二级种培养时间30～35天，三级种25～30天。培养期间应勤检查，任何有污染和生长不正常的菌种均应弃除。

4. 熟料袋栽

（1）生产配方

①杂木屑80%，麸皮10%，玉米粉3%，山地表土7%，含水量60%，pH自然。

②杂木屑30%，棉籽壳30%，麸皮10%，玉米粉8%，红糖1%，石膏或碳酸钙1%，细土20%，pH5.0～6.5，含水量60%。

（2）菌袋制作与培养　按配方称取各原料重量，先干拌后湿拌，按1∶1.2～1.3的比例加入水拌匀，用17厘米×35厘米菌袋装料。装料后套上套环，塞棉塞。采用高压灭菌时，菌袋需用聚丙烯袋。灭菌、冷却、接种均按常规技术规范进行。

在接种箱或接种室内接种，置24℃左右温度下培养，30天左右菌丝满袋。

（3）直接出菇管理　在适宜的出菇季节里，菌袋经30～40天菌丝培养，即可进入出菇管理。出菇场所可在原菌丝培养的室内，也可在室外荫棚里。无论室内还是室外，可在层架上直立出菇，也可横卧墙式排放由一端出菇。无论是菌瓶还是菌袋，均可墙式横卧堆放。室外荫棚遮阳度控制在60%～70%。

当菌袋进入出菇场时，菌袋若是直立放置层架上，即可去除棉塞和套环，并把袋口拉直，在拉直的袋口上覆盖报纸，可向纸上喷水保湿，空间保持相对湿度90%左右。以墙式卧袋排放菌袋时，先保持出菇场空间相对湿度90%5～10天，培养料表面出现蜂窝状原基，分泌黄色水珠，表面菌苔开始转色时，去除棉塞和套环。如果空间湿度不足，应在层架四周和墙式堆形外加盖保湿塑料膜，当蜂窝状的原基长成珊瑚状子实体时，再将塑料膜掀去。保持较高空气相对湿度，直至子实体成熟。

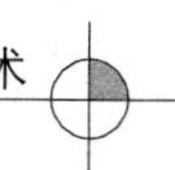

(4) 覆土出菇管理

①袋内覆土出菇管理。当菌袋长满菌丝后，移入出菇场时，直接去除棉塞和套环，拉直塑料袋口，在袋内覆盖2厘米厚的腐殖土，保持土层含水量22%左右，直至出菇。

②菌袋埋土出菇管理。采用菌袋埋土出菇管理时，应在室外荫棚里翻土整畦，土层翻深20厘米左右，畦宽1.2米，畦间通道30厘米。菌袋去除棉塞和套环后，把袋口剪至培养料齐平，在畦面上开有宽20厘米的横沟，把菌袋侧面和底部各横竖划破两条直线后，竖直排入畦面的横沟中，菌袋间相隔5厘米，然后四周和顶部覆土，表土层厚2～3厘米，喷水保湿，直至子实体产生。

长满菌丝的菌袋覆土后一般20天左右可长出子实体。子实体依气温的高低，成熟的速度不同，通常在原基产生后10～15天即可采收。

(5) 采收保鲜　当灰树花子实体扇形菌盖周边无白边，边缘变薄，菌盖平展，色泽呈灰黑色或灰色，成丛子实体似莲花时，即可采收。若单片的菌盖伸张至下弯，有大量担孢子散发时，即为过熟。

采收前1～2天停止喷水。采收时，用手掌托住成丛子实体基部，两指间夹住基蒂，用手掌力气，边旋转边托起，使整丛子实体完整摘下，立即剪去根蒂，成丛排入卫生的筐中。覆土栽培生长的子实体，要避免泥沙混入子实体叶片中。过长的蒂头应剪去，细心挑拣子实体上的异物，保证子实体干净、无杂质。在加工前，根据市场需求，或成丛加工，或分剪为小丛再加工。

保鲜加工工艺流程：

原料采收或收购→子实体分拣→清洗→初分级→预冷排湿→分级包装→冷藏运输或出售

原料收购中应当注意产品的质量，其中包括朵形大小、色泽深浅、菌柄长短、菌盖厚薄；在分拣中包括分成大小不同的小从，子实体叶片之间应清理干净一切杂物，如泥沙、草芥等；为了防止灰尘，快速用饮用水冲洗一次，立即摊开按不同等级进入预冷排湿或晾晒排湿，使鲜菇子实体的含水量在75%～80%。预冷24小时后，按商品要求分级包装，在冷库中冷藏或冷藏车外运销售。4℃条件下，子实体保鲜10～15天不变色，色香俱好。

（二）问题讨论

灰树花是一种食药兼用的菌类，无论是食用，还是药用均需要无公害栽培。除同其他食用菌栽培时必须注重原材料安全选择和栽培环境安全选择外，还需要注重覆土材料的安全性。

三十三、竹荪栽培

竹荪属鬼笔菌目、鬼笔菌科、竹荪属，又称竹参、竹鸡蛋、面纱菌等。其色彩绚丽、体态优雅，钟形菌盖之下生有轻巧细致的菌幕，飘垂如裙，故有"真菌之花"、"菌中皇后"之美誉。竹荪酥脆适口，香味浓郁，别具风味。据民间传说，竹荪有似人参的补益功用，有治疗肥胖症的作用等。现在我国规模栽培的品种主要有长裙竹荪（*Dityophora indusiata*）、短裙竹荪（*D. duplicata*）、红托竹荪（*D. rubrozvolvata*）和棘托竹荪（*D. echino-uolvata*）。不同产地（如四川和福建）的长裙竹荪有相当大的差异。目前在我国，棘托竹荪栽培面积最广，它具有栽培原料来源广、技术简单、生长周期较短、产量高的特点。而红托竹荪栽培相对较难，但产品的商品价值比棘托竹荪高出数倍。

（一）工艺流程

纯种分离→菌种制作
备料→装厢或作畦
（以上两路汇合）→接种→发菌管理→出荪与采收

（二）技术要点

1. 纯种分离 取卵形竹荪菌蕾一只，经表面消毒后切取中部菌肉一小块，移植到PDA培养基或添加蛋白胨的加富PDA

培养基（马铃薯200克、葡萄糖10克、蛋白胨10克、琼脂20克、水1 000毫升）上。红托竹荪置15℃条件下培养25～30天；长裙（棘托）竹荪置22～25℃条件下培养10～15天，白色菌丝即可长满斜面。

2. 菌种制作与质量鉴别

（1）母种及栽培种的制作

①碎竹菌种。将边长2厘米的方形竹块用2%的糖水浸泡24小时后装瓶，并加入2%的糖水至瓶高的1/5处，塞棉塞，灭菌冷却后接种培养。

②碎竹、枯枝、腐殖土菌种。按碎竹60%、枯枝20%、腐殖土20%的比例称量混匀，加水调至含水量60%，然后装瓶、灭菌，冷却后接种，培养。

③碎竹、木屑、米糠菌种。将3种原料等量混合拌匀，加清水调至含水量60%。然后装瓶、灭菌，冷却后接种，保温（15～22℃）培养。

④木屑70%，竹叶5%，松针5%，麸皮18%，糖1%，石膏粉1%，调水拌匀，含水量60%，然后装瓶（袋）灭菌，冷却后接种培养。

（2）菌种质量鉴别　竹荪菌丝体初期呈白色，成熟的菌种都有一定的色素，长裙竹荪菌丝体多为粉红色，间有紫色；短裙竹荪的菌丝体为紫色。红托竹荪菌种表面带紫红色，其他部位菌丝白色。生长良好的竹荪菌丝粗壮，呈束状，气生菌丝浓密，呈浅褐色。老化的菌种气生菌丝消失，自溶后产生黄水。竹荪菌种培养时间因品种而异，棘托竹荪于22～25℃培养1个月左右满瓶（袋）；红托竹荪于15～25℃培养60～80天满瓶（袋）。

3. 栽培技术要点

（1）棘托竹荪的室外畦栽

①栽培季节。一年四季均可栽培，以春季最佳，一般2～4

月播种，5月份开始出菇，当年栽培当年收获；夏季栽培增设荫棚收效较快，从播种到收获65～70天；早秋栽培当年可收一潮菇，经越冬管理后次年产量较高；冬季地表温度在5℃以上仍可栽培，辅以防冻、保温措施，来年可收3～4潮菇。

②培养料选择及处理。培养料常用各种竹类的根、枝、叶和竹器厂、木器厂的下脚料、芦苇、农副产品的下脚料，任选一种或几种混合使用均可。其他食用菌如香菇、平菇、木耳、金针菇等袋栽的污染料和收成后的废菌料也可作为补充材料进行栽培。

选用竹类、竹木屑为培养料，经建堆发酵后栽培效果好。简易发酵将新鲜竹类、木类下脚料粉碎成屑，加适量的水堆积压紧发酵1个月左右，其中10天左右翻堆一次。

③选场整畦。选择排水良好、近水源、无白蚁、富含腐殖质的疏松土壤、遮阴度在80%以上的林地为场。非林地或遮阴度不足的场所需构筑荫棚。可在畦床上直接搭盖30～40厘米高的荫棚或畦床四周套种大豆、玉米遮阴。

播种前松土，整成宽1.2～1.4米、深15厘米，长度不限的畦床。畦间和四周撒石灰或用灭蚁灵消毒。

④铺料播种。选用玉米秸、棉秆、蔗渣、谷壳等农作物秸秆作为培养料的，需先经暴晒、碌碾压碎，浸水吸透，捞起沥干即可用。用3%～5%的茶籽饼粉或其煮出液拌料有防治虫害效果。

铺料总厚度25～30厘米，原则是粗硬料在下，增加透气透水性，细料在上，共可铺三层，一层料一层菌种。最上层撒2厘米厚细料，稍压实，然后覆土3～5厘米，土层上再盖5～6厘米稻草、芒箕等。每平方米用料量20～25千克，用种量3～4瓶。立春前播种的需有薄膜保温保湿，气温回升后揭膜。以大豆株为遮阴的畦床宽50～70厘米，按株距10～15厘米在畦旁穴播大豆。

⑤发菌管理。播种做好保温保湿，旱时适喷，雨时排水，保

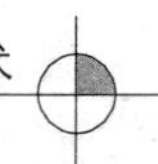

持土壤湿润。以覆盖物的增减和薄膜的揭盖调控畦床温度在20～30℃、相对空气湿度 65%～75%。在菌蛋形成前，做好除杂草和防治蚁螨工作。

⑥出菇管理。播种后作物秸秆类经 30 天、竹木类经 2～3 个月养菌即可菌索破土而出形成菌蕾。此时，去掉床面覆膜和草被，改直接覆膜为拱形，调控气温 20～24℃，可以畦沟储水和畦面喷水提高菌床空气湿度至 85%。经 20～25 天，子实体破蕾而出，此阶段提高空气相对湿度至 95%。从菌蕾破裂至菌裙完全展开 4～6 小时，当菌裙达到最大张开度时及时采收。

出菇后若发现虫害、白蚁可用 1 份灭蚁灵加 15～20 份蔗渣混匀为毒饵，用纸包成小包埋入 5～10 厘米畦中诱杀；蛞蝓于清晨或夜间人工捕捉。

⑦采收。用利刀从菌托部位切断菌索，剥离菌盖和菌托，置于涂有食用油的网筛上烘晒，干后按柄粗细、长短分级包装。注意保持菌柄色泽洁白和菌裙完整。

（2）红托竹荪栽培

①室外畦栽。方法与棘托竹荪基本相同。值得注意：一是红托竹荪好气、喜肥、喜阴、怕强光，因此栽培场所应选择略有坡度的土质疏松和日照短、湿度较大的地方；二是菌丝生长缓慢，栽培周期较长，要求培养料为半腐性，每公顷用料37 500千克，菌种小块点播，初秋播种，翌年 2～3 月开始出菇。

②室内箱栽。先在箱底铺 5 厘米厚的微酸性肥土，再将竹丝、竹鞭、竹根等平铺于肥土上，然后摆放一层菌种。用种量为 1 瓶/米^2，上盖 5 厘米厚的微酸性肥土，浇透水，置 20～25℃下培养，保持覆土湿润，经 4～5 个月菌丝成熟，随后出现菌蕾（竹荪球）。此时应将室内空气相对湿度调至 85%以上。菌蕾出土 30 天左右，当空气相对湿度达 95%左右时，菌裙充分张开，此时即应采收。

③室外熟料袋栽。该方法产量高，效益好，是目前红托竹荪

较为成功的栽培方法。每袋0.5千克干料，可产干品6克以上，按现行市价，投入产出比为1∶8～10。是生料畦栽的4～6倍。生料畦栽由于菌丝生长缓慢，导致生产周期长，可达3年之久，因而杂菌多，花工多，原料浪费较严重。熟料栽培成本低，成功率高，培养条件易控制，受季节影响小，生产周期可缩短为6～9个月，且产量较稳定。技术如下：

菌袋制作与培养：选用15厘米×33厘米塑料袋，制作菌袋培养，方法同栽培种。培养50～70天菌丝可长满袋。

进棚脱袋排畦：菌丝满袋后搬入棚内，脱去塑料袋，将柱状菌丝筒排放畦面，筒隔5厘米，间隙和筒面覆土，每平方米排放20～30袋，覆土后盖塑料膜，膜四周用泥土压紧，一周后即有菌丝爬上土面，此时掀膜通气，改直接覆盖为拱形覆盖。菌丝遇到空气很快转色形成菌索，紧接在适宜温、湿度下形成菌蕾出菇。也有人脱袋时，把菌丝筒纵切为两半，畦底铺些生料，将切面朝下贴料，边脱袋边切开边下种，周边撒些细料，随即覆土。其他管理和采收方法同畦栽。

三十四、猴头菌栽培

猴头菌（*Hericium erinaceus*）是一种兼有食用和药用价值的名贵食用菌。其味道鲜美，清香可口，素有“山珍猴头、海味燕窝”之称。猴头菌人工栽培主要以代料袋栽或瓶栽形式进行。子实体常用作罐头加工和药物加工原料。

（一）工艺流程

1. 袋（瓶）栽工艺流程

备料→培养基配制→装袋（瓶）→灭菌→冷却接种→培养→出菇管理→采收

2. 发酵生产工艺流程

试管培养→一级种子瓶→$\left(\frac{\text{装料100毫升}}{\text{500毫升三角瓶}}\right)$摇瓶培养

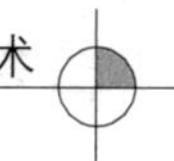

$\xrightarrow[\text{往复式 90 转/分钟，旋转式 300 转/分钟}]{\text{24～26℃，4～5 天，接种量 10\%}}$二级种子瓶（装料1 000毫升/5 000毫升瓶）培养→三级种子罐$\xrightarrow[\text{通气量 1∶0.3～0.5，2～3 天}]{\text{投料 25 升/50 升罐}}$培养→发酵罐培养$\xrightarrow[\text{pH 降至 4.5，残糖 0.2\%}]{\text{投料 100 升/200 升罐}}$过滤→$\begin{cases}\text{菌丝体→烘干粉碎}\\ \text{滤　液→浓　　缩}\end{cases}$→猴头菌片、猴头浸膏

（二）子实体栽培技术要点

1. 培养基配方

（1）甘蔗渣 78%，麸皮 20%，糖 1%，石膏 1%。

（2）杂木屑 78%，麸皮或米糠 20%，糖 1%，石膏 1%。

（3）棉籽壳 90%，麸皮 8%，糖 2%。

栽培猴头菌的原料除上述甘蔗渣、杂木屑和棉籽壳外，还有稻草、麦秸、玉米芯、废纸等均可栽培。

2. 培养基制作与培养　猴头培养基制作方法，同其他食用菌培养基制作方法相似。先将各种原料混合均匀（含水量55%～60%），然后装瓶（袋）。特别注意 pH 一定偏酸性，因为 pH 达 7.5 时猴头菌不能生长。装瓶时可装到瓶肩，以便子实体顺利长出。菌袋可大可小，大袋多开穴，小袋少开穴。进行灭菌时注意不让棉塞受潮。冷却 30℃以下接种，接种时同香菇代料栽培一样注意防污染。培养室温度控制在 22℃左右，湿度 70%～75%，培养 30 天左右即可转入出菇管理。

3. 出菇管理　当菌丝长满菌袋（瓶）后，拔去菌瓶棉塞；菌袋依袋子大小确定开口数量，直径 17 厘米开口 3～4 个，口径 1 厘米；直径 12 厘米开口 2～3 个，口径 1 厘米。小口径菌袋亦可平放堆叠成行，让子实体由两端长出。菌瓶可以卧放堆叠 1 米高左右，由侧向长出子实体。这样可提高菇房利用率。当菌袋（瓶）内出现芽状原基时，增大通气量，降低温度（18～20℃），提高栽培房湿度（85%～90%），直到采收。

4. 采收加工　当子实体已长成刺状，并有少量白色粉状孢子产生时（通常是原基形成后 10～15 天），即可采收。采收时用小刀从子实体基部切下，不黏附培养基。太迟采收子实体纤维感增强，苦味更浓，这是孢子和老化菌丝的味道。采收后的培养基表面稍加搔菌，但不宜破坏培养基深处的菌丝体，否则第 2 批子实体较难长出。采收的子实体，根据不同用途进行加工，或送往制罐加工厂进行加工，或切片干制，或整个烘干，烘干温度掌握在 35～60℃。

（三）液体发酵的技术要点

液体发酵，是以获得制药物猴头菌丝体为目的所采取的生产方式，全过程应严格遵守无菌操作。

1. 培养基配方

（1）斜面试管培养基　麸皮 100 克，葡萄糖 20 克，煮沸 30 分钟，去渣后，加蛋白胨 4 克，KH_2PO_4 2 克，$MgSO_4 \cdot 7H_2O$ 1.5 克，维生素 B_1 10 毫克，琼脂 20 克，水1 000毫升，pH 自然。

（2）种子瓶培养基　基本同上，只是不加琼脂。

（3）种子罐培养基　葡萄糖 20 克，豆饼粉或玉米粉 100 克，蛋白胨或酵母浸膏 10 克，KH_2PO_4 15 克，$MgSO_4 \cdot 7H_2O$ 75 克，水 10 升，pH 自然。

（4）发酵罐培养基　将种子罐培养基中的葡萄糖换为 2%的蔗糖即可，其他不变。

2. 发酵条件　按照猴头菌丝最适生长温度（24℃左右）控制培养条件。种子瓶培养 4～5 天，种子罐培养 3 天，各级菌种接种量均按 10%（V/V）左右逐级扩大。

3. 发酵终止标准　一般发酵结束时，液体为棕黄色，菌丝球每毫升 150 个以上，静止后澄清透明，菌丝开始自溶，pH=5 左右，残糖量 0.2%左右。

（四）问题讨论

目前猴头菌栽培上存在着子实体小，产量低，抗杂能力较差，色黄不白等问题。这些主要靠选育良种，筛选高产的培养基，创造低温（15℃左右）、高湿（空气相对湿度 90%）、微光、

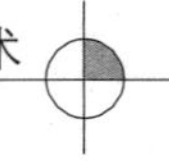

通风的出菇环境，以及适时早收等措施，予以克服。

三十五、灵芝栽培

灵芝以红芝［*Ganoderma lucidum*（Leyss. ex Fr.）Karst.］和紫芝［*Ganoderma japonicum*（Fr.）Llogd］为主要代表种类。属于药用真菌。灵芝性甘温、无毒，主治“耳聋、利关节、保神益精气、坚筋骨”，可通过子实体浸提加工或菌丝发酵培养、加工制作药物。

（一）工艺流程

1. 代料栽培工艺流程

备料→拌料→装瓶（装）→灭菌→接种→培养→出芝管理→采收加工

2. 菌丝液体发酵工艺流程

菌种→试管菌种培养→一级种子瓶培养（500毫升）→二级种子瓶培养（5 000毫升）→三级种子罐菌丝培养（50升）→发酵→过滤、浓缩

3. 短段木栽培工艺流程

备料→截段→灭菌→接种→培养→埋土→出芝→采收加工

（二）技术要点

1. 原料制作和配方

（1）木屑栽培　主要原料是杂木屑和麸皮，树种以壳斗科和枫、杨、柳等阔叶树种的木屑为好。可按香菇木屑栽培的配方，即杂木屑78%，麸皮20%，糖1%，碳酸钙或石膏1%，培养料含水量65%左右，按常规拌料装袋（瓶）灭菌、接种，24℃培养发菌。

（2）段木栽培　一是将阔叶树的枝干锯成长13～15厘米的小段木，含水量40%左右，用40厘米×40厘米的塑料袋包住段木，每袋16根；二是每段长30厘米，根据段木直径大小选用大于段木直径2厘米的塑料袋装袋，两端结扎，进行常压（100℃）灭菌6～8小时，或1.47×10^5帕、126℃灭菌1.5小时，冷却后将菌种块撒入每袋段木之中，每瓶菌种接种两袋。袋口扎上套

环、塞上棉花。30厘米段木两端接种、扎袋口，置24℃下培养菌丝。

(3) 液体发酵培养液配方

①种子罐培养液配方。蔗糖20克，豆饼粉10克，KH_2PO_4 0.75克，$MgSO_4 \cdot 7H_2O$ 0.3克，水1 000毫升，pH自然，消沫剂适量。

②发酵罐培养液配方。蔗糖2 000克，豆饼粉1 000克，KH_2PO_4 75克，$MgSO_4 \cdot 7H_2O$ 37.5克、$(NH_4)_2SO_4$ 25克，$Ca(HCO_3)_2$ 50克，消沫剂适量，水加至50升，灭菌前pH6.5左右。

2. 菌丝培养 瓶栽和短段木栽培的菌丝培养均在室内进行，温度24℃，空气相对湿度75%。通气条件随芝芽的长出而加大，防止高温、高湿时污染杂菌。

液体发酵培养条件是：

一级种子培养于26～28℃，200转/分钟摇床培养48～72小时。

二级种子培养于26～28℃，通气量1∶0.3～0.5，90转/分钟摇床培养48小时。

200升发酵罐投料100升，或1 000升罐投料400升，200转/分钟摇床培养162～168小时。

3. 出芝管理 灵芝出芝温度28℃左右，空气相对湿度85%～90%，需要一定光线（100～500勒克斯）。选择疏松偏酸性沙质土为出芝场，构筑荫棚，在棚内整宽1.2～1.4米长畦，地表挖松土层20厘米，将长满灵芝菌丝的段木开沟埋入，13～15厘米长段木竖埋，30厘米长段木可锯成二截竖埋，亦可直接横埋，覆土3厘米，上方用拱形塑料膜防雨保湿，薄膜可调节高低以利通气。出芝过程主要管理是喷水保湿，促进芝芽发生，根据商品要求的规格，确定留芝芽的多少，以利生产出符合商品要求的产品。菌盖展开阶段要加强通气，增加光照强度，降低空气

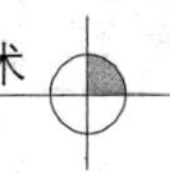

相对湿度。从出芽到菌盖成熟全过程要防雨淋、防子实体连体、防白蚁、防禽畜为害。

4. 采收加工

（1）不论是代料栽培还是段木栽培的灵芝，当菌盖不再增大，白边消失，盖面和盖缘的卷边色泽与柄相同，有大量孢子飞散，视为成熟，即可采收。

采收后的灵芝，剪去带土或带培养基部分，按商品规格要求分别上筛晒干、晾干或烘干。烘后干品立即密封包装，有条件的应同时放入磷化铝防虫蛀。对要求剪柄的商品应在烘晒前去柄烘晒，柄盖分开包装，减少包装体积。

（2）液体发酵培养到适当程度，采用过滤的方式将菌丝体与发酵液分开。再将滤液浓缩至原液的1/5～1/10，制成药用糖浆。滤渣（菌丝体）可磨粉压片，或用酒精提取制成酊剂。

（三）问题讨论

灵芝的木屑栽培主要存在子实体朵形较小，菌柄长，畸形率高，密度小，苦味不如段木栽培子实体的问题。段木栽培亦存在子实体朵形有的较小，部分畸形，盖底褐斑，盖薄，新鲜度较差的问题。总体产量不论木屑栽培还是段木栽培均有待进一步提高。

1. 重视选用优良灵芝菌株。目前应用于生产上的赤芝菌株有许多，不少是从日本和韩国引进的。应以产品市场需求为导向选用菌株。当前国际市场对灵芝产品的要求是朵大、圆整、肉厚、柄短、盖色深褐色、盖底鲜黄色，应依此标准选用栽培品种。

2. 灵芝子实体质量同水分、光线、温度、培养基质量、通气等密切相关。木屑栽培灵芝，选用硬质杂木屑为培养基，装紧袋，含水量适当，出芝后偏干控制空气相对湿度，增强光线照射（100～500勒克斯），加大通气量等可大大提高产品质量。段木栽培中，除选用适销对路的栽培品种外，加长加粗段木，采用横埋、土壤和段木控制适宜含水量、偏干空气相对湿度、控制芝芽数量、加强通风和光线，有利提高产品出口率和产量。

3. 畸形灵芝可通过人为造型制作灵芝盆景或进行深度加工，达到综合利用，提高效益的目的。

4. 灵芝具有异宗结合四极性遗传特性，可以通过杂交的方法选育良种，提高产量和质量。

三十六、茯苓栽培

茯苓（*Poria cocos*）是一种常用中药材，其性平、味甘、入心、脾、肺、肾四经，具有宁心安神、健脾补中、止咳化痰、利水渗湿的功效。除药用外，茯苓还可做成“茯苓糕”、“茯苓夹饼”等保健食品或饮料。

目前茯苓栽培已多用纯菌丝菌种接种法，少数地区仍沿用传统的苓肉接种法（亦称“肉引法”），这两种方法仅种源不同，其他生产过程基本相同。现将菌种接种法介绍如下：

（一）工艺流程

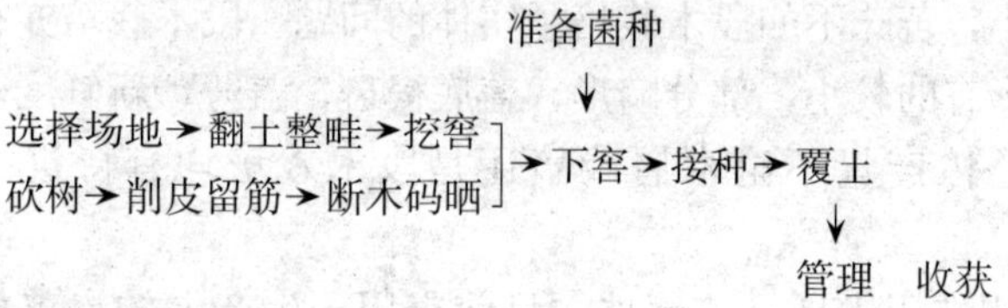

准备菌种 ↓

选择场地→翻土整畦→挖窖
砍树→削皮留筋→断木码晒]→下窖→接种→覆土 ↓ 管理　收获

（二）技术要点

1. 准备菌种

（1）栽培种种型　茯苓的栽培种为小松木片（10 厘米×3 厘米×0.5 厘米）菌种。

（2）菌种质量　洁白致密的茯苓菌丝均匀布满木片，木片呈淡黄色稍腐朽状，具有茯苓的香味，为合格菌种。若有杂菌，或木片颜色较深（棕黄色），呈过分软腐状，表示菌种老化，不能使用。

2. 备料　在自然界，茯苓多生于马尾松、黄山松、云南松、

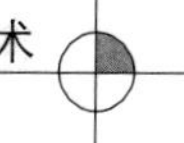

赤松、黑松等松属树木根部。湖北省多用马尾松栽培茯苓。

（1）*砍树*　将备砍松树伐倒，然后挖取树蔸，也可以刨蔸断根后，使枝干和树蔸一起挖出，后者较为省力。

（2）*削皮留筋*　砍树后，随后从蔸至梢顺枝干削去3～4厘米宽的树皮，削皮厚薄以见到木质部为度。留筋部位树皮宽3～4厘米，并按树的粗细削成四边形或六边形（指横截面形状）。

（3）*断木码晒*　削皮留筋半月以后，将枝干锯成60～70厘米长的料筒（段木），然后按井字形堆码架晒，将料筒全部晒干。这种作业称作断木码晒或锯木码晒。

3. 选择场地　选择茯苓栽培场地的标准主要有下列三条：

（1）选用七分麻骨石（砂）三分土的地方作苓场。

（2）选坐北朝南或东南的缓坡地作苓场。

（3）选用生荒地作苓场。种过庄稼或茯苓的地最好荒3年后再作苓场。

4. 翻土整畦

（1）*翻土*　春节前后深挖（50厘米以上）苓场，清除场内的石块、树根。

（2）*整畦*　在山坡上呈梯形开沟作畦，畦宽2～3米、畦长不定。

5. 挖窖　在深挖过的苓场上顺坡挖35厘米深的窖，并使窖底与坡面平行。

6. 下窖接种

（1）*接种时间*　湖北各地，多在5～6月的晴天接种茯苓。

（2）*方法*　先将料筒在窖底摆一层（3～5根），使其留筋部位靠紧，并用沙土固定料筒。然后，将木片菌种比较集中地放在料筒的去皮部位。接种后，用另一料筒压在菌种上面，最后用5～7厘米厚的沙土填实封窖。

7. 栽培管理　料筒下窖接种后应清沟排渍，经常检查发菌情况。特别是接种后10天左右，应检查茯苓菌丝定植成活情况。

若成活欠佳，可以补种。正常情况下，经70天左右，苓场地面可见裂纹，表示茯苓菌核已经形成。此后应掩土盖裂，防止菌核"冒风"，同时封场，严防人畜践踏。

8. 收获

（1）*茯苓成熟标准* 下窖接种后的第2年4～5月间，茯苓即陆续成熟。茯苓成熟的标准是：

①苓场不再出现龟状裂缝。

②茯苓皮色由浅变深，表皮不再出现裂纹。

③料筒褐腐，其养料基本被茯苓用尽。

（2）*收获方法* 将茯苓窖刨开，即可取出茯苓。若料筒尚未完全腐烂，收获茯苓后仍用沙土覆盖料筒，还可望长出茯苓。

（三）问题讨论

1. 栽培茯苓需要砍伐松树，此事与生态平衡有一定的矛盾。因此，在完善目前通用的栽培技术、提高单产的同时，探讨代料栽培茯苓的新途径（包括深层发酵）是摆在我们面前的新课题。

2. 如果只考虑药用，茯苓的市场十分有限，在以销定产的前提下，各地应在保健食品（包括饮料）上大做文章。

第五章

食用菌病虫害及其安全防治

一、食用菌病害的基础知识

（一）病害的定义

在整个栽培过程中，由于遭遇极不适宜的环境条件，或者遭受其他生物的侵染，致使食用菌的生长和发育受到显著的影响，因而降低食用菌的产量和（或）产品质量，即称作食用菌病害。

食用菌病害是由于不断遭受不利因素的刺激，其正常代谢活动和生理机能受到破坏，发生一系列的病变形成的，机能的破坏随着病害的发展而逐渐加深。因此，食用菌病害的发生，往往有一个过程，并且产生一系列持续性的顺序变化，即所谓病理程序。

食用菌受到机械创伤或昆虫、动物（不包括病原线虫）伤害时，没有病理程序，因而不能叫做食用菌病害。

（二）发病原因（病原）

引起食用菌发病的直接因素，称为病原。分析食用菌病害发生的原因时，应该区别两种不同类型的病害，即非侵染性病害和侵染性病害。侵染性病害的发病条件应该包括食用菌（寄主）、病原生物和环境条件三个方面，不能简单地、孤立地将病原生物看作病原。

（三）非侵染性病害和侵染性病害

1. 非侵染性病害（生理病害）

（1）概念　食用菌正常的生长发育需要一定的环境条件，在不同的发育阶段，食用菌对环境条件有一定的质和量的适应范围。当环境条件中某种因子的变化超过了食用菌所能适应的范围时，食用菌的正常生理活动就会受到阻碍，甚至遭到破坏而产生病害。不适宜的环境因素，凡是不属于生物范畴的，一般称之为非侵染性病原。非侵染性病原所引起的病害就是非侵染性病害。非侵染性病害一般是属于生理性的，所以也称作生理病害。非侵染性病害没有传染性。

（2）病因　常见的食用菌非侵染性病害的病因有如下几类：营养物质缺乏或比例不当、水分失调、高温、冻害、光照不适、有害化学物质（二氧化碳、二氧化硫、硫化氢等）浓度过高等。有时也把化学农药引起的药害放在一起研究。

非侵染性病害最常见的症状是子实体畸形。

2. 侵染性病害

（1）概念　侵染性病害是由各种病原生物侵害食用菌引起的。这些病原生物包括真菌、细菌、病毒和线虫等，分别称作病原真菌、病原细菌和病原线虫。病原生物引起的病害是可传染的。所以，侵染性病害也称作传染性病害。被病原生物侵染的食用菌称为寄主。

（2）初次侵染和再侵染　在一个生产季节或生长周期中，病原物第一次侵染寄主称为初次侵染。经过初次侵染引起寄主发病后，病原物在寄主体内和（或）体外产生大量繁殖体，通过传播又可侵染更多的寄主，这种侵染称作再侵染。

按照病原物对食用菌的为害方式，侵染性病害可分为三大类：寄生性病害、竞争性病害、寄生性兼竞争性病害。

①寄生性病害。此类病害的主要特征是，病原物直接从寄主的菌丝体或子实体内吸取养分，使寄主正常的新陈代谢受到阻碍，从而引起食用菌的产量和（或）品质下降；或者是病原物分泌某种对寄主有害的物质，杀伤或杀死寄主，同时吸收寄主的养分。食用菌病毒病是纯寄生性病害。

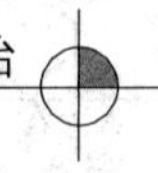

②竞争性病害。食用菌的竞争性病害类似于农作物的杂草为害，通常将这类病原菌称为杂菌。其特点是病原菌（杂菌）生长在培养料（基）上，与食用菌争夺养分和生存空间，从而导致食用菌的产量和（或）品质下降。

食用菌竞争性病害的病原菌包括真菌和细菌两大类，但主要是真菌类。

③寄生性兼竞争性病害。这类病原菌既能在培养基上与食用菌争夺养分和生存空间，影响食用菌的生长发育，又能直接从寄主的菌丝体或子实体内吸取养分，使寄主无法进行正常的新陈代谢活动。木霉（*Trichoderma* sp.）引起的多种食用菌病害是寄生性兼竞争性病害的典型例子。

（四）症状

食用菌感病后，在其外部和内部表现出的不正常特征，称为症状。症状是病原物特性和寄主特性相结合的反映，分为病状和病症两方面。病状是食用菌染病后本身表现出来的不正常状态；病症则是病原物在寄主（食用菌）体内和体外表现出来的特征。因此，病症只存在于侵染性病害。

常见的食用菌病害症状有变色、斑点、凹陷、软腐、萎缩、畸形等。

二、真菌性病害

真菌引起的食用菌病害种类最多，为害最重。从为害方式来看，真菌病害可分为寄生性真菌病害、竞争性真菌病害、寄生性兼竞争性真菌病害三大类。从为害时间来看，有制种阶段的为害，也有在代料或段木栽培期间的为害。

（一）寄生性真菌病害

在这一类病害中，研究最深、报道最多的是为害蘑菇的褐腐病、褐斑病、软腐病、褶霉病、菇脚粗糙病、枯萎病、黄毁丝病，以及为害银耳的浅红酵母病等。现将九种寄生性真菌病害的主要症状及其防治措施介绍于下。

1. 褐腐病 亦称白腐病、湿泡病、水泡病、疣孢霉病。

（1）病原菌 疣孢霉（*Mycogone perniciosa*）（图 5-1），属于半知菌类。

（2）病原菌习性 疣孢霉性喜郁闭、潮湿的环境，其菌丝生长的最适温度为 25℃，pH6.2。10℃以下极少发病，15℃以上发病严重，65℃条件下经 1 小时即死亡。

（3）为害对象 主要为害蘑菇、草菇。

（4）症状 疣孢霉只感染子实体，不感染菌丝体。其常见症状是：

①发病初期，蘑菇的菌褶和菌柄下部出现白色棉毛状菌丝；稍后，病菇呈水泡状，进而褐腐死亡。

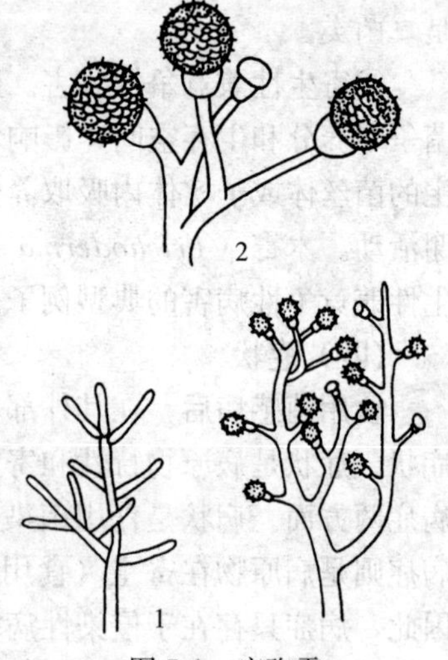

图 5-1 疣孢霉
1. 轮枝形分生孢子 2. 厚垣孢子

②幼菇受害后常呈无盖畸形（硬皮马勃状团块），并伴有暗黑色液滴渗出，最后腐烂死亡。

③感病菇上渗水滴是褐腐病的典型症状。

（5）传播途径 当第一批菇发病时，覆土是主要媒介；而后再发病，水、工具或栽培者都可能是病菌传播的重要途径。

（6）防治措施

①覆土前 5 天，按每立方米覆土加 50 毫升甲醛、25 克高锰酸钾的比例进行密封熏蒸 24 小时，可以预防此病发生。

②开始发病时应停止喷水，加大菇房通风量，并且尽可能将温度降至 15℃以下。

③在病区喷洒1%～2%的甲醛溶液，或喷洒1∶500倍多菌灵或托布津灭菌。

④发病严重时，更换覆土，烧毁病菇，并用4%甲醛溶液消毒工具。

2. 褐斑病　亦称干泡病、轮枝霉病。

（1）病原菌　轮枝孢霉（*Verticillium fungicola*）（图5-2），属于半知菌类。

（2）病原菌习性　轮枝孢霉性喜低温、高湿的环境。

（3）为害对象　蘑菇子实体。

（4）症状

①病菇菌盖上产生许多针头状褐色斑点，后逐渐扩大，并产生灰白色凹陷，病程约14天。

②虽然蘑菇的营养菌丝不会染病，但子实体分化前，病菌可沿蘑菇的菌丝索生长，形成质地较干的灰白色组织块。

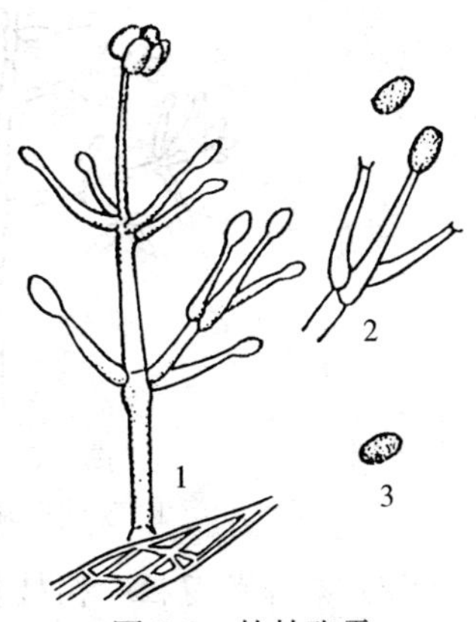

图5-2　轮枝孢霉
1. 孢子梗分枝　2. 小梗
3. 分生孢子

③后期染病，菌柄变粗、变褐，表层剥裂，菌盖较小，畸形，常有霉状附属物。病菇干裂，不腐烂，无特殊臭味。

（5）传播途径

①病菌的分生孢子主要通过溅水传播。

②菇蝇、螨类、操作工具、气流、覆土，以及栽培者本身，均可成为传染媒介。

（6）防治措施

①用甲醛熏蒸覆土，且避免覆土过湿。

②防止菇蝇进入菇房。

③用4%甲醛溶液消毒工具。

④已发病的菇床，可喷洒 1∶500 倍多菌灵溶液，抑制病菌蔓延。

3. 软腐病 又称树枝状轮枝孢霉病、蛛网病。

（1）病原菌 树枝状轮枝孢霉（*Dactylium dendroides*）（图 5-3），属于半知菌类。

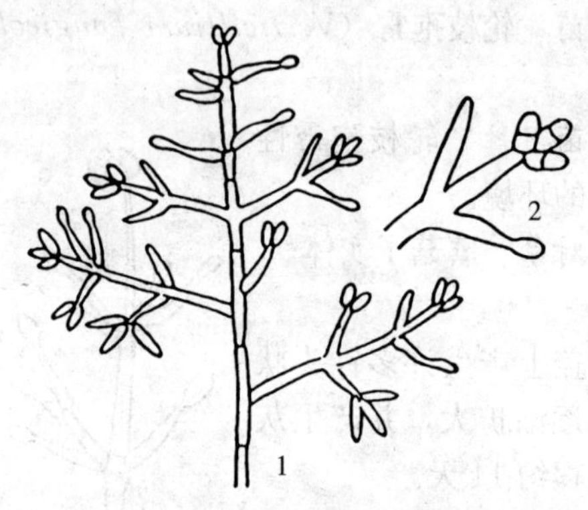

图 5-3 树枝状轮枝孢霉

1. 孢子梗分枝 2. 小梗和分生孢子

（2）病原菌习性 树枝状轮枝孢霉性喜低温、高湿的环境。

（3）为害对象 蘑菇

（4）症状

①发病时，床面覆土周围出现白色蛛网状菌丝，若不及时处理，病原菌迅速蔓延，并变成水红色。

②在蘑菇的整个发育阶段都可染病。染病子实体并不发生畸形，而是逐渐变成褐色，直至腐烂。

（5）传播途径 病原菌的分生孢子主要借助气流、水滴或覆土传播。

（6）防治措施

①软腐病很少大面积流行。局部发生时，喷洒 2%～5%的甲醛溶液。

②减少床面喷水，加强通风，降低床面空气湿度。

③在染病床面撒 0.2～0.4 厘米厚的石灰粉。

④喷洒 1∶500 倍的托布津或多菌灵药液。

4. 褶霉病　又称菌盖斑点病。

(1) 病原菌　白扁丝霉（异名褶生头孢霉）(*Aphaanocladium album*) 和头孢霉 (*Cephalosporium* sp.)（图 5-4），属于半知菌类。

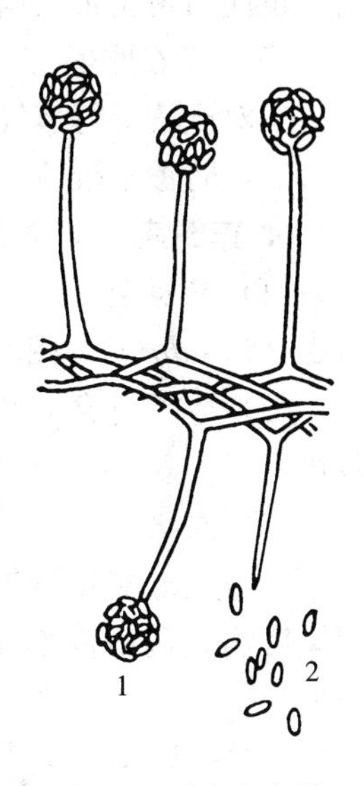

图 5-4　顶孢头孢霉
1. 分生孢子头
2. 分生孢子

(2) 病原菌习性　头孢霉性喜湿度偏高的环境。

(3) 为害对象　蘑菇、香菇。

(4) 症状　病菇形状正常，但菌褶一堆一堆地贴在一起，其表面常有白色菌丝。

(5) 传播途径　病原菌由覆土或空气传播。

(6) 防治措施

①加强菇房通风，防止菇房湿度过高。

②及时摘除并烧毁病菇。

③喷洒 1∶500 倍托布津或多菌灵，可抑制病害发展。

5. 菇脚粗糙病

(1) 病原菌　贝勒被孢霉 (*Mortierella bainieri*)，属于藻状菌。

(2) 为害对象　蘑菇。

(3) 症状

①病菇菌柄表层粗糙、裂开，菌盖和菌柄明显变色，后期变成暗褐色。

②在病菇的菌柄和菌褶上可以看到一种粗糙、灰色的菌丝生长物，它可以蔓延到病菇周围的覆土上，发病情况和软腐病有些相似。

③有些病菇发育不良，形成畸形菇。

（4）传播途径　病菌产生的孢囊孢子很容易由空气和水滴传播，也能由覆土带入菇房。

（5）防治措施

①对土壤进行蒸气或药剂消毒。

②严防覆土带菌。

6. 猝倒病　又称枯萎病。

（1）病原菌　尖镰孢霉（*Fusarium oxysporum*）或茄腐镰刀霉（*F. solani*）（图 5-5），属于半知菌类。

（2）为害对象　蘑菇、覆土栽培香菇。

（3）症状

①镰孢霉主要侵染蘑菇菌柄，侵染后病菇菌柄髓部萎缩、变成褐色。

②早期感染的病菇和健菇在外形上差异不明显，只是病菇菌盖色泽较暗，菇体不再长大，逐渐变成“僵菇”。

③与其他致烂菌共同导致覆土香菇烂筒。

（4）传播途径　带菌覆土是此病的主要媒介。

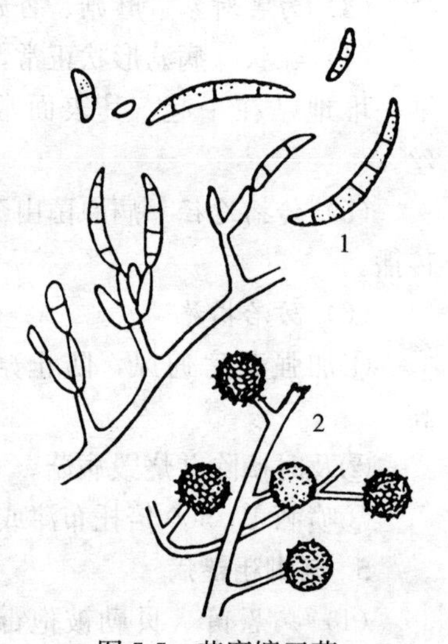

图 5-5　茄腐镰刀菌
1. 大型分生孢子　2. 厚垣孢子

（5）防治措施

①对覆土进行蒸汽或药物消毒，是防治本病的主要方法。

②一旦发病，可按 11∶1 的比例将硫酸铵与硫酸铜混合，然后取上述混合物 300 克加水 100 千克喷洒菇床。

③也可喷洒 1∶500 倍苯来特或托布津。

④选择适宜栽培品种温度的出菇场所，防止高温高湿，夏季

香菇栽培场所应加强通风、降温、降湿管理，实行干干湿湿交换进行水分管理。

7. 菌被病 又称马特病、黄霉病、黄毁丝病等。

（1）病原菌 黄毁丝霉（*Myceliophthora lutea*）（图 5-6），属于半知菌类。

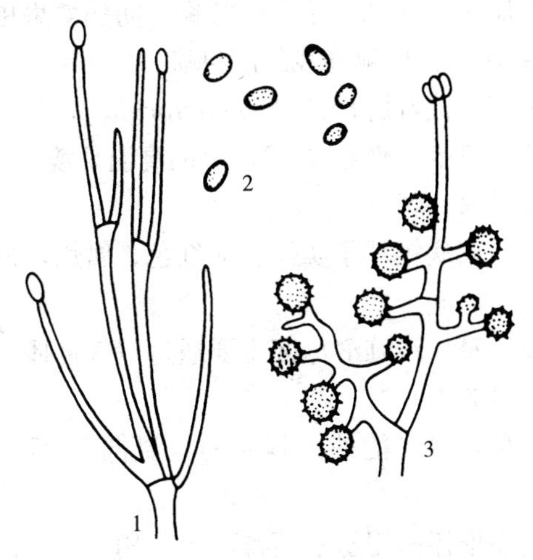

图 5-6 黄毁丝病菌（黄霉菌）

1. 分生孢子梗 2. 分生孢子 3. 厚垣孢子

（2）病原菌习性 黄毁丝霉属于寄生性兼竞争性杂菌，性喜培养料腐熟过度和通风不良、湿度过大的环境。

（3）为害对象 蘑菇。

（4）症状

①病原菌丝初为白色，后呈黄色至淡褐色，线毯状。该菌的寄生性很强，能分泌溶菌酶噬蚀蘑菇菌丝。

②该菌侵入菇床后，培养料内出现成堆的黄色颗粒，并散发出浓厚的铜绿、电石等金属气味或霉味。

③病原菌侵害蘑菇子实体时，菇体表面出现灰绿色的不规则锈斑，呈“彩纸屑”状。

（5）传播途径　病原菌主要通过培养料或覆土带入菇房。

（6）防治措施

①防止堆肥过熟、过湿，加强菇房通风换气。

②堆肥发酵和蒸汽消毒时，配合用甲醛熏蒸（详见褐腐病防治措施），能杀灭黄毁丝霉菌。

③每吨堆肥中加入0.9千克硫酸铜，防病效果更佳。

8. 红银耳病　又称银耳浅红酵母病。

（1）病原菌　浅红酵母菌（*Rhodotorula pallida*）。

（2）病原菌习性　性喜25℃以上的高温环境。

（3）为害对象　银耳。

（4）症状　染病银耳子实体变成红色、腐烂，最后使耳根失去再生力。

（5）传播途径　浅红酵母菌主要通过空气传播、接触侵染。

（6）防治措施

①适时接种，尽可能使出耳时的气温低于25℃，以减轻其为害。

②老耳棚在堆棒前用氨水消毒，工具用0.1%的高锰酸钾溶液杀菌。

③据上海市农业科学院植物保护研究所报道，施用浓度为300毫克/升的2-4-氧代赖氨酸，可阻止浅红酵母菌侵染银耳子实体。

9. 小菌核

（1）病原菌　齐整小核菌（*Sclerotium rolfsii*）。

（2）病原菌习性　寄生性兼竞争性杂菌。菌核萌发和菌丝生长的温度范围是10～35℃，最适温度30～32℃。

（3）为害对象　草菇、蘑菇。

（4）症状

①小菌核菌丝白色，有光泽，棉毛状，比草菇菌丝粗壮，从中央向四周辐射生长，菌丝上形成大量菌核。

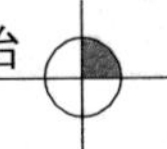

②小菌核初时乳白色，随着体积的增大，逐渐变为米黄色，最后缩小并变成茶褐色，貌似油菜籽。

(5) 传播途径　稻草或培养料带菌传播。

(6) 防治措施　堆草前，用2%～3%的石灰水浸泡稻草；局部感染时，可用1%石灰水处理。

(二) 竞争性真菌病害（杂菌）

为害食用菌的竞争性真菌病害主要是指污染菌种的杂菌、代料栽培中菇房（菇床）常见杂菌，以及木腐菌、段木栽培中常见的杂菌侵染引起的病害。

1. 污染菌种的常见杂菌

(1) 杂菌的识别

①毛霉（*Mucor*）毛霉一般出现较早，初期呈白色，老后变为黄色、灰色或褐色。菌丝无隔膜，不产生假根和匍匐菌丝，直接由菌丝体生出孢囊梗。孢囊梗一般单生，且较少分枝。球形孢子囊着生在孢囊梗顶端（图5-7）。孢子囊一般黑色，囊内有囊轴。囊轴与孢囊梗相连处无囊托。孢囊孢子球形，椭圆形或其他

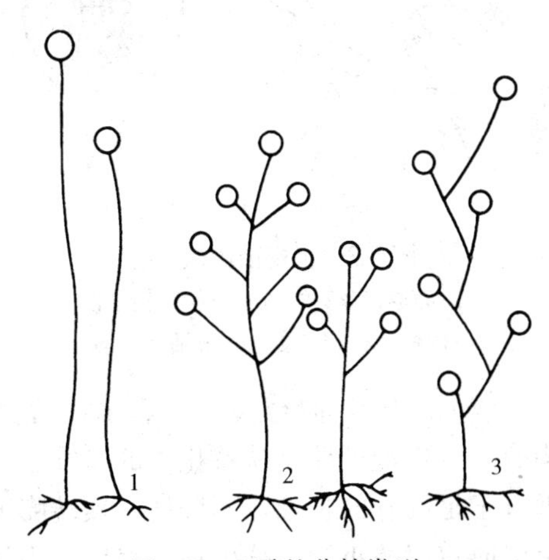

图5-7　毛霉的分枝类型

1. 单柄　2. 总状分枝　3. 假轴状分枝

形状，单孢，多五色。

②根霉（*Rhizopus*）根霉与毛霉相似，其菌丝无隔膜。但其在培养基上能产生弧形的匍匐菌丝，向四周蔓延，并由匍匐菌丝生出假根，菌丝交错成疏松的絮状菌落。菌落生长迅速，初时白色，老熟后变为褐色或黑色。孢囊梗直立，不分枝，顶端形成孢子囊，内生孢囊孢子（图 5-8）。孢囊孢子球形、卵形或不规则，有棱角或有线状条纹，单孢。

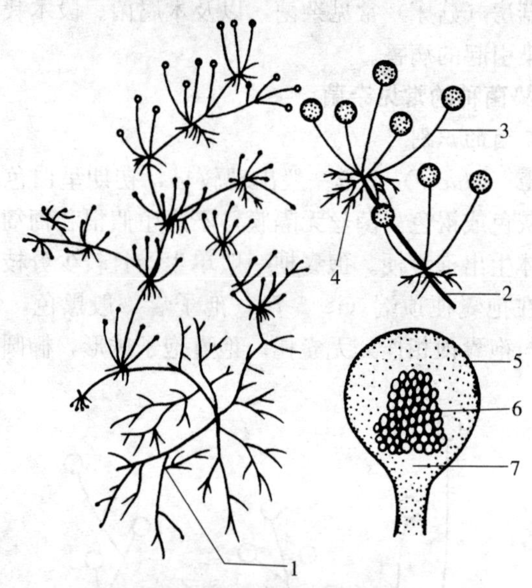

图 5-8　根霉菌菌丝形态

1. 营养菌丝　2. 匍匐枝　3. 孢子梗

4. 假根　5. 孢子囊　6. 囊轴　7. 囊托

③曲霉（*Aspergillus*）曲霉属于子囊菌，营养体由具横隔的分枝菌丝构成。分生孢子梗是从特化了的厚壁、膨大的足细胞生出，并略垂直于足细胞的长轴，不分枝，顶端膨大成顶囊。顶囊表面产生单层或双层的小梗。分生孢子着生于小梗顶端，最后成为不分枝的链（图 5-9）。分生孢子的形状、颜色和饰纹，以

及菌落的颜色，都是分类的重要依据。菌落颜色多种多样，最常见的是黄色、黑色、褐色、绿色等，呈绒状、絮状或厚毡状，有的略带皱纹。

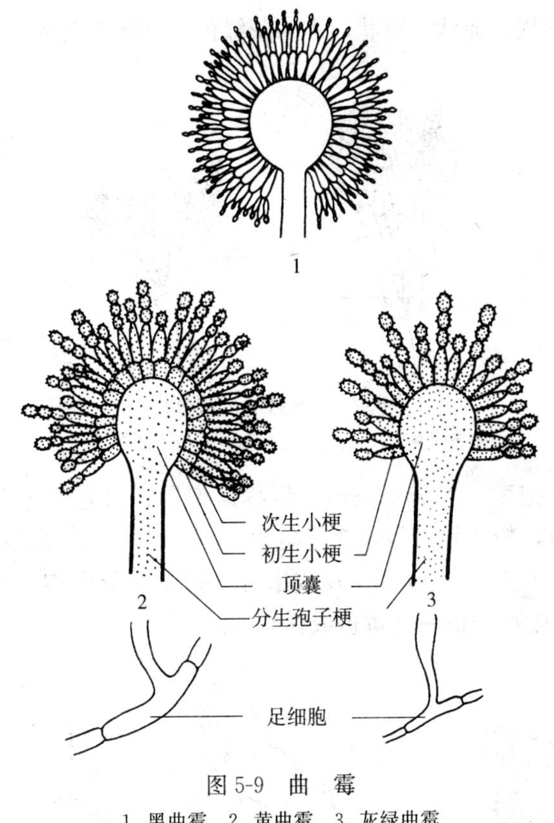

图 5-9　曲　霉

1. 黑曲霉　2. 黄曲霉　3. 灰绿曲霉

④青霉（*Penicillium*）青霉的菌丝体无色、淡色或有鲜明的颜色，具横隔，为埋伏型，或为部分埋伏型、部分气生型。气生菌丝密毡状或松絮状。分生孢子梗由埋伏型或气生型菌丝生出，不形成足细胞，顶端不膨大，无顶囊，单独直立或作某种程度的集合乃至密集为菌丝束。分生孢子梗先端呈帚状分枝（图

5-10)，由单轮或两次到多次分枝系统构成，对称或不对称，最后一级分枝即为分生孢子小梗。小梗用断离法产生分生孢子，形成不分枝的链。分生孢子球形、椭圆形或短柱形，多呈蓝绿色，有时无色或呈别种淡的颜色，但决不呈污黑色。菌落质地可分为绒状、絮状、绳状或束状，多为灰绿色，且随菌落变老而改变。

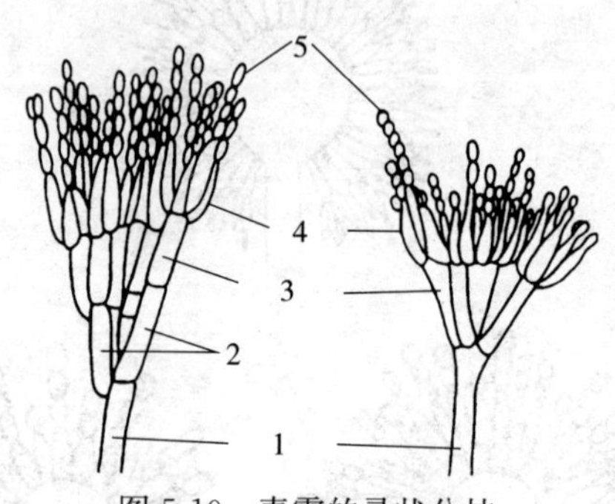

图 5-10　青霉的帚状分枝

1. 分生孢子梗　2. 副枝　3. 梗基　4. 小梗　5. 分生孢子

⑤脉孢菌（*Neurospora*）俗称链孢霉或红色面包霉。菌落最初白色，粉粒状，很快变为橘黄色，绒毛状。菌落成熟后，上层覆盖粉红色分生孢子梗及成串分生孢子（分生孢子链）（图5-11)。分生孢子链呈橘黄色或粉红色。

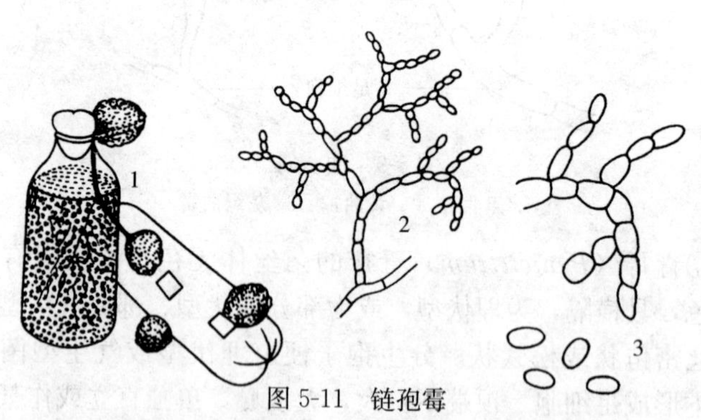

图 5-11　链孢霉

1. 猴头菇绒毛状孢子团　2. 分生孢子链　3. 分生孢子

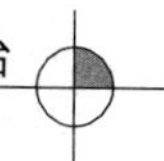

脉孢菌能杀死食用菌的菌丝体，引起培养基发热，发酵生醇，因此很容易从菌种室内嗅到某种霉酒味或酒精香味。脉孢菌属于子囊菌。子囊簇生或散生，褐色或黑褐色。子囊孢子初无色，透明，成熟后变为黑色或墨绿色，并且有纵的纹饰。

（2）杂菌污染的主要原因

①培养基灭菌不彻底。在这种情况下，往往在瓶（袋）内培养基的上、中、下各层同时出现杂菌，且杂菌种类较多(两种以上)。

②接种室（箱）消毒不严，或接种人员操作不慎造成污染。这类原因造成的污染多在培养基表面最先出现杂菌，而其他地方只有在稍后才出现杂菌。

③菌种带有杂菌。菌种带菌所造成的污染往往是成批地发生，从几十瓶（袋）到几百瓶（袋），而且杂菌首先在接种块上出现，杂菌种类比较一致。

④菌种培养室不卫生，或培养室曾作为原料仓库或栽培室，导致环境中杂菌孢子基数较大，加上瓶塞或袋口包扎不紧或棉塞潮湿等原因造成污染，且多在菌种培养中期或后期发生。

⑤鼠害。老鼠扯掉棉塞或抓破、咬破菌袋而造成菌种污染。

2. 粪草菌培养料上常见的杂菌　蘑菇、草菇等粪草菌培养料上常有鬼伞、绿色木霉、胡桃肉状菌等杂菌发生。现将七种常见杂菌的生活习性、为害症状及其主要防治措施简介如下。

（1）棉絮状杂菌

病原菌：可变粉孢霉（*Oidium rariablis*）（图 5-12）。

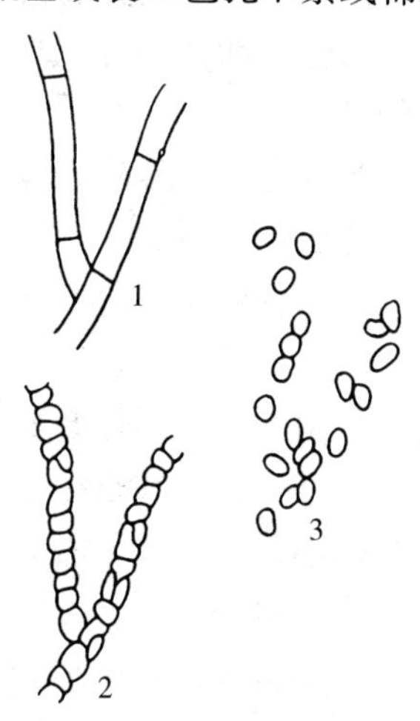

图 5-12　可变粉孢霉

1. 菌丝　2. 菌丝断裂产生分生孢子　3. 圆柱形分生孢子

习性：对温度要求与蘑菇菌丝

相似，为10～25℃，对土层湿度要求不严。

为害对象：蘑菇。

症状：①病原菌在床面大量发生时，影响蘑菇菌丝生长和蘑菇产量，病区菇稀、菇小，严重时不出菇。②条件适宜时，可变粉孢霉先在细土表面生长，菌丝白色，短而细，像一篷篷棉絮，故称棉絮状杂菌。经过一段时间，菌丝萎缩，逐渐变成粉状、灰白色；最后变为橘红色颗粒状分生孢子。

传播途径：培养料中粪块带菌。

防治措施：

①当棉絮状菌丝出现在土表时，用1∶500倍多菌灵或托布津喷洒，100米^{2}用药液45千克。

②连续严重发生棉絮状杂菌污染的菇房，用1∶800倍多菌灵拌料，有明显的预防作用。

（2）胡桃肉状杂菌　又叫假块菌、牛脑髓状菌（图5-13）。

病原菌：小孢假胶枞块菌（*Pseudobalsamia microspora*）。

习性：性喜高温、高湿、郁闭的环境。

为害对象：蘑菇。

症状：

①菌种感染。菌丝未发透培养料时，出现浓白、短并带有小白点的菌丝丛，很像蘑菇菌丝徒长，不结被，但常扭结成形似不规则的小菇蕾，拔塞时有一股氯气（漂白粉）气味。

②菌料感染。菌料表面或底部出现肥壮、浓密、白至黄白色带小白点的菌丝，有漂白粉气味。随着杂菌的滋生，培养料开

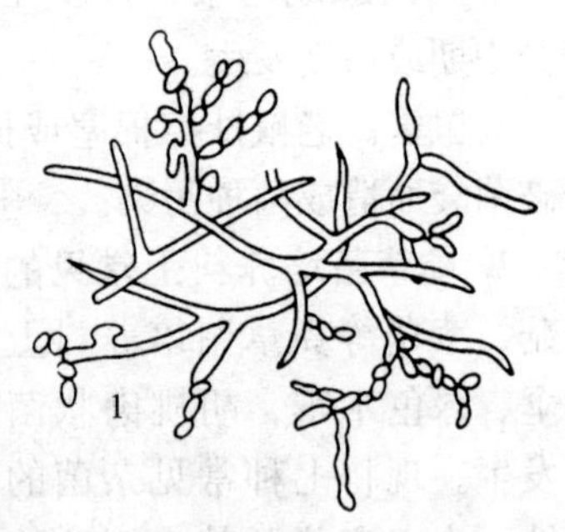

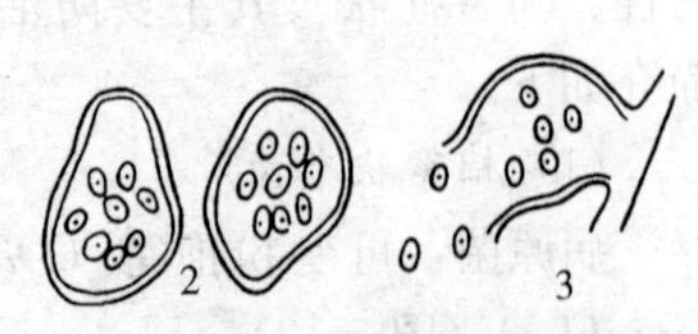

图5-13　胡桃肉状菌
1. 菌丝体　2. 子囊　3. 子囊孢子

始变松，蘑菇菌丝逐渐退化消失。

③土层感染。料层之间或土层中间出现不规则的成串的畸形小菇蕾样杂菌，连绵不断向四周扩散，并散发出很浓的氯气味，蘑菇菌丝消失。

防治措施：

①避免在患有该病的菇房选种。

②出现过胡桃肉状杂菌污染的床架材料要全部淘汰，菇房及场地喷洒1∶800倍多菌灵消毒，有条件时更换菇房更理想。

③培养料要经过二次发酵，且防止培养料过湿过厚。

④适当推迟播种期,降低出菇时的温度,也有一定的预防效果。

⑤发病初期，及时用石灰封锁病区，停止喷水，加强通风，待土面干燥后，小心地挑出杂菌的子囊果并烧毁。当室温降至16℃以下后，再调水管理，仍可望出菇。

（3）木霉　俗称绿霉。

病原菌：绿色木霉（*Trichoderma viride*）或康宁木霉（*T. koningii*）（图5-14）。

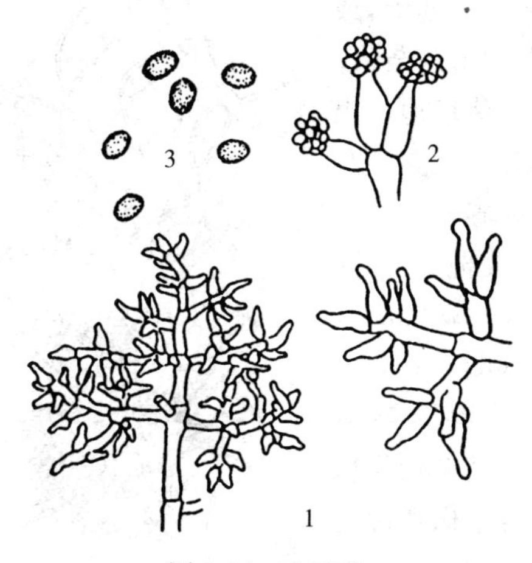

图5-14　木霉菌

1. 分生孢子梗分枝　2. 孢子着生状　3. 分生孢子

习性：木霉的适应性强，尤喜酸性环境。

为害对象：菌种、木腐菌或粪草菌的培养料，以及食用菌本身，是造成香菇菌筒腐烂的病原菌之一。

症状：绿色木霉的单个孢子多为球形，在显微镜下呈淡绿色。其产孢丛束区常排成同心轮纹，深黄绿色至蓝绿色，边缘仍白色，产孢区老熟自溶。康氏木霉的分生孢子椭圆形，卵形或长形，在显微镜下单个孢子近无色，成堆时绿色。在培养基上，菌落外观为浅绿、黄绿或绿色，不呈深绿或蓝绿色。

传播途径：空气及带菌培养料是主要媒介。

防治措施：

①保持菌种厂及菇房（场）环境卫生，经常进行空气及用具消毒。

②使用甲醛消毒时，防止过量，避免造成酸性环境。

③生产菌种时，培养料必须彻底灭菌；接种时严格无菌操作，发现污染，及时清出。

④始见木霉时，及时喷洒1∶500倍苯来特药液，或喷洒5%的石灰水抑制杂菌。

⑤选择适宜栽培地，出菇场所防止高温、高湿。

（4）橄榄绿霉

病原菌：橄榄绿毛壳（*Chaetomium olivaceum*），又称球毛壳菌（图5-15）。

习性：培养料含氨量高，氧气不足，甚至处于厌氧状态，更适合于橄榄绿霉生长。

为害对象：蘑菇。

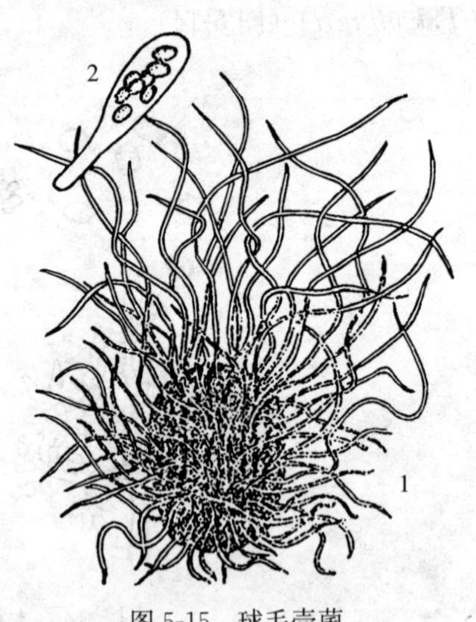

图5-15　球毛壳菌

1. 子囊壳　2. 子囊及子囊孢子

症状：

①此菌一般在播种后两周内出现，菌丝初期灰色，后来逐渐变成白色。

②菌丝生长不久，就可形成针头大小的绿色或褐色子囊壳。

③橄榄绿霉在培养料内直接抑制蘑菇菌丝生长，造成蘑菇减产。

传播途径：多由培养料中的稻草带入菇房。

防治措施：

①后发酵期间，控制料温不要超过60℃。

②培养料进菇房前，将料中的氨气充分散失。

（5）*白色石膏霉*　又称臭霉菌。

病原菌：粪生帚霉（*Scopulariopsis fimicola*）（图5-16）。

习性：培养料含水量65%，空气相对湿度90%，温度25℃以上的高温高湿环境适其生长偏熟、偏黏、偏氮、pH8的培养料，是白色石膏霉的最适生活条件。

为害对象：蘑菇。

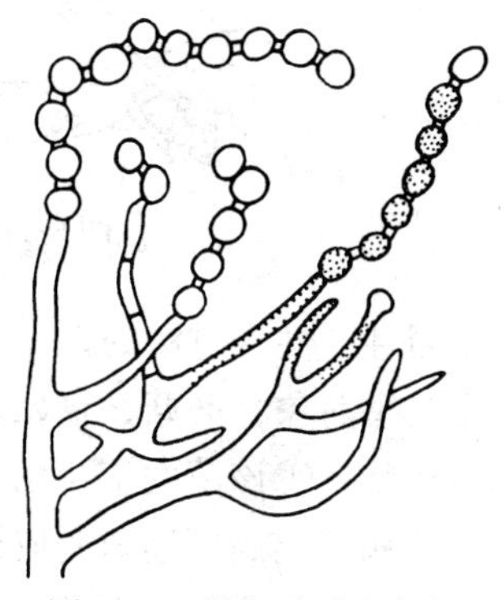

图5-16　粪生帚霉（白色石膏霉）

症状：

①菌料感染。起初出现白色浓密绒毛状菌丝，温、湿度越高蔓延越快（生活史约7天），白色菌落增大，最后变成黄褐色，受污染的培养料变黏、发黑、发臭，蘑菇菌丝不能生长。直到杂菌自溶后，臭气消失，蘑菇菌丝才能恢复生长。

②土层感染。土层中一旦发现就是白色菌落，变色比菌料中快。土层被污染后很臭，蘑菇菌丝不能上泥。等到杂菌自溶，臭气消失时，蘑菇菌丝才能爬上土层，恢复正常生长和出菇。

传播途径：没有消毒的床架及垫底材料、堆肥、覆土均可带菌，各种畜禽、昆虫是传播白色石膏霉的媒介。

防治措施：

①使用质量好的经“二次发酵”处理的培养料栽培蘑菇。

②堆肥中添加适量的过磷酸钙或石膏。

③局部发生时，用 1 份冰醋酸对 7 份水浸湿病部。大面积发生时，可用 600～800 倍多菌灵喷洒整个菇床。

④将硫酸铜粉撒在罹病部位，有抑菌去杂作用。

（6）褐皮病　又叫褐色石膏霉、黄丝葚霉。

病原菌：菌床团丝核菌（*Papulospora byssina*）（图 5-17）。

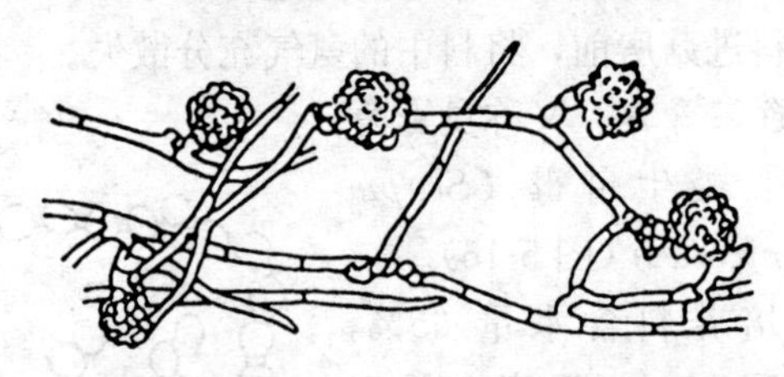

图 5-17　多芽团丝核菌

习性：性喜过湿的菇床。

为害对象：蘑菇、草菇、凤尾菇。

症状：①该菌发生初期为白色，逐渐扩展出现 15～60 厘米直径的病斑，病斑逐渐变成褐色，成颗粒状。用手指摩擦时，似滑石粉感觉，这不是孢子而是珠芽，它极易在空气中传播。②随着气温的降低和菇床水分的减少，病斑逐渐干枯，变成褐色革状物，出菇量锐减。③发酵过熟、过湿培养料的菇床上，除了发生褐色石膏霉外，常伴随着鬼伞大量发生。

传播途径：堆肥、废棉等都可传播此菌。

防治措施：

①控制播种前培养料的含水量。

②一旦发病，立即加强通风，并在病斑周围撒上石灰粉，防止病害扩展蔓延。

③局部发生时，喷洒 1∶500 倍多菌灵或 1∶7 倍醋酸溶液。

（7）鬼伞

病原菌：鬼伞属于大型真菌。菇床上发生的鬼伞（*Coprinus*）有下述 4 种（图 5-18）：

①墨汁鬼伞（*C. atramentarius*）；

②毛头鬼伞（*C. comatus*）；

③粪鬼伞（*C. sterguilinus*）；

④长根鬼伞（*C. macrorhizus*）。

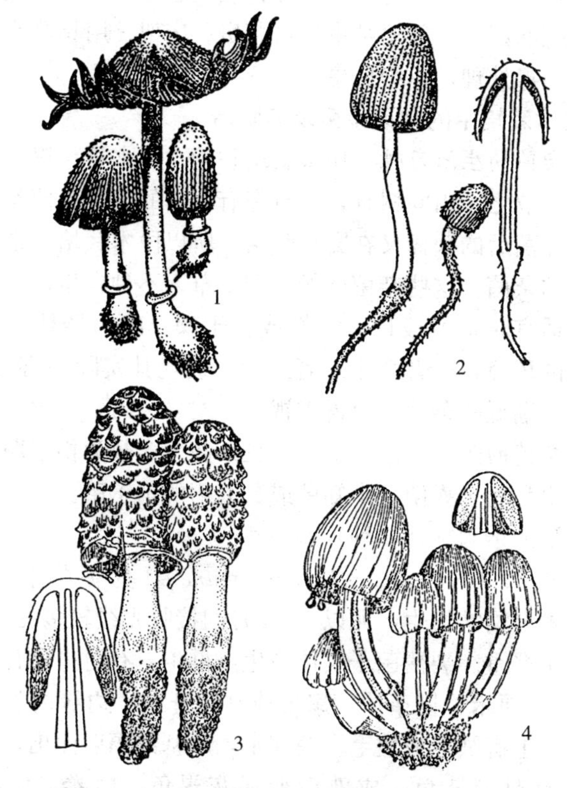

图 5-18　鬼　伞

1. 粪鬼伞　2. 长根鬼伞　3. 毛头鬼伞　4. 墨汁鬼伞

习性：气温20℃以上时，鬼伞可以大发生。

为害对象：蘑菇、草菇。

症状：①在堆制培养料时，鬼伞多发生在料堆周围。②菇房内，鬼伞多发生在覆土之前。③鬼伞生长很快，从初见子实体（鬼伞）到其自溶，只需24～48小时，与草菇、蘑菇争夺养料，造成减产。

传播途径：培养料带菌。

防治措施：①使用未霉变的稻草，棉籽壳等栽培草菇。②使用质量合格的“二次发酵”的培养料栽培蘑菇。③对曾经严重发生鬼伞为害的菇房，栽培结束后，菇房、床架、用具等要认真刷洗，严格消毒处理，以绝后患。

3. 段木栽培中的常见杂菌及其防治

（1）杂菌的生活习性　用来栽培香菇、黑木耳、银耳等木腐菌的段木，取之于山间树林，本身带有杂菌的孢子、菌丝或子实体，加上点菌后的菌棒又在野外栽培，所以段木栽培中常会出现或多或少的杂菌。这些杂菌好像田间杂草，不种自生，且适应性强，条件适宜时繁衍极快。它们或喜干燥、向阳场地，或喜潮湿，郁闭的环境，或者介于二者之中。但就其实际为害性而言，性喜郁闭、潮湿的杂菌更值得重视。

（2）杂菌的识别　段木上的常见杂菌大多数为担子菌中的非褶菌类，少数为子囊菌、半知菌或具菌褶的担子菌。

具菌褶的杂菌（共4种）：

①裂褶菌（*Schizophyllum commune*），为害菇木、耳木。菇木和耳木上均常发生，尤以3～4月间接收光线较多的1、2年菌棒上发生严重。裂褶菌子实体散生或群生，有时呈覆瓦状。菌盖直径1～3厘米，韧革质，扇形或掌状开裂，边缘内卷，白色至灰白色，上有绒毛或粗毛。菌褶窄，从基部辐射而出，白色或淡肉色，有时带紫色，成熟后变成灰褐色，内卷，俗称“鹅（鸡）毛菌”。孢子无色，圆柱形，孢子印白色。担子果耐旱，吸

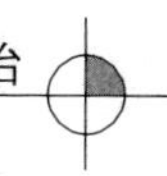

水后又可恢复生长。

②桦褶孔菌（*Lenzites betulina*），喜湿性杂菌。担子果叠生，贝壳状，无柄，坚硬。菌盖宽2～10厘米，厚0.5～1.5厘米，灰白色至灰褐色，被有绒毛，呈狭窄的同心轮纹。菌褶厚，呈稀疏放射状排列。菇木、耳杆上均有发生，为害较大。

③止血扇菇（*Panellus stypticus*），亦称鳞皮扇菇。弱湿性杂菌。担子果淡黄色，肾形，边缘龟裂，基部有侧生的短柄。菌盖宽1～2厘米，菌褶放射状排列，浅，菇体味辣。

④野生革耳（*Panus rudis*），多发生在耳木上。子实体单生、群生或丛生。菌盖直径3～8厘米，中部下凹或呈漏斗形，初期浅土黄色，后变为深土黄色或深肉桂色至锈褐色，革质，表面生有粗毛，柄近似侧生或偏生，内实，长5～15毫米，粗5～10毫米，有粗毛，色与盖相似。菌褶浅粉红色，干后与菌盖相似，窄，稠密，延生，边缘完整；囊状体无色，棒状，孢子椭圆形，光滑，无色。

多孔菌类杂菌（共9种）：

①小节纤孔菌（*Inonotus nodulosus*），主要为害菇木。7～9月，多发生在郁闭潮湿的菇场，尤以夏季低温多雨，原木干燥不充分（呈活木状）的菇木上最严重。菌盖无柄，半圆形，覆瓦状，往往相互连接，直径1～3厘米，厚2～6毫米，黄褐色至红褐色，有细绒毛，常有辐射状波纹，且多粗糙，边缘薄而锐。菌肉黄褐色，厚不及1毫米。菌管长1～5毫米，色较菌肉深；管口初期近白色，圆形，渐变褐色并齿裂，每毫米3～5个。孢子无色，椭圆形。

该菌发生后蔓延快，危害大。

②轮纹韧革菌（*Stereum fasciatum*），别名轮纹硬革菌，俗称金边莪，是菌棒上的常见杂菌。担子果革质，初期平伏紧贴耳木表面，后期边缘反卷，往往相互连接呈覆瓦状。基部凸起，边

缘完整，菌盖表面有绒毛，灰栗褐色，边缘色浅，呈灰褐色，有数圈同心环沟，外圈绒毛较长，老后渐变光滑，并褪至淡色。子实层平滑，浅肉色至藕色，有辐射状皱褶，在湿润条件下呈浅褐色，并呈脑髓状皱褶，可见晕纹数圈。担子棒状，担孢子近椭圆形，壁薄，无色。

③朱红密孔菌（*Pycnoporus cinnabarinus*），别名红栓菌、红菌子，主要为害耳木。5～9月，多在第2年耳木上发生，阳光直射的菇木上也有发生。菌丝生长较快，生长的温度范围在10～45℃之间，适宜温度35～40℃。菌盖扁半球形，或扇形，基部狭小，木栓质，无柄，橙色至红色，后期褪色，无环带，无毛或有微细绒毛，有皱纹，大小2～8厘米×1.5～6厘米，厚5～20毫米。菌肉橙色，有明显的环纹，厚2～16毫米，遇氢氧化钾变黑色，菌管长2～4毫米，管口红色，每毫米2～4个。孢子圆柱形，光滑，无色或带黄色。

④绒毛栓菌（*Trametes pubescens*），耳木上的杂菌。5～8月发生，严重时其担子果遍布耳木表面，为害大。菌盖无柄，半圆形至扇形，呈覆瓦状，且左右相连，木栓质大小，2～3厘米×2～7厘米，厚2～5毫米，近白色至淡黄色，有细绒毛和不明显的环带，边缘薄而锐，常内卷。菌肉白色，厚1～4毫米，菌管白色，长1～4毫米，管口多角形，白色至灰色，每毫米3～4个，壁薄，常呈锯齿状。孢子无色，光滑，近圆柱形。菌丝壁厚，无横隔和锁状连合。

⑤薄黄褐孔菌（*Xanthochrous gilvicolor*），主要为害菇木。担子果无柄，菌盖平伏而反卷，密集呈覆瓦状，常左右相连，近三角形，后侧凸起，无毛，锈褐色，有辐射状皱纹，大小1～3厘米×1～2厘米，厚1.5～2毫米，硬而脆，边缘薄而锐，波浪状，内卷。菌肉锈褐色，厚0.5～1毫米。菌管与菌肉同色，长1～1.5毫米，管口色深，圆形，每毫米7～8个。孢子黄色，球形，直径3～4微米。

薄黄褐孔菌一旦发生，担子果布满整个菇木，危害较大。

⑥乳白栓菌（*Trametes lactinea*），春秋季发生在2年以上菇木上。菌盖木栓质，无柄，半圆形，平展大小3～6厘米×4～10厘米，厚8～25毫米，相互连接后更大，表面近白色，有绒毛，渐变光滑，有不明显的棱纹，带有小瘤，边缘钝。菌肉白色至米黄色，厚3～20毫米。菌管与菌肉同色，长1～7毫米，管壁薄而完整，管口圆形，每毫米3个。孢子五色，光滑，广椭圆形。菌丝无色，壁厚，无横隔，粗5～7微米。

⑦变孔茯苓（*Poria versipora*），亦称变孔卧孔菌。该菌特别易在发菌期过长的菇木上发生，初为粉毛状小皮膜，在菇木上扩展不形成伞，鲜时革质，干燥后变硬，变脆，灰白色、白色至淡黄褐色，表面有圆形和多角形的孔管，有时在菇木上变成齿状或迷路状。

⑧粗毛硬革菌［*Stereum hirsutum*（Willd.）Fr.］多为害菇木。起初在菇木树皮龟裂处长出黄色小子实体，后全面繁殖，腐朽力强，危害大。担子果革质，平伏而反卷，反卷部分7～15毫米，有粗毛和不显著的同心环沟，初期米黄色，后渐变灰色，边缘完整。子实层平滑，鲜时蛋壳色。子实体剖面包括子实层、中间层及金黄色的紧密狭窄边缘带。

⑨杂色云芝（*Coriolus versicolor*），亦称云芝、采绒革盖菌，多发生于两年以上菇木和耳木上。担子果无柄，革质，不破碎，平伏而反卷，半圆形至贝壳形，往往相互连接成覆瓦状，直径1～5厘米×1～8厘米，厚2毫米左右。菌盖表面有细长绒毛，颜色多种，有光滑狭窄的同心环带，边缘薄而完整。菌肉白色，厚0.5～1毫米。菌管长0.5～2毫米，管口白色至灰色或淡黄色，每毫米3～5个。孢子圆筒形至腊肠形，大小5～8微米×1.5～2.5微米。

多齿（菌刺）的杂菌（共3种）：

①黄褐耙菌（*Irpex cinnamomeus*），5～8月在黑木耳耳木

上发生，为害较大。担子果平伏，呈肉桂色至深肉桂色。菌刺长1～5毫米，往往扁平，顶尖齿状或毛状，基部相连。担子棒状，孢子五色，光滑。

②赭黄齿耳（*Steccherinum ochraceum*），多发生于偏干的菇木或耳木上。菌盖半圆形至贝壳形，白色至黄白色，丛生，单个菌盖直径1～2厘米，表面有短毛，有轮纹，菌盖里面有短的针状突起（肉齿）。

③鲑贝革盖菌（*Coriolus consors*），扇形小菌，叠生，全体淡褐色，缘薄，2～3裂，向边缘有不明显的放射状线纹，菌盖里面有栉齿状突起。

子囊菌类杂菌（共两种）：

①炭团菌（*Hypoxylon*），俗称黑疔，主要有截形炭团菌（*H. truncatum*）和小孢博韦氏炭团菌（*H. bovei* var. *microspora*）两种。严重为害香菇和木耳段木。

炭团菌的适应性强，尤以高温高湿的条件下更易发生。7～10月发生时，在当年接种的菇木或耳木树皮龟裂处和伤口上出现黄绿色的分生孢子层，第2年出现黑色子座。子座垫状至半球形，或相互连接而不规则，炭质。有黑疔的段木无法吸水，成为“铁心”树，香菇、木耳菌丝不能生长，因而不能长菇或出耳。

②污胶鼓菌（*Bulgaria inquinans*），多发生在菇木上。从5月开始，多在潮湿菇场的当年接种的菇木树皮龟裂处发生。子实体橡胶质，群生或丛生，柄短，陀螺形，伸展后呈浅杯状，直径1～4厘米，初期红褐色，成熟后变黑色，有成簇的绒毛，干后角质多皱。子囊棒状，有长柄，孢子单行排列，呈不等边椭圆形，大小11～14微米×6～7微米。

该菌危害小，其发生常认为是香菇丰收的预兆。

（3）杂菌的防治措施

①适当地增加栽培菌的接种穴数。

②原木去枝断木后，及时在断面上涂刷生石灰水，防止杂菌从伤口侵入。

③选用生活力强的优良菌种，且尽可能在气温尚低（5～15℃）时接种。

④栽培场地应选择在通风良好，排灌方便的地方，避开表层土深、不通风的谷地或洼地。

⑤经常清除并烧毁场地内及场地周围的一切枯枝、落叶和腐朽之物，消灭杂菌滋生地。

⑥固定专人接种。接种人员先洗手，后拿菌种；盛菌种的器皿也要洗刷干净，擦干后用。

⑦适时翻堆，改换菌棒堆放方式，保持菌棒树皮干燥。操作时轻拿轻放，保护树皮。

⑧一旦发生杂菌，及时刮除，同时用生石灰乳或杂酚油涂刷刮面；将杂菌大量发生的段木搬离栽培场地隔离培养或作为薪炭烧掉。

⑨根据杂菌发生的种类和规模，分析发生原因，调整栽培管理措施，抑制杂菌蔓延，培养优良菌棒。

三、细菌性病害

食用菌从菌种制作到栽培出菇的整个生产过程，都不同程度地遭受到细菌的威胁。与真菌一样，细菌也是食用菌病害的一大类病原生物。不过，目前研究报道较多的，仅限于蘑菇的细菌性病害。现将食用菌常见的细菌性病害及其防治措施简介如下。

（一）细菌性斑点病（又称褐斑病）

1. 病原菌　托拉氏假单胞（杆）菌（*Pseudomonas tolaasii*）。

2. 习性及主要为害对象　喜高温、高湿的环境条件，主要为害蘑菇。

3. 症状　病斑只见于菌盖表面，最初呈淡黄色变色区，后逐渐变成暗褐色凹陷斑点，并分泌黏液。黏液干后，菌盖开裂，形成不对称状子实体，菌柄偶尔也发生纵向凹斑。菌褶很少感染。菌肉变色较浅，一般不超过皮下3毫米。有时蘑菇采收后才出现病斑。

4. 传播途径 该菌在自然界分布很广。空气、菇蝇、线虫、工具及工作人员等都可成为传播媒介。

5. 防治措施

①控制水分。做到喷水后，覆土和菇体表面的水分能及时蒸发掉。

②减少湿度波动，防止高湿。始见病菇时将湿度降至85%以下。

③喷洒1∶600倍次氯酸钙（漂白粉）溶液，可抑制病原菌蔓延。

④在覆土表面撒一层薄薄的生石灰粉，能抑制病害发展。

（二）菌褶滴水病

1. 病原菌 菊苣假单胞（杆）菌（*Pseudomonas cichorii*）。

2. 习性及主要为害对象 性喜高湿的环境，主要为害蘑菇。

3. 症状 幼菇未开伞时没有明显的症状，一旦开伞，就可发现菌褶上有奶油色小液滴，严重时菌褶烂掉，变成一种褐色的黏液团。

4. 传播途径 病原细菌常由工作人员、昆虫带入菇房。当菌液干后，空气也可传播。

5. 防治措施 同细菌性斑点病。

（三）痘痕病

1. 病原菌 荧光假单胞菌（*Pseudomonas fluorescens*）。

2. 习性及主要为害对象 同细菌性斑点病。

3. 症状 病菇的菌盖表面布满针头状的凹斑，形似痘痕，故得此名。在痘痕上，常有发光的乳白色浓样菌液，并常有螨类

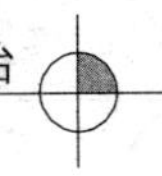

在痘痕内爬行。

4. 传播途径　空气、昆虫、螨类、工具及工作人员，都能传播病原细菌。

5. 防治措施　同细菌性斑点病。

（四）干腐病

1. 病原菌　*Pseudomonas* sp.。

2. 习性及主要为害对象　该菌适应性较强，主要为害蘑菇。

3. 症状

（1）前期症状　床面局部或大部分子实体出现发育受阻和生长停滞现象，菇色为淡灰白色，触摸病菇，手感较硬。

（2）中期症状　子实体生长停滞或缓慢，菇柄基部变粗，边缘有浓密的白绒菌丝，菇柄稍长而弯曲。菇盖倾斜而出现不规则的早开伞现象。

（3）后期症状　病菇不腐烂，而是逐渐萎缩、干枯，脆而易断。采摘时病菇“菇根”易断，并发出声音。刀切病菇有沙样感觉，断面有暗斑。纵剖菌柄，也可发现一条暗褐色的变色组织。

4. 传播途径　主要是带菌蘑菇菌丝接触传播。同时，土、水、空气、工具、工作人员，以及菇房害虫及其他昆虫都可传播这种假单胞杆菌。

5. 防治措施

（1）用发酵良好的培养料栽培蘑菇。

（2）工具、材料等用2%的漂白粉溶液或硫酸铜2份、石灰1份（2∶1）的500倍波尔多液喷刷，晾干后使用。

（3）不在患病菇房及其周围菇房选择菇种，母种分离时不能传代太多。

（4）菇房、工具、工作人员保持清洁卫生，并在菇房安装纱门、纱窗，做好虫害预防工作。

（5）及时将发病区和无病区隔离，切断带菌蘑菇菌丝传病通道。可采用挖沟隔离法，沟内撒漂白粉，病区内浇淋2%漂白粉液后用薄膜盖严，防止传播。

（五）蘑菇黄色单胞杆菌病

1. 病原菌 野油菜黄单胞（杆）菌（*Xanthomonas campestris*）。

2. 习性及主要为害对象 本病多发生在秋菇后期，病原细菌在10℃左右侵染蘑菇。

3. 症状

（1）起初，在病菇表面出现褐斑。随着菇体的生长，褐色病斑逐渐扩大，且深入菌肉，直至整个子实体全部变成褐色至黑褐色，最后萎缩死亡并腐烂。

（2）蘑菇子实体感病与大小无关。自幼小菇蕾到纽扣菇都可发病。从初见褐色病斑到菇体变成黑褐色而死亡约需3～5天。

4. 传播途径 病原菌由培养料和覆土带入菇房，随采菇人员的接触而传播。

5. 防治措施

（1）用漂白精或漂白粉液对菇房、床架等进行消毒（稀释液含有效氯0.03%～0.05%）。

（2）用经过二次发酵（后发酵）的培养料栽培蘑菇。

（3）覆土用2%甲醛溶液消毒。

四、病毒病害

在双孢蘑菇的栽培史上，菇房里曾发生某些未知病因的病害，它曾被称作“法兰西病”、“褐色病”、“X病”等。辛登博士1956年首先宣称“顶枯病”是由病毒引起的。1962年，霍林斯在感病的双孢蘑菇菌丝中，用电子显微镜首次观察到与病害有关的3种病毒粒子。此后，国内外学者相继检出多种香菇病毒，茯苓、银耳病毒（梁平彦等，1982），以及平菇病毒（刘克钧等，1985）。其中有些病毒引起食用菌品质和（或）产量下降，但有些病毒对食用菌的影响还有待研究。

（一）蘑菇病毒病

寄生于食用菌的病毒粒子较多，但目前国外报道较多的是蘑菇病毒。迄今已发现8种蘑菇病毒粒子，其中4种球状病毒粒子的直径分别为25纳米、29纳米、34纳米、50纳米，2种杆状病毒粒子的大小分别为19纳米×50纳米、17纳米×350纳米，以及1种直径为65纳米的螺线形病毒粒子，1种直径70纳米的有管状尾部的病毒粒子。

1. 病害特征

（1）蘑菇担孢子感染病毒后，其孢子不是正常的瓜子形，而变成弯月形或菜豆形。

（2）菌丝体感染病毒后，生长稀疏，不能形成子实体，严重时菌丝体逐渐腐烂，在菇床上形成无蘑菇区。

（3）菇蕾感染病毒后，发育成畸形菇，且开伞极早。畸形菇呈桶状（柄粗盖小）或铆钉状（盖小柄特长），最后导致菇体萎缩干瘪成海绵状。

（4）有时病菇似水浸状，有水浸渍状条纹，挤压菇柄能滴水。

（5）据霍林斯所述，病菇症状与病毒粒子类型没有明显的专一性。症状主要取决于带毒蘑菇的生长环境。生长环境、菌丝类型，以及染病时间，对症状显现的影响较不同种类病毒粒子的影响更大。

2. 传播途径　蘑菇病毒病主要通过带病毒粒子的孢子和菌丝传播。其主要传播途径是：

（1）空气传播带病毒的孢子。

（2）由昆虫、包装材料、工具，或病菇碎片传播带病毒的孢子。

（3）带病毒菌丝长入床架或培养箱中，随后长入新播种的培养料中，引起病毒病扩散。

3. 防治措施

（1）如有条件，可在菇房安装配有空气过滤装置的通风设备，将各种带病孢子拒之于菇房外。

（2）每次播种前，将菇房连同所有器具（包括床架、栽培箱）都用5%甲醛消毒，或用溴代甲烷熏蒸消毒。

（3）每次栽培完，整个菇房连同废料先用70℃蒸汽消毒12小时，然后再将废料运出菇房，并及时谨慎处理。

（4）注意卫生。工作人员进出菇房均需用甲醛溶液消毒鞋子或换鞋；接触过病菇的手，要用0.1%新洁尔灭浸洗消毒。

（5）播种前，用2%甲醛消毒人行通道，经消毒的培养料用纸盖好，此后每周用0.5%甲醛将盖纸喷湿两次，直到覆土前几天为止。移去盖纸之前，也要小心地把纸喷湿。

（6）采完整菇，迅速处理开裂菇、较小菇和其他畸形菇，不让菇房出现开伞菇，以防孢子扩散。

（7）适当增加播种量，缩短出菇期。

（8）选用耐（抗）病蘑菇良种，如果双孢蘑菇患病毒病严重，可改种大肥菇。

（9）新老菇房保持适当距离。

（二）香菇病毒

除蘑菇病毒外，报道较多的是香菇病毒。1975年以来，已经报道了7种香菇病毒，包括直径分别为25纳米、30纳米、36纳米、39纳米、45纳米的5种球形病毒，以及大小分别为15～17纳米×100～150纳米、25～28纳米×280～310纳米的2种杆状病毒。用来提取香菇病毒的菌丝体，取材于生长迟缓的菌株（梁平彦等，1982）。

（三）茯苓、银耳、平菇病毒

1. 茯苓病毒 梁平彦等从褐变、倒伏的茯苓菌丝提取液中，观察到了一种直径30纳米的球形病毒粒子和两种杆状病毒粒子。杆状病毒粒子的大小分别为23～28纳米×230～400纳米、10纳米×90～180纳米。

2. 银耳病毒 据报道（梁平彦等，1982），银耳黄色突起菌落或乳白色糊状菌落转接培养后，自芽孢提取液中得到直径33

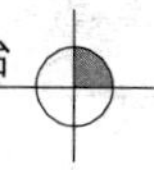

纳米的球形病毒粒子。

3. 平菇病毒　刘克钧等（1985）用平菇泡状畸形子实体组织研磨液作材料，用电子显微镜找到了直径为25纳米的球形病毒颗粒，其构形与上述蘑菇、香菇病毒相似。在报道上述观察结果的同时，刘克钧等人指出，能否肯定电镜中观察到的病毒颗粒确实是致病的病毒粒子，还需要进一步的研究。

五、线虫病害

线虫是一种低等动物，在分类上隶属于无脊椎动物门线虫纲。线虫种类极多，分布很广。有在真菌、植物或其他动物上寄生的、半寄生的，有腐生的，还有捕食性的。为害食用菌的线虫，目前已分离到几十种，多数是腐生线虫，少数半寄生，只有极少数是寄生性的病原线虫。它们分别属于垫刃目（Tylenchida）中的垫刃线虫科（Tylenchidae）和小杆科（Rhabditidae）。

（一）病原线虫

1. 噬菌丝茎线虫（*Ditiylenchus myceliophagus*）（图5-19）又名蘑菇菌丝线虫，是为害蘑菇的最重要的一种线虫。

（1）生物学特性　雌虫体长0.82～1.06毫米；虫卵56微

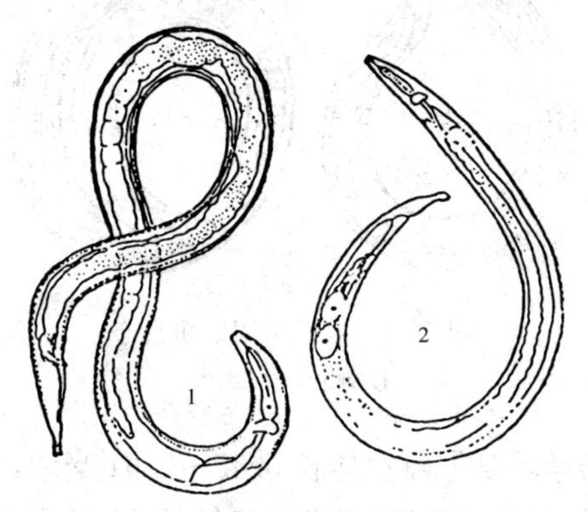

图5-19　噬菌丝茎线虫形态

1. 雄虫　2. 雌虫

米×26微米；雄虫体长0.69～0.95毫米，口针9.5微米。噬菌丝茎线虫的虫体变化较大。食料充足时，体长1毫米以上，饥饿时虫体较小。气温18℃时，繁殖最快；当气温达到26℃，或低于13℃时，便很少繁殖和为害。生活史，13℃时需要40天，18℃时8～10天，23℃时11天完成生活史。噬菌丝茎线虫在水中会结团。

（2）为害方式　该线虫主要为害菌丝体。取食时，消化液通过口针进入菌丝细胞，然后吸食菌丝营养，严重影响菌丝生长，造成减产。食用菌被害后的减产程度与线虫发生期和虫口密度有关。蘑菇播种时，每100克培养料中噬菌丝茎线虫数达到3条时，就会减产30%；如果多到20条以上，就不会长菇。覆土时每100克培养料中含有20条、100条、300条线虫时，分别造成蘑菇减产50%、68%、75%。

2. 堆肥滑刃线虫（*Aphelenchoides composticola*）（图5-20）一般称为蘑菇堆肥线虫，也是为害蘑菇的重要种类。

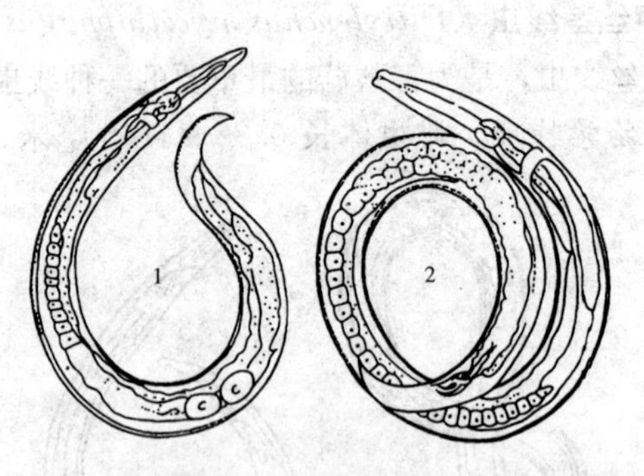

图5-20　堆肥滑刃线虫形态
1. 雌虫　2. 雄虫

（1）生物学特性　雌虫体长0.45～0.61毫米，口针长11微米；雄虫体长0.41～0.58毫米，口针长11微米，交合刺长21微米。生活史，18℃时为10天，28℃时繁殖最快（8天），性比

不平衡，雌虫多于雄虫。在水中也有成团现象。

（2）为害方式　蘑菇堆肥线虫噬吃菌丝和菇体。条件适宜时繁殖很快，严重发生时线虫常缠在一起，结成浅白色虫堆。Arrold 和 Blake 指出，每 100 克培养料在播种时感染 1 条、10 条、50 条堆肥线虫，在总共 12～14 个周的采收期中，蘑菇分别减产 26%、30%、42%。如果 100 克培养料中播种时感染了 50 条蘑菇堆肥线虫，12 周以后就不再出菇了。

3. 小杆线虫（*Pelodera* sp.）（图 5-21）　小杆线虫是一种半寄生性种类，在蘑菇、黑木耳、金针菇、平菇、凤尾菇等多种食用菌上都有其发生为害的报道。

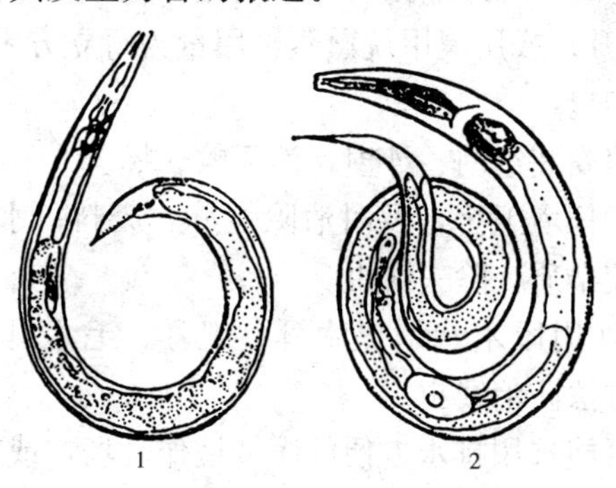

图 5-21　杆线虫（三唇线虫）形态
1. 雄虫　2. 雌虫

（1）生物学特性　雌虫体长 0.93 毫米，雄虫体长 0.90 毫米。生活史，为害黑木耳的小杆线虫，生长繁殖的适温 30℃左右，生活史周期 12～16 天。

（2）为害方式　小杆类线虫喜群集取食，觅食方式为吸吞式。当蘑菇、黑木耳、平菇等食用菌的培养料中，或其子实体上有小杆线虫发生时，常导致子实体稀少、零散，菌丝萎缩或消失，局部菇蕾大量软腐死亡，散发难闻的腥臭味，肉眼隐约可见腐烂菇体内有白色的线虫活动。

在一个直径为 2 厘米的被害蘑菇中，曾计数有 3 万条小杆类线虫。

(二) 防治措施

1. 用堆肥栽培蘑菇，或用代料栽培香菇、黑木耳、平菇时，可采用下述方法防治线虫。

(1) 播种前将菇房（床）清洗消毒。

(2) 蘑菇培养料推广二次发酵；生料栽培平菇、凤尾菇时，先用热水浸泡培养料（60℃、30 分钟），或在播种前将培养料堆制发酵 7～15 天，利用高温杀死培养料中的线虫。

(3) 菇房（床）发生线虫为害时，可用磷化铝熏蒸杀虫，也可以用甲醛与 DDV 混合液（1∶1）熏蒸杀虫，混合液用量为每立方米 10 毫升；或用溴甲烷熏蒸，用量为每立方米 32 克。均密闭熏蒸 24 小时。

(4) 菇房安装纱门、纱窗，消灭蚊、蝇。

(5) 注意环境卫生，及时清除烂菇、废料；水源不干净时，可用明矾沉淀杂质，除去线虫。

2. 在户外用段木栽培黑木耳、银耳、毛木耳等食用菌时，可采用下述方法防治线虫。

(1) 尽可能选用排水方便的缓坡地作耳场，或在平坦耳场四周开挖排水沟。

(2) 耳场地面最好铺一层碎石或沙子。

(3) 不宜采用耳木浸水作业，以免线虫交互侵染耳芽。

(4) 采用干干湿湿、干湿相间的水分管理措施；人口喷水时，每次喷水时间不宜过长。

(5) 发生线虫为害时，可用 1%～5%的石灰乳或 5%的食盐水喷洒耳木，抑制线虫为害。

六、生理性病害

在栽培食用菌的过程中，食用菌除了受病原物的侵染，不能正常生长发育外，同时还会遇到某些不良的环境因子的影响，造

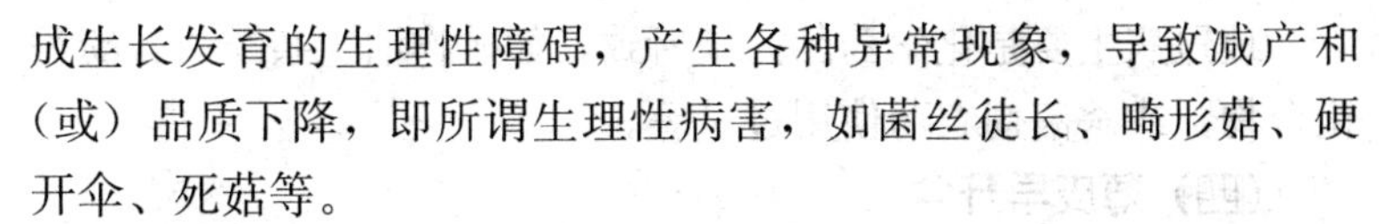

成生长发育的生理性障碍，产生各种异常现象，导致减产和（或）品质下降，即所谓生理性病害，如菌丝徒长、畸形菇、硬开伞、死菇等。

（一）菌丝徒长

蘑菇、香菇、平菇等栽培时均有发生。在菇房（床）湿度过大和通风不良的条件下，菌丝在覆土表面或培养料面生长过旺，形成一层致密的不透水的菌被，推迟出菇或出菇稀少，造成减产。菌丝徒长除了与上述环境条件有关外，还与菌种有关。有在原种的分离过程中，气生菌丝挑取过多，常使母种和栽培种产生结块现象，出现菌丝徒长。

在栽培蘑菇的过程中，一旦出现菌丝徒长的现象，就应立即加强菇房通风，降低二氧化碳浓度，减少细土表面湿度，并适当降低菇房温度，抑制菌丝徒长，促进出菇。若土面已出现菌被，可将菌膜划破，然后喷重水，大通风，仍可望出菇。

（二）畸形菇

蘑菇、平菇、（代料）香菇等食用菌栽培过程中，常常出现形状不规则的子实体，或者形成未分化的组织块。如栽培平菇、凤尾菇时，常常出现由无数原基堆集成的花菜状子实体，直径由几厘米到20厘米以上，菌柄不分化或极少分化，无菌盖。原基发生后的畸形菇，则是由异常分化的菌柄组成珊瑚状子实体，菌盖无或者极小。蘑菇、香菇常出现菌柄肥大，盖小肉薄，或者无菌褶的高脚菇等畸形菇。

造成食用菌形成畸形菇的原因很多，主要是二氧化碳浓度过高，供氧不足；或覆土颗粒太大，出菇部位低；或光照不足；或温度偏高，或用药不当而引起药害等。

（三）玫冠病

主要出现在蘑菇上。病菇菌盖边缘上翻，在菌盖上表面形成菌褶；有时则在菌盖上形成菌管、菌褶分辨不清的瘤状物。玫冠病往往在最早的几潮菇发生较多。

玫冠病主要是化学药品污染所致，如矿物油、杂酚油、酚类化合物，或杀菌剂农药使用过量等。

（四）薄皮早开伞

在蘑菇出菇旺季，由于出菇过密，温度偏高（18℃以上），很容易产生薄皮早开伞现象，影响蘑菇质量。在栽培中，菌丝不要调得过高，宜将出菇部位控制在细土缝和粗细土粒之间；防止出菇过密，适当降低菇房温度，可减少薄皮早开伞现象。

（五）空根白心

蘑菇旺产期如果温度偏高（18℃以上），菇房相对湿度太低，加上土面喷水偏少，土层较干，蘑菇菌柄容易产生白心。在切削过程中，或加工泡水阶段，有时白心部分收缩或脱落，形成菌柄中空的蘑菇，严重影响蘑菇质量。

为了防止空根白心蘑菇的产生，可在夜间或早晚通风，适当降低菇房温度，同时向菇房空间喷水，提高空气相对湿度。喷水力求轻重结合，尽量使粗土细土都保持湿润。

（六）硬开伞

当温度低于18℃，且温差变化达10℃左右时，蘑菇的幼嫩子实体往往出现提早开伞（硬开伞）现象。在突然降温，菇房空气湿度偏低的情况下，蘑菇硬开伞现象尤甚，严重影响蘑菇的产量和质量。在低温来临之前，做好菇房保温工作，减小室内温差，同时增加菇房内空气相对湿度，可防止或减少蘑菇硬开伞。

（七）水锈斑

多见于蘑菇。菇房通风不良，空气相对湿度超过95%时，菇盖上常有积水，或覆土粒上有锈斑，都会使蘑菇菌盖表面产生铁锈色斑点，影响菇体外观。避免使用带铁锈色的覆土，加强通风排湿，及时蒸发菌盖表面的水滴，可防止蘑菇水锈斑的发生。

（八）死菇

在蘑菇、香菇、草菇、平菇、金针菇等多种食用菌的栽培

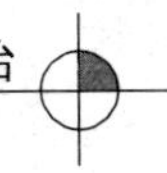

中，均有死菇现象发生。尤其是头两潮菇出菇期间，小菇往往大量死亡，严重影响前期产量。造成死菇的原因，一是出菇过密过挤，营养供应不足；二是高温高湿，菇房或菇场通风不良，二氧化碳累积过量，致使小菇闷死；三是出菇时喷水过多，且对菇体直接喷水，导致菇体水肿黄化，溃烂死亡；四是用药过量，产生药害，伤害了小菇。

七、虫害及其安全防治

（一）概况

食用菌生长期间，常常遭到有害动物（主要是有害昆虫）的为害。随着生产规模的不断扩大，以及周年性栽培制度的推广，食用菌的虫害有日趋严重的趋势。

1. 虫害的主要表现形式

（1）取食菌丝体或子实体，直接造成减产和影响菇体外观，致使食用菌降低甚至失去商品价值。

（2）由于虫咬的伤口极易导致腐生性细菌或其他病原物的侵染，而且有些昆虫本身就是病原物的传播者，所以很容易并发病害，造成更大损失。

（3）有些害虫蛀食菌棒，加快了菌棒的腐朽进程，缩短了持续出菇的时间，造成直接为害。

2. 害虫种类　为害食用菌的害虫种类很多，生活习性也较复杂。其中，为害最严重的主要是鳞翅目（食丝谷蛾）、鞘翅目（光伪步甲）、双翅目（菌蚊）、等翅目（白蚁）、弹尾目（跳虫）、缨翅目（蓟马）中的一些昆虫。此外，鼠、蛞蝓、线虫、螨类等，也能咬食食用菌的菌丝或子实体，同属于食用菌的有害动物。

3. 害虫的习性　从食用菌害虫的食性来看，有的仅取食一种食用菌，有的几乎为害所有的栽培菌（表 5-1）。从害虫的栖息环境来看，有的栖息在菌棒上，有的栖息在菇房内，有的栖息在存放食用菌的仓库中。

表 5-1 食用菌常见害虫及其主要为害对象

	大菌蚊	黄足菌蚊	眼菌蚊	菇蚊	瘿蚊	黑腹果蝇	跳虫	光伪步甲	食丝谷蛾	欧洲谷蛾	凹赤菌甲	白蚁	蛞蝓	线虫	螨类
蘑菇		+	+	+	+		+						+	+	+
香菇							+		+	+	+	+	+		+
草菇			+		+		+						+	+	+
平菇	+		+				+						+	+	+
金针菇													+		+
黑木耳					+	+	+	+	+			+	+	+	+
银耳							+					+	+	+	+
毛木耳						+						+	+		+

注：+表示有为害。

（二）常见害虫及其防治

在食用菌的生长过程中，当害虫的虫口密度达到一定数量时，如果食物充足，环境条件适宜，虫害就会大发生。栽培场地管理不善，周围杂草丛生或遍地杂物，虫源地与栽培场没有一定隔离等，都有利于害虫的大发生。

食用菌害虫的防治，可根据害虫发生的原因，采取相应的措施，坚持“预防为主，综合防治”的原则。即从整体观点出发，一方面利用自然控制，一方面根据虫情需要，兼顾食用菌的发育情况，协调各种防治措施。如选育推广抗病菌株，加强栽培管理，进行物理防治（黑光灯诱杀、人工捕捉、高温杀虫、灭虫卵等）、生物防治（释放天敌）等，把害虫的虫口密度降到最低水平，做到有虫无灾。

1. 食用菌害虫的无公害防治途径

（1）*减少或消灭害虫虫源* 如加强食用菌栽培间歇期害虫的防治，减少下季虫源；在菇房安装纱门、纱窗，将害虫拒之于门外；新、旧菇房（场）适当隔离，减少害虫入侵机会等。

（2）*恶化害虫发生的环境条件* 如加强栽培管理，使菇房

（场）只利于食用菌生长，而不利于害虫生存为害；选育推广抗（耐）虫菌株；以及保持场地卫生等，以抑制食用菌害虫的繁衍。

（3）适时采取杀虫措施，控制害虫的种群数量　在选择杀虫措施时，不能单靠化学农药杀虫，必须因地制宜地采取多种方法进行综合防治，如灯光、食物、拌药剂进行诱杀。在使用杀虫剂时，必须遵循“有效、经济、安全”的原则，要特别注意药害和农药残留，避免滥（乱）施农药现象。

2. 食用菌常见害虫及其防治措施

（1）大菌蚊（*Neoempheria* sp.）

为害对象：平菇。

形态特征与发生规律：成虫黄褐色，体长5～6毫米，头黄褐色，两触角间到头后部有一条深褐色纵带穿过单眼中间，前翅发达，有褐斑，后翅退化成平衡棍。幼虫头黄色，胸及腹部均为黄白色，共12节。幼虫群集为害，将平菇原基及平菇菌柄蛀成孔洞，菌褶吃成缺刻状，被害子实体往往萎缩死亡或腐烂。

防治措施：

①人工捕捉幼虫和蛹，集中杀灭。

②菇房安装纱门、纱窗，防止大菌蚊飞入菇房产卵繁殖。

③发生虫害时，将菇体采完后，可喷洒500～1 000倍敌百虫液杀虫，也可用布条醮药剂，挂在出菇房内驱赶虫子。

（2）小菌蚊（*Sciophila* sp.）（图5-22）

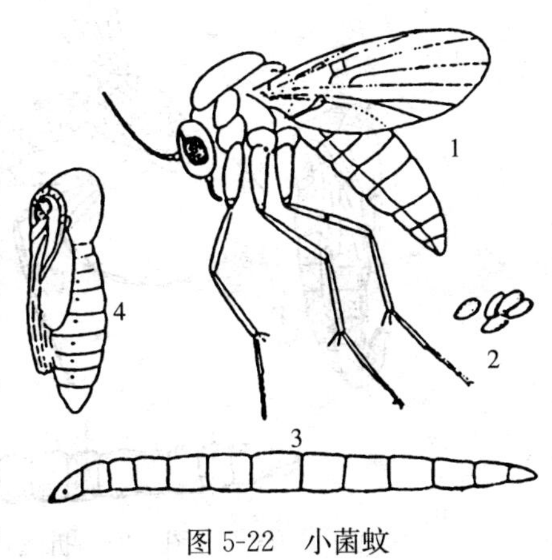

图5-22　小菌蚊

1. 成虫　2. 卵　3. 幼虫　4. 蛹

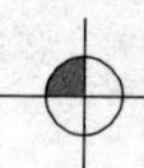

为害对象：平菇、凤尾菇。

形态特征与发生规律：成虫体长 4.5～6.0 毫米，淡褐色，触角丝状，黄褐色到褐色，前翅发达，后翅退化成平衡棍。幼虫灰白色，长 10～13 毫米，头部骨化为黄色，眼及口器周围黑色，头的后缘有一条黑边。蛹乳白色，长 6 毫米左右。成虫有趋光性，活动能力强，幼虫活动于培养料面，有群居习性，喜欢在平菇、凤尾菇菇蕾及菇丛中为害，除了蛀食外，并吐丝拉网，将整个菇蕾及幼虫罩住，被网住的子实体停止生长，逐渐变黄，干枯死亡，严重影响产量和品质。小菌蚊完成一代，在 17～33℃下需 28 天左右。

防治措施：同大菌蚊的防治方法。

（3）折翅菌蚊（*Allactoneura* sp.）（图 5-23）

为害对象：草菇。

形态特征与发生规律：成虫体黑灰色，长 5.0～6.5 毫米，

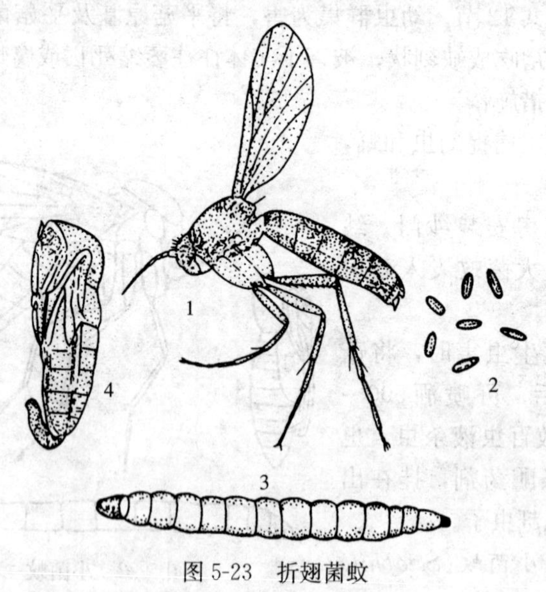

图 5-23　折翅菌蚊

1. 成虫　2. 卵　3. 幼虫　4. 蛹

体表具黑毛。触角长1.6毫米，1～6节黄色，向端节逐渐变深成褐色，前翅发达，烟色，后翅退化成乳白色平衡棍。幼虫乳白色，长14～15毫米，头黑色，三角形。蛹灰褐色，长5.0～6.5毫米。幼虫可忍耐的最高温度不超过35℃。折翅菌蚊完成一代，在16.5～25℃时需要26天左右。幼虫常出没于潮湿的地方，喜食培养料及正在生长的草菇菌柄根部，用平菇饲养时，可将菌褶咬成孔洞，且吐丝结网，影响平菇的产量和质量。

防治措施：①保持菇房清洁。栽培场地应远离垃圾及腐烂物。②栽培结束的废料中可能存有大量虫源，应及早彻底清除干净。③如虫害严重，可在出菇前或采菇后喷洒1 000倍敌百虫液杀虫，也可用布条吸湿药剂挂在菇房驱虫。

（4）黄足蕈蚊（*Phoro-donta flalipes*）又名菌蛆（图5-24）。

为害对象：蘑菇。

形态特征与发生规律：成虫体形小，如米粒大，繁殖力强，一年发生数代，产卵后3天便可孵化成幼虫。幼虫似蝇蛆，比成虫长，全身白色或米黄色，仅头部黑色。专在菇体内啮食菌肉，穿成孔道，自菌柄向上蛀食，直至菌盖。受害菌不能继续发育，采下的蘑菇在削根时，断面有许多小孔，丧失了商品价值。成虫一般不咬食菌肉，但它是褐斑病、细菌性斑点病和螨类的传播媒介。蕈蚊主要来自培养料。

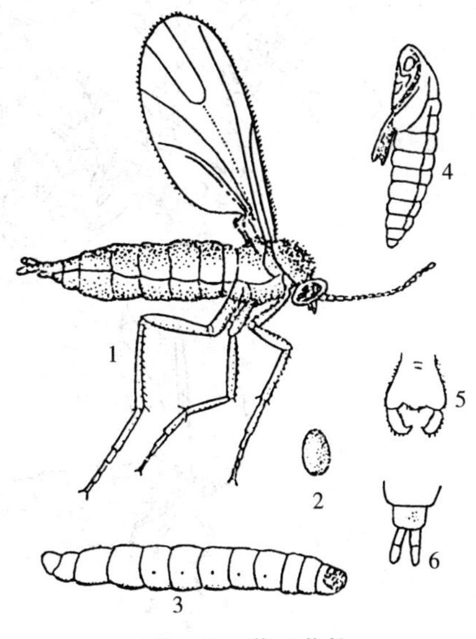

图5-24 黄足蕈蚊

1. 成虫 2. 卵 3. 幼虫 4. 蛹
5. 雄虫抱握器 6. 雌虫生殖器

防治措施：

①搞好菇房环境卫生。

②培养料进行二次发酵，消毒杀虫。

③灯光诱杀、黏胶剂黏杀，或涂料毒杀。

(5) 木耳狭腹眼蕈蚊［*Plastosciara*(*Spathobdella*)*auriculae*］(图 5-25)(1987)记述的新种。雄虫体长 2.7～2.9 毫米，褐色；头部复眼光裸无毛；触角褐色，16 节，长 1.5 毫米；胸部暗褐色；足为褐色；翅淡烟色，1.8 毫米×0.7 毫米；翅脉淡褐色；平衡棒褐色。雌虫体长3.6～4.4 毫米；触角 1 毫米，翅长 2.2 毫米，宽 0.8 毫米；一般特征与雄虫相似，腹部极狭长，显得头胸很小。

防治措施：同黄足蕈蚊的防治方法。

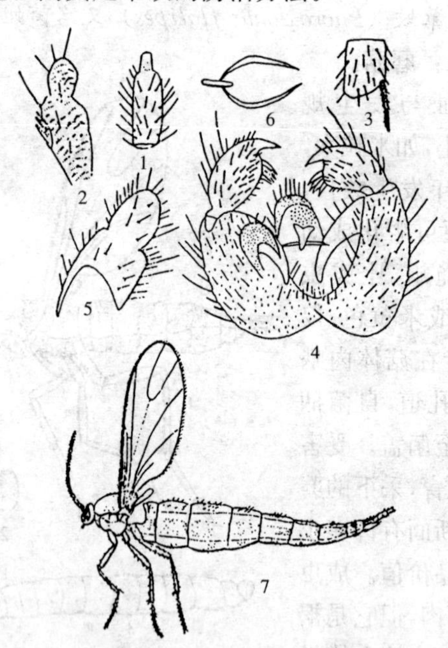

图 5-25　木耳狭腹眼蕈蚊（仿杨集昆等）

1. 触角第四鞭节　2. 下颚须　3. 前足胫节端部

4. ♂尾器　5. ♀尾须　6. ♀阴道叉　7. ♀全形

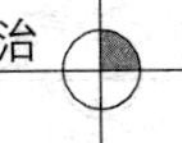

（6）异型眼蕈蚊（*Phyxia scabiei*）（图 5-26）

为害对象：蘑菇。

形态特征与发生规律：雄虫体长 1.4～1.8 毫米，褐色，背板和腹部稍深；头深褐色，复眼黑色裸露，无眼桥；单眼三个排列成等边三角形；触角 16 节，长 0.9～1.1 毫米；翅淡褐色，0.9～1.1 毫米×0.35～0.45 毫米；足褐色，爪无齿。雌虫体长 1.6～2.3 毫米，褐色，无翅；触角 16 节，长 0.7～0.8 毫米；胸部短小，背面扁平，腹部长而粗大。其余特征同雄虫。异型眼蕈蚊分布于北美及欧洲，在我国已有发现。

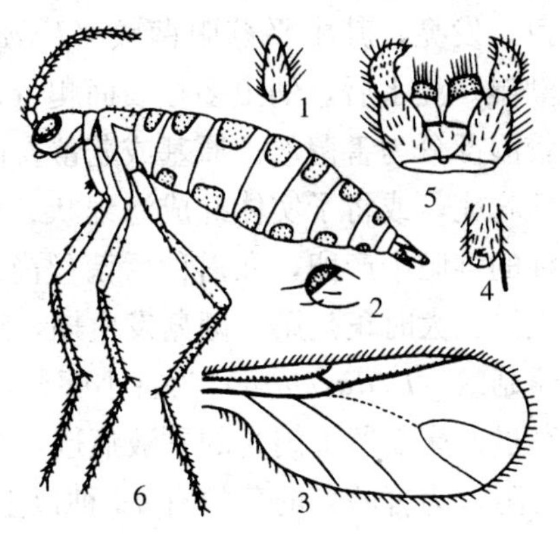

图 5-26　异形眼蕈蚊（仿张学敏等）
1. 触角第四鞭节　2. 下颚须　3. 翅　4. 前足胫节端部　5. ♂尾器　6. ♀全形

防治措施：同下述菇蚊的防治方法。

（7）菇蚊（*Lycoriella* sp.），又叫眼菌蚊（图 5-27）

为害对象：蘑菇、草菇、平菇、凤尾菇。

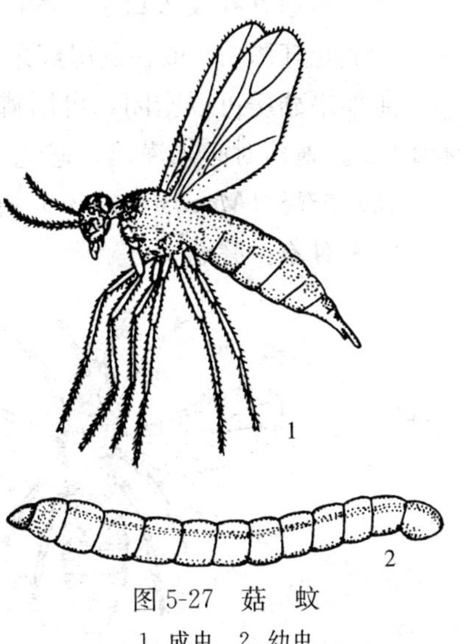

图 5-27　菇　蚊
1. 成虫　2. 幼虫

形态特征与发生规律：成虫黑褐色，体长 1.8～3.2 毫米，具有典型的细长触角、背板及腹板，色较深，有趋光性，常富集不洁处，在菇床表面爬行很快。幼虫白色，近透明，头黑

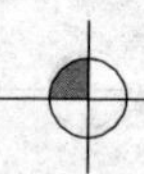

色，发亮。其中平菇眼菌蚊（*Lycoriella* sp.）喜食腐殖质，喜潮湿。浇水后，幼虫多在表面爬行；当菇床表面干燥时，便潜入较湿部分为害菌丝、原基或菇蕾。严重发生时，菇蚊可将菌丝全部吃完，或将子实体蛀成海绵状。茄菇蚊（*L. solani*）喜在未播种的堆肥中产卵，在播种后菌丝尚未长满培养料前孵化成幼虫，虫体长大时正是第一潮菇发生期，于是钻入菇柄和菌盖为害。金翅菇蚊（*L. auripila*）为害小蘑菇，使之变成褐色革质状，在其爬过的床面留下闪光的黏液痕迹，虫口密度大的地方，幼菇发育受阻。为害蘑菇的菇蚊有 12 种以上，其中茄菇蚊和金翅菇蚊发生较普遍。

防治措施：

①搞好菇房环境卫生。

②菇房通气孔及入口装修纱门。

③黑光灯诱杀，或在菇房灯光下放半脸盆 0.1%的 DDV 杀虫。

④如果菇房可以密闭，可用磷化铝熏蒸杀虫，用药量每立方米 10 克。施药时必须谨慎，避免人畜中毒。

（8）菇蝇（*Megaselia* sp.）（图 5-28）

为害对象：蘑菇。

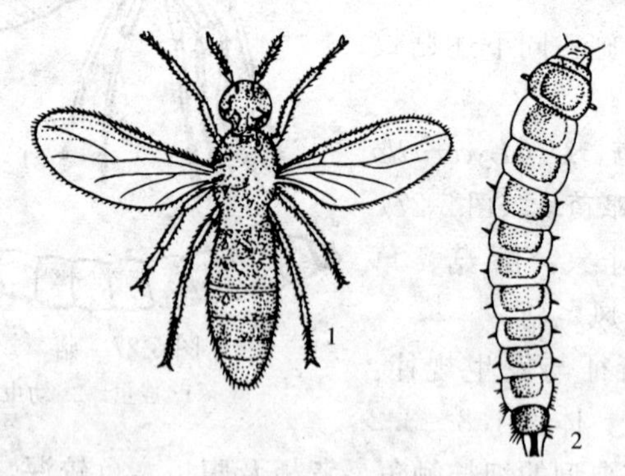

图 5-28 菇 蝇

1. 成虫 2. 幼虫

形态特征与发生规律：成虫淡褐色或黑色，触角很短，比菇蚊健壮，善爬行，常在培养料表面迅速爬动。虫卵产在培养料内的蘑菇菌丝索上。幼虫为白色小蛆，头尖尾钝，吃菌丝，造成蘑菇减产。在24℃时，完成生活史需要14天，在出菇温度13～16℃下，完成生活史需要40～45天。菇蝇可传播轮枝孢霉，使褐斑病蔓延。

防治措施：

①黑光灯诱杀。将20瓦灯管横向装在菇架顶层上方60厘米处，在灯管正下方35厘米处放一个收集盆（盘），内盛适量的0.1%敌敌畏药液，可诱杀多种蝇、蚊类害虫。

②刚播种后，或距离出菇1周左右，发现虫害，用布条醮药剂挂在菇床上驱赶。

（9）瘿蚊（*Mycophila* sp.）又叫菇蚋、小红蛆、菇瘿等。为害食用菌的常见种类有：嗜菇瘿蚊（M. fungicola）（图5-29）、斯氏瘿蚊（M. speyeri）、巴氏瘿蚊（M. barnesi）。

图5-29 嗜菇瘿蚊

为害对象：蘑菇、平菇、凤尾菇、银耳、黑木耳等。

形态特征与发生规律：嗜菇瘿蚊成虫小蝇状，体长约1.1毫米，翅展1.8～2.3毫米，头胸部黑色，腹部和足橘红色。卵长约0.25毫米，初产时呈乳白色，渐变成淡红色。初孵幼虫为白色纺锤形小蛆，老熟幼虫米黄色或橘红色。体长约2.9毫米。有性生殖每代约需30天。瘿蚊的幼虫常进行胎生幼虫（无性繁殖）。因此，瘿蚊繁殖快，虫口密度高。幼虫直接为害蘑菇、平菇、黑木耳等食用菌的子实体。瘿蚊侵入蘑菇房后，幼虫在培养料和覆土间繁殖为害，使菌丝衰退，菇蕾枯死，或钻至菌柄、菌盖、菌褶等处，使蘑菇带虫，品质下降。平菇、凤尾菇被害特征是子实体被蛀食。银耳、黑木耳被瘿蚊侵害后，菌丝衰退，引起烂耳。

防治措施：

①筛选抗虫性强的菌株投入生产上栽培。

②发生虫害时，停止喷水，使床面干燥，使幼虫停止生殖，直至干死幼虫。

③将堆肥进行二次发酵，以杀灭幼虫。

④床架及用具用2%的五氯酚钠药液浸泡。

（10）黑腹果蝇（*Drosophila melanogaster*）

为害对象：代料栽培的黑木耳、毛木耳。

形态特征与发生规律：成虫黄褐色，腹末有黑色环纹5～7节。雄虫腹部末端钝圆，色深，有黑色环纹5节；雌虫腹部末端尖，色较浅，有黑色环纹7节。卵及幼虫（蛆）乳白色。最适繁殖温度为20～25℃，每代只需12～15天。成虫多在烂果和发酵物上产卵，以幼虫进行为害，导致烂耳，或使已成型的木耳萎缩，并发杂菌污染，影响产量和质量。

防治措施：

①及时采收木耳，避免损失。

②当菇房中出现成虫时，取一些烂水果或酒糟放在盘中，并加入少量敌敌畏诱杀成虫。

③搞好菇房内外的环境卫生。

（11）跳虫　又叫烟灰虫。常见种类有4种：菇长跳（*Mydonius sauteri*）、菇疣跳（*Achorutes arrnalus*）、菇紫跳（*Hypogastrura armata*）、紫跳（*H. communis*）。

为害对象：蘑菇、香菇、草菇、木耳。

形态特征与发生规律：跳虫颜色与个体大小因种而异，但都有灵活的尾部，弹跳自如，体具油质，不怕水。多发生潮湿的老

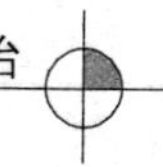

菇房内，常群集在菌床表面或阴暗处，咬食食用菌的子实体，多从伤口或菌褶侵入。菇体常被咬成百孔千疮，不堪食用。条件适宜时，1 年可发生 6～7 代，繁殖极快。发生严重时，床面好像蒙有一层烟灰，所以跳虫又叫做烟灰虫。

防治措施：

①出菇时，用磷化铝熏蒸。

②用 0.1%敌敌畏加少量蜂蜜诱杀跳虫，此法安全有效，无残毒，还能诱杀其他害虫。

(12) 黑光甲（*Amarygus* sp.）（图 5-30）

为害对象：黑木耳。

形态特征与发生规律：黑光甲的成虫俗称黑壳子虫，初时淡

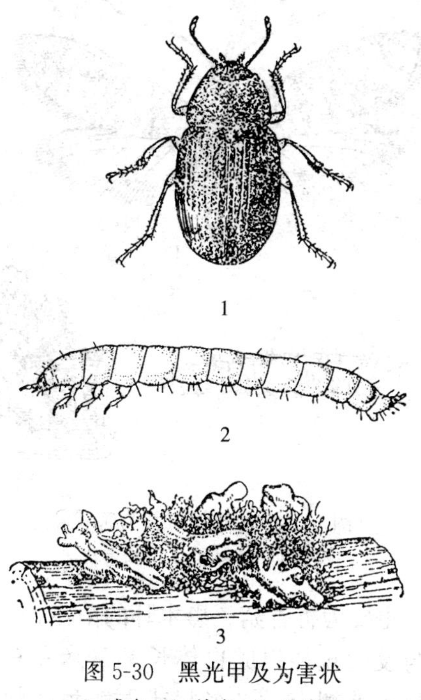

图 5-30　黑光甲及为害状

1. 成虫　2. 幼虫　3. 为害状

红色，渐变深红色，最后变成黑色，有光泽，长约1厘米，长椭圆形。头小，黑褐色，触角11节，鞘翅上有粗大斑点形成的八条平行纵沟。成虫善爬行，有假死现象。成虫夜间在耳片上取食，被害耳片表面凸凹不平。幼虫为害耳芽、耳片、耳根，食量大，排粪多。粪便深褐色，如一团发丝与耳片混在一起，幼虫能随采收的木耳进入仓库，继续为害干耳。

防治措施：

①搞好耳场清洁，消灭越冬成虫。

②在越冬成虫活动期（湖北为3～5月）间，用敌杀死等杀虫剂向耳场内及其四周地面喷洒，可获得较好的效果。

（13）食丝谷蛾（*Hapsifera brabata*）（图5-31）

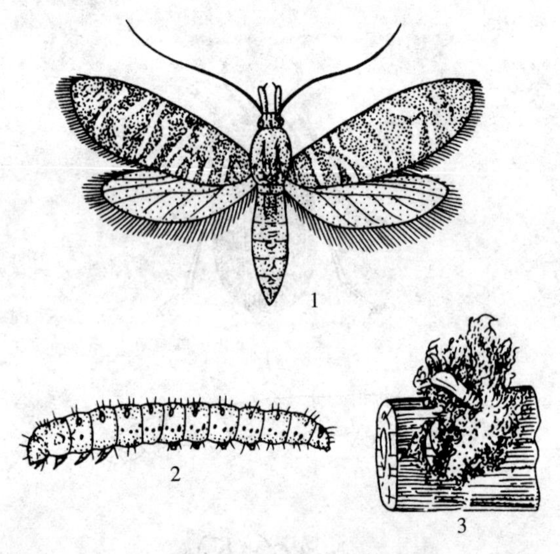

图5-31　食丝谷蛾及为害状

1. 成虫　2. 幼虫　3. 为害状

为害对象：主要为害香菇、黑木耳的菌棒。

形态特征与发生规律：成虫体长7毫米左右，体色灰白相间，停歇时可见到前翅上的3条横带，触角丝状，长为翅长的

2/3，头顶有一丛浅白色隆毛。幼虫俗称蛀枝虫、绵虫，体长15～18毫米，头部棕黑色，前胸背板棕色，中后胸背部米黄色，腹部白色，有黄色绒毛。以幼虫休眠越冬，翌年2～3月气温回升到12℃（湖北）以上时，幼虫又开始活动，取食为害。成虫多在当年接种的段木接种穴周围产卵，初孵幼虫钻入接种穴内取食菌丝，并蛀入菌棒形成层内，在有木耳（香菇）菌丝的部位取食为害，故名食丝谷蛾或蛀枝虫。

防治措施：

①尽可能将新耳场、菇场远离老耳（菇）场，避免成虫在新菌棒上产卵。

②药剂防治可参考黑光甲防治措施。

（14）蓟马（*Thrips* sp.） 常见的有：稻蓟马（*T. oryzae*）和烟蓟马（*T. tabaci*）（图 5-32）。

为害对象：黑木耳、香菇等。

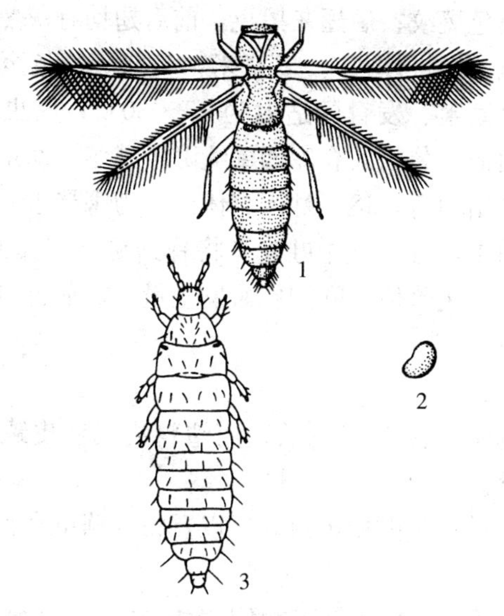

图 5-32　烟蓟马

1. 成虫　2. 卵　3. 二龄若虫

形态特征与发生规律：虫体极小，长1.5～2.0毫米，黑褐色，触角短、黄褐色，翅透明、细长、淡黄色；前后翅周围密生细长的缘毛。若虫通常淡黄色，形似成虫，但无翅。3月下旬开始为害，5月中旬为害最严重。成虫、若虫群集性强，一根段木上可达千头以上。蓟马主要吸取耳片汁液，被害耳片逐渐萎缩，有时也在耳根部位为害，一旦下雨，造成流耳。香菇上的蓟马，多在菌褶上活动，取食香菇孢子。

防治措施

①用布条沾湿90%敌百虫1 000～1 500倍液驱赶蓟马。

②用涂料、黏胶剂或米汤粘杀。

（15）欧洲谷蛾（*Nemapogon granella*）

为害对象：主要为害干香菇。

形态特征与发生规律：成虫体长5～8毫米，翅展12～16毫米，头顶有显著灰黄色毛丛，触角丝状。前翅菱形，灰白色，散有不规则紫黑色斑纹；后翅灰黑色，前后翅均有灰黑色缘毛。虫体及足灰黄色。幼虫体长7～9毫米，头部灰黄色至暗褐色，虫体色浅。该虫繁殖、发育的适温为15～30℃，成虫多在香菇菌褶、菌柄表面或包装物、仓库墙壁缝隙中越冬。幼虫从香菇菌盖边缘或菌褶开始为害，逐渐蛀入菇体内。为害严重时，可将香菇蛀成空壳或粉末，且边蛀边吐丝，将香菇粉末和粪便黏在一起，致使香菇失去食用价值。欧洲谷蛾发生量大，危害也大，是香菇贮运中主要虫害。

防治措施：

①将香菇干至含水13%后，用塑料袋或铁皮罐密封贮藏在低温、干燥处。

②欧洲谷蛾也是贮粮害虫，所以要将香菇单仓存放，避免交互为害。

③香菇入库前，将仓库清理干净，并用熏蒸杀虫剂熏蒸库房，杀灭越冬成虫。

④发生虫害后，先将香菇在50～55℃温度下复烤1～2小时，再用磷化铝熏蒸处理，但需严格按照操作规程安全作业。

(16) 凹赤菌甲 (*Dacne japonica*) (图5-33)

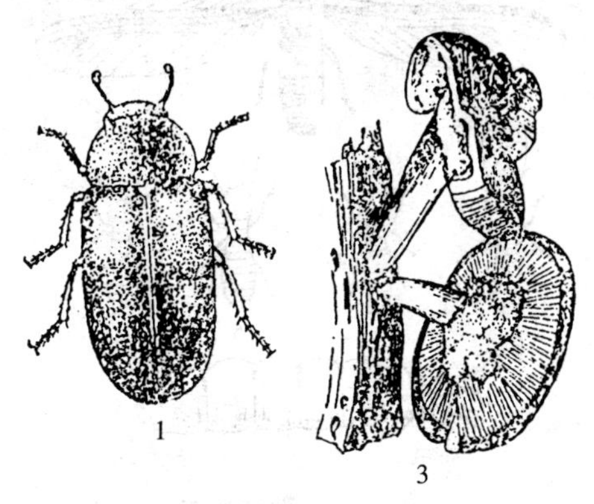

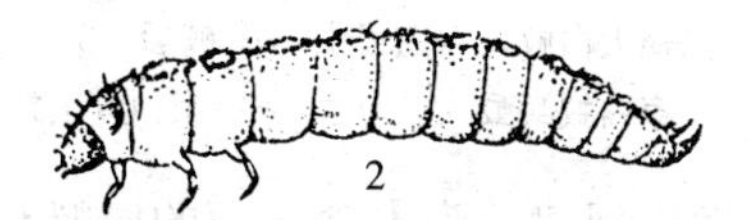

图5-33　凹赤菌甲及为害状

1. 成虫　2. 幼虫　3. 为害状

为害对象：主要为害香菇。

形态特征与发生规律：成虫体长3～4毫米，长椭圆形，头部赤褐色，复眼黑色，球形。前胸背板及前翅基部赤褐色，端部黑色。幼虫体长6.5毫米，乳白色，头部褐色。幼虫从香菇菌盖上蛀入菇体，可将菌肉吃光，直留下皮壳，或将其全部蛀成粉末。

防治措施：可参照欧洲谷蛾的防治方法。

(17) 白蚁　常见的种类有：黑翅大白蚁 (*Odontotermes for-mosanus*)、家白蚁 (*Coptotermes forniosanus*) 两种 (图5-34)。

为害对象：为害香菇、黑木耳、茯苓和蜜环菌的菌棒或菌柴。

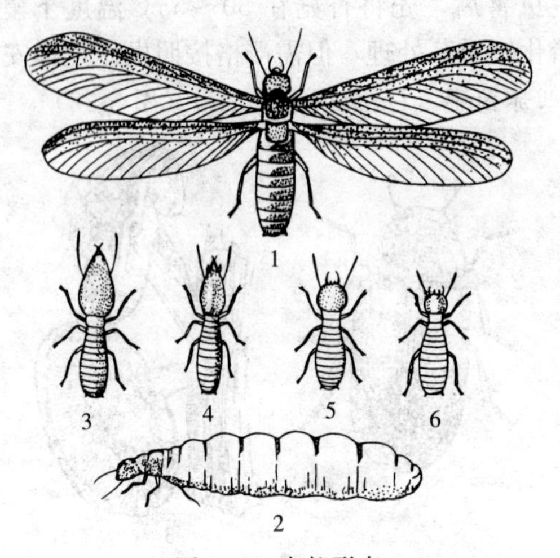

图 5-34　白蚁形态

1. 黑翅大白蚁，有翅成虫　2. 蚁后　3. 兵蚁
4. 家白蚁兵蚁　5. 工蚁　6. 家白蚁工蚁

形态特征与发生规律：为害食用菌的白蚁有数种，其中以黑翅大白蚁最为常见。成虫体长 10～12 毫米，翅长 20～30 毫米，翅黑褐色。蚁后 50～60 毫米，兵蚁头阔超过 1.15 毫米，上颚近圆形，各具 1 齿，但左齿较强而明显。白蚁在菌棒表面活动时，一般都隐身于一层泥质覆盖物下，即所谓泥被、泥线和蚁路，这层覆盖物具有减缓白蚁体内水分蒸发的作用，也是人们发现蚁害的根据。白蚁常在阴天或雨天爬上菌棒，从接种穴内偷吃菌种，且有从下向上成直线偷吃的习惯。白蚁为害茯苓时，开始仅咬食菌种木木条，将种木蛀空成片层状，并在周围敷设泥被。吃完种木后，白蚁便逐步向周围扩展，为害料筒，严重影响茯苓生长。到后期，一旦料筒被吃空，白蚁接着吃茯苓，将茯苓蛀成粪土状，轻则减产，重则绝收。

防治措施：

①菇（耳）场远离白蚁出没的地方，苓地则应避开干死松树

苑。

②经常清除场地内外的枯枝、落叶和杂草等，减少或消灭白蚁的栖息场所。

③设诱杀坑。场地四周挖 4～8 个诱蚁坑，埋入松木或蔗渣等诱杀白蚁。

④将灭蚁膏涂抹在蚁路上杀灭白蚁。

⑤在场地四周撒上西维因，兼有忌避和毒杀白蚁的作用。

（18）**蛞蝓**　常见的种类有：双线嗜黏液蛞蝓（*Phiolomycus bilineatus*）、野蛞蝓（*Agriolimax agrestis*）、黄蛞蝓（*Limax flavus*）三种（图 5-35）。

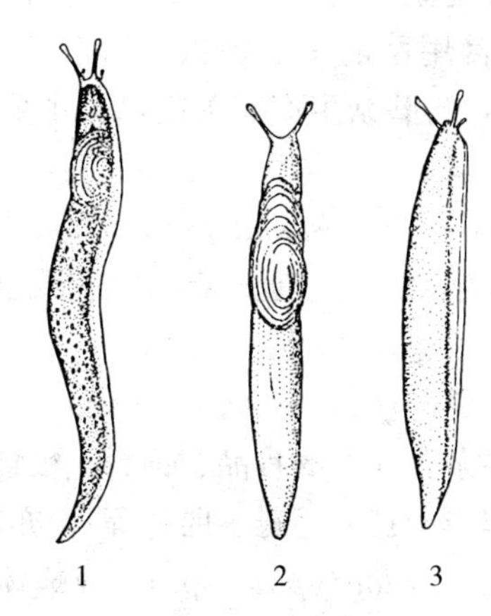

图 5-35　蛞　蝓

1. 黄蛞蝓　2. 野蛞蝓　3. 双线嗜黏液蛞蝓

为害对象：蘑菇、香菇、平菇、凤尾菇、黑木耳、银耳等多种食用菌。

形态特征与发生规律蛞蝓俗称鼻涕虫，水蜒蚰。身体裸露、柔软，无外壳，暗灰色、灰白色、黄褐色或深橙色，有两对触角。体背有外套膜，覆盖全身或部分体驱。栖息于阴暗潮湿的枯枝落叶、砖头、石块下，多在阴雨天或晴朗的夜间外出觅食。可

咬食蘑菇、香菇、平菇、黑木耳等多种食用菌的子实体，将子实体吃得残缺不全。凡是蛞蝓爬过的地方（包括食用菌的子实体），都能见到从其体上留下的黏液。黏液干后银白色，污染子实体。所以，蛞蝓的为害，常造成减产和质量下降。

防治措施：

①清除场地内外的枯枝落叶、烂草及砖头瓦块等，铲除蛞蝓栖息地。

②人工捕杀。

③用砒酸钙 120 克、麦麸 450 克、多聚乙醛 10 毫升，加水 46 毫升制成毒饵，于晴天傍晚撒在菇（耳）场四周，诱杀蛞蝓。

④在蛞蝓出没处撒一层 0.5～1.0 厘米厚的石灰粉。

(19) 螨类　食用菌的主要害虫。据报道（邹萍、高建荣，1987)，在上海市，与蘑菇生产有关的螨类主要有以下 8 种（图 5-36)。

①速生薄口螨（*Histiostoma feroniarum* Dufour)。成螨体乳白色，主要营腐生生活，多见于菌丝老化或培养料过湿的菌种瓶（袋）中。

②腐食酪螨（*Tyrophagus putrescentiae* Schrank)。成螨体较大，无色。食性杂，在贮藏食品、饲料、粮食中均可找到。喜食多种霉菌（青霉、木霉、毛霉、曲霉等)，亦取食蘑菇菌丝。

③蘑菇嗜木螨（*Caloglyphus* sp.)。成螨体较大，无色，常见于菇床上。与其同属的食菌嗜木螨（*C. mycophagus* Megnin）是澳大利亚等蘑菇生产国的重要害螨。

④蘑菇长头螨（*Dolichocybe* sp.)。成螨体小、无色，大量发生时聚集在覆土表面呈粉末状。

⑤食菌穗螨（*Siteroptes mesembrinae* Canestrini)。雌螨体黄白色或红褐色，常发生在被杂菌污染的蘑菇、香菇菌种瓶（袋）中或菇床上。

⑥隐拟矮螨（*Pseudopygmephorus inconspicuus* Berlese)。

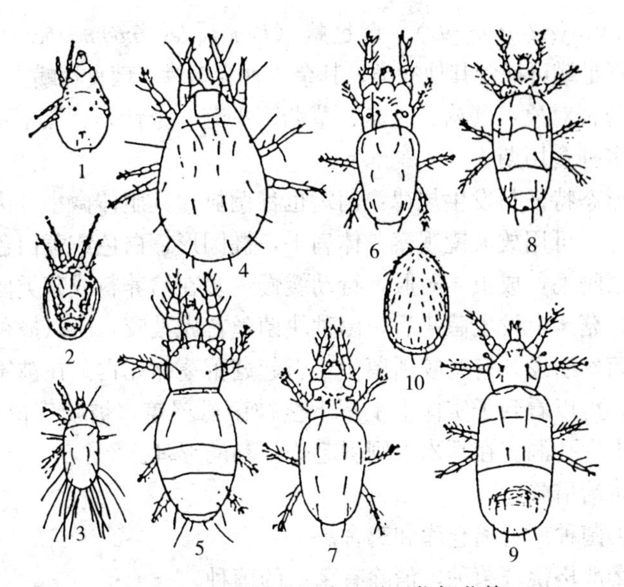

图 5-36 蘑菇螨类的常见种（仿邹萍等）

1. 速生薄口螨雌螨腹面 2. 速生薄口螨休眠体 3. 腐食酪螨雌螨 4. 蘑菇嗜木螨雌螨 5. 蘑菇长头螨雌螨 6. 食菌穗螨正常雌螨 7. 食菌穗螨异型雌螨 8. 隐拟矮螨 9. 兰氏布伦螨雌螨 10. 矮肛厉螨雌螨

体红褐色。其与矩形拟矮螨（*P. quadratus* Ewing）都与杂菌有关，常导致蘑菇减产。

⑦兰氏布伦螨（*Brennandania lambi* Kiczal）。体黄白至红褐色，取食蘑菇菌丝，常造成严重减产，是上海地区蘑菇害螨的优势种。

⑧矮肛厉螨（*Proctolaelaps pygmaeus* Muller）。成螨体黄褐色。食性杂，但主要以杂菌和腐烂物为食。爬行时损伤蘑菇菌丝，并传播杂菌。

除了上述 8 种螨类外，菇房中常见的螨类还有：粗脚粉螨（*Acarus siro* = *Tyroglyphus farinae*）、长食酪螨（*Tyrophagus longior*）、根螨（*Rhizoglyphus phyllozerae*）、嗜菌跗线螨（*Tar-*

sonemus myceliophagus）、真足螨（*Linopodes antennaepes*）5 种，其中真足螨可捕食其他螨类，其余 4 种为害螨（菌食性螨类）。

为害对象：蘑菇、香菇、草菇、平菇、金针菇、黑木耳、银耳等多种食用菌。

形态特征与发生规律：菌螨也称菌虱，其躯体微小，肉眼不易察觉，可用放大镜观察。体扁平，椭圆形，白色或黄白色，上有多根刚毛，成虫 4 对肢，行动缓慢，多在培养料或菇类菌褶上产卵。菇床上发生菌螨后，菌种块菌丝首先被咬，所以播种后常不见菌丝萌发。有时咬断菌丝，引起菇蕾萎缩死亡。在被害子实体上，可以看到子实体上上下下全被菌虱覆盖，被咬部位变色，重则出现孔洞。在耳木上则引起烂耳和畸形耳。

防治措施：

①菌种厂远离仓库和鸡舍。

②严格挑选菌种，消除有菌虱的菌种。

③播种后 7 天左右，将有色塑料膜盖在床面上几分钟，然后用放大镜检查贴近培养料的一面，一旦发现菌虱，立即用药杀虫。

④用棉球蘸上 40%～50%的敌敌畏液，将湿棉球放在床架底层，并用塑料膜或报纸覆床面，熏蒸杀虫。

⑤用 25%的十二烷基苯磺酸钠（洗衣粉）400 倍液喷雾，连续喷洒 2～3 次，效果较好。

八、食用菌病虫害的安全治理技术

随着食用菌人工栽培地域的扩展和时间的推移，病虫害的发生是不可避免的。以往一提起病虫害防治，就依赖于药物防治，因此，也造成一定的负面效应，使食用菌产品某些有害成分超标，同时带来环境污染。无公害食用菌栽培在病虫害治理技术控制中，强调尽可能采用以生物防治、物理防治、生态防治为主体的综合治理措施，把有害的生物群体控制在最低的发生状态，保

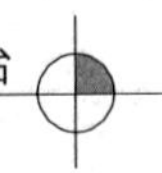

持产品和环境的无公害水平。

（一）生态治理

食用菌病虫害的发生，环境条件适宜程度是最重要的诱导因素。当栽培环境不适宜某菌种生长，导致生命力减弱，就会造成各种病虫菌的入侵，香菇烂筒就是明显的实例。当香菇菌筒处于海拔较高，夏季气温较适宜的地方，烂筒就较少发生；当菌筒覆土后长期灌水，造成高温高湿，好氧性菌丝处于窒息状态，烂筒就大面积发生。根据栽培的食用菌种类的生物学特性，选择最佳的栽培环境，并在栽培管理中采用符合生理特性的管理方法，这是病虫害防治的最基本治理技术。在目前许多食用菌产品处于产大于销的背景下，应当选择最佳栽培区域，生产最适宜食用菌种类，这是食用菌病虫害无公害治理的最基本技术。此外，通过选择抗逆性强的良种，人为改善栽培场环境，创造有利于食用菌、不利于病虫害发生的环境，这都是有效的生态治理措施。

（二）物理防治

病虫害均有各自的生理特性和生活习性，利用各种危害食用菌的菌类、虫类的这些特性，采用物理的、非农药的防治，也可取得满意的治理效果。如利用某些虫害的趋光性，可在夜间用灯光诱杀；利用某些虫害对某些食物、气味的特殊嗜好，可用某些食物拌入药物进行诱杀；又如链孢霉的特性是喜爱高温高湿的生态环境，把栽培环境控制在湿度70%以下，温度控制在22℃以下，链孢霉可迅速受到抑制，而许多食用菌菌丝生长又不受影响，这也是无公害治理好方法。

（三）生物防治

生物防治是利用某些有益生物，杀死或抑制害虫或害菌，从而保护栽培的食用菌（或农作物）正常生长的一种防治病虫害的方法，即所谓以虫治虫、以菌治虫、以菌治菌等。

生物防治的优点是，有益生物对防治对象有很高的选择性，对人、畜安全，不污染环境，无副作用，能较长时间地抑制病虫害；而且，自然界有益生物种类多，可以广泛地开发利用。生物防治目前存在的问题是见效慢，在病虫害大发生时应用生物防治，达不到立即控制为害的目的。如何克服这个弱点，有待研究。

生物防治的主要作用类型有以下五种。

1. 捕食作用 在自然界，有些动物或昆虫可以某种（些）害虫为食料，通常将前者称作后者的天敌。有天敌存在，就自然地压低了害虫的种群数量（虫口密度），如蜘蛛捕食蚊、蝇等，蜘蛛便是蚊、蝇的天敌。

2. 寄生作用 寄生作用是指一种生物以另一种生物（寄主）为食料来源，它能破坏寄主组织，吸收寄主组织的养分和水分，直到使寄主消亡。用作生物防治的寄生作用包括以虫治虫和以菌治虫两大类。

（1）*以虫治虫* 据报道（Huosey et al，1969、1972），菇床上的一种线虫常寄生在蚤蝇体内，还有一种线虫能寄生在蕈蚊体内。

（2）*以菌治虫* 在微生物寄生害虫的事例中，较常见的有核型多角体病毒寄生于一些鳞翅目昆虫体内，使昆虫带毒死亡。另据报道（陆宝麟，1985），苏云金芽孢杆菌和环形芽孢杆菌对蚊类有较高的致病能力，其作用相当于胃毒化学杀虫剂，可用其灭蚊。

目前，国内外已有细菌农药、真菌农药出售。比较常见的细菌农药有苏云金杆菌、青虫菌等；真菌农药有白僵菌、绿僵菌等。这些生物农药在食用菌害虫防治中，可望发挥一定的作用。

（3）*以菌治病* 一部分微生物寄生于病原微生物体内的现象很多。在食用菌病害中，有的噬菌体寄生在某些细菌体内，溶解细菌的细胞壁，以繁衍自身。因此，有这种噬菌体存在的地方，某种细菌性病害就大为减轻。

3. 拮抗作用 由于不同微生物间的相互制约，彼此抵抗而

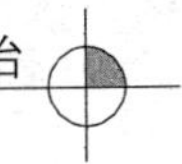

出现一种微生物抑制另一种微生物生长繁殖的现象，称作拮抗作用。利用拮抗作用，可以预防和抑制多种害菌。在食用菌生产中，选用抗霉力强的优良菌株，就是利用拮抗作用的例子。

4. 占领作用　栽培实践表明，大多数杂菌更容易侵染未接种的培养料，包括堆肥、段木、代料培养基等。但是，当食用菌菌丝体遍布料面，甚至完全“吃料”后，杂菌较难发生。因此，在菌种制作和食用菌栽培中，常采用适当加大接种量的方法，让菌种尽快占领培养料，以达到减少污染的目的。这就是利用占领作用抑制杂菌的例子。

5. 诱发作用　有些微生物既无寄生杀菌作用，也无占领作用，但能诱发寄主的抗病能力，从而减少病害的发生，起到防病作用。例如，在蘑菇生长发育过程中，一些微生物常常聚集在蘑菇菌丝体周围，它们与蘑菇菌丝是共生关系。这类微生物产生的某种（些）物质，能刺激蘑菇菌丝生长。据斯坦莱克报道，菌丝周围有微生物群的培养物，不仅能使蘑菇菌丝的生长增长37%，而且还能促进出菇。这种诱发作用，客观上增强了蘑菇抵抗病虫的能力。

第六章 食用菌安全保鲜与加工

食用菌与多数蔬菜、水果一样，都有一个调节市场供应的淡旺季问题，在生态环境发生恶化的今天，还有一个产品的安全性、无公害的问题。调节市场的方法，除栽培方面进行种类、品种、温型的选择和生产季节的安排外，还可通过对收获产品进行保鲜与加工处理，以延长保质期，来调剂市场供应期。但保鲜、加工全过程必须保证产品安全、无害化。食用菌产品通过保鲜、加工、包装成为可投放市场的食品，在加工过程中，加工环境的卫生标准、加工设备的选择、加工人员的健康、技术素质都是食用菌产品无公害加工的关键控制点。在我国加入世界贸易组织的今天，食用菌加工产品同其他农副产品一样，接受国内外市场的安全质量检验。就加工而言，必须符合联合国粮农组织和世界卫生组织所属的法规委员会（CAC）颁布的食品质量全面监控条例（HACCP）、生产单位环境良好操作规程（GMP）和生产单位产品操作管理规程（ISO 9000 系列），达到“天然、营养、保健”和无害化。只有这样，食用菌商品才能克服关贸成员国之间的非关税壁垒，顺利进入国际市场。

一、食用菌安全保鲜与加工关键点控制

食用菌安全保鲜与加工的关键点控制有如下几个主要环节：

（一）保鲜与加工场所的环境卫生和构筑要求

1. 环境条件 食用菌保鲜、加工厂（场）应选择在没有污

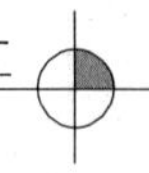

染和没有潜在污染的地方。根据 GB3095—2012《环境空气质量标准》中规定的三级标准要求，工厂（场）必须远离工业区，避开有“三废”排放的企业、垃圾场、畜牧场、化粪池、居民区、常规农田等，保证厂（场）址周边生态和环境条件良好。加工、保鲜厂（场）周围地区禁止用气雾杀虫剂、有机磷、有机氯或氨基甲酸酯等杀虫剂。同时保鲜、加工厂（场）本身也不对周围环境构成污染，如加工剩余物，冲洗、烫煮的废水等要及时清理，妥善处理。需要用水的厂（场），水源充足、水质良好，达到 GB5749—2006《生活饮用水卫生标准》。厂（场）址还应地势高燥、开阔，阳光充足，有电源，交通相对方便又没有尘土飞扬的地方。

2. 厂房布局　保鲜厂（场）和烘烤厂的原料整修、晾晒与保鲜、烘烤场所应合理分开，互不影响。晾晒的场所应是水泥地面，无尘土飞扬，食用菌不直接接触地面，有卫生的盛具盛装晾晒。腌制加工厂腌制池应符合食品卫生腌制要求，水质符合 GB 5749—2006《生活饮用水卫生标准》。

3. 建筑设计　保鲜加工厂（场）房建筑和设计应符合《中华人民共和国食品卫生法》、《工业企业设计卫生标准》、《消防法》等的有关规定，按食品加工的工艺要求进行设计建造。厂（场）内各工序有机区分，互不影响，又有卫生安全通道相互连贯，厂房结构墙柱面应光滑，无吸附性，可冲洗；分拣车间光线 500 勒克斯以上，一般操作场所 100 勒克斯以上；有纱门纱窗，通风排气良好，通风排气口保持清洁，不得有灰尘和油泥堆积；排水系统畅通，防止固体物流入阻塞、污染；有规范的洗手、更衣处，并提供必备设施和用品，以保证人员进入车间无菌卫生状态，这对产品的无公害、安全卫生极为重要。

厂（场）房的室内外要卫生整洁，除硬件构筑外，在灭蚊、鼠、蟑螂和其他有害昆虫及其孳生环境多采用物理、机械和生物法，少用药剂防治。

（二）设备选型与使用

食用菌保鲜、加工设备应选择低能耗、高效率、无污染的设备，设备各组成部分要相互配套。设备制造的材料应符合卫生、无污染的安全要求。设备使用按规定程序进行，设备用具、工具定期检修，使用前后均必须擦洗干净，冲洗水源符合饮用水标准。每天保持设备场所的干净清洁。与加工有关的物资堆放整齐，一次性用具使用完及时清理出车间，保持车间内、设备周围清洁、安全。

（三）操作人员的健康和素质培训

食用菌安全产品的保鲜和加工最关键的还是操作人员。在具备安全硬件措施的情况下，是否能加工出安全的产品，人员就是决定的因素。

1. 人员培训 凡从事安全食用菌安全产品加工的人员，在上岗之前，必须经过正规的培训。培训内容包括安全食品的概念，安全加工的意义，食品加工卫生标准，掌握操作技能、设备使用、维修技能等。

2. 人员体检 凡从事食用菌安全产品加工的人员，必须按食品生产加工经营人员的身体健康标准进行法定体检和定期复查，只有符合食品生产经营的健康人员才能上岗。有传染病、皮肤病和其他规定不适上岗的疾病的人员都不准上岗。

3. 个人卫生 参加食用菌安全产品加工的人员应养成食品行业的个人卫生习惯，除上岗前应养成做好衣帽、手等个人卫生的习惯外，平时应养成勤剪指甲、勤洗澡、理发、勤换洗衣服的习惯以及进入工作岗位，养成保持手、工作服干净，不随地吐痰等好习惯。这些对于保证产品的无污染关系极大。

（四）安全食用菌产品的包装

产品包装是食用菌产品加工中必备的环节，它可以延长保质和减少损失、方便销售，还同时具有广告效应。包装环节的卫生无菌操作和安全包装材料的选用至关重要。

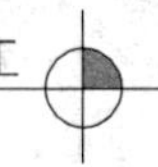

1. 包装环境 食用菌产品的包装车间应符合GB7096—2003《食用菌卫生标准》和GB/T14881—1994《食品企业通用卫生规范》。对于直接入口食用的食用菌产品包装环境要符合熟食食品包装的卫生环境要求。

2. 包装材料的选用 食用菌产品安全包装材料，必须使用无毒安全的食品级包装材料。目前包装材料主要有聚乙烯（PE）袋、纸、纸塑托盘、包装箱、包装盒，内衬塑料膜，塑料袋及捆扎材料等。纸质包装材料必须达到GB11680—1989《食品包装用原纸卫生标准》所规定的质量要求，包装塑料袋、塑料膜必须达到GB9693—1988《食品包装用聚丙烯树脂卫生标准》、GB9696—1988《食品包装用聚乙烯树脂卫生标准》，GB9683—1988《复合食品包装袋卫生标准》、GB9687—1998《食品包装聚乙烯成型品卫生标准》等。包装纸箱必须符合GB/T4892—1996硬质直方体运输包装尺寸系列。包装物外表标签必须符合GB7718—2011《预包装食品标签通则》规定的内容。

（五）无公害食用菌产品的贮存

贮存环境条件控制是保持食用菌产品安全、不变质的重要保障。保存食用菌产品的仓库总的要求是清洁干燥、防潮、避光、通风，周围环境卫生干净，无污染源。但各种不同的产品也有各自的特定贮存条件，如气温高时，干品食用菌常温贮存期不宜超过3个月，长时间贮存应进入4℃冷库，保鲜菇贮存环境应在4℃左右环境，低于0℃和高于10℃均为不适宜环境，保质期大为缩短。食用菌食品安全贮存地应是专用的，不能与化学合成物接触，严禁与有毒、有害、异味、易污染的物品接触和共贮存，严禁使用化学合成杀虫剂、防鼠剂和防霉剂，贮存全过程要严格遵守《中华人民共和国食品卫生法》中有关食品贮藏的规定。

（六）安全食用菌产品的运输

为了保证加工后的无公害食用菌产品不在运输过程中受到

二次污染，对运输工具、运输条件、运输包装有其特殊的要求。

1. 运输工具 食用菌安全产品运输工具必须安全、卫生、专车运输食用菌同类型产品，不同运输条件的产品不可混装，严禁与有毒、有害、有异味、易污染的物品混装。冷库贮存的产品必须用相应条件的冷藏车运输。干鲜菇产品不可混装。

2. 运输包装 装载安全食用菌产品的运输车外表必须牢固、整洁。包装运输的图示标志必须符合 GB191—2000《包装贮运图示标志》中的有关规定。

以上的关键环节控制应贯穿在保鲜加工的全过程。关于保鲜加工技术问题下面分节加以叙述。

二、食用菌安全保鲜

采收后的食用菌子实体已经离开培养基，同化作用随之停止，但仍保持着有机体的活性，仍在进行呼吸作用。这时子实体不断地吸收空气中的氧气，在体内进行异化作用（分解代谢），产生二氧化碳和水，致使子实体内的干物质逐渐减少、子实体朝老化变质的方向转化。鲜菇老化变质的速度，主要取决于食用菌的种类和外界环境条件。就食用菌种类而言，香菇、金针菇、平菇等较易贮藏，而新鲜草菇、蘑菇较难存放。单就蘑菇而言，又有耐藏品种和不耐藏品种之分。就环境条件而言，在低温条件下，鲜菇可以贮存较长时间；在高温条件下，鲜菇的贮存时间较短。另外，采收子实体的成熟程度、含水量、机械损伤，以及微生物的侵染等，也不同程度地直接或间接影响食用菌的保鲜贮藏时间。

保鲜是利用活的食用菌子实体对不良环境和微生物的侵染具有抗性的原理，采用物理或化学方法，使鲜菇的分解代谢处于最低状态（休眠状态），借以延长贮藏时间，保持鲜菇的食用价值。因此，保鲜过程不能使鲜菇完全停止生命活动，不能长期保存，

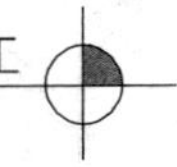

只能延长食用期。

(一) 保鲜方法

食用菌保鲜可以借鉴果蔬保鲜技术，采用简易包装、冷藏、低温气调贮藏、辐射保鲜、化学保鲜等方法贮藏鲜菇。其中简易包装保鲜法简便易行，而低温结合气调、辐射和化学物质处理的保鲜效果最好。

1. 准备工作　为了提高保鲜效果，节省保鲜费用，必须作好适时采收、及时整理和初步分级等项准备工作。

(1) 适时采收　采收鲜菇是食用菌栽培的最后环节，也是保鲜和加工的最初环节。采收必须做到适时无损、轻拿、轻放、轻装。同时，采收前2～3天应停止喷水或少喷水，以利鲜菇的贮运或加工。

(2) 场所与人员　采收后的食用菌鲜品，应在固定的、符合卫生标准的场所内进行整理和分级。从业人员应具有食品行业健康资格和符合食品卫生操作规范。

(3) 整理　采收后及时整理鲜菇，清除菌柄或耳根上的杂物，并按商品要求剪去蒂头，拣出破损菇和病虫害浸染的菇体。有的种类要按质量要求进行清洗。

(4) 分级　以符合买方要求为原则，按市场要求或订货质量标准挑选分级，做到分级标准、均匀、整洁，内外一致。

2. 保鲜方法

(1) 简易包装保鲜法　此法适用于产销两地距离较近，当日或隔日可以销售完毕的食用菌保鲜。

①包装容器有竹筐、塑料食品袋（盒）、有孔小纸箱（盒）等。

②保鲜对象为松口蘑、蘑菇、香菇、金针菇，平菇、姬菇、杏鲍菇、灰树花、杨树菇、鸡腿蘑等。

③注意事项。纸盒包装时菌盖朝上，顺序摆放1～2层；塑膜食品袋包装时，每袋0.5～1.0千克为宜；竹筐包装时不可过

分堆挤，每筐 3～5 千克为宜。

（2）冷藏保鲜　此法适用于长途运输或短期保存各种鲜菇。根据鲜菇在低温时呼吸微弱、发热减少，以及利用低温抑制微生物活动的原理达到食用菌保鲜目的。

①包装容器可以采用符合食品卫生标准的质轻、坚固、无异味、可多次利用的竹筐、瓦楞纸箱、塑料盒等盛装鲜菇。

②使用设备为冰箱、冷库、冷藏车等。

③温度范围为 0～8℃。

④注意事项。冷藏保鲜所需费用较多，一般只用于商品价值较高的高档菇类。鲜菇离开低温条件后，应尽快食用或加工，以免腐败变质。另外，冷藏保鲜并非温度越低越好，因为温度越低保鲜成本越高，且温度过低容易引起子实体代谢紊乱，以致减弱甚至失去对不良环境的抗性力。

（3）低温气调保鲜　在低温条件下，通过调节空气组分比例来控制鲜菇的呼吸作用，使其处于休眠状态，达到食用菌保鲜目的。

①包装容器常用 60～80 微米厚的聚乙烯塑料袋包装鲜菇。几种常用包装薄膜的特性见表 6-1。

②保鲜对象为各种食用菌。

③机械设备为气调保鲜机或气调库。

④注意事项。低温气调保鲜效果最佳，但费用昂贵，必须权衡得失，谨慎使用。

（4）辐射保鲜　利用 γ-射线辐射鲜菇，可以延长食用菌的寿命，从而延长销售及加工时间。

①包装容器为多孔聚乙烯塑料袋。

②保鲜对象为各种食用菌。

③辐射剂量为 1～6 千戈。

④注意事项。联合国粮农组织、国际原子能机构、世界卫生组织联合专家会议（1980）得出结论：总剂量为 10 千戈时，辐

表 6-1　几种包装薄膜的特性

薄膜种类	厚度（×0.01毫米）	密度（克/厘米³）	伸长强度（千克/厘米²）	伸缩率（%）	引裂强度（千克/厘米²）	吸水率（%）	透湿性[克/（米²·天）]	软化点（℃）	透气性[毫升/（米²·小时）]			脆化点（℃）
									二氧化碳	氧	氮	
低密度聚乙烯	3~10	0.91~0.93	100~200	165~650	30~100	<0.1	16~22	85~95	1 400~1 700	380~470	100~133	-55
醋酸纤维	3~5	1.25~1.3	400~850	10~30	4~20	4~10	400~800	60~110	1 060	204	67	—
普通玻璃纸	2~3	1.4~1.5	200~1 000	15~40	2~4	40~100	大	—	10.6~106	2.92~29.2	9.99	—
防潮玻璃纸	2~3	1.4~1.5	200~1 000	15~90	2~4	—	10~80	—	2.12~10.6	2.92	9.99	—
聚丙烯	3~10	0.90~0.91	200~400	200~600	—	<0.1	10	100~105	530~740	146~234	—	-35

射任何食品均无毒害作用。因此，食用菌采用辐射保鲜时，宜将辐射剂量控制在10千戈以内。

(5) 化学药物保鲜　利用一定浓度的化学药物浸泡鲜菇，可以防止变色、变质或开伞老化，延长销售和贮运时间。

①包装容器为木桶或塑料膜袋。

②保鲜对象为蘑菇、草菇、香菇、金针菇等。

③常用化学保鲜试剂及配制使用方法。焦亚硫酸钠0.01%～0.07%溶液浸泡鲜菇；0.6%氯化钠（食盐）溶液浸泡鲜菇；含量50%的次碳酸溶液中加入重量比120%的含28%的硅酸铝，混合，干燥后研磨过200目筛，装成小袋，按1千克鲜菇用量2克或8～10克/厘米^3，可使鲜香菇保鲜期延长至30天；5毫克/升溴氧对聚乙烯袋中鲜草菇处理2秒钟，可延长保鲜期10小时；0.1%的抗坏血酸喷洒金针菇，作为冷藏辅助化学保鲜剂，在非铁器容器盛装时置0℃环境中能有效防止褐变，24～30小时鲜菇色泽基本不变；0.05%的稀盐酸液浸泡经清洗晾干的鲜草菇，密闭后可延长鲜草菇的保鲜期。

④注意事项。配制药液时，需用含铁量低于3毫克/升的净水，以免菇体色泽变暗。

（二）食用菌保鲜实例

1. 松口蘑（松茸）的保鲜试验　据报道（余有强，1987），松口蘑采用气调低温保鲜4天，或简易包装自然常温保鲜3天，可食率均为100%，而气调常温保鲜3天时，可食率低于40%。现将试验情况简介如下：

(1) 材料和方法

①供试材料。样品为鲜松口蘑；气调保鲜使用日本104型气调保鲜机；包装材料为70厘米×38厘米、60厘米×38厘米的塑料袋，40厘米×40厘米×46厘米的纸箱和40厘米×15厘米×21厘米的打孔纸箱，以及填充物，吸湿纸等。

②试验方法。采收时先用竹片刮去松口蘑菌柄上的泥土，再

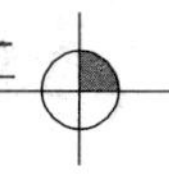

用毛刷清除菇体上的附着物，平置于通风、阴凉、干燥处，于次日进行试验。

先将清理过的松口蘑装入小纸箱内，按一层菇、一层填料、一层吸湿纸的顺序装箱，直到装完为止（每箱 2～3 千克）。

再用胶纸条封闭箱口，外套塑料袋，上机调气后密封袋口。气调法分常温（14～21℃）和低温（2～9℃）两组。

以自然保鲜法为对照，将清理好的松口蘑装入打孔的纸箱内，同样按一层菇、一层填料、一层吸湿纸的顺序装箱，每箱 2～3 千克，装完后再用胶纸条封口，置室内观察。

（2）试验结果

①气调常温保鲜组　存放 3～5 天，菇体全部腐烂。

②气调低温保鲜组　存放 4 天，仅个别菇出现开伞，可食用率为 100%；到第 5 天个别菇开始腐烂，有酸味，可食用率达 90%。

③自然常温保鲜（对照）组　存放 3 天，菇体的色、香、味均较正常，始见开伞现象；随着存放时间的延长，菇表逐步干缩，平均每天每千克鲜菇约减重 50 克。

（3）问题讨论

①采用 2～9℃低温气调（氧气浓度低于 10%，氮浓度 90%）法贮藏松口蘑，有效保鲜期为 4～5 天。

②在 14～21℃常温条件下，气调贮藏松口蘑的保鲜效果最差，而采用有孔纸箱包装，松口蘑的保鲜效果较好，可以安全贮运 2～3 天。

2. 香菇的气调保鲜　为了解决香菇采收后的保鲜问题，日本人南出隆火就香菇摆放方式、包装方法、贮藏温度及气体填充等问题对鲜度的影响进行了研究。

材料与方法：

（1）供试材料　段木栽培的德岛 4 号香菇。

（2）试验内容及方法

①聚乙烯塑料薄膜厚度。分别用厚度为20、30、40、80微米的塑料袋（20厘米×26厘米）密封包装，在6℃和20℃下贮藏。

②塑料袋孔数。在厚30微米的塑料袋上，分别开直径5毫米的孔4、8、12个，以不用塑料袋包装为对照，分别在1℃、6℃、20℃下贮藏。

③气体充填密封。用厚30微米的聚乙烯塑料袋包装，以CO_2及N_2置换袋内的空气后，分成密封与不密封2组，分别在1℃、6℃、20℃下贮藏。

④短时间低温处理。采收后的鲜菇分为2组，一组立即置0℃冰水中2小时，另一组置1℃空气中冷却12～24小时，然后分别装在厚30微米的塑料袋中，置20℃下贮藏。

⑤变温贮藏。将香菇每隔1天置1℃和6℃，或1℃和20℃条件下贮藏。

试验结果：

（1）温度变化

①香菇每隔1天贮藏于1℃和6℃，或1℃和20℃条件下。其结果是：变温至6℃的比变温至20℃的保鲜效果好。但与贮藏在1℃下的香菇相比，保存商品的时间分别缩短了4天和10天。

②在1℃下贮藏15天的香菇，取出置20℃下1天，鲜度就达到了商品界限。

③采收后低温处理，香菇在冰水中浸泡后，促进了菌褶褐变，此法不宜采用。在1℃空气中冷却12～24小时的，在20℃下的贮藏保鲜时间比不处理的延长2倍左右。

（2）包装方法　塑料薄膜厚度，塑料薄膜袋开孔数，二氧化碳或氮气充填密封包装对香菇鲜度的影响见表6-2。

注：鲜香菇菌褶出现褐斑时，即为达到了商品界限。

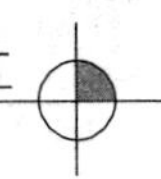

表 6-2 包装方法对香菇货架寿命的影响

包装方法 20 厘米×26 厘米聚乙烯塑料袋		货架寿命（天）		
		1℃	6℃	20℃
塑膜袋厚度 （密封包装）	20 微米		15	4
	30 微米		17	5
	40 微米		20	5
	80 微米		30	7
塑膜袋开孔 （直径 5 毫米）	4 孔	15	13	4
	8 孔	12	9	3
	12 孔	10	7	3
不包装		7	4	2
非密封包装		18	14	3
密封包装		22	17	5
置换为二氧化碳		35	25	7
置换为氮		30	25	6

从表 6-2 可以看出：

①在 20～80 微米范围内，塑料薄膜越厚，保鲜时间越久。

②塑料袋孔数越多，保鲜效果越差。

③在相同温度下，密封包装的保鲜效果优于非密封包装，非密封包装优于不包装。

④低温气调（1～6℃，置换二氧化碳或氮）保鲜效果最好。

（3）问题讨论　本试验结果还表明，香菇采收后在 20℃下放置约 12 小时再进行低温处理，反而比采收后立即进行低温处理的保鲜效果更好。这一结果与传统的看法不同，有待进一步试验考证。

3. 蘑菇贮运保鲜技术　目前我国生产的蘑菇有 90%左右用来制作蘑菇罐头，其余部分加工成盐水蘑菇式直接上市鲜销。从采收到加工或销售都要经过贮运中转环节。为了防止蘑菇在贮运期间变色、变质，可以采取以下保鲜措施。

（1）低温贮藏　蘑菇最适贮运温度为 0～3℃，相对湿度

90%～95%。温度过低不仅成本高，而且会产生蘑菇冷害；温度过高时蘑菇易变色或萎蔫。蘑菇采收后应尽快将其冷却到规定的温度范围，推迟冷藏会大大缩短低温保鲜时间。

低温若能和气调或化学药物处理相结合，保鲜效果更好。

（2）气调贮藏　一定的气调环境能抑制蘑菇的呼吸作用，阻滞蘑菇腐败和后熟进程，抑制蘑菇开伞。生产中使用1%～3%的氧和10%～25%的二氧化碳低温气调环境贮藏蘑菇，可以延长蘑菇的保鲜时间。

（3）化学药物贮藏　焦亚硫酸钠和氯化钠是蘑菇贮运保鲜的常用化学药物。此外，比久（B_9，N-二甲胺基琥珀酰胺）也可用于蘑菇保鲜。

生产中常用浓度及使用方式：

①将蘑菇放在0.05%焦亚硫酸钠溶液中浸泡或漂洗5～6分钟，然后运输贮藏。

②将蘑菇浸泡在0.03%～0.07%焦亚硫酸钠溶液中运输。

③将蘑菇放在0.1%～0.2%焦亚硫酸钠溶液中浸泡30分钟，然后用聚乙烯塑料袋密封包装运输。

④在0.01%～0.03%的焦亚硫酸钠溶液中，添加100毫克/升鸟嘌呤（终浓度，下同）或100毫克/升的苯骈咪唑，或100毫克/升6-氨基嘌呤（6-BA），保鲜效果优于单用焦亚硫酸钠。

⑤将蘑菇放在0.6%食盐（NaCl）溶液中浸泡30分钟，防止变色和保鲜效果优于焦亚硫酸钠。特别适用于较高温度或较长时间贮运情况下的蘑菇保鲜。

⑥用0.01%～0.03%的焦亚硫酸钠加0.6%的食盐水溶液浸泡蘑菇，保鲜效果更好。

（4）辐射贮藏　用β或γ射线辐射蘑菇，也是贮藏保鲜的一种有效方法。

常用剂量与保鲜效果：

①使用剂量2～3千戈辐照后，置10℃下贮藏，经辐射的蘑

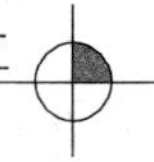

菇失重率低，明显抑制蘑菇破膜，开伞和变色。

②使用剂量3千戈，辐照后置16～18℃，相对湿度65%的条件下，可以贮藏4～5天。

③使用剂量2.5～5.5千戈，辐照后置1513下贮藏14天不开伞，对照组（不经辐射，15℃贮藏）第3天开始开伞。

4. 香菇的冷藏保鲜 鲜香菇的保鲜销售，随着我国香菇栽培规模的扩大，从20世纪90年代初开始应市和外销，并呈上升趋势。从而改变了我国传统的香菇干制进入市场的习惯。因此，香菇的保鲜技术在调节市场供应、丰富花色品种，促进消费，出口创汇等方面起到重要作用。

目前国内鲜香菇保鲜多采用冷库冷藏法进行。在产地附近建造一定容量的机械冷库，用保温材料和制冷机使一定的空间稳定达到1～5℃，其保鲜操作过程是：

（1）用于保鲜的香菇子实体在采收前2～3天停止喷水，采收时用垫有干净纱布的竹、塑筐盛装。全过程轻拿轻放，力求菇体完整、不断柄、不破盖、蒂头干净。

（2）采收后的鲜菇及时进入加工场所整菇晾晒，去除多余含水量。常采用日晒或35℃左右热风吹干，去湿程度达含水量75%左右，即每100千克鲜菇干至83～88千克。

（3）整菇在1～5℃环境中预冷24小时，使菇体内外温度均匀，以达降低和稳定菇体呼吸强度。

（4）需剪柄的鲜菇，集中人员在1～5℃环境中剪柄，不需剪柄的进行整修和分级挑选。分级标准因客商而异，目前日本客商常分为S级：鲜菇菌盖直径4～4.5厘米；M级：菌盖直径4.5～5.5厘米；L级：菌盖直径5.5厘米以上。对收水不足的重新晾晒脱水，不符规格菇体挑出。按产品质量要求分级，以塑料筐定量进库冷藏，在库时间较长时应定期移位翻动，以利温度均匀。

（5）包装 包装通常在外运前数小时进行，按商品规格要求，把冷藏鲜菇装入聚乙烯袋，称重、包装、抽气减压，装入泡沫箱，加盖进库冷藏，大包装常为每箱 5 千克或 10 千克，小包装有净重 100 克、125 克、150 克、200 克、250 克不等。

（6）控制冷库温度在 1～5℃，空气相对湿度在 80%～85%，库温不宜低于 0℃。

（7）短距离销售的鲜菇出库时，先在常温下放置 8～12 小时后上市，以缩小库温与常温的差别，防止鲜菇表面结露，可延长出库后货架期。长距离运输和外销鲜菇直接采用与冷库库温相当的冷藏车运输。

（8）注意事项　在外销商检中鲜香菇常见的问题有：①鲜菇分级和质量把关不严格，常混入少量畸形菇、裂柄断柄菇、菌盖破损菇，或木屑去除不干净或在去除中破坏菌柄完整性；②鲜菇降湿去水不均匀。应挑出盖柄黏手，紧捏菌柄有湿润感的鲜菇，再次快速排湿。但去湿时间不宜过长，否则菇盖容易变黑、开伞、菌褶变褐。③需去柄的鲜菇应先预冷后去柄，并使用不锈钢刀具，不致去柄后易变褐发黑，影响质量。目前鲜花菇都是整菇保鲜销售，先预冷后剪柄，使香菇在降低呼吸和代谢强度情况下修剪，有利提高质量。④小包装的鲜菇常为整菇包装，采用塑料托盘，外密封保鲜膜，抽气减压，或加入保鲜剂。包装过程有按朵数分装，总体称重，每箱固定盒数计重；有按盒计重，计盒装箱。操作过程应当排朵整齐美观，密封膜表面光滑不皱，外观平整一致。

5. 金针菇的冷藏保鲜

（1）鲜菇质量　金针菇以菌盖小，直径 0.5 厘米以内、菌柄长，直径 0.2～0.5 厘米，盖柄色白，脆嫩为佳品。按柄长短、盖大小和有无开伞及色泽鲜度进行分级。常以盖未开伞，直径 1.2 厘米以内、柄长 15 厘米以上，盖柄洁白，鲜度好，洁净度好为一级；以盖径 1.5 厘米以内，未开伞，柄长 13 厘米以内，其他同一级标准的为二级；以盖径 2.5 厘米以内，微开伞，柄长

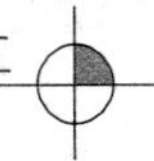

11 厘米以上为三级。因品种不同造成色泽不同的黄色菇种，其质量标准基本同白色种，但柄基部不应出现黑色为佳品。

（2）采收 若规模化、工厂化气调栽培时，应在采收前 2 天降低房内空气相对湿度，适当增加通风量。若批量季节栽培者，采收前 3～5 天停止喷水，尽可能降低温度和增加通气量，使得采收时，成丛金针菇不粘手，菌柄的上部分 1/3～1/4 明显分离，底部 2/3～3/4 紧靠成束，菌盖未开伞紧抱菌柄。瓶栽的菌柄离散度小，长度较整齐；袋栽的菌柄离散度大，长度较不整齐。以成束旋转拔起，尽量少带培养基。

（3）分拣 气调栽培房采收的金针菇一般不再经收水蒸发直接分拣包装，收购的鲜菇，特别是袋栽菇若太湿要在 15℃以下晾干收水，以达不黏手。不可日晒和热风收水。然后按商品等级要求，先切去带培养基的菌蒂，拣去成丛周围细短子实体集中另行分级。

（4）包装

①大包装。按每束 500 克，用聚丙烯袋抽气减压封口，10 袋一箱，大塑料袋包装抽气密封后进泡沫箱，打上标记进库（1～5℃）冷藏。

②小包装。有各种重量规格，按要求称重、装袋、抽气、封口、装大袋、抽气、进泡沫箱、打标记、进冷库。整个分级分拣过程在接近贮藏的温度下进行。

6. 鲜草菇的保鲜 草菇是适宜在热带亚热带栽培的高温型食用菌，种植季节在夏季。采收后菌伞继续生长仍较快，是最不容易保存的食用菌。因此，种植地与加工贮藏的地方相距要近些，一般不超过 2 小时运输路程。草菇开伞快慢还同品种有很大关系，有的品种质地较坚硬，不易开伞；有的品种质地柔软，较易开伞。开伞后的鲜草菇，风味大大降低，加工的色泽也远不如未开伞的，所以草菇的保鲜贮藏主要是防开伞。草菇又是一种不耐低温的种类，若经过 0℃左右温度贮藏，解冻后菇体软化、液化，外表水渍状，外观商品价值很差。鉴于草菇的特性，鲜草菇保鲜方法是：

（1）适时采收　草菇子实体应在菌托紧包菌盖未分离，菇体结实，手捏没有空心感的时候采收。每天要多次采收，至少两次，采收后立即进入10～15℃温度修整分级。

（2）修整分级　按商品要求，修整蒂头，去除培养基并把开伞菇体挑出，未开伞菇体按子实体大小分级于塑料筐中，每筐装量5千克左右。草菇发热严重，不宜装大筐和紧堆，适当通风把表面水分去除，使菇体不粘手。

（3）保鲜　短距离运输时，可在（整修后）筐箱周围用冰块降温，用大块塑料膜围裹，使运输中气温保持在15～20℃。在此温度条件下依品种不同可保存3～5天。较长距离的运输可用0.05％的稀盐酸浸泡，经漂洗挑选的合格菇，按溶液与草菇重量比1.2∶1装入桶内，加盖密封运出加工，这种办法在加工时，因浸泡而风味流失，应加入0.15％味精弥补。

7. 杏鲍菇的保鲜　杏鲍菇是近年新发展的食用菌品种，属平菇属的一个品种，以食菌柄为主，以色白、质嫩、柄长盖小为优质品。其保鲜方法与鲜香菇基本相同。

（1）采收　杏鲍菇目前多以短袋栽培，单面出菇，采收时戴薄膜手套，单朵出菇的旋拔采收，成丛着生小心采大留小，以菌盖由深灰变为浅黄白色，孢子未弹射时采收为适。

（2）整修　手带薄膜手套，削去根蒂培养基刀削口越小越好。

（3）分级　按客户要求分级于塑料筐内，整齐排列，每筐5千克左右，立即进入1～5℃冷库，多层堆叠。全过程轻拿轻放，库内湿度保持85％。

（4）包装　在启运前2小时，按需要的等级标准称量包装，每箱5千克，塑料膜包装，抽气减压，加盖后套纸箱，打标号发运。

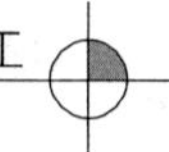

8. 耳类保鲜 耳类（银耳、毛木耳、黑木耳）保鲜相对比伞菌类容易。主要保鲜措施是防止耳片含水量过高，处于高温下造成烂耳。耳类对1～5℃的低温反应不敏感，失水后复原性强。对耳类除采收前停止喷水3～5天，采收后及时清除根蒂和培养基，清水漂洗，置通风塑料筐内进1～5℃冷库贮藏，保存期10～15天。库内相对空气湿度85%。

在国内市场鲜耳销售中，有不少人是用干耳浸泡清水复原鲜耳状而出售的。

三、食用菌安全速冻保藏

速冻技术是利用制冷设备，把食品置于低温环境中，短时间内迅速通过冰晶形成阶段后，置于低温冷库保藏的一项食品加工新技术。由于冻藏要求设备条件较高，价值较昂贵，其保鲜种类和数量均有限。速冻保藏并非保鲜活体，而是保存死体，但它能保存食品新鲜时所特有的风味和营养，色香味保存基本完好。并可较长时间保藏。食用菌的速冻保藏对于调节市场供应，保持食用菌特有风味和质量具有重要意义。同时与冷藏车、冷藏船配套应用可长途运输，远销异地，使食用菌速冻产品进入异地市场。

（一）速冻保藏工艺流程

各种食用菌由于其质地、含水量、营养价值、市场需求不同，所以是否采用速冷及速冻量的多少因需而异。采用速冻的食用菌，通常是营养价值高，市场需求迫切又有良好销售价格的种类。基本工艺流程如下：

原料筛选→修整加工→分级包装→预冷处理→速冻→贮藏→外运销售→解冻使用

1. 原料筛选 准备用于速冻的新鲜食用菌在采收或收购过程要注意菇的成熟度一致，朵形圆整，大小相近及有关卫生、质量标准。

2. 修整加工 根据不同的食用菌种类，先修整，如去柄、修剪蒂头，去除培养基，而后预加工处理，如护色、漂洗、杀青、冷却等。

3. 分级包装 速冻的食用菌一般先经包装后速冻，包装容器常用塑料袋（盒）、纸板盒，可密封或不密封。实践证明，密封比不密封效果好。也有用模型托盘，一朵一朵地排盘后速冻。包装食用菌厚度要一致，不宜过厚，以利短时间内冻透。有的食用菌种类如双孢蘑菇，先速冻后挂冰衣包装，这种菇类单个分开，操作者需在低温下进行。

4. 预冷处理 对于制冷设备功率有限的工厂，为了在速冻过程降温速度加快，需把处于较高常温下的食用菌，先处于冰点以上的温度预冷处理，使分级包装好的子实体均匀处于接近冰点温度，节约了从常温到冰点的冻结时间和耗能，提高速冻效果。对于有处理能力的制冷生产线，直接可由常温进入速冻。

5. 速冻 把受冻食用菌置－40～－30℃环境中，使受冻食用菌中心温度短时间内（30～45 分钟）达－18℃以下。环境温度越低，冻结速度越快。

6. 贮藏 速冻后的食用菌应保存在－18℃±1℃，空气相对湿度 95％±5％的冷库中，一般贮藏期 1 年以上。

7. 运输 速冻食用菌的运输同其他食品一样，应有相当速冻保藏温度的冷藏车或冷藏集装箱作为运输工具，且运输过程中温度需稳定。

8. 解冻 购回的速冻食用菌应即买即食，解冻过程越快越好，可在常温、冰箱（高温）冷藏室、冷水中解冻。暂时不解冻的放入冰箱低温层。

（二）速冻加工实例

1. 双孢蘑菇速冻贮藏

（1）工艺流程

原料筛选→护色漂洗→分级修整→漂烫杀青→冷却排盘→速冻→挂冰衣→包装→低温贮藏

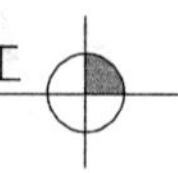

（2）操作技术要点

①根据商品规格质量要求收购挑选蘑菇子实体，目前多数速冻蘑菇是外销，常按菌盖直径大小分为A、B、C、D、E各级，多为B、C、D级。大型菇常用于片菇加工。原料蘑菇要求菇体完整，新鲜洁白，圆整结实，无病斑虫害，无杂质，无异味，无开伞，柄长1厘米以内，无空心，无损伤，无变褐。采收或收购后及时运往加工厂，在通气的塑料筐内垫纱布装运。

②原料进厂后进行漂洗，主要是洗净杂质使菇体洁白。远距离栽培场采收后有的先用0.5%氯化钠溶液浸泡运输或用0.03%亚硫酸钠漂洗一次后装运。这种处理虽增加成本，但确有护色效果。使用亚硫酸钠护色处理的食用菌，进厂后必须浸泡冲洗至硫含量达到出口国的质量标准。

③漂洗后的菇体进入分级机分级。

④按不同规格的菇体分批进行漂烫（杀青）。漂烫可在不锈钢夹层锅内进行，也可通入蒸汽，在白瓷砖贴面的水槽中进行。漂烫时间依菇体大小而定，常在1.5～3分钟，以菇体在冷水中下沉为准。漂烫液可添加0.3%柠檬酸调节pH为3.5～4.0。一次漂烫菇量不宜太多，常为10%的漂烫液重量，以防漂烫时间过长。漂烫后及时快速冷却。

⑤冷却后菇体一般按级别进入输送带排盘速冻，个别脱柄菇在输送中挑出，整修分级工作应在漂烫前完成。脱柄率高的菇体是菇柄太长或开伞度不符要求造成的。

⑥速冻时间要与制冷能力成反比，－40℃条件下30分钟完成，达菇体中心温度－18℃以下。

⑦速冻后蘑菇盘用木槌轻敲分散，装入竹筐，在2～5℃清水中过水2～3秒，形成一层薄冰，这种称为挂冰衣的操作，有利菇体与空气隔绝护色防干缩，延长保藏时间。挂冰衣可使菇体增重8%～10%。

⑧按规格要求定量包装，先塑料袋定量包装、称重，封口后装入泡沫箱，外用防潮纸箱包装，打标记后置入－18℃冷库贮

藏。贮藏中防止温度波动，防串味，按规格、型号堆叠。

⑨先进库的蘑菇先出库。速冻蘑菇一般保存期1年以上。

2. 香菇的速冻贮藏 香菇的速冻贮藏目前尚少进行，但随着产量增加和鲜品运销的需求增加，速冻鲜香菇也必将有更大发展。

（1）速冻工艺流程

鲜菇采收与收购→原料精选→分级整修→漂洗→速冻→复筛分级→包装冷藏

（2）技术要点

①速冻香菇成本较高，应选择优质鲜香菇为速冻原料。根据商品销售要求的规格标准进行精选分级。从采收或收购至分级加工时间越短越好，有利保持鲜菇的新鲜度。

②在精选分级过程中，去除杂质和不合格菇体。有的还要进行整修清洗，如用毛刷轻刷柄基部和其他部位培养基，并用清水漂洗，保持菇体干净、完好。

③目前制冷带动方式有接触板带式、隧道式、螺旋式、振动流态式等。香菇以隧道式速冻传动方式为好，它不使菇体受伤。速冻加工是在－35～－38℃的冷气流下，以一定风速把鲜菇中心温度在短时间内降至－18℃以下。在这一速冻过程中，迅速通过－12℃是关键，因为据研究，－12℃对香菇细胞组织破坏最严重，迅速通过－12℃，不但能使香菇酶活性受到抑制或破坏，而且能使菇体组织免受破坏。

④速冻后鲜香菇质地坚硬、色鲜。经复选检验后，按要求标准规格（按级别）进行分级包装。通常先以聚乙烯袋包装。外套泡沫箱和纸箱，包装后打上规格标志迅速进入库温－18～－20℃冷库内贮藏。保质期1年左右。运输时必须用相当冷库温度的冷冻车或冷冻船装运。

四、食用菌安全干制加工

食用菌的干制是我国传统的加工方法。通过干制加工，可以

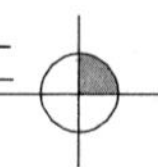

长期保藏，方便运输，周年应市，干品也是食用菌出口的主要产品。由于食用菌保鲜受到设备、运输条件、生产成本、保鲜期限的限制，无论现在或将来，干制加工依然将是重要加工方法，干品依然是重要贮藏应市产品。随着干制加工工艺的改进和先进干制设备的应用，干制品的加工质量有了很大的提高，许多食用菌干品如香菇、木耳、蘑菇、草菇、竹荪的干品，药用菌干品如灵芝、茯苓，已成为我国出口的重要产品。食用菌干制加工同罐藏加工、浸渍加工等已成为食品加工业的重要组成部分，并在繁荣经济，促进商品流通，出口创汇等方面发挥重要作用。

鲜菇耳的含水量常在65%～95%，多在85%左右。菇耳组织中各部分含水量也因其结构、厚薄形态而不同。按水分在组织中存在与结合形式的不同，可分为三种形式。

游离水：指菇耳机体表面水分和菇体细胞间隙及体液中的水分。细胞中游离水丧失，其中各种溶质不变，而浓度增大，生理反应速度减缓。游离水流动性大，容易被排除。

胶体结合水：这类水分分吸附结合水、结构结合水和渗透结合水，它存在于大分子结构中，不能自由流动。随着机体内胶体浓度的增大，胶体结合水逐渐难以排除。胶体结合水比游离水稳定，较难排除。胶体结合水的丧失，机体活性也随着逐渐丧失。

结构水：也称化合水，存在于菇体组织结构中，共同组成菇体固定形态。在干制过程中，结构水不能被排出，结构水一旦失去，菇体性质立即改变成为不可食用的碳和氮的氧化物。

采用物理或化学方法，把新鲜的食用菌和药用菌的子实体含水量降至适于长期保藏的过程称为干制加工。干制加工后的产品称为干品。各种食（药）用菌可长期保藏的含水量要求略有差异，多数种类在13%以下可长期保藏。

干制有自然干燥和人工脱水两种主要方法。自然干燥常指日晒风吹，人工脱水常利用干燥设备，使水分降至达标要求。

不论何种干制方法，都要达到可长期保藏和复水后能基本恢复原状。

（一）食用菌干制加工的实用方法

1. 日晒干燥法　也称自然干燥法，是利用太阳能使新鲜食用菌子实体干燥。它不需特殊设备，简便易行，节省能源，生产成本低。至今鲜耳类还常应用此法干燥。晒干的缺点是干燥速度较慢，受天气影响大，遇到阴雨天气，干燥时间拉长，轻则降低产品质量，重则造成霉烂损失，而且尘土和细菌总数含量高。因此，商业性产品干燥尽量少用日晒方法，若用此法，应选择环境干净地方日晒，或采用筛、席为晒具，搭架脱离地面晾晒，晒干后要认真修整，去除杂质以提高干品的商品质量。

2. 烘烤法　从原则上讲，要使鲜菇（耳）脱水成为干制品，基本条件有二：一是提供热能，使水分吸热后汽化，成为分离出来的水蒸气；二是设法排除水蒸气。提供热能的方法有空气对流、金属传导和辐射传热三种基本方式。

排除水蒸气的方法有常压法和减压真空法两种。因此，鲜菇耳脱水干燥的基本方法也就有常压对流、常压传导、常压辐射，以及真空传导、真空辐射五种。目前，食用菌生产上多用对流供热、常压排湿和减压排湿的方法进行鲜菇耳脱水干燥作业。

（二）食用菌干制品加工实例

现以香菇脱水为例，介绍箱式干燥器（烘房）烘烤香菇的技术要领。提倡一次加工干制，即鲜菇分级、烘烤后直接包装，避免干菇再次分级。

1. 子实体烘烤前的处理

（1）分级整理　按子实体出售质量标准清除杂物、剪柄，并按子实体大小和开伞程度分级。

（2）摊排上架　将分级后的子实体单层摆放在料筛上，一般

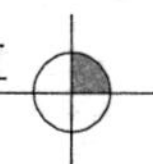

剪柄菇菌盖朝下，带柄菇斜靠。大菇、厚菇摆在烘箱（房）上层，小菇、薄菇摆在下层。

2. 温度控制　温度是烘烤香菇子实体的关键环节，它关系到干香菇的质量。温度若长时间低于40℃，容易使子实体腐败、变质、变色。相反若温度控制过高，容易使子实体“煮熟”、“烤焦”，降低香菇的商品等级，乃至丢失商品价值。

正确掌握子实体含水量和温度、通风量的关系是保证质量，节约能源，缩短烘干时间，提高设备利用率的关键。其关系如表6-3所示。

表6-3　香菇脱水干制操作规程

	烘烤时间（小时）	温度（℃）	通　气　孔	
晴天采收 收前不喷水	0～2	40	全　开	预备干燥期
	3～4	45	全　开	恒速干燥期
	5～7	50	1/3闭	
	8小时后	50～55	1/2闭	稳定干燥期
	烤干前1小时	60～65	微　开	干燥完成期
雨天采收 收前喷水	0～2	35	全　开	预备干燥期
	3～6	40	全　开	恒速干燥期
	7～8	45	1/3闭	
	9～11	50	1/3闭	稳定干燥期
	12小时后至 烤干前1小时	50～55	2/3闭	干燥完成期

香菇烘烤要求一次性连续烘至含水量达13％以下，间断多次烘烤极大影响香菇的烘烤质量。但烘烤经验表明，在烘至含水量70％左右，菇体软化时，乘翻动香菇不使粘筛时，用手造形促进子实体圆整，具有提高菇盖圆整率的作用。然后，剪柄菇将菌盖朝上，带柄菇斜靠，继续烘烤。此过程不宜停烤时间过长，否则会影响质量。常见质量变化是菌褶立度差，色泽变褐不是米黄色或金黄色，香味不纯，常有酸味出现。

鲜香菇经过预备干燥，恒速干燥，稳定干燥和完成干燥期后，含水量达13%以下，符合干菇贮藏的标准。除了含水量以外，烘烤后的干香菇应达到如下标准：菇盖保持鲜菇原有的形态，圆整美观，体积缩小，但盖顶中央不塌陷，保持平顶或弧顶，皱纹少。菌褶米黄色或金黄色，刀片状整齐直立，具有悦目感和浓郁纯正的特殊香味。

3. 干香菇的分级标准 干香菇的分级标准依不同客商和不同消费习惯有很大的不同。随着香菇生产的发展，产品总量的增加，目前干香菇销售已由卖方市场转变为买方市场。因此对香菇的烘烤、分级、包装、贮藏、运输等有了更高的技术要求。

目前，我国干香菇从栽培基质的不同来源分为原木（段木）香菇和木屑（菌床）菇两大类。从子实体形态加工分为带柄菇和切柄菇，切柄菇又因留柄的长短有许多不同的规格。通常木屑菇常切柄，柄长小于0.5厘米。原木菇通常保留原柄长度，不损伤菇柄的原样，以此作为是原木菇的重要标志。现将我国目前对外贸易中常用的干香菇分级标准列表6-4说明如下。

表6-4 香菇常见分级标准

分类	类别的质量要求	常见分级标准	
花菇	菌盖形态圆整或基本圆整，盖缘铜锣边，卷边度0.5厘米以上，菌肉肥厚，盖面有明显不规则白色花纹，肉厚1厘米以上。盖底米黄色或金黄色，立度好，色泽鲜明，有新鲜感，香味浓郁。无杂质、无泥沙、无焦黑、无霉变。菇柄原样或与菌盖边缘齐平，含水量13%以下	大型花菇	菌盖直径6厘米以上（L）
		中型花菇	菌盖直径5～6厘米（M_1） 菌盖直径4～5厘米（M_2）
		小型花菇	菌盖直径3～4厘米（S_1） 菌盖直径2.5～3厘米（S_2）
		花菇丁	菌盖直径2.0～2.5厘米（大菇丁） 菌盖直径1.5～2.0厘米（小菇丁）

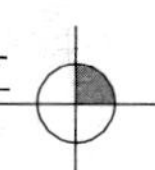

（续）

分类	类别的质量要求	常见分级标准
厚菇	菌盖形态圆整或基本圆整，盖缘铜锣边，卷边度0.5厘米以上，菌盖肉厚1厘米以上，盖面或有或无褐色花纹，盖底菌褶米黄色或金黄色，立度好，色泽鲜明，有新鲜感，香味浓郁，无杂质、无泥沙、无焦黑、无霉变。菇柄原样或0.5厘米以内，含水量13%以下	大型厚菇　菌盖直径6厘米以上（L） 中型厚菇　菌盖直径5～6厘米（M_1） 菌盖直径4～5厘米（M_2） 小型厚菇　菌盖直径3～4厘米（S_1） 菌盖直径2.5～3厘米（S_2） 等级外　菌盖直径2.5厘米以下
薄菇	菌盖圆整或基本圆整，盖面黄褐色或茶褐色，盖顶弧形或扁平，厚度0.5厘米以上，卷边度0.3厘米以上，盖底菌褶米黄色或金黄色，立度好，有悦目感，香味浓，无杂质、无泥沙、无焦黑、无霉变，去柄或带柄，含水量13%以下	大型薄菇　菌盖直径6厘米以上（L） 中型薄菇　菌盖直径5～6厘米（M_1） 菌盖直径4～5厘米（M_2） 小型薄菇　菌盖直径3～4厘米（S_1） 菌盖直径2～3厘米（S_2）
菇片	菇片厚度0.15～0.2厘米，色泽鲜黄、米黄色或淡黄色。无柄或柄长0.2厘米以内，菌褶部分黄色加深，无泥沙、无杂质、无焦黑、无霉变，含水量13%以下，香味浓郁。1厘米以下破碎粉末3%以内	一级　菇片最宽度1厘米以下，长度8厘米以上 二级　菇片最宽度0.8厘米以上，长度6厘米以上 三级　菇片最宽度0.6厘米以上，长度4厘米以上
统菇	盖形圆整或基本圆整，菌褶米黄色或金黄色，无柄或有柄，无杂质，无泥沙，无焦黑，无霉变，菇色正常，香味浓郁，含水量13%以下	除白花菇以外，菌盖直径3厘米以上的厚菇、薄菇混合体，有柄或无柄或短柄，规格统一

4. 干香菇的包装和贮藏

（1）包装目的　包装的目的是保护干菇的质量，方便搬运、装卸和贮藏，便于批发销售的计量。销售前的包装还具有美化商品，提高档次，方便消费者选购、携带、使用的作用。

（2）包装容器　包装依目的不同而选用不同的材料。需要长途运输的包装应有内外包装，内用防潮保质为目的的聚乙烯塑料膜包装，外用具有良好抗压、防潮、密封的瓦楞纸箱或木箱等。以销售为目的的包装常用塑料袋、纸盒等包装。包装要有内容准确的包装标志，如运输包装包括商品代号、商标、商品等级、数量（毛重、净重）、体积、批号、加工日期、生产单位、质量检验以及“防潮、防雨”标志、到达地点等；销售包装包括商品名称、代号、规格数量、加工日期、保存时间、使用方法以及生产单位全称和地址等。出口包装要符合进口国的有关规定。

（3）包装前的检查

①含水量是否等于或小于13%。

②按等级分装，不混杂，不掺假。级别、数量、质量、件数符合要求。

（4）干菇的贮藏　贮藏是进入消费前经常必须经历的过程。具有一定规模的烘烤加工者和经营者都需备有仓库，这就是干菇贮藏的地方。多年的实践告诉我们，凡是重视香菇质量的人都会认真地对待贮藏仓库的选择和进仓前的包装工作，进仓后也会经常注意质量变化的检查。根据干菇贮藏的时间、地点确定选择包装物的种类、质量和每一包装物的体积大小、重量多少。通常选用0.05～0.06厘米厚度的聚乙烯塑料袋或聚丙烯袋为包装内袋。袋子使用前必须检查气密性，气密性好才能达到防潮效果。若以塑料袋为外包装时，可用双层塑料袋包装，以保证气密性完全可靠和防止破损。不可选用聚氯乙烯袋作为内包装物，这是食品卫生不许采用的食品包装物。外包装要选用牢固、卫生安全、美观

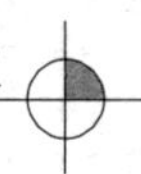

的纸箱或木箱等。在有条件情况下或贮藏期较长的，可采用物理除氧法，即抽真空或充氮包装，使袋内氧气总含量低于1%～2%。也可用化学方法脱氧，即在袋内放入脱氧剂，如抗坏血酸、多酚类化合物或活性铁粉等，以防止氧化褐变并推迟香菇陈化的过程。同时，在包装袋内放入硅胶、无水氯化钙或生石灰等干燥剂除湿，可防止干菇吸湿霉变并阻止氧化反应的发生。凡短期贮藏的临时仓库应是避雨遮光、通风干燥、防潮性能好、关闭严密、干净卫生、无虫害鼠害等的地方。批量和较长时间贮藏应选用专用冷藏库，以确保贮藏的质量安全。干菇入库前必须进行库房的熏蒸工作，可用磷化铝进行密闭熏蒸消毒，待无药味时，再入库。

仓库要有专人保管，定期检测贮藏情况，发现问题及时处理。贮藏过程中若发现害虫，可将干香菇重新于50～55℃下烘烤1～2小时，也可用下列杀虫剂进行熏蒸处理：磷化铝，每立方米空间用1～4片（每片重3克），熏蒸3～5天；二硫化碳，每立方米空间约用100克，熏蒸24小时；溴甲烷，每立方米空间用30克，熏蒸24～48小时。在梅雨季节，严格的检查制度尤不可少。

五、食用菌子实体安全减压油炸加工

在食用菌栽培种类日益增多、食用菌加工品种日益扩大的进程中，产品加工具有日趋休闲化、高档化、精品化的发展趋势。最近正在试验性加工的子实体减压油炸产品颇受市场的欢迎，为旅游休闲食品增添了名贵的品种。这种工艺加工的食用菌产品具有味道鲜美可口，营养损失少，运输方便，产品附加值高等优点。

（一）油炸加工原理

选用食用菌子实体较小的整菇或大子实体的菇片、菇丝，以品位纯正、油温一致的食用油为加温介质，在密闭减压的容器中油炸，结合调味、浸泡、喷雾、烘干等工艺，成为味道鲜美，香脆可口的食用菌干制品。

（二）减压油炸加工的工艺流程

目前，国内食用菌子实体的减压油炸加工尚处于试产试销阶段，由于加工设备价格较昂贵，密闭性能要求高，对热加工的介质——食用油的纯度要求较高，这些给该加工工艺增加较多的技术难度。试加工产品主要有香菇整菇加工、真姬菇整菇加工和杏鲍菇的菇片加工等。其工艺流程如下：

原料选择→验收分级→烘干→分捡→减压油炸

↓ 油温 120～130℃，绝对压力 46～53 千帕

分捡←烘干←油炸干品浸泡或喷料←沥干余油

↑（调味剂、添加物的配制）

↓

检验→包装→贮藏或运输→销售

（三）油炸加工实例

1. 小香菇休闲食品

（1）*原料选择与处理*　选择鲜菇菌盖直径 3.5 厘米以下或干菇菌盖直径 2.5 厘米以下的去柄小香菇子实体。鲜菇预先经烘干，干菇选用朵形完整、柄蒂长短一致，经过快速净水冲洗后备用。

（2）*减压油炸*　在真空油炸的设备内，注入纯度一致的食用油，加热油温至 120～130℃，投入油炸小香菇子实体，减压至绝对压力 46～53 千帕，温度 120～130℃的油中沸腾 1～2 分钟，恢复常压，将小香菇捞出沥干余油。

（3）*调味液和添加物配制*　根据市场需要和销售地的口味，调配各种适销对路的调味营养液，还可添加入芝麻之类添加物。然后将油炸小香菇进行浸泡吸味。若采用喷雾，可将调味营养液

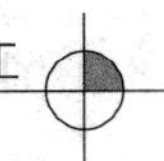

调成稀糊状，喷雾黏附在菇体上。

（4）烘干　浸泡或喷雾后的小香菇进入专用食品烘干箱进行烘烤。有的口味需要多次浸泡调味营养液后多次烘烤才能获得满意的加工效果。

（5）包装　根据市场销售的要求进行规格包装。包装过程严格按照熟食食品卫生标准进行定量定性包装。

2. 其他种类加工　其他食用菌子实体加工的基本工艺与小香菇加工工艺相同，只是在具体操作过程中如油炸温度、油炸时间、调味营养液的配制、喷雾调味营养液的添加物等有所不同。此类加工由于尚属新产品开发，加工工艺和调味营养液的配制有待深入研究，才能开发出适销对路的油炸食用菌产品。

油炸加工食用菌产品在试产试销过程中表现出具有广阔的市场前景。

六、食用菌安全罐藏加工

我国已成为食用菌罐头的主产国之一。1984 年我国双孢蘑菇罐头产量达 180 千吨，水仙花牌、梅林牌、象山牌等食用菌罐头在国际市场上享有盛誉。但加工全过程必须遵循无害化原则，按食品罐头标准操作工序进行。

（一）罐藏加工原理

罐头食品是将调制好的原料装入罐或瓶内，抽气密封后，加热杀菌的加工食品。由于罐藏食品同时具备无菌和密封两个条件，因此较易贮存。在室温下，可以安全存放半年以上。

（二）食用菌罐藏加工的工艺流程

目前，用于罐藏加工的食用菌种类主要是双孢蘑菇、草菇、金针菇，食用菌的复制品主要有香菇肉酱、香菇猪脚等。现以双孢蘑菇为例，介绍食用菌罐藏加工的工艺流程。

集中货源→验收分级→调整→洗净→预煮→冷却→分级→装罐→注液→封罐→杀菌→冷却→装箱→检验→贮藏或运输、销售

（三）食用菌罐藏加工实例

1. 香菇猪腿罐头

（1）原料处理方法及要求

猪腿预煮：经洗净拔毛后的猪腿和猪脚爪分别进行预煮、去骨，猪腿煮30分钟，得率90%左右；猪脚爪煮10分钟，得率为95%左右。

上色油炸：腿肉预煮后趁热揩干表皮，涂上色液，皮部向上晾干后在180～190℃温油中炸25～35秒，皮色呈酱红色。脚爪煮后即浸入上色液1分钟左右，稍晾干后在160～170℃温油中炸25～30秒，要求皮呈酱红色。

切块：油炸后腿肉切成3厘米×4厘米小块，块形大小均匀。猪脚爪纵切后再横切2～4块，一般切成脚尖、脚趾、脚节各1块；若猪脚爪较小，可将脚尖和脚趾相连切成1块。

复炸：切小块后，再在180℃温油中复炸25～30秒，得率控制在90%～92%。

配料处理：

香菇，洗净泡软后切去菇柄，大菇切成3块，中菇切成2块，小菇不切。

栗子，新鲜或冷藏良好的栗子仁洗净后供装罐。

（2）配料及调味

配料：肉块100千克（腿肉67.5千克，猪脚32.5千克）、砂糖1.085千克、酱油9.7千克、味精（含80%谷氨酸钠）0.085千克、酱色0.085千克、骨汤（3%）32.5千克、黄酒1.35千克、五香粉0.16千克（煮成香料水）。

配制方法：肉块先和酱油、酱色及香料水炒3分钟，然后加入砂糖焖煮10～15分钟，并不断搅拌，最后加入黄酒及味精搅拌均匀。肉块得率90%～94%，得汤汁40～43千克，出锅装罐。

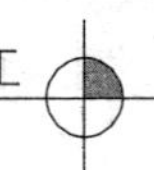

（3）装罐量（克）

罐号	净重	猪脚爪	腿肉	汤汁	香菇	栗子
7103	397	120	130	120	10(3～4块)	17(3～4粒)

（4）排气及密封　排气至 50 千帕密封，密封时中心温度不低于 85℃。

（5）杀菌及冷却　15～16－反压冷却/118℃（反压 1.47×10^5 帕）。

2. 香菇肉酱

（1）原料处理方法及要求

猪肉处理：去皮去骨猪肉分成腿肉、夹花肉（五花肉）及肥膘肉，用料比例为 11∶4∶1；腿肉一般全瘦，但切小块后允许带有不超过小块 1/3 肥膘肉。

切块：将肉分别切成 1～1.2 厘米肉丁，肉层薄的应切成 1.5～2.0 厘米小块。

香菇：浸水变软后，去菇柄及杂质；然后切成宽 0.5 厘米丝条，再经清水漂洗 2 次。

青葱：青葱切去绿叶，清洗淋干后拍碎，在 140℃温油中炸 3～5 分钟，炸至浅黄色捞出沥干，脱水率为 50%～55%。

蒜头：去外膜后清洗沥干、拍碎，在 140℃温油中炸（炸时为 120℃）1.5～2 分钟，脱水率 40%～45%。

豆酱：去杂质后绞细。

酱油：用纱布过滤。

砂糖：溶于番茄酱中用纱布过滤。

（2）配料及调味

配料：猪肉块（腿肉、夹花肉、肥膘肉的比例为 9∶2∶1）100 千克、豆瓣酱 70 千克、青葱 20 千克、干香菇 2.5 千克、番茄酱（12%）10 千克、猪油 15 千克、辣椒粉 0.5 千克、蒜头 2 千克、砂糖 29 千克、酱油 2.5 千克、味精 0.28 千克、辣油 10 千克、精盐（调整成品含盐量 6%～8%）。

配制方法：猪肉、香菇丝及番茄酱在夹层锅中边搅拌边加热约 3 分钟，至肉块基本煮熟，再加入豆瓣酱、青葱、蒜头、味精混拌均匀后加入酱油，搅拌后加入辣椒粉、辣椒油及猪油等，继续加热约 7 分钟，酱温达 80℃时出锅，每次配料的量不低于 247 千克。

（3）装罐量（克）

罐号	净重	搅拌均匀的肉酱
750	185	185

（4）排气密封　中心温度不低于 65℃。

（5）杀菌式（排气）　10～20～10/110℃。

3. 草菇罐头

（1）原料处理方法及要求　去除开伞破碎和变质不合格草菇，用小刀削除基部泥沙和杂质，修削面保持平整，并按大小分级。用清水充分洗去泥沙和草屑，两次预煮（水与菇比例2∶1），第一次煮8～10 分钟，换水再煮 8～10 分钟。菇煮后用冷水迅速冷却，将完整子实体分成大（子实体直径 27～40 毫米）、中（子实体直径 21～26 毫米）、小（子实体直径 15～20 毫米）3 个等级供整菇装罐；破裂菇选出作为片装。

（2）配汤　盐水浓度 3%，另加 0.1%的柠檬酸。

（3）装罐量（克）

罐号	净重	草菇子实体	汤汁
7114	425	280～290	加满

（4）排气密封　排气至 40～53.3 千帕密封，中心温度不低于 80℃。

（5）杀菌及冷却　杀菌式（排气）15～60～10/121℃，冷却。

（6）注意事项

①草菇是高温季节生产的食用菌，采收后易开伞。因此，必须选择早晚凉爽时间采摘和运输，原料基地离加工场所一般往返行程 4 小时之内。

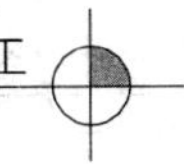

②对于路途较远、原料丰富的基地可就地预煮后运回工厂加工，防止子实体在高温时开伞和自溶腐败。

③采收时提倡用电灯或手电照明，不宜用松脂或煤油灯照明，以免带来异味。

④草菇到厂后应立即加工，不可拖延。加工工艺中要迅速，加工器具要严格清洗消毒。

4. 蘑菇罐头

(1) 原料处理方法及要求

护色：蘑菇采收后，切除带泥菌柄，立即浸于清水或0.6%的盐水中。若需长途运输，在产地用0.03%焦亚硫酸钠液洗一次，再以0.03%同样药液浸2～3分钟，捞出以清水浸没运输，或直接以0.005%药液浸没运输。蘑菇子实体在未处理前不用铁器盛装，并内衬柔软纱布。

预煮和冷却：在0.07%～0.1%的柠檬酸液中沸煮5～10分钟，蘑菇与液体比例1∶15，煮熟后快速冷却透。

分级：通常按子实体直径大小分为18～20毫米、21～22毫米、23～24毫米、25～27毫米、27毫米以上和18毫米以下6个等级。

挑选和整修：分整菇和片菇两种。对有泥沙或菇柄过长，有病斑的子实体整修除去。子实体圆整不开伞，整修后作为整菇。开伞、脱柄菇作为片菇。片菇以定向切片机切片，片厚3.5～5.0毫米，装罐前淘洗1次。

(2) 分选　整菇，色淡黄，具弹性，菌盖形态圆整，修削良好，不开伞，色泽和大小大致均匀。片菇，同罐内片菇厚薄均匀，片厚3.5～5毫米。

(3) 汤料配比　2.3%～2.5%的沸盐水加入0.05%柠檬酸过滤备用，盐液温度80℃以上（2 840克罐型盐水浓度3.5%～3.7%，柠檬酸0.13%～0.15%）。

(4) 装罐量（克）

罐号	净重	蘑菇量	汤汁
668	184	112～115	69～72
761	198	120～130	68～78
6101	284	155～175	109～129
7110或7114	415	235～250	165～180
9124	850	475～495	355～375
15178	3 062	2 050～2 150	加满
15173	2 840	1 850～1 930	加满
15178	2 977	1 850～1 930	加满

（5）排气密封　中心温度70～80℃，抽气至绝对压力47～53千帕时密封。

（6）杀菌及冷却　净重184克、198克、284克、425克杀菌式10～（17～20）－反压冷却/121℃；净重850克杀菌式15～（27～30）－反压冷却/121℃；净重2 840克、2 977克、3 062克杀菌式15～（30～40）－反压冷却/121℃，杀菌后迅速冷却至37℃左右。

（7）注意事项

①蘑菇采收后防止褐变开伞。短距离运输的子实体盛装容器不用铁、钢等金属容器，且内衬软布，防止机械伤害变色。运输距离较远时以0.6％稀食盐水浸泡或以0.03％焦亚硫酸溶液洗净后再浸泡运输，并防止蘑菇露出液面。使用药液浸泡的子实体制罐前应漂洗30分钟。

②护色，蘑菇护色常用0.01％～0.03％的焦亚硫酸钠液浸洗护色或用清水浸泡护色。使用0.03％以上浓度护色液的子实体预煮前必须适当漂洗脱硫，但浓度越高，漂洗时间越长，营养损失越多。

③蘑菇罐头宜采用较高温度短时间杀菌，这样开罐后汤色较浅，菇色较稳定，组织不会过软，空罐腐蚀轻。

5. 鲜鲍鱼菇罐头

（1）原料处理方法及要求

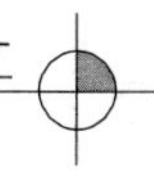

清洗：鲍鱼菇先用清水浸泡 15 分钟以上，然后逐个清选漂尽菇体表面及菌褶上的泥沙杂质，并将整菇及碎菇分开。整菇按菌盖分级，3～4 厘米为 1 级，5～6 厘米为 2 级。

切片：盖宽 6 厘米以上菇用手逐一撕成对开或 3 开，长 3～4 厘米为度。

预煮：按菇与水比例为1∶1在夹层锅中沸煮1～2分钟。预煮后的菇捞出在清水中冷却透，沥干水后装罐。整菇与片菇分开装罐。

（2）*配汤*　汤液含盐 2.5%，开水加盐，过滤备用。

（3）*装罐量*（克）

罐号	净重	鲍鱼菇量	汤汁
7114	425	260	加满

（4）*排气密封*　中心温度 75～80℃，抽气至 47 千帕时密封。

（5）*杀菌及冷却*　杀菌式（排气）15～20～15/121℃。

七、食用菌安全浸渍加工

用食盐或食糖把食用菌腌制起来的保藏方法叫浸渍加工。以食盐为保存剂称盐渍法，以食糖为保存剂称糖渍法。盐渍加工的产品常有盐水蘑菇、盐水平菇等。食用菌糖渍产品常称作蘑菇蜜饯、平菇蜜饯、金针菇蜜饯、银耳蜜饯、木耳蜜饯等。

（一）盐渍法

1. 盐渍加工原理　利用食盐溶液造成较高的渗透压，从而使微生物不但无法从盐渍产品上吸取营养物质，生长繁殖，而且迫使微生物细胞内的水分渗出，形成微生物“生理干燥”现象，导致微生物死亡或处于休眠状态，达到安全保藏盐渍品的目的。

2. 工艺流程

原料收购→保鲜贮运→漂洗→预煮→冷却→沥干→分级→定色→腌制→装桶贮运

3. 盐水蘑菇加工技术

（1）焦亚硫酸钠处理　收购部门将收购来的鲜菇，立即用0.02%的焦亚硫酸钠溶液*洗除表层泥屑杂物，后转入0.05%的焦亚硫酸钠溶液**中浸泡，使菇体洁白（如色泽不白，可能是焦亚硫酸钠存放过久，已经失效）。浸泡10分钟取出，用清水漂洗，除去一部分焦亚硫酸钠残液后，装入木桶或塑料桶内，立即加入清水至浸没蘑菇，并用纱布覆盖，防止日晒、风吹、雨淋，送往加工厂。也可不加清水，直接将湿菇干运。

（2）漂洗　经焦亚硫酸钠处理的蘑菇，腌制前，须经流水漂洗3～4次，以洗净焦亚硫酸钠残余药液，然后预煮。

（3）预煮　为了防止蘑菇开伞，保证质量，必须抓紧时间煮菇。煮菇的盐水浓度为100千克水加入5～7千克盐，煮沸溶解。漂洗过的蘑菇放入竹篓中，装入量为竹篓体积的3/5左右，然后放入盐水锅（铝锅）中。水沸后计时，小菇约煮7～8分钟，大菇煮10分钟左右（以菇中心煮熟为度）。在煮菇过程中要用笊篱上下翻动使菇成熟均匀。盐水可连续使用5～6次，但在第4次用时需再加入3%盐或咸卤以增加咸度，且使用次数不可过多，否则会影响蘑菇色泽而变黑。

（4）冷却　把经预煮的菇立即放入流水中冷却，也可以用4～5只冷水缸连续轮流冷却，并用手将蘑菇上下翻动，使菇冷却均匀。

（5）分级　以煮熟菇的菌盖直径大小作为分级标准。一级菇直径1.5厘米以下；二级菇1.5～2.5厘米；三级菇2.5～3.5厘米；四级菇3.5厘米以上。

---

* 此液可连续使用5次后更换。

** 第1次用后，再加入0.01%～0.02%的焦亚硫酸钠，以补充浓度，即100千克药液添加10～20克焦亚硫酸钠。用过5～6次后，此溶液可作第1次漂洗泥屑杂质用。

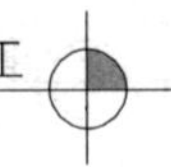

分级一般用分级机筛选。在筛选中，用自来水冲洒，也可起到冷却作用。分级后再将各级菇倒在台板上，由人工拣去畸形、薄皮、脱柄、破损菇及菇柄等。

(6) 定色　将冷却分级的菇体放入15%～16%的盐水中浸泡3～4天，由于渗透作用，菇体自然"呕水"，逐渐变成黄白色，故称其为定色。定色液需用沸水配制，经过滤后，用波美计测量浓度，并调至15%～16%，切莫超过18%，以免呕水过速，菇体发黑。

(7) 腌制（卤浸）　先将分级的菇称重作好记录，以便按重量计算加卤量和加盐量。

预煮菇重量按咸卤量60%（100千克卤水60千克菇）计算。盐水浓度为22～24波美度，并再加入10%精白盐，然后将菇放入卤中浸泡48小时后，盐水浓度稳定在15～16波美度。取出后再浸入22波美度的新卤中48小时，这时盐水浓度应在15～16波美度。如果盐水浓度不符，可在装桶时对卤水浓度作适当调整。如浸菇卤水在15～16波美度，装桶时卤水为22波美度；浸菇卤水在18波美度上下，装桶时卤水为20波美度；浸菇卤水不足15～16波美度，则装桶时卤水应在22波美度基础上适当增加盐水浓度。

(8) 装桶　装桶前，将菇分级装篓过磅，以滴卤断线（卤水不呈线状下滴）为标准。每篓蘑菇净重25千克。然后装桶贮运。装盐水菇可用边长28厘米，高45厘米的正方形塑料桶，蘑菇净重每桶25千克。装菇时，先在桶内加入3千克左右的咸卤*，再将过磅后的蘑菇装入桶内，然后再加满卤水使装入的菇浮于卤上不致压损（事后应经常检查有无脱卤现象，以防脱卤引起蘑菇

注：100千克冷水中加入盐40千克，搅拌至溶化后，测定食盐浓度在22～24波美度之间即可。如浓度不足，可适当加盐，然后沉淀，除去杂质即成。

*装桶用卤为100千克水加盐40千克，煮沸溶化后，测定盐水度在22～24波美度之间，冷却、沉淀，用纱布过滤后，加入0.2%柠檬酸溶化即成。

变质发臭)。最后在菇面上用竹片等物压撑,不使菇浮在卤面上。

(9)规格要求　加工后的盐水蘑菇要求分级清楚,菇形完整,菇面洁白,无开伞、薄皮、过分畸形等。盐水浓度在18度以上;而且卤水透明,色泽黄亮、无杂质。

(二)糖渍法

1. 加工原理　通过糖浆浸渍、熬煮,使糖液逐步取代鲜菇(鲜耳)内的水分,子实体含糖量达65%左右,使制品(即蜜饯)具有很高的渗透压,从而阻止自身的酶解和微生物分解活动,使蜜饯既具有独特风味,又能安全保藏。

在食用菌的深加工过程,蜜饯和菇脯的制作工艺主要有糖渍浸制过程。利用食用菌子实体的幼蕾、耳芽、残次品、柄、蒂等按蜜饯或果脯加工工艺,可以制成各种优质食用菌制品。在此,把食用菌的蜜饯,菇脯加工放在糖渍中叙述。

2. 蜜饯菇脯加工工艺

选料→整理→烫漂→硬化→漂洗→糖渍浸泡→浸煮→烘烤→成品包装

3. 技术要点

(1)原料选择　按加工成品所需原料的质量要求和食品卫生标准,选择新鲜、大小均匀、无霉变、无虫害的原料。

(2)整理　按加工成品的规格形态要求加工整理,大小规格分类,剔除杂质和不合格剩余物。

(3)烫漂　将整理好的原料按不同规格分别在沸水中烫漂5~8分钟,捞出清水冷却。此目的是破坏食用菌原料的氧化酶活性,促使蛋白质凝固,确保加工质量。

(4)硬化　目的是使菇体组织细胞硬化,减少糖煮过程烂损,保持良好外形,使加工后的成品具有"脆"感。把烫漂冷却后菇体用0.4%~0.5%的无水氯化钙(常用硬化剂还有石灰、明矾等)处理9~10小时。

(5)漂洗　用自来水作为流动漂洗,目的是将硬化溶剂漂去。

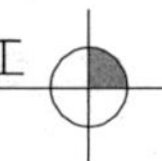

（6）糖渍调制与糖煮 按原料净重的40%糖量制液冷浸24小时，促使食用菌原料块中水分析出，糖液渗入。需添加各种作料，调味品时，应一并调制加入，需按先后次序加入的在冷浸时按先后时间加入。冷浸后滤取糖液加热至沸，待糖液浓缩至50%时，趁热把冷浸后沥干的原料倒入缸内再浸24小时。并将菇块、糖液在锅中加热煮沸，逐步加入糖粉及适量转化糖液，或适量柠檬酸（0.03%）等调味剂。待菇块煮至有透明感，糖液浓度达60%以上，再倒入缸中浸泡，冷却后捞起沥干。

（7）烘烤 在60～65℃烘箱中烘至表面干燥不粘手即可。按质量要求进行菇体块包装即成产品。

4. 加工实例

（1）平菇蜜饯加工

工艺流程：

选料→整理→灰漂→水漂→预煮→冷却→糖渍→收锅（煮蜜）→再蜜→粉糖（上糖衣）→包装

技术要点：

①选料。选用六、七分成熟，菇形完整的新鲜菇作为加工蜜饯的原料（坯料）。

②整理。用不锈钢刀逐朵修整平菇，使其规格基本一致。

③灰漂。将通过修整的平菇泡入5%的石灰水中（料：石灰水=1：1.4），灰漂时间一般为12小时。

④水漂。将平菇从5%石灰水中捞起，置流水或清水池（缸）中漂洗。用水池漂洗需经常换水，直到灰渍、灰汁漂洗干净为止。

⑤预煮。将平菇置沸水中，待水再次沸腾，料坯翻转后，即可捞起冷却。即所谓“开水下，开水起”。

⑥冷却。将预煮后的平菇放在清水池中冷却6小时，其间换水一次，然后用糖浆浸渍。生产中也可将此道工序省去，预煮后直接糖渍。

⑦熬制糖浆。按糖∶水为65∶35的比例配制糖浆，并加入0.1%的柠檬酸，用纱布过滤备用。

⑧糖渍。蜜缸中先放少许糖浆，再将上述晾干水汽的平菇倒入蜜缸中，加入冷的糖浆至浸没平菇为止。糖渍24小时后将糖浆与平菇分开。再将糖熬至104℃，冷后重新掺入蜜缸中，第2次糖渍24小时。糖渍时糖浆宜多，以平菇能在蜜缸中翻动为宜。

⑨收锅（煮蜜）。将糖浆与平菇一并入锅，用中火煮至109℃时舀入蜜缸中，浸渍48小时以上。如果暂不销用，这种半成品可贮藏一年左右。

⑩再蜜。将新鲜糖浆熬至114℃时，将上述平菇入锅煮制，待半成品吃透糖浆略有透明感时转入粉盆（上糖衣的设备），以便粉糖。

⑪粉糖（上糖衣）。待料温降到50～60℃时，均匀地粉拌白砂糖，即得平菇蜜饯。

⑫包装。蜜饯可用塑料膜食品袋进行小包装，每袋（盒）250～500克直接上市；也可用大袋包装后送往糕点厂再加工。

质量要求：

①规格。菇形完整，均匀一致。

②色泽。浸白色，略呈透明状。

③风味。饱糖饱水，滋润化渣，清香纯甜，略有平菇风味。

（2）猴头菇脯加工　选用优质新鲜猴头菇（直径小于5厘米，菌刺小于8毫米）或制罐加工中残次品为原料，将菇体去蒂和杂质，在0.03%柠檬酸沸液中烫漂5～6分钟，迅速捞出，经硬化、漂洗、糖渍、糖煮后于60～65℃烘烤8～10小时，待菇体水分降至24%～26%时，取出回潮16～24小时，压制成扁圆形，再置55～66℃烘烤6～8小时，含水量降至17%～19%，不黏手即可出烘房包装成为产品。

（3）银耳蜜饯加工　将干银耳于70～80℃温水中浸泡30～40分钟，待耳片充分吸水展开后用清水漂洗干净，捞出沥干，

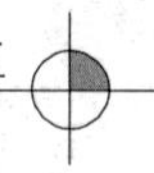

分成小朵，晾晒30分钟后进行糖渍。取水发银耳10千克，加白糖30千克，拌匀，在夹层锅中慢慢加热，徐徐搅拌。然后依次加入柠檬酸30克，琼脂20克（需加水浸泡后加热溶解后加入），香兰素10克，待白糖全部熔化变稠时即起锅。糖渍时间30～40分钟。将糖渍银耳烘干或晾干，分开耳片，冷却后即可包装，经真空密封即为成品。

（4）黑木耳蜜饯加工　将新鲜黑木耳或水发木耳切成条形，经糖渍及糖煮后捞出适当冷却，滚上白砂糖，用塑料袋定量真空密封包装即为成品。

八、食用菌安全深加工与综合利用

（一）深加工的概念

所谓食用菌的深加工，是指利用食用菌的子实体、菌丝体及其下脚料为主原料，采用各种物理、化学生产方法、生产食品、药品、保健品等食用菌产品的加工工艺。食用菌深加工产品的显著特点是基本或完全改变原有形态、色泽，产品体积明显变小，质量提高，花色品种增加。通过深加工，使食用菌资源得到综合开发利用，变废为宝，改变了市场上仅是鲜菇、干菇、罐头的单调状况，使食用菌产品不仅限于佐餐，还扩展到医药保健制品、农用激素、饲料、工艺美术等领域。目前，国内已经有健肝片、云芝肝泰、猴头菌片、亮菌糖浆、复方银耳糖浆、茯苓王浆、茯苓夹饼、香菇月饼、香菇肉松、蘑菇酱油等多种食用菌深加工产品上市，且销路较好；香菇多醣、茯苓多醣、灵芝多醣在防病治病方面发挥独特效果；灵芝盆景成为旅游产品。众多产品的开发，既活跃了市场，丰富了人民生活，又大大提高了资源的利用率和产业的经济效益。

（二）深加工的原料处理技术

1. 鲜菇耳处理

（1）鲜菇耳的特点　易开伞，如草菇、蘑菇、鸡腿蘑等；易

变质，在菇耳含水量过多或菇耳大量堆积时，更易发热变质腐烂；易破碎，如鲜菇堆积、运输、震动中破碎较多。

（2）*加工技术要点*　及时，采收或收购后应尽快处理；忌堆积，装盛菇耳的容器大小要适宜、堆积的厚度和密度要控制；防颠簸，运输途中，防止剧烈震动；通风，堆放处和运输中，注意通风，以减缓变质速度；忌水分过多，采收前后禁止喷水，以防菇耳变质腐烂；分级与分装，按深加工质量要求进行分级分装。

2. 干菇耳处理　可根据各种菇耳类深加工原料的要求，采取晾干、晒干、脱水干燥等不同粗加工方法。干菇耳加工时应掌握以下原则：

（1）*对有效成分的影响*　食用菌中有些成分不耐高温，加工时要注意温度的控制；有些食用菌的有效成分，如香菇中的麦角甾醇，经阳光（紫外线）照射后，才能转化为维生素D，因此香菇干燥时，不宜单纯采用烘干，应有阳光适当照射的阶段。

（2）*防止杂质混入*　晒场要清扫干净，摊晒盛装容器要符合卫生标准，防止各种渠道的杂质混入，以免影响加工原料质量。

（3）*脱水加工*　菇耳脱水加工要在符合要求的温度内进行，并逐步升温，以防外干内湿，影响原料质量。

3. 下脚料处理　菇耳类的主要下脚料有菇柄、耳蒂、碎菇、次菇、菇屑、菌皮、加工废液等。作为深加工原料的下脚料必须认真分拣，不允许有培养料或其他杂质；剔除变质下脚料；含水量高的应及时加工或干燥后保存；易变质的下脚料如杀青水等因含较多游离氨基酸，必须及时加工或预处理（煮沸等），以防变质。

（三）常用的提取技术

以提取食用菌及其下脚料中有效成分为目的的深加工，需通过提取加工工艺才能获得。常用的提取技术有：

1. 浸提法　采用各种安全有效的溶剂，经过浸泡，使食用菌中有关成分溶解析出，达到获取有效成分的目的。但因溶剂对

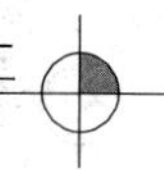

温度要求不同，有冷浸法和温浸法之分。

（1）冷浸法　对遇热时有效成分易受破坏的食用菌提取应采用此法。常规操作是取食用菌子实体或下脚料，粉碎过 20 目筛，置容器内，加入 5～8 倍的溶剂，拌匀盖严，于室温下放置 24 小时或更久，定时搅拌，过滤后滤渣再加适量溶剂浸渍，如此反复 2～3 次，最后将滤渣压榨，挤出的液体与滤液合并备用。

（2）温浸法　取定量的食用菌子实体或下脚料，加 6～12 倍溶剂，于 80～90℃或规定温度浸 2～4 小时。过滤后滤渣再加溶剂温浸，反复 2～3 次。3 次溶剂量常为 12 倍、10 倍、8 倍添加，时间依次 3、2、1 小时。经压滤后，将滤液合并静置 4～8 小时，以纱布过滤即得浸提液。

2. 煎煮法　对食用菌的某些水溶性有效成分，可采用此法提取。先将食用菌原料切成碎块或粉碎，加水煎煮后过滤即得。

3. 渗滤法　此法是采用动态浸出有效成分的提取法，具有得率高、省溶剂的特点。常用的溶剂是乙醇、酸性或碱性乙醇、酸性或碱性水等。

（1）装置　可用有底孔大玻璃瓶或瓷缸，塞上有孔的橡皮塞，将玻璃管插入橡皮塞的孔内，在橡皮塞表面罩有脱脂棉的纱布，玻璃管上接有皮管，夹上节水夹以调节流速，下面放一承接渗滤液的容器。

（2）操作　将需渗滤的食用菌切碎，以乙醇浸泡膨胀后装入缸内，溶剂加至料面之上 3～5 厘米。渗滤速度按每千克料 3～5 毫克/分钟为宜。边渗边添加溶剂，直至渗滤液五色无味为止。最后滤渣倒出压榨，榨出液与原滤液混合，静置 24 小时，过滤备用。

4. 离子交换法　这是利用阴阳离子树脂与被提取食用菌之间离子交换、洗脱而获得所需成分的一种方法。离子交换树脂是一种透明或半透明的球状颗粒，有阴阳两种和各自不同大小的型号。交换时采用树脂交换柱，交换柱有单柱、双柱或多柱组合。

（四）浓缩与干燥技术

1. 浓缩技术 常用的浓缩办法有蒸发法和蒸馏法。蒸馏法又有常压蒸馏和减压蒸馏之分。

（1）*蒸发法* 这是采用加温使溶剂挥发而达到浓缩的一种较为简单的方法。加温有热源直接加温、水浴加温和蒸气加温等方法。此方法不适用于提取那些受高温易破坏的成分。

（2）*蒸馏法* 这是将食用菌的初提液加温汽化后再冷凝为液体而得到浓缩液的方法。有常压蒸馏和减压蒸馏两种。

①常压蒸馏。这是正常气压下进行蒸馏的方法。该法不易破坏食用菌初提液中的有效成分。主要构件有热源、水源、蒸馏器、冷凝器、受液容器等。

②减压蒸馏。此法在密闭的容器系统中进行蒸馏。采用抽气产生负压使待浓缩的液体能在较低的温度下沸腾、蒸发。蒸发气体沿抽气管道经冷却排出。此法适用于受热易破坏有效成分的食用菌初提液的浓缩。

2. 干燥技术 干燥是提取工作的最后一道工序，方法有多样，晒干、风干、烘干、喷雾干燥、减压蒸发干燥等。

（五）食用菌药物加工技术

1. 胶丸类加工 胶丸是指将食用菌的有效成分提取物，按医药标准或保健标准加工研制，以胶囊包裹为口服丸的制品，如灵芝胶丸。其原料为灵芝孢子粉或灵芝子实体经浸提的精粉。

（1）*产品特征与用途* 灵芝胶丸中主成分为灵芝破壁后的孢子粉或浸提精粉，黄褐色细粉末，每丸含精粉0.1克，成人日用量0.3克，常作为血液系统、神经系统的疾病治疗和增强人体免疫功能的辅助药物。

（2）*灵芝孢子粉制品* 将收集的灵芝孢子粉经60目过筛，去杂质，采用物理破壁或酶解破壁法将孢子外壁破碎，再经80℃干燥、粉碎，过80目筛，灭菌，在无菌和防潮条件下定量

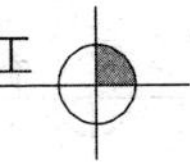

装入胶丸。

(3) 灵芝精粉的提取　灵芝子实体切片粉碎，水浸煮或乙醇浸提，过滤，浓缩，喷雾干燥，即可获得灵芝精粉。水浸提的得率常在8%左右，乙醇浸提得率常在10%～12%。具体操作参照本章“常用的提取技术”部分有关内容。

(4) 装胶丸　按批文处方规定用量，将处理后符合规定质量标准的孢子粉或灵芝精粉，在规定条件下装入胶囊。

(5) 质检包装　按“药字号”或“健字号”标准进行抽样检验，合格后按相应质量标准和定量标准包装，标上名称、用量、用法、有效保存期、出产日期、生产单位、批文号等。

2. 膏剂　膏剂包括清膏和蜜膏，食用菌的有效成分提取液经去渣浓缩至规定浓度即为清膏。清膏可直接食用，也可作为食用菌制剂的原料。清膏中再加蜜或糖进行炼制即为蜜膏，可直接口服，如茯苓膏、蘑菇浸膏、乌发蜜膏等。

(1) 蘑菇浸膏

①产品特征和用途。本产品是黑褐色稠膏，用于保健，用量依浓度的不同而不同。

②制清膏。采用蘑菇子实体经切片、水煮浸提得提取液，加热浓缩至密度1.35～1.40/50℃，即为清膏。

③收膏。取配方规定量的蜂蜜或白糖，用少量水溶化后过滤，去杂质，加热浓缩至稠膏状，密度为1.35～1.40/50℃，加入清膏，搅拌混匀，继续浓缩至滴于滤纸上不渗透为度。装入定量容器冷却。

④包装。当浸膏冷却至40～50℃时，装入预定规格的瓶内，待冷至常温时，加盖密封，杀菌，即可应用。

(2) 乌发蜜膏

①产品特性和用途　本品是黑褐色蜜丸。用于治疗白发，有助于白发转黑，还有强身补肾等功效，是传统保健药物。

②原料配方　何首乌20克，茯苓200克，当归50克，枸杞

50克，菟丝子50克，牛膝50克，补骨脂50克，黑芝麻20克，蜂蜜适量。

（3）制法。按以上原料比例称重，加适量水浸泡发透，放入铝锅内加热煎煮。共煮3次合并煎液。先旺火后文火加热浓缩至稠黏如膏，加蜜或砂糖搅匀再加热煮沸，浓缩至捞起呈丝状时停火，冷却定量装瓶，密封，杀菌，包装即为成品。

3. 片剂 把食用菌、药用菌的子实体或菌丝体中有效成分提取后，按医药品或保健品制作工艺要求和质量标准制成片剂。有的片剂直接用子实体或菌丝体烘干物粉碎研制而成。现将健肝片、蜜环菌片和猴头菌片生产工艺介绍如下。

（1）健肝片

①产品特征和用途。本品为每片含健肝粉250毫克的糖衣片。健肝粉含氮量为2%以上，含氨基酸1%以上。适用于急慢性肝炎，白细胞或血小板减少症的治疗，疗效显著。还可以用于营养不良及食欲不振等辅助治疗。服用本品每日3次，每次1克（4片）。

②工艺流程

蘑菇预煮汤的浓缩→喷雾干燥→压片→上糖衣→包装

③技术要领

汤汁浓缩：

60目筛过滤；

8×10^4帕真空浓缩；

$9.8\times10^4\sim1.47\times10^5$帕蒸气加热；

浓缩浓度为30%（折光计测定）。

喷雾干燥：

取30%浓缩液100千克；

依次加入羧甲基纤维素1.5千克，硬脂酸镁4.5千克，白糊精7.5千克，淀粉10.5千克，拌匀；

加热到80℃，保温30分钟；

喷雾，进风温度160℃，出风85～90℃。

压片：

采用ZP-33型压片机；

每10千克蘑菇粉加入0.6千克微晶纤维素、0.4千克白糊精、0.1千克硬脂酸镁及适量蒸馏水拌匀；

YK140型颗粒机压片。

上糖衣：

采用BY-1000或BY-800型荸荠式糖衣机；

每锅用健肝片粉60千克加滑石粉18千克、白砂糖10千克、Fe_2O_3 300克、川腊粉100～125克；

白糖热熔成62°波美度浓糖浆；

健肝片入糖锅，按低—高—低程序控制湿度，分次加入糖浆和配料，时间7小时，60目筛筛入川腊粉，闷转30～40分钟；

得率每吨汤液可制健肝片23 000～46 000片。

包装：

预先洗净烘干的棕色玻璃瓶装药片，每瓶200片；

按药品生产要求进行操作，贴上标签、注明片数、日期、检验员。

(2) 蜜环菌片

①产品特征与用途。本品系用蜜环菌菌丝发酵培养，提取其菌体和发酵液制成的片剂式冲剂。本品素片为棕褐色，味微苦。具有益气、镇静抗惊、养肝止晕、祛风湿、通血脉、强筋骨等作用，能改善血液循环，增加脑血流量和冠脉血流量。口服每次4～5片，日服3次，14天为一疗程。

②生产工艺。生产工艺分固体培养和液体培养两种：

菌种培养→500毫升摇瓶→5 000毫升摇瓶→种子瓶发酵→发酵罐培养→浓缩→烤干→粉碎→压片→上糖衣→检验包装

种子瓶培养→发酵瓶培养→培养物处理→蜜环菌粉制备→压片→上糖衣→检验包装

③技术要点

种子培养基及培养条件：玉米粉18%，蔗糖1%，酵母粉0.27%，pH自然，培养温度25～28℃，培养时间20～25天。

发酵种子罐培养基及培养条件：培养基，葡萄糖2%，蚕蛹粉0.5%，麸皮5%（煮30分钟去渣），KH_2PO_4 0.15%，$MgSO_4$ 0.075%，pH自然。培养条件，温度25～28℃，时间5～7天，搅拌速度220转/分钟，通气量1∶0.3～1∶0.5（V/V），罐压3.92×10^4～4.9×10^4帕。

发酵罐培养基及培养条件：培养基，葡萄糖2%、蚕蛹粉0.25%、黄豆粉1%、KH_2PO_4 0.15%、$MgSO_4$ 0.075%、pH自然。培养条件，温度25～28℃，时间5～7天，搅拌速度22转/分钟，通气量1∶0.3～1∶0.5（V/V），罐压3.92×10^4～4.9×10^4帕。

真空浓缩的真空度为7.73×10^4～8.0×10^4帕，温度65～70℃。

粉碎后过100目筛孔。

素片0.3克/片　糖衣片0.45～0.5克/片。

（3）猴头菌片

①产品特征与用途。本品系猴头菌通过人工培育菌丝体制成口服片剂。素片呈棕褐色、味苦，当以糖衣片出售。亦可用猴头菌子实体切片加药物研制成片剂。本品利五脏、助消化，所含多糖体和多肽蛋白质有提高机体免疫功能的作用，主治胃癌、食道癌、贲门癌、十二指肠溃疡。日服3次，每次3～4片，片重0.25克，外包糖衣。

②生产工艺

菌种培养→菌丝体培养→烘干→粉碎→压片→上糖衣→检验→包装

菌种培养→菌丝体培养→子实体产生→烘干切片→研制→检验包装

（六）食用菌的综合利用

食用菌栽培获得的子实体通过保鲜、速冻、干制、罐藏、浸

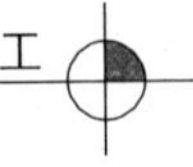

渍及深加工可制成符合人们需要的各种食品、药品和保健品。菌丝体经发酵培养也可成为人们需要的各种制品。除此之外，栽培采收后还余下大量废弃培养料，其中有大量菌体蛋白、加工发酵过程中也有部分剩余物和废弃物。这些下脚料和废弃物中的有效成分均可在工农业的不同领域中加以应用。如可提取激素、抗生素，加工成饲料或饲料添加剂，残渣还可加工成特殊用途肥料，作物基肥及沼气发酵的原料等。总之，食用菌综合利用大有作为。

第七章

驯化中的野生美味食用菌

至今未能人工栽培的食用菌还有数百种，驯化中的食用菌有数十种，主要都是土生菌或外生菌根菌，现列举传统、典型的数种美味野生食用菌，简介如下，以唤起人们对野生菌驯化栽培的研究。

一、松口蘑（松茸）(*Tricholoma matsutake* Sing.)

此菌隶属于层菌纲、伞菌目、白蘑科、口蘑属，是著名食用菌。子实体中等至较大，菌盖直径5～15厘米，扁半球形至近平展，污白色，表面具有黄褐色至栗褐色平伏丝毛状鳞片，表面干燥，菌肉白色、厚、具有特殊香味。菌柄粗，长6～13厘米。秋季生长于松林或针阔混交林中，地上群生或散生或形成蘑菇圈，与松树形成外生菌根。菇体具有强身、益肠胃、止痛、理气化痰之功效。野生主产区分布在东北的吉林、黑龙江，西南的云南、贵州、西藏等地，但各地松口蘑品种的形态各有差异。人工栽培子实体至今未能成功，华中农业大学杨新美教授生前80多岁高龄时还深入产区，研究松茸生态生理习性，为人工驯化野生松茸付出艰辛的努力。目前有采用人工撒菌种和发酵培养料在原有生长松口蘑的松树林下，以增加子实体生长的腐熟基质的人工促进法，试图增加子实体发生量。

二、正红菇（*Russula vinosa* Lindbl.）

此菌隶属于层菌纲、伞菌目、红菇科、红菇属，是著名食用

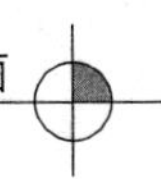

菌。子实体中等大，菌盖直径5～12厘米，初扁半球形后平展中部下凹，盖面不黏，大红带紫，盖中部暗紫黑色，边缘平滑，菌肉白色，近表皮淡红色或浅紫红色，味道柔和，无特殊气味，菌褶白色至乳黄色，干后变灰色。夏秋季生长于阔叶林中，地上群生，与阔叶树形成外生菌根，属树木外生菌根菌。野生主产区分布在广东、四川、福建等地，以闽西北产区多产。人工栽培子实体至今未能成功，目前有采用人工撒菌种和发酵培养料在原有生长正红菇树林下，增加子实体生长的腐熟基质的人工促进法，试图增加子实体发生量。

三、鸡纵菌（*Termitomyces albuminosus* Berk.）

此菌隶属于层菌纲、伞菌目、白蘑科、口蘑属，是著名食用菌。子实体较小至中等，菌盖直径6～10厘米，幼时近锥形、斗笠形至扁平，盖顶有尖凸，浅灰色、污白色、浅灰褐色，成熟或干制时色泽加深，盖边缘开裂。夏秋季生长于阔叶林或针阔混交林或山坡草地上，地上散生，子实体假根基部膨大，长20～45厘米，与白蚁巢相连。菇体味道鲜美如鸡汤，故又名鸡肉丝菇。野生主产区分布广泛，华东、华南、西南均有分布，但各地的形态大小、色泽深浅各有差异。人工栽培子实体至今未能成功，但国内已有开展大量驯化研究工作。

四、美味牛肝菌（*Boletus edulis* Bull.：Fr）

此菌隶属于层菌纲、伞菌目、牛肝菌科、牛肝菌属，是著名食用菌。菌肉厚而细软，味道鲜美。子实体中等至较大，菌盖直径4～15厘米，扁半球形至稍平展，黄褐色、土褐色或赤褐色，表面不黏、光滑，边缘钝，菌肉白色，受伤不变色，厚。菌柄粗，长5～12厘米，粗2～3厘米。夏秋季生长于林中，地上单生或散生，与多种树木形成外生菌根。可药用，治腰腿疼痛，手足麻木，筋骨不舒，四肢抽搐，多糖体有抗癌效果。野生主产区分布广泛，在西南多产，但各地的牛肝菌品种的形态有所差异。人工栽培子实体至今未能成功，目前有采用人工撒菌种和发酵培养料在原有生长牛肝菌树林下，增加子实体生长的腐熟基质的人工促进法，试图增加子实体发生量。

五、羊肚菌（*Morchella esculenta*）

此菌隶属于盘菌纲、盘菌目、羊肚菌科、羊肚菌属，是著名食用菌。子实体较小至中等，菌盖长 4～6 厘米，宽 4～6 厘米，不规则圆形、长圆形，表面形成许多凹坑，似羊肚状，淡黄褐色。柄长 5～7 厘米，粗 2～2.5 厘米，白色，有浅纵沟，基部稍膨大。味道鲜美，是优质食用菌。夏秋季生长于阔叶林中，地上及路旁单生或群生。可药用，益肠胃，化痰理气，含有异亮氨酸、亮氨酸、赖氨酸、蛋氨酸、苯丙氨酸、苏氨酸和缬氨酸 7 种人体必需氨基酸。野生主产区分布广泛，西北、华北、西南均有，西北多产。人工栽培子实体至今未能完全成功，有采用人工撒菌种和发酵培养料在原有生长牛肝菌树林下，增加子实体生长的腐熟基质的人工促进法，试图增加子实体发生量。

六、冬虫夏草

冬虫夏草菌［*Cordycepes sinensis*（Borkeley）Sacc］是名贵中药，它是虫草菌寄生在鳞翅目蝙蝠蛾科（Hepialidae）昆虫——虫草蝙蝠蛾（*Hepialus armoricanus* Oberthur）幼虫上的子座与幼虫尸体干燥而得，故简称虫草。虫草属共有 137 种，我国已知 26 种，其中 90%以上是寄生于昆虫幼虫上，蝙蝠蛾幼虫尸体长 3～6 厘米，黄褐色，有八对足，形如僵蚕，径约 0.3～0.7 厘米。该属中我国常作为药用的有冬虫夏草、蛹虫草、亚香棒虫草和禅花。虫草的生成是当蝙蝠蛾幼体在越冬时的 3～4 龄期感染了虫草菌，孢子侵入虫体后，发育为菌丝，吸收其营养，以

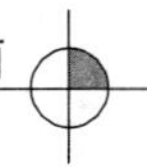

致幼虫体布满虫草菌的菌丝而死亡，菌丝成熟后从虫体头部伸出子座，通常单生，少2～3个，细长如棒，幼时中实，成熟中空，上部稍膨大，褐色呈圆筒形。子囊孢子多隔膜，不分裂。我国有人在研究虫草的人工生产，但未见重复种植培育成功的报道。

附　　录

一、食用菌生产相关标准

（一）NY 5358—2007

无公害食品　食用菌产地环境条件

1　范围

本标准规定了无公害食用菌产地选择、栽培基质、土壤质量、水质及产地环境调查与采样方法和试验方法。

本标准适用于无公害食用菌产地。

2　规范性引用标准（略）

3　要求

3.1　产地选择

食用菌生产场地要求5km以内无工矿企业污染源；3km之内无生活垃圾堆放和填埋场、工业固体废弃物和危险废弃物堆放和填埋场等。

3.2　栽培基质

应符合NY 5099规定要求。

3.3　土壤质量

食用菌生产用土应符合表1要求。

表 1　生产用土中各种污染物的指标要求

单位：mg/kg

序　号	项　目	指标值
1	镉（以 Cd 计）	≤0.40
2	总汞（以 Hg 计）	≤0.35
3	总砷（以 As 计）	≤25
4	铅（以 Pb 计）	≤50

3.4　水质

无公害食用菌栽培时，生产用水中各种污染物含量均应符合表 2 要求。

表 2　生产用水中污染物的指标要求

序　号	项　目	指标值
1	混浊度	≤3 度
2	臭和味	不得有异臭、异味
3	总砷（以 As 计），mg/L	≤0.05
4	总汞（以 Hg 计），mg/L	≤0.001
5	镉（以 Cd 计），mg/L	≤0.01
6	铅（以 Pb 计），mg/L	≤0.05

4　产地环境调查与采样方法

按 NY/T 5295 无公害食品　产地环境评价准则执行。

5　试验方法

5.1　水质

5.1.1　混浊度

按照 GB/T 5750 规定执行。

5.1.2　总汞

按照 GB/T 7468 规定执行。

5.1.3 铅和镉

按照 GB/T 7475 规定执行。

5.1.4 总砷

按照 GB/T 7485 规定执行。

5.2 土壤

5.2.1 总汞

按照 GB/T 17136 规定执行。

5.2.2 铅和镉

按照 GB/T 17141 规定执行。

5.2.3 总砷

按照 GB/T 17134 规定执行。

(二) NY 5099—2002

无公害食品
食用菌栽培基质安全技术要求

1 范围

本标准规定了无公害食用菌培养基质用水、主料、辅料和覆土用土壤的安全技术要求，以及化学添加剂、杀菌剂、杀虫剂使用的种类和方法。

本标准适用于各种栽培食用菌的栽培基质。

2 规范性引用文件（略）

3 术语和定义

下列术语和定义适用于本标准。

3.1 主料

组成栽培基质的主要原料，是培养基中占数量比重大的碳素营养物质。如木屑、棉籽壳、作物秸秆等。

3.2　辅料

栽培基质组成中配量较少、含氮量较高、用来调节培养基质的 C/N 比的物质。如糠、麸、饼肥、禽畜粪、大豆粉、玉米粉等。

3.3　杀菌剂

用来杀灭有害微生物或抑制其生长的药剂，包括消毒剂。

3.4　生料

未经发酵或灭菌的培养基质。

4　要求

4.1　水

应符合 GB 5749 规定。

4.2　主料

除桉、樟、槐、苦楝等含有害物质树种外的阔叶树木屑；自然堆积六个月以上的针叶树种的木屑；稻草、麦秸、玉米芯、玉米秸、高粱秸、棉籽壳、废棉、棉秸、豆秸、花生秸、花生壳、甘蔗渣等农作物秸秆皮壳；糠醛渣、酒糟、醋糟要求新鲜、洁净、干燥、无虫、无霉、无异味。

4.3　辅料

麦麸、米糠、饼肥（粕）、玉米粉、大豆粉、禽畜粪等。要求新鲜、洁净、干燥、无虫、无霉、无异味。

4.4　覆土材料

4.4.1　泥炭土、草炭土。

4.4.2　壤土

符合 GB 15618 中 4 对二级标准值的规定。

4.5　化学添加剂

参见附录 A。

4.6　栽培基质处理

食用菌的栽培基质，经灭菌处理的，灭菌后的基质需达到无菌状态；不允许加入农药。

4.7 其他要求

参见附录B。

附 录 A
（资料性附录）

食用菌栽培基质常用化学添加剂种类、功效、用量和使用方法

食用菌栽培基质常用化学添加剂种类、功效、用量和使用方法见表A.1。

表A.1 食用菌栽培基质常用化学添加剂种类、功效、用量和使用方法

添加剂种类	使用方法与用量
尿素	补充氮源营养，0.1%～0.2%，均匀拌入栽培基质中
硫酸铵	补充氮源营养，0.1%～0.2%，均匀拌入栽培基质中
碳酸氢铵	补充氮源营养，0.2%～0.5%，均匀拌入栽培基质中
氰氨化钙（石灰氮）	补充氮源和钙素，0.2%～0.5%，均匀拌入栽培基质中
磷酸二氢钾	补充磷和钾，0.05%～0.2%，均匀拌入栽培基质中
磷酸氢二钾	补充磷和钾，用量为0.05%～0.2%，均匀拌入栽培基质中
石灰	补充钙素,并有抑菌作用,1%～5%均匀拌入栽培基质中
石膏	补充钙和硫，1%～2%，均匀拌入栽培基质中
碳酸钙	补充钙，0.5%～1%，均匀拌入栽培基质中

附 录 B
（资料性附录）

不允许使用的化学药剂

B.1 高毒农药

按照《中华人民共和国农药管理条例》，剧毒和高毒农药不

得在蔬菜生产中使用，食用菌作为蔬菜的一类也应完全参照执行，不得在培养基质中加入。高毒农药有三九一一、苏化203、一六〇五、甲基一六〇五、一〇五九、杀螟威、久效磷、磷胺、甲胺磷、异丙磷、三硫磷、氧化乐果、磷化锌、磷化铝、氰化物、呋喃丹、氟乙酰胺、砒霜、杀虫脒、西力生、赛力散、溃疡净、氯化苦、五氯酚钠、二氯溴丙烷、四〇一等。

B.2　混合型基质添加剂

含有植物生长调节剂或成分不清的混合型基质添加剂。

B.3　植物生长调节剂

（三）NY/T 5333—2006
无公害食品　食用菌生产技术规范

1　范围

本标准规定了无公害农产品食用菌生产中对菌种、产地环境、栽培基质、化学投入品、生产技术、加工、保鲜与贮藏、包装运输的技术要求。

本标准适用于无公害农产品食用菌的生产。

2　规范性引用文件（略）

3　要求

3.1　菌种

3.1.1　菌种生产应符合NY/T 528的要求。

3.1.2　无公害农产品食用菌的生产菌种应是经鉴定可食用的大型真菌，且可食部分不含有可能对人的健康造成危害的成分。自行采集、分离和驯化的食用菌菌种，未经专业机构鉴定，不应用于无公害农产品食用菌的生产。

3.2 产地环境

3.2.1 产地的选择

生产场地应生态环境良好，周围1 000m 无工业废弃物、专业畜禽饲养场及垃圾（粪便）场、各种污水及其他污染源（如大量扬灰的水泥厂、石灰厂、煤场等），并且远离公路，医院，并尽可能避开学校和公共场所。封闭型设施化食用菌栽培基地宜选择交通便利的场地。

3.2.2 产地环境空气

应符合 NY 5010—2002 中 3.2 的要求。

3.2.3 覆土质量

生产覆土栽培的食用菌时，覆土质量应不影响食用菌产品的质量安全。

3.2.4 生产用水

生产拌料用水、菌棒（袋）补水、菇床喷洒用水及生产环境湿度维持用水均需符合 GB 5749 的要求。

3.2.5 其他

应建立有效措施，防止食用菌生产、菇场培养料堆制发酵、废弃物处置对周围环境产生不良影响。

3.3 栽培基质

无公害农产品食用菌生产用栽培基质应符合 NY5099—2002 的要求。

3.4 化学投入品

3.4.1 无公害农产品食用菌生产用化学添加剂应符合 NY 5099—2002 附录 A 的要求。

3.4.2 无公害农产品食用菌生产用农药应符合 NY 5099—2002 附录 B 的要求。宜使用具有有效农药登记证，并且在登记证的登记作物中含有该食用菌的农药，不应在无公害农产品食用菌生产过程中使用在食用菌产品中残留状况不明的农药。

3.5　生产技术

3.5.1　场地环境

生产场地应合理布局，生产区和原料仓库、成品仓库、生活区应严格分开。生产区中原料区、堆制发酵区或拌料区、装料区、灭菌区、冷却区、接种区应各自独立，又相互衔接，其中灭菌区、冷却区、接种区应当紧密相连。生产场地应排水系统畅通，地面平整，不积水、不起尘，保持环境卫生。

3.5.2　原辅材料

原辅材料在放置过程中，应注意通风换气，保持贮藏环境干燥，防止原辅材料滋生虫蛆和霉烂变质。原辅材料使用前应在阳光下翻晒，将霉变、虫蛀严重的原辅材料拣出并做无害化处理。食用菌对木屑等原料的堆制期有特殊要求的，应按照生产实际进行处置。

3.5.3　生产设施

食用菌原辅材料加工、拌料、栽培环境控制系统、通风照明等设施应符合相关质量安全标准，保证人身健康、安全。锅炉、灭菌锅等压力容器，应通过有关部门检验合格后方可使用。

3.5.4　病虫害防治

3.5.4.1　食用菌生产过程中宜采用化学防治、物理防治、栽培防治、综合防治的结合技术防治病虫害。

3.5.4.2　严格控制农药的使用。一旦发生病虫害，宜选用已在国家登记的可以在指定食用菌生产上使用的农药进行防治，严格按照使用方法喷施，禁止采后向菇体上喷药。

3.5.4.3　培养室内、菇房中、菇床上已发生污染的菌瓶（袋）或料面要及时清理出去，进行灭菌或焚烧。

3.5.4.4　门、窗、进（排）风扇口宜用纱网等防护设施阻隔，阻止虫、蚊蝇等进入，必要时可在适当的位置安装灭蝇灯。

3.5.5　培养料制备

3.5.5.1　培养料可根据生产用菌种的实际需求，设计合理的配方进行配制。

3.5.5.2　为防止栽培过程中杂菌滋生和虫害发生，应严格按照科学合理的生产工艺进行，如高温高压灭菌、常压灭菌、前后发酵、覆土消毒等，彻底杀灭培养料中的杂菌和害虫（卵）。各种原辅材料的加工、分装和灭菌应尽快完成。灭菌时应防止棉塞被冷凝水打湿。

a）草腐菌生产中可采用堆制发酵杀灭原料中的虫、卵或有害微生物；

b）木腐菌熟料栽培用原料可采用高温高压或高温常压方式进行灭菌。

3.5.6　接种、菌丝培养、出菇和采收

3.5.6.1　接种环境、器具消毒

接种工具、接种箱、接种室、床架、栽培房等在使用前均要进行消毒处理，以避免食用菌在生产过程中被杂菌污染或发生虫害，可参见附录A中列举的方法进行消毒。

3.5.6.2　接种、菌丝培养与出菇管理

母种和原种的接种应在无菌条件下进行操作，栽培种的接种宜在经消毒处理的开放环境中进行。菌丝培养和出菇阶段应根据各类食用菌对营养、温度、湿度、氧气、光照、pH等生长发育条件的需求差异，创造适宜食用菌生长而不适宜病虫害生长的微生态环境，促使食用菌菌丝体、子实体健康生长。

3.5.6.3　采收

栽培期间，应根据产品贮藏、加工、运输的需要，确定采收标准、采收时间和采收方法，调整栽培环境，适时采收。采收人员应有健康证。

3.6　加工、保鲜与贮藏

可根据需要对食用菌进行分级、干制、保鲜、盐渍、制罐等生产加工。工作人员应具有健康证，应穿着工作衣帽，不准佩戴

饰品，直接接触产品的工作人员的手和器具要清洗消毒。但在食用菌加工、保鲜和贮藏过程中需使用食品添加剂时，应符合GB 2760的相关要求，在食用菌贮藏、加工、保鲜过程中，不应为延长货架期、护色、增重、保鲜而超标准、超范围地使用各种食品添加剂，不应使用非食品级化学品和有毒有害物质。贮藏管理阶段应保证产品不霉变、不变质、无虫蛀。

3.7 包装运输

食用菌贮藏包装材料的内包装应符合GB 11680和QB1014的要求，直接用于终端销售的产品外包装应符合GB 8868、GB9689和GB 9687的要求，包装标识应符合GB/T 191的规定。在运输过程中应有保持干燥、防压、防晒、防雨、防尘等措施，不应与有毒、有害物品或有异味的物品混装运载。食用菌鲜品运输宜使用冷藏车，冷藏车箱内温度可根据各种菇类不同要求的实际情况进行调节。

（四）NY 5095—2006

无公害食品　食用菌

1 范围

本标准规定了无公害食品食用菌的术语和定义、要求、检验方法、检验规则、标志、包装、运输和贮存要求。

本标准适用于食用菌干品的鲜品。

2 规范性引用文件（略）

3 术语和定义

下列术语和定义适用于本标准。

3.1

一般杂质　general impurity

稻草、秸秆、木屑和棉籽壳等附着在食用菌产品上的植物性物质和泥、砂土等其他物质。

3.2

有害杂质 harmful impurity

毒菇、虫体、动物毛发和排泄物、金属、玻璃和塑料等有毒、有害及其他有碍安全卫生的物质。

4 要求

4.1 感官

应符合表1的规定。

表1 无公害食品食用菌感官要求

项目		要求	
形状		菇形或耳片形态正常、规整	
颜色		有正常食用菌固有的颜色	
气味		具有该食用菌特有的气味，无异味	
新鲜度		鲜食用菌采收后菇形完整，具有该品种特有的质感	
霉烂菇、虫蛀菇，%		≤0.5	
一般杂质，%		≤0.5	
有害杂质		不允许混入	
水分指标，%	干食用菌	≤12.0（干香菇黑木耳除外）	≤13.0（干香菇黑木耳）
	鲜食用菌	≤91.0（鲜花菇除外）	≤86.0（鲜花菇）

4.2 安全

应符合GB 2762和GB 2763的规定，具体指标应符合表2的规定。

表 2　无公害食品食用菌安全要求

单位为毫克每千克

项　目	指　标	
	干食用菌	鲜食用菌
亚硫酸盐（以 SO_2 计）	≤50（银耳、竹荪除外）	
	银耳、竹荪参照 NY/T834—2004、NY/T 836—2004	
铅（以 Pb 计）	≤2.0	≤1.0
砷（以 As 计）	≤1.0	≤0.5
汞（以 Hg 计）	≤0.2	≤0.1
镉（以 Cd 计）	≤0.2（香菇除外）	
	香菇参照 GB 9087—2003	
敌敌畏（dichlorvos）	≤0.5	
溴氰菊酯（deltamethrin）	≤0.05	
多菌灵（carbendazim）	≤1.0	
百菌清（chlorothalonil）	≤1.0	

5　检验方法

5.1　感官检验

产品形状、颜色、新鲜度用目测法进行检测；气味用鼻嗅检测。霉烂菇、虫蛀菇的检测方法为：随机抽取样品 500g(精确至±0.1g)，分别拣出霉烂菇、虫蛀菇，用感量为 0.1g 的天平称其质量，并按式(1)分别计算其占样品的百分率，结果精确到小数点后一位。

$$X=\frac{m_1}{m_2}\times 100 \quad (1)$$

式中：

X——霉烂菇、虫蛀菇、杂质的含量，单位为克每百克（g/100g）；

m_1——霉烂菇、虫蛀菇、杂质的质量，单位为克（g）；

m_2——样品的质量，单位为克（g）。

5.2 杂质的检测

鲜食用菌用手工分别拣出一般杂质和有害杂质，其他按 GB/T 12533 规定执行。

5.3 水分的检测

按 GB/T 12531 规定执行。

5.4 亚硫酸盐的检测

按 GB/T 5009.34 规定执行。

5.5 铅的检测

按 GB/T 5009.12 规定执行。

5.6 砷的检测

按 GB/T 5009.11 规定执行。

5.7 汞的检测

按 GB/T 5009.17 规定执行。

5.8 镉的检测

按 GB/T 5009.15 规定执行。

5.9 敌敌畏、溴氰菊酯、百菌清的检测

按 NY/T 761 规定执行。

5.10 多菌灵的检验

按 GB/T 5009.188 规定执行。

6 检验规则

6.1 抽样方法

6.1.1 按 GB/T 12530 规定执行。

6.1.2 报验单填写的项目应与实际货物相符，凡与实际货物不符，包装严重损坏者，应由交货单位重新整理后再行取样。

6.2 型式检验

型式检验是对产品进行全面考核，即对本标准规定的全部要

求进行检验。有下列情形之一者应进行型式检验：

a）申请无公害农产品认证；

b）国家质量监督机构或行业主管部门提出型式检验要求；

c）前后两次抽样检验结果差异较大；

d）因人为或自然因素使生产环境发生较大变化。

6.3　交收检验

每批产品交收前，生产者应进行交收检验。交收检验内容包括感官、标志和包装。检验合格后并附合格证方可交收。

6.4　组批规则

同一产地、同时采收的食用菌作为一个检验批次。批发市场同产地、同规格的食用菌作为一个检验批次。农贸市场和超市同时从相同渠道进货的食用菌作为一个检验批次。

6.5　判定规则

6.5.1　感官指标判定

1）颜色、气味、新鲜度、霉变菇、虫蛀菇、杂质其中有一项不合格的，判该批次产品为不合格。若对用目测法检测的项目有异议，可由5人组成的专家评定组复测一次，其中有三人以上不合格，即判该批次产品不合格。

2）水分指标不能达到要求的，允许复测一次。如仍不合格，则判该批次产品不合格。

6.5.2　卫生指标有一项不能达到要求的，即判该批次产品不合格。

6.5.3　交收双方发生争议时，重新取样检验。

7　标志

产品外包装标志应符合GB/T 191的规定。

8　包装、运输和贮存

8.1　包装

8.1.1　内包装箱（袋）应符合GB 9687或GB 9688的要求。

8.1.2 外包装应符合 GB/T 6543 的规定。

8.1.3 定量包装净含量应符合国家技术监督局第 75 号令《定量包装商品计量监督管理办法》。

8.2 运输

8.2.1 不得与有毒、有害、有异味物品混装混运。

8.2.2 防雨淋、防日晒，不可裸露运输。

8.2.3 避免挤压，运输时轻装、轻卸，避免机械损伤。

8.2.4 运输工具要清洁、卫生，无污染物、无杂物。

8.2.5 鲜食用菌应在适宜保鲜的温度条件下运输。

8.3 贮存

8.3.1 严禁与有毒、有害、有异味物品混放。

8.3.2 干食用菌在避光、阴凉、干燥、洁净处密封贮存，注意防霉、防虫、防鼠，不得直接裸露空间。

8.3.3 鲜食用菌采收后应低温保鲜，鲜草菇在 20℃条件下可作 1d～2d 保存。

二、食用菌生产相关资料

（一）食用菌培养料营养成分

单位：%

成分 材料名称	水分	粗蛋白	粗脂肪	粗纤维（含木质素）	无氮浸出物（可溶性碳水化合物）	钙	磷	粗灰分*
杂木屑	23.3	0.4	4.5	42.7	28.6	/	/	0.6
玉米秸	11.2	3.5	0.8	33.4	42.7	0.39	微量	8.4
稻　草	13.5	4.1	1.3	28.9	36.9	0.31	0.10	15.3
大麦草	15.5	3.2	1.3	37.1	34.6	0.31	0.11	8.3
小麦草	13.5	2.7	1.1	37.0	35.9	0.26	0.11	9.8
高粱秸	10.2	3.2	0.5	33.0	48.5	微量	/	4.6
玉米芯	13.5	1.1	0.6	31.8	51.8	0.40	0.25	1.3
米　糠	13.5	11.8	14.5	7.2	28.0	0.39	0.03	25.0
谷　糠	14.7	3.8	1.7	36.2	30.8	12.8	0.16	0.32
大麦麸	13.5	6.7	1.7	23.6	44.5	/	/	10.0
小麦麸	12.8	11.4	4.8	8.8	56.3	0.15	0.62	5.9
大麦	14.5	10.0	1.9	4.0	67.1	0.12	0.33	2.5
小麦	13.5	10.7	2.2	2.8	68.9	0.05	0.79	1.9
黄豆	12.4	36.6	14.0	3.9	28.9	0.18	0.40	4.2
大豆饼	13.5	4.2	7.9	6.4	25.0	0.49	0.78	5.2
菜籽饼	10.0	33.1	10.2	11.1	27.9	0.26	0.58	7.7
棉籽壳	11.9	17.6	8.8	26.0	29.6	0.53	0.53	6.1
棉籽饼	9.5	31.3	10.6	12.3	30.0	0.31	0.97	6.3
干酒糟	16.7	27.4	2.3	9.2	40.0	0.38	/	4.4

*粗灰分包括钙、镁、磷、铁、钾等多种矿物质元素。

（二）培养料加水量表

要求达到的含水量（%）	每100千克干料应加入的水（升）	料水比（料：水）	要求达到的含水量（%）	每100千克干料应加入的水（升）	料水比（料：水）
50.0	74.0	1∶0.74	58.0	107.1	1∶1.07
50.5	75.8	1∶0.76	58.5	109.6	1∶1.10
51.0	77.6	1∶0.78	59.0	112.2	1∶1.12
51.5	79.4	1∶0.79	59.5	114.8	1∶1.15
52.0	81.3	1∶0.81	60.0	117.5	1∶1.18
52.5	83.2	1∶0.83	60.5	120.3	1∶1.20
53.0	85.1	1∶0.85	61.0	123.1	1∶1.23
53.5	87.1	1∶0.87	61.5	126.0	1∶1.26
54.0	89.1	1∶0.89	62.0	128.9	1∶1.29
54.5	91.2	1∶0.91	62.5	132.0	1∶1.32
55.0	93.3	1∶0.93	63.0	135.1	1∶1.35
55.5	95.5	1∶0.96	63.5	138.4	1∶1.38
56.0	97.7	1∶0.98	64.0	141.7	1∶1.42
56.5	100.0	1∶1.00	64.5	145.1	1∶1.45
57.0	102.3	1∶1.02	65.0	148.6	1∶1.49
57.5	104.7	1∶1.05	65.5	152.2	1∶1.52

注：1. 风干培养料含结合水按13%计；

2. 每100千克干料应加水量（升）＝（含水量－培养料结合水）÷（1－含水量）×100%。

（三）食用菌的主要栽培方式与生物学效率*

	主要栽培原料	主要栽培体制	生物学效率（%）
双孢蘑菇	稻草、麦草、牛马粪	床栽、箱栽	12～15
香　　菇	菇木、杂木屑、棉籽壳	段木栽培、筒式、砖式	50～100
草　　菇	稻草、棉籽壳、废棉	堆栽、床栽、箱栽	15～50
黑木耳	耳木、杂木屑、蔗渣、棉籽壳	段木栽培、瓶栽、袋栽	50～100
毛木耳	耳木、杂木屑、蔗渣、棉籽壳	段木栽培、瓶栽、袋栽	80～120
金针菇	杂木屑、棉籽壳、蔗渣	袋栽、床栽、瓶栽	50～100
银　　耳	杂木屑、棉籽壳	段木栽培、袋栽、瓶栽	80～90
平　　菇	杂木屑、棉籽壳	床栽、畦栽、箱栽、瓶栽	80～150
茯　　苓	松木、松根	埋土窖栽	10～20
猴头菌	杂木屑、棉籽皮	瓶栽、袋栽	30～50
竹　　荪	竹丝、麦草、蔗渣	床栽、野外林地栽培	8～10
蜜环菌	杂木屑、段木	窖培、畦栽	10～30

* 生物学效率$=\dfrac{\text{子实体鲜重}}{\text{培养料干重}}\times 100\%$。

（四）蒸汽压力与温度的关系

消毒容器内的压力（帕）	蒸气温度（℃）
0.00	100
2.45×10^{4}	107
4.9×10^{4}	112
7.35×10^{4}	115.5
9.8×10^{4}	121.0
1.47×10^{5}	128.0
1.96×10^{5}	134.5

（五）食用菌主要设备型号

食用菌主要灭菌设备型号

序号	规格型号	热源	应用范围	容　量
1	手提高压蒸汽灭菌锅	2～3 千瓦电热	试管种	15～18毫米×150～180毫米试管200～250支
2	立式圆形高压蒸汽灭菌锅，电脑自控	8～12 千瓦电热	试管种、菌瓶种	80～200 瓶
3	卧式圆形单门高压蒸汽灭菌锅	电热、锅炉供汽	菌种瓶（袋）、栽培菌瓶（袋）	200～400 瓶
4	卧式矩形单门高压蒸汽灭菌锅	电热、锅炉供汽	菌种瓶（袋）、栽培菌瓶（袋）	200～400 瓶
5	卧式圆形双门高压蒸汽灭菌锅	锅炉供汽	菌种瓶（袋）、栽培菌瓶（袋）	3 000～5 000 瓶（菌种袋）
6	卧式方形单门高压蒸汽灭菌锅	锅炉供汽	菌种瓶（袋）	3 000～5 000 瓶

（续）

序号	规格型号	热源	应用范围	容　量
7	卧式方形双门高压蒸汽灭菌锅（工厂化生产配用设备）	锅炉供汽	菌种瓶（袋）、栽培菌瓶（袋）	4 000～12 000 瓶 3 000～10 000 栽培袋
8	卧式方形双门自动控制高压蒸汽灭菌锅（工厂化生产配用设备）	锅炉供汽	菌种瓶（袋）、栽培菌瓶（袋）	4 000～12 000 瓶 3 000～10 000 栽培袋

食用菌主要机械型号

序号	名称与型号	动力	功率与容量	备　注
1	简易装袋机	电动 750 瓦	3 000～4 000 袋(筒)/天	不含电机
2	冲压装袋机	电动 3 千瓦	1 300～1 500 袋/小时	漳州兴宝食用菌设备厂 13906943075 漳州黑宝食用菌设备厂 13906943078
3	拌料机	电动 4～18 千瓦	0.6m^3～9m^3/次	漳州兴宝、漳州黑宝
4	装瓶机	电动 1.2 千瓦	3 500～3 800 瓶/小时	漳州兴宝、漳州黑宝
5	联合装瓶机	电动 2 千瓦	3 500～3 800 瓶/小时	含送框机，装瓶机，打孔机，单头压盖机，漳州兴宝、漳州黑宝
6	挖瓶机	电动 1.5 千瓦	2 000	漳州兴宝
7	联合挖瓶机	电动 4.3 千瓦	2 000～3 000	漳州兴宝

（续）

序号	名称与型号	动力	功率与容量	备注
8	搔菌联合机	电动4.3千瓦	4 000～5 000瓶/小时	漳州兴宝
9	固体接种联合机	电动0.4千瓦	4 000瓶/小时	漳州兴宝
10	脱袋机	电动5.1千瓦	6 000～8 000袋/小时	漳州兴宝
11	脱盖机	电动0.4千瓦	8 000袋/小时	漳州兴宝
12	蘑菇堆料翻堆机	柴油发动机、电动4千瓦	30～50吨/小时 10吨/小时	漳州兴宝
13	全自动烘干机	煤、柴、油	400～2 000千克/批	全自动组合式
14	全自动烘干机	煤、柴、油	400～5 000千克/批	全自动组合式

（六）盐水浓度及相应的食盐用量

食盐含量（%）	波美表读数（°Be'）	1升盐水中食盐含量（克）	每千克盐水中加食盐量（克）
1	1	10.07	1.01
2	2	20.28	2.04
3	3	30.64	3.09
4	4	41.14	4.17
5	5	51.60	5.26
6	6	62.60	6.38
7	7	73.57	7.53

（续）

食盐含量（%）	波美表读数（°Be'）	1升盐水中食盐含量（克）	每千克盐水中加食盐量（克）
8	8	84.70	8.70
9	9	95.99	9.89
10	10	107.45	11.11
11	11	119.08	12.36
12	12	130.88	13.64
13	13	142.87	14.94
14	14	155.04	16.28
15	15	167.40	17.65
16	16	179.95	19.05
17	17	192.70	20.48
18	18	205.65	21.95
19	19	218.80	23.46
20	20	232.18	25.00
21	21	245.76	26.58
22	22	259.53	28.21
23	23	273.61	29.87
24	24	287.88	31.58
25	25	302.40	33.33
26	26	317.15	35.14

（七）几种食用菌的药用方法

种类	主治	配方	用法
双孢蘑菇	消化不良	鲜蘑菇400克	炒食或煮食
	高血压	鲜蘑菇500克	日分二次食用
	传染性肝炎 白血球减少症	鲜蘑菇	作蔬菜食用
	小儿麻疹透发不畅	鲜蘑菇30克	水煮去渣日服三次
	辅助治疗癌症	取鲜蘑菇配以豆腐或火腿片加水同煮熟后加油盐调味	每次服半碗日服二次
		取鲜蘑菇洗净捣碎和粳米同煮，熟后加油盐调味或加白糖，红糖佐食	每次服一小碗日服三次
	误食毒蕈中毒	蘑菇150克	加水煮熟食
香菇	防佝偻症、坏血病、肝硬化、皮肤炎、高血压等	每日鲜香菇50克	经常食用
	感冒	香菇250克、白糖25克	加水煮熟食用
	胃癌、子宫颈癌	香菇25克	每日煮食一次
	降低胆固醇	干香菇10克	置碗中用冷水浸一夜，取其汁食之，连续半年
猴头菌	消化不良	猴头菌100克	切片加水煮服，日服二次，黄酒为引
	神经衰弱，身体虚弱	猴头菌250克	切片后与鸡共煮食，日服一次
银耳	肺热咳嗽、产后虚弱、月经不调、血管硬化、痰中带血、便秘等症	干银耳5～7.5克	银耳炖成糊状加入适量冰糖服用，日服二次
	体质虚弱、肺痨咳血、遗精腰痛	干银耳5克、粳米100克、大枣3～5枚	三者共煮为粥；加适量冰糖晚餐时服用

（续）

种类	主　治	配　方	用　法
银耳	病后体虚	银耳 10 克、瘦肉 100 克、大枣 10 枚	三者同炖熟后食用
	虚损体弱、气阴不足、失眠多梦、健忘心悸	银耳 20 克、鸡汤（鸭汤）250 克	银耳炖熟后加入鸡汤和少许精盐、白糖、早晚二次食用
	阴虚发热、夜间盗汗、心烦内热、体倦乏力、口干眼涩	干银耳 5 克、白糖（冰糖）25 克	银耳炖成糊状后加入冰糖或白糖服用
黑木耳	贫血、体虚、崩漏月经不调、白带过多	黑木耳 50 克、红枣 30 枚	煮熟后加适量红糖服用，日服二次
	便血、子宫出血	黑木耳25克、冰糖50克	炖食，日服二次
	子宫颈癌、阴道癌等	黑木耳 9～10 克、或配入当归、白芍、黄芪、甘草、陈皮、桂元肉各 3～4 克	加水煎服
	反胃多痰	黑木耳 7～8 朵	煎汤服用，日服二次
	痔疮出血、大便下血	黑木耳 3～6 克、柿饼 50 克	共煮烂当点心食用
	寒湿性腰腿疼痛	黑木耳 500 克、苍术、川椒、当归、杜仲、附子各 50 克、灵仙 20 克、川牛膝 25 克	共研成末炼蜜为丸，每丸 15 克，日服二次，每次一丸，孕妇忌用
	高血压、血管硬化，眼底出血	黑木耳 50 克	加水蒸熟后再加适量冰糖睡前服用
	误食毒蕈中毒	黑木耳100克、白糖50克	加水煮熟服用
	产后虚弱抽筋麻木	黑木耳 50 克	用陈醋泡浸，分 5～6 次食用，日服三次
	血脉不通、麻木、手足抽搐	黑木耳、当归各 135 克，川芎，牛膝、杜仲各 10 克、木瓜 17 克、乳香、没药各 5 克	共研细末过筛，制成木耳粉服用，成人服 10 克，7～12 岁服 5 克，日服二次

（续）

种类	主　治	配　方	用　法
黑木耳	直肠出血	黑木耳30克、粳米100克、大枣3～5个	同煮为粥，加适量冰糖供晚餐或点心食用
	血淋、小便刺痛、尿毒	黑木耳20克、黄花菜80克	二者共炒食之
	冠状动脉粥样硬化	黑木耳50克、大葱、大蒜各20克	三者共煮熟服用

注：引自《农家食用菌培植法》，科学技术文献出版社。

（八）常用消毒剂的使用方法及注意事项

消毒剂名称	用　途	用量和使用方法	注意事项
酒精	手及器皿表面消毒	70%～75%	易燃，注意按实验室操作方法使用
高锰酸钾	1. 甲醛熏蒸助蒸剂 2. 用品器具表面消毒	1. 5克/米^3 2. 0.1%～0.2%水溶液	随用随取随配
来苏尔	手和器皿表面消毒，空间喷雾	1. 浸泡容器用3%水溶液时间1小时 2. 洗手和空间喷雾2%水溶液	来苏尔亦称煤酚皂
新洁尔灭	皮肤和不耐热的器皿表面消毒	0.25%水液	
石炭酸	空间和表面消毒	5%水溶液	对皮肤有腐蚀作用
过氧乙酸	手和器械表面消毒，空间消毒（优于甲醛）	1. 表面消毒，0.2%～0.5%的水溶液浸洗 2. 空间消毒，先用0.5%水溶液喷雾增湿，再用20%药液5毫升/米^{3}熏蒸	1. 勿与碱性药品混合 2. 其他注意事项详见产品说明书

（九）常用化学试剂和农药使用方法

1. 食用菌栽培基质常用化学添加剂

添加剂种类	使用方法与用量
尿素	补充氮源营养，0.1%～0.2%，均匀拌入栽培基质中
硫酸铵	补充氮源营养，0.1%～0.2%，均匀拌入栽培基质中
碳酸氢铵	补充氮源营养，0.2%～0.5%，均匀拌入栽培基质中
氰氨化钙（石灰氮）	补充氮源和钙素，0.2%～0.5%，均匀拌入栽培基质中
磷酸二氢钾	补充磷和钾，0.05%～0.2%，均匀拌入栽培基质中
磷酸氢二钾	补充磷和钾，用量为0.05%～0.2%，均匀拌入栽培基质中
石灰	补充钙素，并有抑菌作用，1%～5%均匀拌入栽培基质中
石膏	补充钙和硫，1%～2%，均匀拌入栽培基质中
碳酸钙	补充钙，0.5%～1%，均匀拌入栽培基质中

2. 食用菌生产常用消毒化学药剂

名　　称	使用浓度及方式	施用对象
乙醇	75%浸泡或涂擦	手、接种工具、操作台面、瓶表面等
漂白粉		
硫黄		
37%～40%市售甲醛	20毫升/米^{3}加热熏蒸	培养室、播种箱、无菌室
高锰酸钾＋市售甲醛	（5克＋10毫升）/米^{3}熏蒸	同上
气雾剂	3～4克/米^3	接种室
	2～3克/米^3	接种箱
	3～5克/米^3	栽培房
硫酸铜/石灰	硫酸铜1克＋石灰1克＋水100克现用现配，喷雾，涂擦	栽培房和床架

3. 无公害食用菌生产允许使用的农药种类*

杀菌剂

农药名称	别名	商品标号及剂量	防治对象	注意事项
福美双	卫福	75%可湿性粉剂1 000～1 500倍液	绿霉、链孢霉、曲霉、青霉	低毒，不能与铜铝和碱性药物混用
百菌清	达克宁、桑瓦特	75%可湿性粉剂1 000～1 500倍液	地霉、绿霉、菌核病、链孢霉	低毒，不能与碱性药物混合
多菌灵		50%可湿性粉剂1 000～1 500倍液	链孢霉、轮纹病、根腐病	低毒，对银耳菌丝有药害
甲霜灵	瑞毒素	50%可湿性粉剂1 000～1 500倍液	疫病、白粉病、轮纹病	低毒，使用最多不超过3次
甲基硫菌灵		70%可湿性粉剂1 000～1 500倍液	根霉、曲霉、赤霉病	低毒，最多喷1次
恶霉灵		70%可湿性粉剂1 000倍液	毛霉、绿霉、链孢霉、曲霉	低毒，最多喷1次
异菌脲	扑海因、桑迪恩	50%可湿性粉剂1 000～1 500倍液	灰霉病、疫病、酵母菌病、青霉	低毒，最多喷1次
腐霉利		50%可湿性粉剂1 000～1 200倍液	白粉病、青霉、霜霉病、曲霉	低毒，最多喷1次
三唑铜	粉锈宁、百理通	20% 乳油1 000～1 500倍液	锈病、僵缩病、红银耳	低毒，最多喷1次
乙磷铝	疫霉灵、疫霜灵	50%可湿性粉剂400～500倍液	霜霉病、猝倒病	低毒，最多喷1次

杀虫剂				
农药名称	别名	商品标号及剂量	防治对象	注意事项
敌百虫		90%固体800～1 000倍液	跳虫、地老虎、蛴螬、地蛆	从菇棚四周喷至中间，高温慎用
敌敌畏		50%乳油800～1 000倍液	菇蝇、跳虫、螨类	中等毒，最多喷1次
乐果		40%乳油800～1 500倍液	菇蛾、地蛆、蓟马、线虫	中等毒，最多喷1次
马拉硫磷		50%乳油800～1 500倍液	跳虫、蛴螬	最多喷1次
辛硫磷		50%乳油500～1 000倍液	韭蛆线虫、蚊、蓟马、蟋蟀	药效敏感，要慎用
杀螟硫磷		50%乳油1 000～1 500倍液	菇蚊、菇蝇、跳虫	中等毒，最多喷1次
阿维菌素	爱福丁、7051、齐螨素	1.8%乳油5 000～8 000倍液	虫、螨兼治菇蚊、蛾、蛆	商品名称较多，注意有效含量
速灭威		25%可湿性粉剂，每667米^2 200～300克	菇蛾、菇蚊、菇蝇	中等毒，最多喷1次
抗蚜威		50%可湿性粉剂，每667米^2 10～20克	烟青虫、蚜虫、蓟马	中等毒，最多喷1次
异丙威	叶蝉散	2%可湿性粉剂，每667米^2 1500克	菇蚊、菇蝇、蛴螬	中等毒，最多喷1次
氟氰菊酯		10%乳油2 500～4 000倍液	菇蚊、菇蛾、菜螟	中等毒，最多喷1次
噻嗪酮	扑虱灵	25%可湿性粉剂1 000～1 500倍液	介壳虫、飞虱、叶蝉	低等毒，限喷1次
杀虫双		5%悬浮剂1 500～2 000倍液	飞虱、叶蝉、介壳虫	中等毒，限喷1次

杀螨剂				
农药名称	别名	商品标号及剂量	防治对象	注意事项
克螨特	快螨特	73% 乳油 2 000～3 000倍液	成螨、若螨有特效，杀卵效果差	高温、高湿对幼菇有药害
双甲脒	螨克	20% 乳油 1 000～2 000倍液	成螨、若螨、卵有良效	气温低于25℃时药效差
噻螨酮	尼索朗	5%乳油1 500～2 000倍液	幼螨、卵特效，成螨无效	最多喷1次
卡死克	氟虫脲	5%乳油1 500～2 000倍液	幼螨、若螨效果显著	最多喷1次
乐斯本	氯硫磷、毒死蜱	40.7% 乳油 1 000～2 000倍液	成螨，兼治韭蛆幼虫	最多喷1次

*任何种类都只可在没有子实体生长的条件下使用，不可直接接触子实体。

4. 部分食用菌生产环境及器具消毒方法

名　称	使用方法	适用对象
75%乙醇	浸泡或涂擦	接种工具、子实体表面、接种台、菌种外包装、接种人员的手等
紫外灯	直接照射，紫外灯与被照射物距离不超过1.5m，每次30min以上	接种箱、接种台等，不得对菌种进行紫外照射消毒
	直接照射，离地面2m的30W灯可照射9m² 房间，每天照射2～3h	接种室、冷却室等，不得对菌种进行紫外照射消毒
高锰酸钾/甲醛	（高锰酸钾 5g＋37%甲醛溶液 10mL）/m³，加热熏蒸	培养室、无菌室、接种箱

（续）

名　称	使用方法	适用对象
高锰酸钾	0.1%～0.2%，涂擦	接种工具、子实体表面、接种台、菌种外包装等
酚皂液（来苏尔）	0.5%～2%，喷雾	无菌室、接种箱、栽培房及床架
	1%～2%，涂擦	接种人员的手等皮肤
	3%，浸泡	接种器具
新洁尔灭	0.25%～0.5%，浸泡、喷雾	接种人员的手等皮肤、培养室、无菌室、接种箱，不能用于器具的消毒
漂白粉	1%，现用现配，喷雾	栽培房和床架
	10%，现用现配，浸泡	子实体表面、接种工具、菌种外包装等
硫酸铜/石灰	硫酸铜1g+石灰1g+水100g，现用现配，喷雾，涂擦	栽培房、床架

主要参考文献

中国科学院微生物研究所，等.1976. 真菌名词及名称. 北京:科学出版社.
中国科学院微生物研究所.1978. 常见与常用真菌. 北京：科学出版社.
上海市农业科学院食用菌研究所.1983.食用菌栽培技术.北京:农业出版社.
上海《食用菌》编辑部.1983—1988. 食用菌.
上海市农业科学院《食用菌文摘》编辑部.1988. 竹荪、平菇、金针菇、猴头菌栽培技术问答. 北京：金盾出版社.
昆明《中国食用菌》编辑部.1985—1988. 中国食用菌.
于善谦，等.1985. 香菇病毒的研究. 真菌学报（2）：125-129.
方中达.1979. 植病研究法. 北京：农业出版社.
邓叔群，1963. 中国的真菌. 北京：科学出版社.
刘正南，等.1982. 东北木材腐朽菌类图志. 北京：科学出版社.
纪大干，等.1980. 云南木耳栽培. 昆明：云南人民出版社.
张光亚.1984. 云南食用菌. 昆明：云南人民出版社.
吕作舟，等.1984. 香菇、木耳. 武汉：湖北科技出版社.
刘波.1984. 中国药用真菌. 太原：山西人民出版社.
应建浙，等.1983. 食用蘑菇. 北京：科学出版社.
张学敏，等.1987. 中国新记录的异型眼蕈蚊. 植物保护（3）：38.
李益健.1982. 茯苓栽培. 北京：农业出版社.
张素祥，等.1985. 香菇. 广州：广东科学技术出版社.
朱慧真.1982. 北京栽培的白蘑菇病害的研究. 植病学报（3）：53.
杜自疆.1974. 食用菇栽培技术. 台北丰年社.
匡海源.1986. 农螨学. 北京：农业出版社.
杨庆尧.1981. 食用菌生物学基础. 上海：上海科学技术出版社.
林芳灿，等.1986. 食用菌生产指南. 武汉：湖北科学技术出版社.
杨集昆，等.1987. 食用菌害虫的类群. 植物保护（2）：43；（4）：40；（6）：39.
杨集昆，等.1987. 木耳狭腹眼蕈蚊新种记述.昆虫分类学报(2)：97-99.

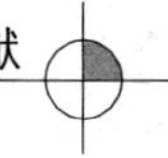

杨新美．1988. 中国食用菌栽培学．北京：农业出版社．
杨新美，等．1982. 黑木耳栽培．北京：农业出版社．
周德庆．1986. 微生物学实验手册．上海：上海科学技术出版社．
钱玉夫．1987. 蘑菇实用栽培学．成都：四川科学技术出版社．
高福成．1987. 食品的干燥及其设备．北京：中国食品出版社．
谢支锡，等．1986. 长白山伞菌图志．长春：吉林科学技术出版社．
梁平彦，等．1982. 食用真菌病毒研究．微生物学通报．9（5）．
黄年来．1987. 自修食用菌学．南京：南京大学出版社．
黄年来．1982. 银耳栽培．北京：科学普及出版社．
黄毅．1988. 食用菌生产理论与实践，厦门：厦门大学出版社．
彭卫宪，等．1987. 用灭活原生质体融合进行高温香菇育种．真菌学报．6（3）：184-192.
戴芳澜．1979. 中国真菌总汇．北京：科学出版社．
魏景超．1979. 真菌鉴定手册．上海：上海科学技术出版社．
泰勒 AL. 1981. 植物线虫学研究入门//陈品三，等，译．北京：农业出版社．
阿历索保罗，等．1983. 真菌学概论//余永年，等，译．北京：农业出版社．
高又曼．E. 1979. 真菌发展史及其形态学的基础//刘锡琎，译．北京：科学出版社．
韦伯斯特．J. 1982. 真菌导论//张素轩，译．北京：中国林业出版社．
韦伯斯特．JM. 1988. 经济线虫学//胡起宁，译．北京：农业出版社．
柯克兰 VW，等．1963. 真菌生理学//陈驹声，等，译．北京：科学出版社．
北本丰．1980. 菇的营养生理//蔡衍山，等，译．食用菌（2）：39-43.
Ainsworth G C, et al. 1961. A Dictionary of the Fungi. 5th. ed. Commonwealth Mycol. Inst. Kew, Surrey , England.
Ainsworth G C, et al. 1973. The Fungi. Vol. IV（B）. New York and London: Academic Press.
Bessey E A. 1950. Morphology and Taxonomy of Fungi. Blakiston Co. USA.
Burnett J H. 1976. Fundamentals of Mycology（Znd ed.）. London: Edward Arnold.
Chang S T, et al. 1978. The Biologi and Cultivation of Edible Mushrooms. London: Academic Press.
Flegg P B, et al. 1985. The Biologi and Technology of the Cutivated Mushroom. Dorchester: Printed in Great Britain by the Dorset Press.
Griffin D H. 1981. Fungal Physiology. John Wiley and Sons New York.

[illegible] 1983 [illegible]

[illegible]

[illegible] Fundamentals of Mycology [illegible]

[illegible]

[illegible] The Biology and Morphology of the [illegible]

[illegible]

图书在版编目（CIP）数据

食用菌生产配套技术手册/蔡衍山等编著．—北京
：中国农业出版社，2013.1
（新编农技员丛书）
ISBN 978-7-109-17530-3

Ⅰ.①食… Ⅱ.①蔡… Ⅲ.①食用菌－蔬菜园艺－技术
手册 Ⅳ.①S646-62

中国版本图书馆 CIP 数据核字（2012）第 320306 号

中国农业出版社出版
（北京市朝阳区农展馆北路 2 号）
（邮政编码 100125）
责任编辑 孟令洋

中国农业出版社印刷厂印刷 新华书店北京发行所发行
2013 年 8 月第 1 版 2013 年 8 月北京第 1 次印刷

开本：850mm×1168mm 1/32 印张：12.75
字数：320 千字
定价：25.00 元